广东高等植物红色名录

The Provincial Red List of Higher Plants in Guangdong

王瑞江 主编

河南科学技术出版社

·郑州·

图书在版编目（CIP）数据

广东高等植物红色名录/王瑞江主编 . —郑州：河南科学技术出版社，2022.2
ISBN 978-7-5725-0747-2

Ⅰ.①广… Ⅱ.①王… Ⅲ.①高等植物-广东-名录 Ⅳ.①Q949.4-62

中国版本图书馆 CIP 数据核字（2022）第 025827 号

出版发行：河南科学技术出版社
　　　　　地址：郑州市郑东新区祥盛街 27 号　　邮编：450016
　　　　　电话：（0371）65788631
　　　　　网址：www. hnstp. cn
策划编辑：杨秀芳
责任编辑：朱　超
责任校对：马晓灿
封面设计：张　伟
责任印制：张艳芳
印　　刷：河南瑞之光印刷股份有限公司
经　　销：全国新华书店
开　　本：787 mm×1 092 mm　　1/16　　印张：22　　字数：477 千字
版　　次：2022 年 2 月第 1 版　　2022 年 2 月第 1 次印刷
定　　价：150.00 元

如发现印、装质量问题，影响阅读，请与出版社联系并调换。

《广东高等植物红色名录》编委会

内容提要

本书收录了广东省高等植物 366 科 2 250 属 8 010 种（包括种下分类群），并对其中的 6 658 种本土野生高等植物的濒危状况进行了全面和科学的评估，对于受威胁的 672 种植物的濒危现状进行了注解，是广东省第一部高等植物红色名录。另外，1 352 种广东非本土植物名录也附录于后，因此也可作为广东省高等植物名录使用。本书可为广东省各级政府部门在生物多样性管理和决策方面提供基础资料，也可供从事农业、林业、医药、生态和生物多样性保护等相关学科的工作人员参考。

There are 8 010 species (including infraspecific taxa), belonging to 2 250 genera and 366 families, of higher plants in Guangdong province. A comprehensive and scientific assessment to their endangered status has been carried out to the 6 658 indigenous wild species. Totally 672 species were evaluated as threatened category and their threaten status has been annotated too. This book is the first Red List of higher plants in Guangdong Province. In addition, 1 352 non-indigenous plant names are appended, so the book can be used as a checklist of higher plants in Guangdong Province too. It can provide basic information on governmental biodiversity management and policy-making in Guangdong. Moreover, it can also be used as a reference for the peoples engaged in agriculture, forestry, medicine, ecology and biodiversity conservation and other related disciplines.

前　言

　　物种红色名录是生物多样性保护的一项基本任务，对于了解物种生存现状、确定优先保护目标、保护地规划和建设以及履行相关公约等具有重要的意义。

　　广东省位于中国大陆最南部，地理范围为 20°09′~25°31′N，109°45′~117°20′E，北回归线横贯广东。广东东邻福建，西连广西，北接江西和湖南，南邻南海，西南部隔琼州海峡与海南相望，毗邻香港及澳门特别行政区。全省陆地东西跨距约 800 km，南北跨距约600 km，总面积共 17.97 万 km²，约占全国陆地面积的 1.87%。广东省地貌类型复杂多样，总体地势北高南低，最高峰石坑崆海拔 1 902 m。山地主要分布于粤西、粤东和粤北，南部多为平原和台地。构成各类型地貌的基岩岩石以花岗岩最为普遍，其次是砂岩和变质岩，粤西北还有大片的石灰岩分布，局部兼有丹霞地貌，沿海地区则有数量众多的沙滩及珊瑚礁。广东省地处北半球东亚低纬沿海地区，属于东亚季风气候区，植物类型大体可分为南部的热带季雨林、中部的南亚热带典型季风常绿阔叶林、北部的中压热带常绿阔叶林，以及海岸红树林。但由于长期受到人类活动的干扰，目前原生的植被类型已经所剩不多。广东省主要的自然植被型组有针叶林、阔叶林、竹林、灌丛和草丛，自然植被以常绿阔叶林为主（余世孝和练琚蔚，2003a，2003b）。

　　近年来随着对广东省植物调查和研究的深入，大量的新分类群甚至是新科新属，以及新记录物种被发现和发表（Liu et al，2019；Wang et al，2018；Zhou et al，2019；Zhou et al，2019；苏凡等，2020）。最新的分子系统学研究使不少科、属和种的范围界定和系统位置也发生了变化（刘文哲和赵鹏，2017；王伟等，2017）。另外，苔藓植物目前仅限于《广东苔藓志》（吴德邻和张力，2013）的记载。

　　为了更好地了解广东省植物物种多样性现状，我们在《广东维管植物多样性编目》（王瑞江，2017）的基础上，又整合了苔藓植物的数据，并于 2020 年 11 月经省内外的 30多位专家依据 IUCN（2012a，2012b）等相关标准对广东省高等植物的濒危状况进行评估。然后经过进一步数据整理、分析，并对此后发表的植物新分类群进行全面整合，最终形成了目前的《广东高等植物红色名录》。为了方便读者查阅广东省所有的高等植物，本书将那些非本土的 1 352 种植物（包括种下分类群）附录于后。因此，本书也可作为广东高等植物名录使用。

　　广东省高等植物的本底数据和红色名录对于了解广东省本土野生植物的现状和实施生物多样性优先保护策略具有重要意义。另外，本书既是对广东省"十三五"期间在生物多样性保护方面工作的阶段性总结，也是对未来开展保护生物学研究提供了基础数据。

当然，对广东省高等植物濒危状况的评估结果只是表明了其目前的状况，而在实际生境中，由于受到实时发生的各种因素的影响，一些物种的濒危状况也在发生变化。所以，我们建议应该定期开展对广东省的植物资源状况评估，以不断为生物多样性保护提供更准确的数据支撑。

本书除第一章由深圳市中国科学院仙湖植物园的张力研究员和中国科学院华南植物园的叶文博士负责整理、第二章由深圳市兰科植物研究中心的严岳鸿研究员和中国科学院华南植物园的王发国研究员共同负责整理外，其余部分均由中国科学院华南植物园王瑞江研究员和郭亚男助理工程师负责整理。

感谢来自中国科学院华南植物园、中国科学院昆明植物研究所、中国科学院植物研究所、中国科学院西双版纳热带植物园、深圳市中国科学院仙湖植物园、深圳市兰科植物保护中心、南京林业大学、中山大学、华南农业大学、韩山师范学院，以及中国生物多样性保护与绿色发展基金会单位的专家们所提供的评估建议，他们广博的专业知识、认真负责的工作态度以及精益求精的科学精神保障了对广东省高等植物濒危等级评估的权威性和客观性。

感谢广东省林业局、广东省科技厅、中国科学院、中国植物园联盟、国家重要野生植物种质资源库、广州市野生动植物保护和管理办公室、佛山市高明区自然资源局等单位，对我们在调查广东省植物资源本底状况过程中给予的支持和指导！

感谢参与本书编写的每一位团队成员！他们为了完善和整理名录，查阅和收集了很多国内外分类学家们发表的广东省新类群、分布新记录等文献，并对每一个植物名称进行认真核对，保障了本书的顺利出版。虽如此，由于受到专业范围和知识水平的限制，书中可能有错误及不足之处，敬请各位读者批评指正，提出宝贵意见和建议。

2021 年 12 月

目　录

第一章 绪 论

一、背景简介

生物多样性保护是当今乃至未来的社会发展的焦点问题，制定野生植物红色名录不仅是我国生态文明建设的需要，也是全球植物保护战略的一项重要内容。近年来，世界各国均开展了濒危物种红色名录评估工作，如印度、斯里兰卡、菲律宾、韩国等国家已发布了本土植物红色名录。《中国高等植物红色名录》于2013年由环境保护部和中国科学院以54号公告形式联合发布，相关成果于2017年在《生物多样性》期刊以专辑的形式予以发表。2020年12月出版的《中国种子植物多样性名录与保护利用》（覃海宁，2020），将中国的裸子和被子植物的濒危状况和用途逐种进行了标注。

在广东，最早由众多植物学家编著的《广东植物志》（1987—2011）记载了广东及海南野生及习见栽培的维管植物共6 937种、43亚种及508变种。《广东苔藓志》（吴德邻和张力，2013）收载了广东和海南苔藓植物944种。自1988年海南从广东分出后，仅《广东维管植物多样性编目》（王瑞江，2017）包括了广东省行政区划范围内的维管植物269科2 028属6 846种、76亚种、521变种、14变型和16杂交种，但不包括苔藓植物。因此，有必要在新时代生物多样性保护的大背景下，全面和系统地对广东省高等植物名录进行整理和修订，并开展广东省植物物种濒危状况的评估工作，为制订广东省植物多样性管理政策和保护策略提供基础数据。

2017~2019年，基于"广东省本土植物全覆盖保护计划"项目，在广东省林业厅的主持下，中国科学院华南植物园多次组织召开研讨会，对广东省本土维管植物进行逐一评估，确定了20种植物作为《广东省重点保护植物名录（第一批）》的目标物种。2018年11月7日，广东省政府发文（粤府函〔2018〕390号）向社会公布了这一名录。2019年出版的《广东重点保护野生植物》，收录并介绍了广东省分布的57种国家重点保护野生植物、20种广东省重点保护野生植物和234种广东省野生兰科植物。至此，我们对全省本土野生维管植物的受威胁状况有了初步的了解，遗憾的是苔藓植物没有收录其中。

为了延续上述成果，形成一套完整的广东高等植物红色名录，我们收集了更为详细的资料并整理了相关数据库，于2020年11月9~10日邀请了省内外30多位专家对广东省的高等植物进行了逐一评估，并依据IUCN（International Union for Conservation of Nature，世界自然保护联盟）相关规则对受威胁物种的种群情况进行了一一注释。因此，本书是我国首个正式出版的省级高等植物红色名录，也是对广东省高等植物濒危状况进行的最全面、最系统、最权威的一次评估，对于了解广东省植物多样性现状、开展保护生物学研究，以及更好地履行联合国《生物多样性公约》及《濒危野生动植物物种国际贸易公约》，落实《中国生物多样性保护战略与行动计划（2011—2030年）》和中共中央办公厅、国务院办公厅于2021年10月19日印发的《关于进一步加强生物多样性保护的意见》，推进实现生物多样性保护总体目标，加强和完善就地和迁地保护体系建设，保障国家生物安全和广东经济社会的可持续发展和生态文明建设的顺利进行具有重要意义。

二、数据来源及审核流程

（一）数据来源与说明

本名录数据来源主要有四个方面：

（1）出版的植物志，如《广东植物志》《广东植物名录》《广东维管植物多样性编目》《广东苔藓志》和《广东湿地植物》等。

（2）最新发表的分类修订、分子系统发育，以及广东省发现和发表的新类群和新记录物种等期刊文献中记录的名称及其分布，重点关注有关各物种分布、生态、保护及资源利用等方面的文献资料，收录的物种数据信息截至 2021 年 12 月。

（3）国内外各类型标本馆及数据库，如中国科学院华南植物园标本馆（IBSC）、中国科学院植物研究所标本馆（PE）、中国科学院昆明植物研究所标本馆（KUN）等标本馆，以及中国数字植物标本馆（CVH）（http：//www.cvh.org.cn）、中国自然标本馆（CFH）（http://www.nature-museum.net）、Catalogue of Life 等记录的广东分布的物种。

（4）本书还整合了近年的野外考察和科学研究成果，借鉴相关领域专家的研究成果，包括分类信息、种群数量和趋势、野外生境状况、威胁因素、利用情况和保护现状等。

（5）为了便于统计和使用，当一个种有种下分类群，并且其原亚种、原变种或原变型也同时在广东省有分布时，本书将其原亚种、原变种或原变型用种名来表示，虽然将种名以及种下分类群一一列出会更符合物种单元的地理分布情况。

以上所有物种名称信息数据全部输入表中，以便于后续评估参考。本名录对种的分类处理主要依据《中国生物物种名录 2021 版》（http://www.sp2000.org.cn）来进行。

（二）评估对象和范围

本书评估的植物种类包括了 6 658 种天然分布于广东省行政区范围内的本土野生高等植物（"广东省苔藓植物红色名录"见表 5；"广东省石松类和蕨类植物红色名录"见表 7；"广东省裸子植物红色名录"见表 9；"广东省被子植物红色名录"见表 14）。广东省常见非本土植物，包括栽培植物、归化植物或入侵植物共 1 352 种作为"不予评估"种类列于附录以供参考。此外，本书的物种评估对象包括了野生高等植物种和种下等级的所有分类群。

（三）评估等级和标准

评估主要依据以下三个标准与指南：IUCN Red List Categories and Criteria，Version 3.1，Second Edition（2012a）；Guidelines for Application of IUCN Red List Criteria at Regional and National Levels，Version 4.0（2012b）；Guidelines for Using the IUCN Red List Categories and Criteria，Version 14（IUCN Standards and Petitions Committee，2019）。

评估使用 IUCN 地区水平红色名录等级包括：绝灭（Extinct，EX）、野外绝灭（Extinct in the Wild，EW）、地区绝灭（Regionally Extinct，RE）、极危（Critically Endangered，CR）、濒危（Endangered，EN）、易危（Vulnerable，VU）、近危（Near Threatened，NT）、无危（Least Concern，LC）、数据缺乏（Data Deficient，DD）、不予评估（Not Evaluated，NE）（图 1）。

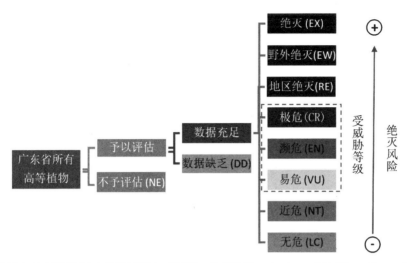

图 1 地区水平红色名录等级（参考 IUCN，2012b；IUCN Standards and Petitions Committee，2019）

各等级的含义和评估标准如下：

（1）绝灭（EX）：如果一个分类单元的最后一个个体已经死亡，或者在适当的时间（日、季、年），对已知和可能的栖息地进行彻底调查后，未发现任何一个个体，则认为该分类单元"绝灭"。必须根据该分类单元的生活史和生活形式来选择适当的调查时间。

（2）野外绝灭（EW）：如果已知一个分类单元的全部个体只生活在栽培、人工养殖状态下，则该分类单元属于"野外绝灭"。

（3）地区绝灭（RE）：如果可以肯定区域内某一分类单元的最后一个具有潜在繁殖能力的个体已经死亡或消失，即认为该分类单元属于"地区绝灭"。

（4）极危（CR）、濒危（EN）和易危（VU）：这三个等级统称为受威胁等级（Threatened Categories）。为了便于将 IUCN Standards and Petitions Committee（2019）的相关标准应用于评估工作，在使用时对个别标准的规则进行了简化处理（表 1）。当某一分类单元符合 A～E 任一标准时，该分类单元即被列为相应的等级。如果依据不同标准得到的等级不同，则该分类单元应被置于濒危风险最高的等级。

表 1 评估物种受威胁等级的 5 个简化标准

标准	标准细则	极危（CR）	濒危（EN）	易危（VU）
A 种群动态（任一）	A1：过去 10 年或 3 代内种群减少的比例 （a）观察；（b）适合的丰富度指数；（c）分布区域、面积和生境质量的下降；（d）潜在开发；（e）外来种类干扰	≥90%	≥70%	≥50%
	A2：过去；A3：将来；A4：任何时候 估计 10 年或 3 代内种群减少的比例（基于 A1 中 a～e）	≥80%	≥50%	≥30%

标准	标准细则		极危（CR）	濒危（EN）	易危（VU）
B 种群分布（B1 和/或 B2）	B1：分布范围		<100 km²	<5 000 km²	<20 000 km²
	B2：占有面积		<10 km²	<500 km²	<2 000 km²
	+以下 a~c 中的至少 2 点				
	（a）分布点的数量		=1	≤5	≤10
	（b）以下情况持续下降：(i) 分布范围；(ii) 占有面积；(iii) 生境范围和质量；(iv) 分布点数量；(v) 成熟个体数量				
	（c）极端波动情况：(i) 分布范围；(ii) 占有面积；(iii) 生境范围和质量；(iv) 分布点数量				
C 种群数量	种群中的成熟个体数		<250 株	<2 500 株	<10 000 株
	+以下 C1 或 C2 至少一个				
	C1：估计持续下降的速率		3 年或 1 个世代内下降 25%	5 年或 2 个世代内下降 20%	10 年或 3 世代内下降 10%
	C2：成熟个体数持续下降（以下 3 种情况至少一个）				
	（a）	(i) 亚种群成熟个体数	≤50 株	≤250 株	≤1 000 株
		(ii) 一个亚种群中成熟个体比例	90%~100%	95%~100%	100%
	（b）成熟个体数量极度波动				
D 很小或狭域种群	D：种群中成熟个体数		<50 株	<250 株	D1：<1 000 株
	D2：仅适用于易危（VU）等级				D2：占有面积<20 km² 或分布点≤5
E 定量分析	表示物种在野外绝灭的可能性		10 年或 3 个世代内≥50% 绝灭概率	20 年或 5 个世代内≥20% 绝灭概率	100 年≥10% 绝灭概率

（5）近危（NT）：当某一分类单元未达到极危、濒危或易危标准，但是在未来一段时间后，接近符合或者可能符合受威胁等级，则该分类单元即列为"近危"。

（6）无危（LC）：当某一分类单元被评估为未达到极危、濒危、易危或者近危标准，该分类单元则被列为"无危"。广泛分布和种群数量多的分类单元都属于该等级。

（7）数据缺乏（DD）：当没有足够的资料来直接或间接地依据分类单元的分布及种群状况评估某一分类单元的灭绝风险时，则认为该分类单元属于"数据缺乏"。

（8）不予评估（NE）：未应用有关 IUCN 濒危物种标准评估的分类单元属于该等级。在地区水平上，这些种类主要为引种栽培、外来归化和入侵植物等。

（四）评估流程

红色名录评估分为工作组初评、专家会评和终评三个流程。

（1）工作组初评：初评主要由工作组完成，即根据以上 IUCN 标准对广东省所有野生物种进行逐一评估。

（2）专家会评：采用会议评估方式，各个类群均邀请广东省省内外有关专家学者进行 2 次以上的专家评估。专家组成员提出质疑，由工作组成员根据专家意见进行复评和修改。

（3）终评：所有评估意见汇总并修改完善后，工作组再对所有名录根据专家意见进行逐一核实、审校和完善，最终得到《广东高等植物红色名录》初稿，同时完善评估依据。

三、广东高等植物物种统计

本名录包括广东省高等植物 366 科 2 250 属 8 010 种（包括种下分类群，下同），种类总数约占全国高等植物总数的 17.78%。苔藓植物 92 科 233 属 691 种，约占全国苔藓植物总数的 20.58%；石松类和蕨类植物 34 科 121 属 593 种，约占全国石松类和蕨类植物总数的 23.05%；裸子植物 7 科 31 属 69 种，约占全国裸子植物总数的 17.08%；被子植物 233 科 1 865 属 6 657 种，约占全国物种总数的 17.19%（表 2）。

表 2　广东省高等植物物种数量统计

类群	总科数（本土野生种的科数）	总属数（本土野生种的属数）	总种数（本土野生种的数目）	总种数占全国同类群植物总数的百分比（%）
苔藓植物[a]	92（92）	233（233）	691（691）	20.58
石松类和蕨类植物[b]	34（34）	121（119）	593（588）	23.05
裸子植物[c]	7（6）	31（16）	69（29）	17.08
被子植物[d]	233（208）	1 865（1 389）	6 657（5 350）	17.19
合计	366（340）	2 250（1 757）	8 010（6 658）	17.78

注：a. 表示苔类植物门采用 Piippo（1990）系统，角苔类植物门采用 Renzaglia et al.（2009）系统，藓类植物门采用 Moss Flora of China（English Version）系统。b. 表示采用 PPG I（2016）的石松类和蕨类植物分类系统。c. 表示采用 Christenhusz et al.（2011）裸子植物分类系统。d. 表示采用 APG IV（2016）被子植物分类系统。

四、广东高等植物受威胁状况

根据上述评估等级和标准，广东省野生高等植物的受威胁状况如下：白玉簪（*Corsiopsis chinensis*）和罗浮紫珠（*Callicarpa oligantha*）已经多年未能再次在野外采到，这两种可能已经绝灭（EX）；中华水韭（*Isoëtes sinensis*）、七指蕨（*Helminthostachys zeylanica*）、白桫椤（*Sphaeropteris brunoniana*）、中华菅（*Themeda quadrivalvis*）、旋苞隐棒花（*Cryptocoryne crispatula*）、冠果草（*Sagittaria guaynensis*）、水鳖（*Hydrocharis dubia*）、水禾（*Hygroryza aristata*）和细果野菱（*Trapa incisa*）等 9 种植物经过多次调查也未能发现，可能已经在广东地区绝灭（RE）。极危种（CR）有 69 种，濒危种（EN）有 233 种，易危种（VU）有 370 种，近危种（NT）有 530 种，无危种（LC）有 4 904 种，数据缺乏种（DD）有 541

种，其中极危、濒危和易危三个等级被称为受威胁等级，共 672 种。考虑到数据缺乏的物种中同样存在一定比例的受威胁种类，根据 IUCN（2016）提出的对红色名录数据合理使用指引，计算出广东省高等植物物种真正受威胁的比例范围是 10.15%～18.29%，中值为 11.05%。广东省野生高等植物红色名录评估结果汇总如表 3 所示。

特有植物由于其分布区域狭窄，受到潜在威胁的风险较大。随着全球生物多样性保护研究的深入，特有物种已成为衡量生物多样性优先保护区的重要标准。分析广东植物的特有性发现，广东特有种有 323 种，占广东省野生高等植物物种总数的 4.85%，在受威胁物种中占 15.18%。从大尺度上看，在资源优先的情况下，特有物种的边界更为明确，应给予更多关注。

表 3　广东省野生高等植物红色名录评估结果汇总

濒危等级	苔藓植物	蕨类植物	裸子植物	被子植物	总种数	占广东省野生物种总数百分比（%）	广东特有种
绝灭（EX）	0	0	0	2	2	0.03	2
野外绝灭（EF）	0	0	0	0	0	0.00	0
地区绝灭（RE）	0	3	0	6	9	0.14	0
极危（CR）	0	6	4	59	69	1.04	34
濒危（EN）	14	16	4	199	233	3.50	31
易危（VU）	13	30	11	316	370	5.56	37
近危（NT）	9	31	1	489	530	7.96	40
无危（LC）	608	379	6	3 911	4 904	73.66	135
数据缺乏（DD）	47	123	3	368	541	8.13	44
总计	691	588	29	5 350	6 658	100.00	323

本次评估中数据缺乏的物种有 541 种，这些种类缺乏足够的生物学、地理分布区和物种丰富度信息，无法评估其受威胁状况。数据缺乏等级的物种主要包括：

（1）近期新描述物种。对这些种类的生物学和生态学知识缺乏基本的了解，无法确定其受威胁等级。

（2）分类地位存疑或者发生分类学变动的物种。目前关于这些物种的信息并不可靠，难以评估其生存状况。

（3）生物学和生态学信息缺乏的物种。物种生物学和生态学信息掌握的翔实程度与其受关注的程度呈正比。有经济价值和受保护的物种受关注度较高，相关信息掌握得较为翔实；反之，一些分布区狭窄且无经济价值的种类，其关注度往往较低，资料相当匮乏。然而，值得一提的是目前列入数据缺乏等级的物种并不意味着该物种不濒危，甚至有的物种的保护现状也非常严峻，由于缺乏野外实地调查，其生存现状根本不清楚，甚至不知道在原产地是否还有存活。这些种类面临的受威胁程度甚至超过受威胁种类，只是没有基础数据来评估其受威胁程度（IUCN，2016），因此，后续也需要加大对这些物种的关注度及研究力度。

第二章　广东苔藓植物的现状与评估

苔藓植物是藓类植物、苔类植物和角苔类植物的统称。它们具有相似的生活史,单倍体配子体世代长存,能进行光合作用营养自给,通常占据优势,孢子体世代普遍存在时间短暂、依赖母本配子体发育。在漫长的适应陆地生境的进程中,苔藓植物具有了丰富的物种多样性,全世界有近 21 000 种,是高等植物中仅次于被子植物的第二大类群。此外,苔藓植物具有极强的适应性,能够生长在除海洋环境外的几乎所有生境中。

中国是全球苔藓植物较丰富的国家之一,物种数约占全世界的 1/10。截止目前,《中国生物物种名录 2021 版》(http://www.sp2000.org.cn/)记录中国苔藓植物包括藓类植物 2 156 种、苔类植物 1 174 种、角苔类植物 27 种,总计 3 357 种(含种下分类群,下同)。

广东省地处热带亚热带,雨量充沛,气候、生态类型和自然地理环境多样,物种资源极为丰富。广东省的维管植物多样性约占中国维管植物多样性的 1/6,苔藓植物的多样性也不遑多让。广东省苔藓植物的研究历史可以上溯到 19 世纪后半叶。1861 年 M. E. Wichura 在广东省采集了一批苔藓标本,这批标本分别由 Stephani 于 1895~1924 年(苔类部分)和 Reimers 于 1931 年(藓类部分)发表(Koponen, 1984)。此后,随着国内外苔藓植物学研究的开展,人们对广东省苔藓植物多样性有了逐渐深入的认识。《广东苔藓志》(吴德邻和张力,2013)包括了广东省和海南省的苔藓植物共 87 科,279 属,944 种,各种以标本和有详细标本引证的文献记载为依据,是目前为止最能全面反映广东省苔藓植物多样性的志书。以此书作为基础,通过对部分种和属进行整理的结果表明,广东省分布有藓类植物 52 科 169 属 468 种,苔类植物 37 科 59 属 218 种,角苔类植物 3 科 5 属 5 种,总计 92 科 233 属 691 种,物种数分别各占中国相应类群的 21.71%、18.57%、18.52% 和 20.58%(表 4)。

从科属组成上看,苔类物种多样性最高的前 3 个科依次是细鳞苔科(66 种)、指叶苔科(22 种)、羽苔科(17 种),物种多样性最高的前 3 个属依次是疣鳞苔属(24 种)、羽苔属(16 种)、细鳞苔属(15 种);藓类物种多样性最高的前 3 个科依次为丛藓科(37 种)、青藓科(34 种)、白发藓科(29 种),物种多样性最高的前 3 个属依次是凤尾藓属(27 种)、绢藓属(14 种)、曲柄藓属(14 种)。从分布上看,根据《广东苔藓志》的记载,苔藓植物多样性最高的前五个市(县)依次为:乳源(302 种)、肇庆(175 种)、乐昌(139 种)、始兴(126 种)、深圳(120 种)。这在一定程度上揭示了粤北山区的苔藓植物多样性较高,与广东省维管植物的区域分布特征基本一致(广东省环境保护厅,2013),同时也显示出历史上省内各市(县)在苔藓植物采集密度上差异较大,粤西与粤东各市(县)的采集和研究尚有待加强。

表4 广东省与中国苔藓植物种类数量比较

类别	藓类种数	苔类种数	角苔类种数	总种数
广东苔藓志	468	218	5	691
中国生物物种名录2020	2 156	1 174	27	3 357
种数占全国的比例	21.71%	18.57%	18.52%	20.58%

广东省苔藓植物种类中，中国特有苔藓植物共43种，占中国特有苔藓植物物种（524种，根据王利松等，2015）的8.21%，其中苔类植物13种，藓类植物30种，特有种比例达6.22%。《中国高等植物受威胁物种名录》（覃海宁等，2017a）中收录广东省分布的受威胁苔藓植物共2种，白绿细鳞苔（*Lejeunea pallidevirens*）和疣叶多褶苔（*Spruceanthus mamillilobulus*），均隶属细鳞苔科，受威胁等级均为易危（VU）。

《广东苔藓志》的出版，基本摸清了广东省和海南省苔藓植物物种的家底，为开展区域苔藓植物的保护生物学等相关研究提供了基础资料。近年来，随着对广东省生物多样性调查和研究的深入，可以预见，将有更多新记录类群或新分类群被发现，加上当今系统学研究深入的背景，有大量苔藓科、属、种的范围界定和系统位置发生变化，我们对广东省苔藓植物的认识也需要与时俱进，以便为广东省生物多样性的研究和保护提供服务。毋庸讳言，广东省内还有一些苔藓植物调查薄弱的地区，有一些具有经济价值潜力的苔藓类群也面临着人为过度采摘的威胁。

2021年9月7日国家林业和草原局、农业农村部在2021年第15号公告中公布了调整后的《国家重点保护野生植物名录》，其中苔藓植物第一次出现并有5种被纳入保护名录之中。广东省分布的桧叶白发藓（*Leucobryum juniperoideum*）、多纹泥炭藓（*Sphagnum multifibrosum*）被列为国家二级保护野生植物，前者由省林业主管部门管理，后者由省农业农村主管部门管理。今后的工作重点是加强对粤西、粤东等采集相对薄弱地区的研究调查，特别关注水生、石灰岩地区等脆弱或特殊生境下的苔藓植物，并对亟需保护及具有重要经济价值的类群开展应用基础性试验研究。

广东省苔藓植物红色名录如表5所示。

表5 广东省苔藓植物红色名录

中文名	拉丁学名	等级	等级注解
裸蒴苔科 Haplomitriaceae			
1. 圆叶裸蒴苔	*Haplomitrium mnioides*（Lindb.）R. M. Schust.	VU	B2ab（i）
须苔科 Mastigophoraceae			
2. 硬须苔	*Mastigophora diclados*（Brid. ex F. Weber）Nees	LC	
剪叶苔科 Herbertaceae			
3. 长角剪叶苔	*Herbertus dicranus*（Taylor ex Gottsche, Lindenb. & Nees）Trevis.	DD	

中文名	拉丁学名	等级	等级注解
睫毛苔科 Blepharostomataceae			
4. 睫毛苔	*Blepharostoma trichophyllum*（L.）Dumort.	LC	
绒苔科 Trichocoleaceae			
5. 绒苔	*Trichocolea tomentella*（Ehrh.）Dumort.	LC	
指叶苔科 Lepidoziaceae			
6. 白叶鞭苔	*Bazzania albifolia* Horik.	LC	
7. 双齿鞭苔	*Bazzania bidentula*（Steph.）Yasuda	LC	
8. 柔弱鞭苔	*Bazzania debilis* N. Kitag.	DD	
9. 裸茎鞭苔	*Bazzania denudata*（Torr. ex Gottsche, Lindenb. & Nees）Trevis.	LC	
10. 厚角鞭苔	*Bazzania faurieana*（Steph.）S. Hatt.	LC	
11. 南亚鞭苔	*Bazzania griffithiana*（Steph.）Mizut.	DD	
12. 喜马拉雅鞭苔	*Bazzania himalayana*（Mitt.）Schiffn.	LC	
13. 瓦叶鞭苔	*Bazzania imbricata*（Mitt.）S. Hatt.	LC	
14. 日本鞭苔	*Bazzania japonica*（Sande Lac.）Lindb.	LC	
15. 瘤叶鞭苔	*Bazzania mayebarae* S. Hatt.	LC	
16. 白边鞭苔	*Bazzania oshimensis*（Steph.）Horik.	LC	
17. 小叶鞭苔	*Bazzania ovistipula*（Steph.）Abeyw.	LC	
18. 弯叶鞭苔	*Bazzania pearsonii* Steph.	LC	
19. 东亚鞭苔	*Bazzania praerupta*（Reinw., Blume & Nees）Trevis.	LC	
20. 吊罗鞭苔	*Bazzania tiaoloensis* Mizut. & K. C. Chang	VU	A3c+3d
21. 三裂鞭苔	*Bazzania tridens*（Reinw., Blume & Nees）Trevis.	LC	
22. 鞭苔	*Bazzania trilobata*（L.）Gray	LC	
23. 南亚细指苔	*Kurzia gonyotricha*（Sande Lac.）Grolle	LC	
24. 牧野细指苔	*Kurzia makinoana*（Steph.）Grolle	LC	
25. 东亚指叶苔	*Lepidozia fauriana* Steph.	LC	
26. 大指叶苔	*Lepidozia robusta* Steph.	LC	
27. 硬指叶苔	*Lepidozia vitrea* Steph.	LC	
护蒴苔科 Calypogeiaceae			
28. 刺叶护蒴苔	*Calypogeia arguta* Nees & Mont.	LC	
29. 双齿护蒴苔	*Calypogeia tosana*（Steph.）Steph.	LC	
30. 棕色疣胞苔	*Mnioloma fuscum*（Lehm.）R. M. Schust.	DD	

中文名	拉丁学名	等级	等级注解
大萼苔科 Cephaloziaceae			
31. 南亚大萼苔	*Cephalozia gollanii* Steph.	LC	
32. 弯叶大萼苔	*Cephalozia hamatiloba* Steph.	LC	
33. 细瓣大萼苔	*Cephalozia pleniceps*（Austin）Lindb.	LC	
34. 无毛拳叶苔	*Nowellia aciliata*（P. C. Chen & P. C. Wu）Mizut.	LC	
35. 拳叶苔	*Nowellia curvifolia*（Dicks.）Mitt.	LC	
36. 裂齿苔	*Odontoschisma denudatum*（Mart.）Dumort.	LC	
37. 瘤壁裂齿苔	*Odontoschisma grosseverrucosum* Steph.	LC	
38. 塔叶苔	*Schiffneria hyalina* Steph.	EN	B2ab（iii）
拟大萼苔科 Cephaloziellaceae			
39. 小叶拟大萼苔	*Cephaloziella microphylla*（Steph.）Douin	LC	
40. 仰叶拟大萼苔	*Cephaloziella stephanii* Schiffn. ex Douin	DD	
41. 东亚筒萼苔	*Cylindrocolea tagawae*（N. Kitag.）R. M. Schust.	LC	
甲克苔科 Jackiellaceae			
42. 爪哇甲克苔	*Jackiella javanica* Schiffn.	LC	
叶苔科 Jungermanniaceae			
43. 深绿叶苔	*Jungermannia atrovirens* Dumort.	LC	
44. 偏叶叶苔	*Jungermannia comata* Nees	LC	
45. 矮细叶苔	*Jungermannia pumila* With.	DD	
管口苔科 Solenostomataceae			
46 变色叶苔	*Jungermannia haskarliana*（Nees）Steph.	LC	
47. 透明叶苔	*Jungermannia hyalina* Lyell.	LC	
48. 褐绿叶苔	*Jungermannia infusca*（Mitt.）Steph.	LC	
49. 羽叶叶苔	*Jungermannia plagiochiloides*（Spruce）Mitt.	LC	
50. 四褶叶苔	*Jungermannia tetragona* Lindenb.	LC	
51. 截叶叶苔	*Jungermannia truncata* Nees	LC	
假苞苔科 Notoscyphaceae			
52. 黄色假苞苔	*Notoscyphus lutescens*（Lehm. & Lindenb.）Mitt.	LC	
隐蒴苔科 Adelanthaceae			
53. 筒萼对耳苔	*Syzygiella autumnalis*（DC.）K. Feldberg, Váňa, Hentschel & Heinrichs	LC	

续表

中文名	拉丁学名	等级	等级注解
挺叶苔科 Anastrophyllaceae			
54. 全缘广萼苔	*Chandonanthus birmensis* Steph.	LC	
合叶苔科 Scapaniaceae			
55. 齿边褶叶苔	*Diplophyllum serrulatum*（Müll. Frib.）Steph.	EN	A3c；B2ab（iii）
56. 尖瓣合叶苔	*Scapania ampliata* Steph.	DD	
57. 刺齿合叶苔	*Scapania ciliata* Sande Lac.	LC	
58. 柯氏合叶苔	*Scapania koponenii* Potemkin	LC	
59. 林地合叶苔	*Scapania nemorea*（L.）Grolle.	LC	
60. 斯氏合叶苔	*Scapania stephanii* Müll. Frib.	LC	
61. 斜齿合叶苔	*Scapania umbrosa*（Schrad.）Dumort.	LC	
齿萼苔科 Lophocoleaceae			
62. 尖叶裂萼苔	*Chiloscyphus cuspidatus*（Nees）J. J. Engel & R. M. Schust.	LC	
63. 圆叶裂萼苔	*Chiloscyphus horikawanus*（S. Hatt.）J. J. Engel & R. M. Schust.	DD	
64. 疏叶裂萼苔	*Chiloscyphus itoanus*（Inoue）J. J. Engel & R. M. Schust.	DD	
65. 芽胞裂萼苔	*Chiloscyphus minor*（Nees）J. J. Engel & R. M. Schust.	LC	
66. 异叶裂萼苔	*Chiloscyphus profundus*（Nees）J. J. Engel & R. M. Schust.	LC	
67. 四齿异萼苔	*Heteroscyphus argutus*（Reinw. ，Blume & Nees）Schiffn.	LC	
68. 双齿异萼苔	*Heteroscyphus coalitus*（Hook.）Schiffn.	LC	
69. 平叶异萼苔	*Heteroscyphus planus*（Mitt.）Schiffn.	LC	
70. 圆叶异萼苔	*Heteroscyphus tener*（Steph.）Schiffn.	LC	
羽苔科 Plagiochilaceae			
71. 树形羽苔	*Plagiochila arbuscula*（Brid. ex Lehm. & Lindenb.）Lindenb.	LC	
72. 尖头羽苔	*Plagiochila cuspidata* Steph.	LC	
73. 羽状羽苔	*Plagiochila dendroides*（Nees）Lindenb.	LC	
74. 长叶羽苔	*Plagiochila flexuosa* Mitt.	LC	
75. 福氏羽苔	*Plagiochila fordiana* Steph.	LC	
76. 多枝羽苔	*Plagiochila fruticosa* Mitt.	LC	
77. 裂叶羽苔	*Plagiochila furcifolia* Mitt.	LC	
78. 纤细羽苔	*Plagiochila gracilis* Lindenb. & Gottsche	LC	

中文名	拉丁学名	等级	等级注解
79. 卵叶羽苔	*Plagiochila ovalifolia* Mitt.	LC	
80. 圆头羽苔	*Plagiochila parvifolia* Lindenb.	LC	
81. 大蠕形羽苔	*Plagiochila peculiaris* Schiffn.	LC	
82. 美姿羽苔	*Plagiochila pulcherrima* Horik.	LC	
83. 刺叶羽苔	*Plagiochila sciophila* Nees ex Lindenb.	LC	
84. 延叶羽苔	*Plagiochila semidecurrens*（Lehm. & Lindenb.）Lindenb.	LC	
85. 狭叶羽苔	*Plagiochila trabeculata* Steph.	LC	
86. 朱氏羽苔	*Plagiochila zhuensis* Grolle & M. L. So	LC	
87. 稀齿对羽苔	*Plagiochilion mayebarae* S. Hatt.	LC	
小袋苔科 Isotachis			
88. 东亚直蒴苔	*Isotachis japonica* Steph.	EN	B1ab（v）
紫叶苔科 Pleuroziaceae			
89. 南亚紫叶苔	*Pleurozia acinosa*（Mitt.）Trevis.	EN	B1ab（iii）
扁萼苔科 Radulaceae			
90. 尖舌扁萼苔	*Radula acuminata* Steph.	LC	
91. 稀齿扁萼苔	*Radula acuta* Mitt.	DD	
92. 断叶扁萼苔	*Radula caduca* K. Yamada	LC	
93. 大瓣扁萼苔	*Radula cavifolia* Hampe	LC	
94. 扁萼苔	*Radula complanata*（L.）Dumort.	LC	
95. 芽胞扁萼苔	*Radula constricta* Steph.	LC	
96. 异苞扁萼苔	*Radula gedena* Steph.	DD	
97. 日本扁萼苔	*Radula japonica* Gottsche ex Steph.	LC	
98. 爪哇扁萼苔	*Radula javanica* Gottsche	LC	
99. 尖叶扁萼苔	*Radula kojana* Steph.	LC	
100. 树生扁萼苔	*Radula obscura* Mitt.	LC	
101. 厚角扁萼苔	*Radula okamurana* Steph.	DD	
102. 东亚扁萼苔	*Radula oyamensis* Steph.	NT	
光萼苔科 Porellaceae			
103. 东亚尖瓣光萼苔	*Porella acutifolia*（Lehm. & Lindenb.）Trevis. subsp. *tosana*（Steph.）S. Hatt.	DD	
104. 丛生光萼苔	*Porella caespitans*（Steph.）S. Hatt.	LC	

中文名	拉丁学名	等级	等级注解
105. 舌叶多齿光萼苔	*Porella campylophylla*（Lehm. & Lindenb.）Trevis. var. *ligulifera*（Taylor）S. Hatt.	LC	
106. 密叶光萼苔	*Porella densifolia*（Steph.）S. Hatt.	DD	
107. 尾尖光萼苔	*Porella handelii* S. Hatt.	LC	
108. 日本光萼苔	*Porella japonica*（Sande Lac.）Mitt.	LC	
109. 长叶光萼苔	*Porella longifolia*（Steph.）S. Hatt.	LC	
110. 高山光萼苔	*Porella oblongifolia* S. Hatt.	LC	
111. 钝尖光萼苔	*Porella obtusiloba* S. Hatt.	NT	
112. 毛边光萼苔	*Porella perrottetiana*（Mont.）Trevis.	LC	
113. 卷叶光萼苔	*Porella revoluta*（Lehm. & Lindenb.）Trevis.	DD	
耳叶苔科 Frullaniaceae			
114. 尖叶耳叶苔	*Frullania apiculata*（Reinw., Blume & Nees）Nees	LC	
115. 华夏耳叶苔	*Frullania aposinensis* S. Hatt. & P. J. Lin	DD	
116. 湖南耳叶苔	*Frullania hunanensis* S. Hatt.	LC	
117. 石生耳叶苔	*Frullania inflata* Gottsche	LC	
118. 卡氏耳叶苔	*Frullania kashyapii* Verd.	DD	
119. 弯瓣耳叶苔	*Frullania linii* S. Hatt.	LC	
120. 列胞耳叶苔	*Frullania moniliata*（Reinw., Blume & Nees）Mont.	LC	
121. 短萼耳叶苔	*Frullania motoyana* Steph.	LC	
122. 盔瓣耳叶苔	*Frullania muscicola* Steph.	LC	
123. 小叶耳叶苔	*Frullania parvifolia* Steph.	DD	A2cd+3cd
124. 多褶耳叶苔	*Frullania polyptera* Taylor	LC	
125. 斑点耳叶苔	*Frullania punctata* Reimers	DD	
126. 细毛耳叶苔	*Frullania trichodes* Mitt.	LC	
毛耳苔科 Jubulaceae			
127. 爪哇毛耳苔	*Jubula hutchinsiae*（Hook.）Dumort. subsp. *javanica*（Steph.）Verd.	LC	
128. 日本毛耳苔	*Jubula japonica* Steph.	LC	
细鳞苔科 Lejeuneaceae			
129. 细体顶鳞苔	*Acrolejeunea pusilla*（Steph.）Grolle & Gradst.	LC	
130. 密枝顶鳞苔	*Acrolejeunea pycnoclada*（Taylor）Schiffn.	LC	
131. 南亚顶鳞苔	*Acrolejeunea sandvicensis*（Gottsche）Steph.	LC	

中文名	拉丁学名	等级	等级注解
132. 尖叶唇鳞苔	*Cheilolejeunea krakakammae*（Lindenb.）R. M. Schust.	LC	
133. 钝叶唇鳞苔	*Cheilolejeunea obtusifolia*（Steph.）S. Hatt.	VU	B1ab（iii）
134. 大隅唇鳞苔	*Cheilolejeunea osumiensis*（S. Hatt.）Mizut.	LC	
135. 琉球唇鳞苔	*Cheilolejeunea ryukyuensis* Mizut.	LC	
136. 粗茎唇鳞苔	*Cheilolejeunea trapezia*（Nees）Kachroo & R. M. Schust.	LC	
137. 阔叶唇鳞苔	*Cheilolejeunea trifaria*（Reinw.，Blume & Nees）Mizut.	LC	
138. 弯叶唇鳞苔	*Cheilolejeunea turgida*（Mitt.）W. Ye & R. L. Zhu	LC	
139. 卷边唇鳞苔	*Cheilolejeunea xanthocarpa*（Lehm. & Lindenb.）Malombe	LC	
140. 薄叶疣鳞苔	*Cololejeunea appressa*（A. Evans）Benedix	LC	
141. 台湾疣鳞苔	*Cololejeunea ceratilobula*（P. C. Chen）R. M. Schust.	LC	
142. 线瓣疣鳞苔	*Cololejeunea desciscens* Steph.	LC	
143. 鼎湖疣鳞苔	*Cololejeunea dinghuiana* R. L. Zhu & Y. F. Wang	DD	
144. 哈斯卡疣鳞苔	*Cololejeunea haskarliana*（Lehm.）Schiffn.	LC	
145. 白边疣鳞苔	*Cololejeunea inflata* Steph.	LC	
146. 狭瓣疣鳞苔	*Cololejeunea lanciloba* Steph.	LC	
147. 阔瓣疣鳞苔	*Cololejeunea latilobula*（Herzog）Tixier	LC	
148. 距齿疣鳞苔	*Cololejeunea macounii*（Spruce ex Underw）A. Evans	LC	
149. 列胞疣鳞苔	*Cololejeunea ocellata*（Horik.）Benedix	LC	
150. 多胞疣鳞苔	*Cololejeunea ocelloides*（Horik.）Mizut.	LC	
151. 疣萼疣鳞苔	*Cololejeunea peraffinis*（Schiffn.）Schiffn.	LC	
152. 粗齿疣鳞苔	*Cololejeunea planissima*（Mitt.）Abeyw.	LC	
153. 尖叶疣鳞苔	*Cololejeunea pseudocristallina* P. C. Chen & P. C. Wu	LC	
154. 拟棉毛疣鳞苔	*Cololejeunea pseudofloccosa*（Horik.）Benedix	LC	
155. 扁叶疣鳞苔	*Cololejeunea raduliloba* Steph.	LC	
156. 圆瓣疣鳞苔	*Cololejeunea rotundilobula*（P. C. Wu & P. J. Lin）Piippo	LC	
157. 全缘疣鳞苔	*Cololejeunea schwabei* Herzog.	LC	
158. 刺叶疣鳞苔	*Cololejeunea spinosa*（Horik.）Pandé & R. N. Misra	LC	
159. 长柱疣鳞苔	*Cololejeunea stylosa*（Prantl）Steph. ex A. Evans	LC	
160. 南亚疣鳞苔	*Cololejeunea tenella* Benedix	LC	
161. 单体疣鳞苔	*Cololejeunea trichomanis*（Gottsche）Besch.	LC	
162. 魏氏疣鳞苔	*Cololejeunea wightii* Steph.	DD	

中文名	拉丁学名	等级	等级注解
163. 九洲疣鳞苔	*Cololejeunea yakusimensis*（S. Hatt）Mizut.	LC	
164. 线角鳞苔	*Drepanolejeunea angustifolia*（Mitt.）Grolle	LC	
165. 日本角鳞苔	*Drepanolejeunea erecta*（Steph.）Mizut.	LC	
166. 短叶角鳞苔	*Drepanolejeunea vesiculosa*（Mitt.）Steph.	LC	
167. 狭瓣细鳞苔	*Lejeunea anisophylla* Mont.	LC	
168. 尖叶细鳞苔	*Lejeunea apiculata* Sande Lac.	LC	
169. 芽条细鳞苔	*Lejeunea cocoes* Mitt.	LC	
170. 弯叶细鳞苔	*Lejeunea curviloba* Steph.	LC	
171. 长叶细鳞苔	*Lejeunea discreta* Lindenb.	LC	
172. 神山细鳞苔	*Lejeunea eifrigii* Mizut.	LC	
173. 黄色细鳞苔	*Lejeunea flava*（Sw.）Nees	LC	
174. 日本细鳞苔	*Lejeunea japonica* Mitt.	LC	
175. 东亚细鳞苔	*Lejeunea konosensis* Mizut.	DD	
176. 尖叶细鳞苔	*Lejeunea neelgherriana* Gottsche	LC	
177. 暗绿细鳞苔	*Lejeunea obscura* Mitt.	LC	
178. 小叶细鳞苔	*Lejeunea parva*（S. Hatt.）Mizut.	LC	
179. 斑叶细鳞苔	*Lejeunea punctiformis* Taylor	LC	
180. 疣萼细鳞苔	*Lejeunea tuberculosa* Steph.	LC	
181. 疏叶细鳞苔	*Lejeunea ulicina*（Taylor）Gottsche, Lindenb. & Nees	LC	
182. 尖叶薄鳞苔	*Leptolejeunea elliptica*（Lehm. & Lindenb.）Besch.	LC	
183. 大叶冠鳞苔	*Lopholejeunea eulopha*（Taylor）Schiffn.	LC	
184. 黑冠鳞苔	*Lopholejeunea nigricans*（Lindenb.）Steph. ex Schiffn.	LC	
185. 褐冠鳞苔	*Lopholejeunea subfusca*（Nees）Schiffn.	LC	
186. 耳叶鞭鳞苔	*Mastigolejeunea auriculata*（Wilson & Hook.）Steph.	LC	
187. 南亚鞭鳞苔	*Mastigolejeunea repleta*（Taylor）A. Evans	DD	
188. 皱萼苔	*Ptychanthus striatus*（Lehm. & Lindenb）Nees	LC	
189. 东亚多褶苔	*Spruceanthus kiushianus*（Horik.）X. Q. Shi, R. L. Zhu & Gradst.	DD	
190. 瘤瓣多褶苔	*Spruceanthus mamillilobulus*（Herzog）Verd.	LC	
191. 平叶多褶苔	*Spruceanthus planiusculus*（Mitt.）X. Q. Shi, R. L. Zhu & Gradst.	LC	
192. 变异多褶苔	*Spruceanthus polymorphus*（Sande Lac.）Verd.	LC	

中文名	拉丁学名	等级	等级注解
193. 多褶苔	*Spruceanthus semirepandus*（Nees）Verd.	LC	
194. 鞍叶苔	*Tuyamaella molischii*（Schiffn.）S. Hatt.	VU	A3c；B1ab（iii）
小叶苔科 Fossombroniaceae			
195. 日本小叶苔	*Fossombronia japonica* Schiffn.	LC	
溪苔科 Pelliaceae			
196. 溪苔	*Pellia epiphylla*（L.）Corda	LC	
南溪苔科 Makinoaceae			
197. 南溪苔	*Makinoa crispata*（Steph.）Miyake	LC	
带叶苔科 Pallaviciniaceae			
198. 暖地带叶苔	*Pallavicinia levieri* Schiffn.	DD	
199. 带叶苔	*Pallavicinia lyellii*（Hook.）Gray	LC	
200. 长刺带叶苔	*Pallavicinia subciliata*（Austin）Steph.	LC	
绿片苔科 Aneuraceae			
201. 绿片苔	*Aneura pinguis*（L.）Dumort.	LC	
202. 波叶片叶苔	*Riccardia chamedryfolia*（With.）Grolle	LC	
203. 羽枝片叶苔	*Riccardia multifida*（L.）Gray	LC	
叉苔科 Metzgeriaceae			
204. 平叉苔	*Metzgeria conjugata* Lindb.	LC	
205. 叉苔	*Metzgeria furcata*（L.）Corda	LC	
毛地钱科 Dumortieraceae			
206. 毛地钱	*Dumortiera hirsuta*（Sw.）Nees	LC	
蛇苔科 Conocephalaceae			
207. 蛇苔	*Conocephalum conicum*（L.）Dumort.	LC	
208. 小蛇苔	*Conocephalum japonicum*（Thunb.）Grolle	LC	
疣冠苔科 Aytoniaceae			
209. 紫背苔	*Plagiochasma cordatum* Lehm. & Lindenb.	LC	
210. 石地钱	*Reboulia hemisphaerica*（L.）Raddi	LC	
地钱科 Marchantiaceae			
211. 楔瓣地钱	*Marchantia emarginata* Reinw., Blume & Nees	LC	
212. 东亚楔瓣地钱	*Marchantia emarginata* subsp. *tosana*（Steph.）Bischl.	LC	
213. 粗裂地钱	*Marchantia paleacea* Bertol.	LC	

中文名	拉丁学名	等级	等级注解
214. 风兜粗裂地钱	*Marchantia paleacea* var. *diptera*（Nees & Mont.）S. Hatt.	LC	
215. 地钱	*Marchantia polymorpha* L.	LC	
单月苔科 Monosoleniaceae			
216. 单月苔	*Monosolenium tenerum* Griff.	LC	
钱苔科 Ricciaceae			
217. 叉钱苔	*Riccia fluitans* L.	LC	
218. 钱苔	*Riccia glauca* L.	LC	
角苔科 Anthocerotaceae			
219. 台湾角苔	*Anthoceros formosae* Steph.	LC	
220. 褐角苔	*Folioceros fuciformis*（Mont.）D. C. Bhardwaj	LC	
短角苔科 Notothyladaceae			
221. 东亚短角苔	*Notothylas japonica* Horik.	LC	
222. 黄角苔	*Phaeoceros laevis*（L.）Prosk.	LC	
树角苔科 Dendrocerotaceae			
223. 东亚大角苔	*Megaceros flagellaris*（Mitt.）Steph.	LC	
泥炭藓科 Sphagnaceae			
224. 暖地泥炭藓	*Sphagnum junghuhnianum* Dozy & Molk.	EN	A3cd
225. 柔叶暖地泥炭藓	*Sphagnum junghuhnianum* var. *pseudomolle*（Warnst.）Warnst.	LC	
226. 多纹泥炭藓	*Sphagnum multifibrosum* X. J. Li & M. Zang	EN	A3cd
227. 泥炭藓	*Sphagnum palustre* L.	VU	A3cd
228. 密枝泥炭藓	*Sphagnum palustre* subsp. *pseudocymbifolium*（Müll. Hal.）A. Eddy	LC	
无轴藓科 Archidiaceae			
229. 中华无轴藓	*Archidium ohioense* Schimp. ex Müll. Hal.	LC	
牛毛藓科 Ditrichaceae			
230. 短齿牛毛藓	*Ditrichum brevidens* Nog.	DD	
231. 卷叶牛毛藓	*Ditrichum difficile*（Duby）M. Fleisch.	LC	
232. 细牛毛藓	*Ditrichum flexicaule*（Schwägr.）Hampe	LC	
233. 牛毛藓	*Ditrichum heteromallum*（Hedw.）E. Britton	LC	
234. 黄牛毛藓	*Ditrichum pallidum*（Hedw.）Hampe	LC	
235. 细叶牛毛藓	*Ditrichum pusillum*（Hedw.）Hampe	LC	
236. 荷包藓	*Garckea flexuosa*（Griff.）Margad. & Nork.	LC	

中文名	拉丁学名	等级	等级注解
237. 丛毛藓	*Pleuridium subulatum*（Hedw.）Rabenh.	DD	
曲尾藓科 Dicranaceae			
238. 大锦叶藓	*Dicranoloma assimile*（Hampe）Broth. ex Renauld	LC	
239. 长蒴锦叶藓	*Dicranoloma cylindrothecium*（Mitt.）Sakurai	LC	
240. 锦叶藓	*Dicranoloma dicarpum*（Nees）Paris	LC	
241. 脆叶锦叶藓	*Dicranoloma fragile* Broth	LC	
242. 大曲尾藓	*Dicranum drummondii* Müll. Hal.	LC	
243. 棕色曲尾藓	*Dicranum fuscescens* Turner	LC	
244. 日本曲尾藓	*Dicranum japonicum* Mitt.	LC	
245. 马氏曲尾藓	*Dicranum mayrii* Broth.	LC	
246. 曲尾藓	*Dicranum scoparium* Hedw.	LC	
247. 皱叶曲尾藓	*Dicranum undulatum* Schrad. ex Brid.	LC	
248. 柱鞘苞领藓	*Holomitrium cylindraceum*（P. Beauv.）Wijk & Marg.	LC	
249. 密叶苞领藓	*Holomitrium densifolium*（Wilson）Wijk & Marg.	LC	
250. 柔叶白锦藓	*Leucoloma molle*（Müll. Hal.）Mitt.	LC	
251. 东亚白锦藓	*Leucoloma okamurae* Broth.	LC	
252. 疣肋拟白发藓	*Paraleucobryum schwarzii*（Schimp.）C. Gao & Vitt	LC	
粗石藓科 Rhabdoweisiaceae			
253. 东亚高领藓	*Glyphomitrium warburgii*（Broth.）Cardot	DD	
254. 合睫藓	*Symblepharis vaginata*（Hook.）Wijk & Marg.	LC	
白发藓科 Leucobryaceae			
255. 白氏藓	*Brothera leana*（Sull.）Müll. Hal.	LC	
256. 长叶曲柄藓	*Campylopus atrovirens* De Not.	LC	
257. 尾尖曲柄藓	*Campylopus caudatus*（Müll. Hal.）Mont.	LC	
258. 毛叶曲柄藓	*Campylopus ericoides*（Griff.）A. Jaeger	LC	
259. 脆枝曲柄藓	*Campylopus fragilis*（Brid.）Bruch & Schimp.	LC	
260. 纤枝曲柄藓	*Campylopus gracilis*（Mitt.）A. Jaeger	LC	
261. 大曲柄藓	*Campylopus hemitrichius*（Müll. Hal.）A. Jaeger	LC	
262. 日本曲柄藓	*Campylopus japonicus* Broth.	LC	
263. 疏网曲柄藓	*Campylopus laxitextus* Sande Lac.	LC	
264. 梨蒴曲柄藓	*Campylopus pyriformis*（Schultz）Brid.	LC	

中文名	拉丁学名	等级	等级注解
265. 辛氏曲柄藓	*Campylopus schimperi* Milde	LC	
266. 黄曲柄藓	*Campylopus schmidii*（Müll. Hal.）A. Jaeger	LC	
267. 狭叶曲柄藓	*Campylopus subulatus* Schimp. ex Milde	LC	
268. 台湾曲柄藓	*Campylopus taiwanensis* Sakurai	LC	
269. 节茎曲柄藓	*Campylopus umbellatus*（Arn.）Paris	LC	
270. 粗叶青毛藓	*Dicranodontium asperulum*（Mitt.）Broth.	LC	
271. 长叶青毛藓	*Dicranodontium attenuatum*（Mitt.）Wils. ex Jaeg.	LC	
272. 青毛藓	*Dicranodontium denudatum*（Brid.）E. Britton	LC	
273. 毛叶青毛藓	*Dicranodontium filifolium* Broth.	LC	
274. 钩叶青毛藓	*Dicranodontium uncinatum*（Harv.）A. Jaeger	LC	
275. 弯叶白发藓	*Leucobryum aduncum* Dozy & Molk.	VU	A3cd
276. 粗叶白发藓	*Leucobryum boninense* Sull. & Lesq.	EN	A3cd
277. 狭叶白发藓	*Leucobryum bowringii* Mitt.	EN	A3cd
278. 绿色白发藓	*Leucobryum chlorophyllosum* Müll. Hal.	VU	A3cd
279. 白发藓	*Leucobryum glaucum*（Hedw.）Angstr.	VU	A3cd
280. 短枝白发藓	*Leucobryum humillimum* Cardot	VU	A3cd
281. 爪哇白发藓	*Leucobryum javense*（Brid.）Mitt.	EN	A3cd
282. 桧叶白发藓	*Leucobryum juniperoideum*（Brid.）Müll. Hal.	VU	A3cd
283. 耳叶白发藓	*Leucobryum sanctum*（Nees ex Schwägr.）Hampe	VU	A3cd；B1ab（iii, v）
284. 疣叶白发藓	*Leucobryum scabrum* Sande Lac.	VU	A3cd
小烛藓科 Bruchiaceae			
285. 小孢小烛藓	*Bruchia microspora* Nog.	DD	
286. 长蒴藓	*Trematodon logicollis* Michx.	LC	
小曲尾藓科 Dicranellaceae			
287. 扭柄藓	*Campylopodium medium*（Duby）Giese & J. -P. Frahm	LC	
288. 华南小曲尾藓	*Dicranella austro-sinensis* Herzog & Dixon	LC	
289. 短颈小曲尾藓	*Dicranella cerviculata*（Hedw.）Schimp.	LC	
290. 南亚小曲尾藓	*Dicranella coarctata*（Müll. Hal.）Bosch & Sande Lac.	LC	
291. 变形小曲尾藓	*Dicranella varia*（Hedw.）Schimp.	LC	
292. 小曲柄藓	*Microcampylopus khasianus*（Griff.）Giese & J. -P. Frahm	LC	

中文名	拉丁学名	等级	等级注解
凤尾藓科 Fissidentaceae			
293. 尖肋凤尾藓	*Fissidens beckettii* Mitt.	LC	
294. 糙蒴凤尾藓	*Fissidens capitulatus* Nog.	DD	
295. 锡兰凤尾鲜	*Fissidens ceylonensis* Dozy & Molk.	LC	
296. 齿叶凤尾藓	*Fissidens crenulatus* Mitt.	LC	
297. 黄叶凤尾藓	*Fissidens crispulus* Brid.	LC	
298. 卷叶凤尾藓	*Fissidens dubius* P. Beauv.	LC	
299. 暖地凤尾藓	*Fissidens flaccidus* Mitt.	LC	
300. 短肋凤尾藓	*Fissidens gardneri* Mitt.	LC	
301. 二形凤尾藓	*Fissidens geminiflorus* Dozy & Molk.	LC	
302. 广东凤尾藓	*Fissidens guangdongensis* Z. Iwats. & Z. H. Li	LC	
303. 裸萼凤尾藓	*Fissidens gymnogynus* Besch.	LC	
304. 糙柄凤尾藓	*Fissidens hollianus* Dozy & Molk.	LC	
305. 内卷凤尾藓	*Fissidens involutus* Wilson ex Mitt.	LC	
306. 爪哇凤尾藓	*Fissidens javanicus* Dozy & Molk.	LC	
307. 暗边凤尾藓	*Fissidens jungermannioides* Griff.	LC	
308. 拟狭叶凤尾藓	*Fissidens kinabaluensis* Z. Iwats.	LC	
309. 暗色凤尾藓	*Fissidens linearis* Brid. var. *obscurirete*（Broth. & Paris）I. G. Stone	LC	
310. 大凤尾藓	*Fissidens nobilis* Griff.	LC	
311. 曲肋凤尾藓	*Fissidens oblongifolius* Hook. f. & Wilson	LC	
312. 粗肋凤尾藓	*Fissidens pellucidus* Hornsch.	LC	
313. 网孔凤尾藓	*Fissidens polypodioides* Hedw.	LC	
314. 微疣凤尾藓	*Fissidens schwabei* Nog.	LC	
315. 鳞叶凤尾藓	*Fissidens taxifolius* Hedw.	LC	
316. 南京凤尾藓	*Fissidens teysmannianus* Dozy & Molk.	LC	
317. 拟小凤尾藓	*Fissidens tosaensis* Broth.	LC	
318. 狭叶凤尾藓	*Fissidens wichurae* Broth. & M. Fleisch.	DD	
319. 车氏凤尾藓	*Fissidens zollingeri* Mont.	LC	
花叶藓科 Calymperaceae			
320. 梯网花叶藓	*Calymperes afzelii* Sw.	LC	
321. 圆网花叶藓	*Calymperes erosum* Müll. Hal.	LC	

中文名	拉丁学名	等级	等级注解
322. 剑叶花叶藓	*Calymperes fasciculatum* Dozy & Molk.	LC	
323. 白睫藓	*Leucophanes octoblepharioides* Brid.	EN	A3cd；B1ab（iii，v）
324. 八齿藓	*Octoblepharum albidum* Hedw.	LC	
325. 鞘刺网藓	*Syrrhopodon armatus* Mitt.	LC	
326. 陈氏网藓	*Syrrhopodon chenii* W. D. Reese & P. J. Lin	EN	A3c
327. 网藓	*Syrrhopodon gardneri*（Hook.）Schwägr.	LC	
328. 日本网藓	*Syrrhopodon japonicus*（Hook.）Schwägr.	LC	
329. 东方网藓	*Syrrhopodon orientalis* W. D. Reese & P. J. Lin	LC	
330. 鞘齿巴西网藓	*Syrrhopodon prolifer* Schwägr. var. *tosaensis*（Cardot）Orbán & W. D. Reese	LC	
331. 鞘齿网藓	*Syrrhopodon trachyphyllus* Mont.	LC	
丛藓科 Pottiaceae			
332. 扭叶丛本藓	*Anoectangium stracheyanum* Mitt.	LC	
333. 卷叶丛本藓	*Anoectangium thomsonii* Mitt.	LC	
334. 钝叶扭口藓	*Barbula chenia* Redf. & B. C. Tan	LC	
335. 小扭口藓	*Barbula indica*（Hook.）Spreng.	LC	
336. 扭口藓	*Barbula unguiculata* Hedw.	LC	
337. 狭叶链齿藓	*Desmatodon cernuus*（Huebener）Bruch & Schimp.	LC	
338. 芽胞链齿藓	*Desmatodon gemmascens* P. C. Chen	LC	
339. 泛生链齿藓	*Desmatodon laureri*（Schultz）Bruch & Schimp.	LC	
340. 尖叶对齿藓	*Didymodon constrictus*（Mitt.）K. Saito	LC	
341. 硬叶对齿藓	*Didymodon rigidulus* Hedw.	LC	
342. 溪边对齿藓	*Didymodon rivicola*（Broth.）R. H. Zander	LC	
343. 剑叶对齿藓	*Didymodon rufidulus*（Müll. Hal.）Broth.	LC	
344. 土生对齿藓	*Didymodon vinealis*（Brid.）R. H. Zander	LC	
345. 铜绿净口藓	*Gymnostomum aeruginosum* Sm.	LC	
346. 净口藓	*Gymnostomum calcareum* Nees & Hornsch.	LC	
347. 摺叶石灰藓	*Hydrogonium inflexum*（Duby）P. C. Chen	NT	
348. 拟石灰藓	*Hydrogonium pseudoehrenbergii*（M. Fleisch.）P. C. Chen	LC	
349. 暗色石灰藓	*Hydrogonium sordidum*（Besch.）P. C. Chen	LC	

中文名	拉丁学名	等级	等级注解
350. 卷叶湿地藓	*Hyophila involuta*（Hook.）A. Jaeger	LC	
351. 花状湿地藓	*Hyophila nymaniana*（M. Fleisch.）M. Menzel	LC	
352. 芽胞湿地藓	*Hyophila propagulifera* Broth.	LC	
353. 高山大丛藓	*Molendoa sendtneriana*（Bruch & Schimp.）Limpr.	LC	
354. 狭叶拟合睫藓	*Pseudosymblepharis angustata*（Mitt.）Hilp.	LC	
355. 反纽藓	*Timmiella anomala*（Bruch & Schimp.）Limpr.	LC	
356. 长叶纽藓	*Tortella tortuosa*（Schrad. ex Hedw.）Limpr.	LC	
357. 长蒴墙藓	*Tortula leptotheca*（Broth.）P. C. Chen	LC	
358. 毛口藓	*Trichostomum brachydontium* Bruch	LC	
359. 皱叶毛口藓	*Trichostomum crispulum* Bruch	LC	
360. 卷叶毛口藓	*Trichostomum hattorianum* B. C. Tan & Z. Iwats.	LC	
361. 阔叶毛口藓	*Trichostomum platyphyllum*（Broth. ex Ihsiba）P. C. Chen	LC	
362. 波边毛口藓	*Trichostomum tenuirostre*（Hook. & Taylor）Lindb.	LC	
363. 芒尖毛口藓	*Trichostomum zanderi* Redf. & B. C. Tan	LC	
364. 褶叶小墙藓	*Weisiopsis anomala*（Broth. & Paris ex Cardot）Broth.	LC	
365. 小墙藓	*Weisiopsis plicata*（Mitt.）Broth.	LC	
366. 短柄小石藓	*Weissia breviseta*（Thér.）P. C. Chen	LC	
367. 小石藓	*Weissia controversa* Hedw.	LC	
368. 缺齿小石藓	*Weissia edentula* Mitt.	LC	
369. 东亚小石藓	*Weissia exserta*（Broth.）P. C. Chen	LC	
370. 皱叶小石藓	*Weissia longifolia* Mitt.	LC	
缩叶藓科 Ptychomitriaceae			
371. 多枝缩叶藓	*Ptychomitrium gardneri* Lesq.	LC	
372. 威氏缩叶藓	*Ptychomitrium wilsonii* Sull. & Lesq.	LC	
紫萼藓科 Grimmiaceae			
373. 黄砂藓	*Racomitrium anomodontoides* Cardot	LC	
374. 砂藓	*Racomitrium canescens*（Hedw.）Brid.	LC	
夭命藓科 Ephemeraceae			
375. 尖顶夭命藓	*Ephemerum apiculatum* P. C. Chen	LC	
葫芦藓科 Funariaceae			
376. 葫芦藓	*Funaria hygrometrica* Hedw.	LC	

中文名	拉丁学名	等级	等级注解
377. 狭叶立碗藓	*Physcomitrium coorgense* Broth.	LC	
378. 红蒴立碗藓	*Physcomitrium eurystomum* Sendtn.	LC	
379. 日本立碗藓	*Physcomitrium japonicum*（Hedw.）Mitt.	LC	
380. 匍生立碗藓	*Physcomitrium repandum*（Griff.）Mitt.	LC	
真藓科 Bryaceae			
381. 银藓	*Anomobryum julaceum*（Schrad. ex G. Gaertn.，B. Mey. & Scherb.）Schimp.	LC	
382. 纤枝短月藓	*Brachymenium exile*（Dozy & Molk.）Bosch & Sande Lac.	LC	
383. 饰边短月藓	*Brachymenium longidens* Renauld & Cardot	LC	
384. 短月藓	*Brachymenium nepalense* Hook.	LC	
385. 毛状真藓	*Bryum apiculatum* Schwägr.	LC	
386. 真藓	*Bryum argenteum* Hedw.	LC	
387. 比拉真藓	*Bryum billardieri* Schwägr.	LC	
388. 丛生真藓	*Bryum caespiticium* Hedw.	LC	
389. 细叶真藓	*Bryum capillare* Hedw.	LC	
390. 柔叶真藓	*Bryum cellulare* Hook.	LC	
391. 蕊形真藓	*Bryum coronatum* Schwägr.	LC	
392. 双色真藓	*Bryum dichotomum* Hedw.	LC	
393. 黄色真藓	*Bryum pallescens* Schleich. ex Schwägr.	LC	
394. 近高山真藓	*Bryum paradoxum* Schwägr.	LC	
395. 暖地大叶藓	*Rhodobryum giganteum*（Schwägr.）Paris	VU	A3cd
提灯藓科 Mniaceae			
396. 长叶提灯藓	*Mnium lycopodioides* Schwägr.	LC	
397. 柔叶立灯藓	*Orthomnion dilatatum*（Wilson ex Mitt.）P. C. Chen	LC	
398. 尖叶匍灯藓	*Plagiomnium acutum*（Lindb.）T. J. Kop.	LC	
399. 密集匍灯藓	*Plagiomnium confertidens*（Lindb. & Arnell）T. J. Kop.	LC	
400. 匍灯藓	*Plagiomnium cuspidatum*（Hedw.）T. J. Kop.	LC	
401. 侧枝匍灯藓	*Plagiomnium maximoviczii*（Lindb.）T. J. Kop.	LC	
402. 具喙匍灯藓	*Plagiomnium rhynchophorum*（Harv.）T. J. Kop.	LC	
403. 钝叶匍灯藓	*Plagiomnium rostratum*（Schrad.）T. J. Kop.	LC	
404. 大叶匍灯藓	*Plagiomnium succulentum*（Mitt.）T. J. Kop.	LC	
405. 圆叶匍灯藓	*Plagiomnium vesicatum*（Besch.）T. J. Kop.	LC	

中文名	拉丁学名	等级	等级注解
406. 丝瓜藓	*Pohlia elongata* Hedw.	LC	
407. 疣齿丝瓜藓	*Pohlia flexuosa* Hook.	LC	
408. 黄丝瓜藓	*Pohlia nutans*（Hedw.）Lindb.	LC	
409. 卵蒴丝瓜藓	*Pohlia proligera*（Kindb.）Lindb. ex Arnell	LC	
410. 疣灯藓	*Trachycystis microphylla*（Dozy & Molk.）Lindb.	LC	
桧藓科 Rhizogoniaceae			
411. 大桧藓	*Pyrrhobryum dozyanum*（Sande Lac.）Manuel	LC	
412. 阔叶桧藓	*Pyrrhobryum latifolium*（Bosch & Sande Lac.）Mitt.	LC	
413. 刺叶桧藓	*Pyrrhobryum spiniforme*（Hedw.）Mitt.	LC	
珠藓科 Bartramiaceae			
414. 亮叶珠藓	*Bartramia halleriana* Hedw.	LC	
415. 直叶珠藓	*Bartramia ithyphylla* Brid.	LC	
416. 梨蒴珠藓	*Bartramia pomiformis* Hedw.	LC	
417. 大热泽藓	*Breutelia arundinifolia*（Duby）M. Fleisch.	LC	
418. 偏叶泽藓	*Philonotis falcate*（Hook.）Mitt.	LC	
419. 泽藓	*Philonotis fontana*（Hedw.）Brid.	LC	
420. 密叶泽藓	*Philonotis hastata*（Duby）Wijk & Margad.	LC	
421. 毛叶泽藓	*Philonotis lancifolia* Mitt.	LC	
422. 柔叶泽藓	*Philonotis mollis*（Dozy & Molk.）Mitt.	LC	
423. 倒齿泽藓	*Philonotis runcinata* Müll. Hal. ex Angstr.	LC	
424. 斜叶泽藓	*Philonotis secunda*（Dozy & Molk.）Bosch & Sande Lac.	LC	
425. 细叶泽藓	*Philonotis thwaitesii* Mitt.	LC	
426. 东亚泽藓	*Philonotis turneriana*（Schwägr.）Mitt.	LC	
树生藓科 Erpodiaceae			
427. 细鳞藓	*Solmsiella biseriata*（Austin）Steere	LC	
428. 钟帽藓	*Venturiella sinensis*（Venturi）Müll. Hal.	LC	
木灵藓科 Orthotrichaceae			
429. 中华蓑藓	*Macromitrium cavaleriei* Cardot & Thér.	LC	
430. 福氏蓑藓	*Macromitrium ferriei* Card. & Thér.	LC	
431. 长枝蓑藓	*Macromitrium formosae* Cardot	DD	
432. 缺齿蓑藓	*Macromitrium gymnostomum* Sull. & Lesq.	LC	

续表

中文名	拉丁学名	等级	等级注解
433. 阔叶蓑藓	*Macromitrium holomitrioides* Nog.	LC	
434. 钝叶蓑藓	*Macromitrium japonicum* Dozy & Molk.	LC	
435. 棱蒴蓑藓	*Macromitrium macrosporum* Broth.	LC	
436. 尼泊尔蓑藓	*Macromitrium nepalense*（Hook. & Grev.）Schwägr.	DD	
437. 无锡蓑藓	*Macromitrium ousiense* Broth. & Paris	LC	
438. 大苞叶修氏蓑藓	*Macromitrium schmidii* var. *macroperichaetialium* S. L. Guo & T. Cao	LC	
439. 长帽蓑藓	*Macromitrium tosae* Besch.	LC	
440. 南亚火藓	*Schlotheimia grevilleana* Mitt.	LC	
441. 小火藓	*Schlotheimia pungens* E. B. Bartram link. alt	LC	
卷柏藓科 Selaginellaceae			
442. 毛尖卷柏藓	*Racopilum cuspidigerum*（Schwägr.）Ångstr.	LC	
虎尾藓科 Hedwigiaceae			
443. 虎尾藓	*Hedwigia ciliata*（Hedw.）P. Beauv.	LC	
隐蒴藓科 Cryphaeaceae			
444. 毛枝藓	*Pilotrichopsis dentata*（Mitt.）Besch.	LC	
445. 粗毛枝藓	*Pilotrichopsis robusta* P. C. Chen	LC	
白齿藓科 Leucodontaceae			
446. 白齿藓	*Leucodon sciuroides*（Hedw.）Schwägr.	LC	
447. 拟白齿藓	*Pterogoniadelphus esquirolii*（Thér.）Ochyra & Zijlstra	LC	
448. 中华疣齿藓	*Scabridens sinensis* E. B. Bartram	LC	
金毛藓科 Myuriaceae			
449. 拟金毛藓	*Eumyurium sinicum*（Mitt.）Nog.	LC	
450. 脆叶红毛藓	*Oedicladium fragile* Cardot	LC	
451. 红色红毛藓	*Oedicladium rufescens*（Reinw. & Hornsch.）Mitt.	LC	
452. 小红毛藓	*Oedicladium serricuspe*（Broth.）Nog. & Z. Iwats.	LC	
453. 绿色栅孔藓	*Palisadula chrysophylla*（Cardot）Toyama	DD	
454. 小叶栅孔藓	*Palisadula katoi*（Broth.）Z. Iwats.	DD	
粗柄藓科 Trachylomataceae			
455. 南亚粗柄藓	*Trachyloma indicum* Mitt.	LC	

中文名	拉丁学名	等级	等级注解
棱蒴藓科 Ptychomniaceae			
456. 南亚绳藓	*Garovaglia elegans*（Dozy & Molk.）Hampe ex Bosch & Sande Lac.	LC	
蕨藓科 Pterobryaceae			
457. 耳平藓	*Calyptothecium recurvulum*（Müll. Hal. ex Broth.）Broth.	LC	
458. 平尖兜叶藓	*Horikawaea dubia*（Tixier）S. H. Lin	LC	
459. 兜叶藓	*Horikawaea nitida* Nog.	LC	
蔓藓科 Meteoriaceae			
460. 异叶灰气藓	*Aerobryopsis cochlearifolia* Dixon	LC	
461. 扭叶灰气藓	*Aerobryopsis parisii*（Cardot）Broth.	LC	
462. 大灰气藓	*Aerobryopsis subdivergens*（Broth.）Broth.	LC	
463. 长尖大灰气藓	*Aerobryopsis subdivergens* subsp. *scariosa*（E. B. Bartram）Nog.	LC	
464. 灰气藓	*Aerobryopsis wallichii*（Brid.）M. Fleisch.	LC	
465. 悬藓	*Barbella compressiramea*（Renauld & Cardot）M. Fleisch.	LC	
466. 垂藓	*Chrysocladium retrorsum*（Mitt.）M. Fleisch.	LC	
467. 软枝绿锯藓	*Duthiella flaccida*（Cardot）Broth.	LC	
468. 美绿锯藓	*Duthiella speciosissima* Broth. ex Card.	LC	
469. 假丝带藓	*Floribundaria pseudofloribunda* M. Fleisch.	LC	
470. 反叶粗蔓藓	*Meteoriopsis reclinata*（Müll. Hal.）M. Fleisch.	LC	
471. 东亚蔓藓	*Meteorium atrovariegatum* Cardot & Thér.	LC	
472. 细枝蔓藓	*Meteorium papillarioides* Nog.	LC	
473. 粗枝蔓藓	*Meteorium subpolytrichum*（Besch.）Broth.	LC	
474. 鞭枝新丝藓	*Neodicladiella flagellifera*（Cardot）Huttunen & D. Quandt	LC	
475. 新丝藓	*Neodicladiella pendula*（Sull.）W. R. Buck	LC	
476. 短尖假悬藓	*Pseudobarbella attenuata*（Thwaites & Mitt.）Nog.	LC	
477. 波叶假悬藓	*Pseudobarbella laosiensis*（Broth. & Paris）Nog.	NT	
478. 假悬藓	*Pseudobarbella levieri*（Renauld & Cardot）Nog.	LC	
479. 拟木毛藓	*Pseudospiridentopsis horrida*（Mitt. ex Cardot）M. Fleisch.	LC	
480. 小多疣藓	*Sinskea flammea*（Mitt.）W. R. Buck	LC	
481. 扭叶反叶藓	*Toloxis semitorta*（Müll. Hal.）W. R. Buck	LC	
482. 细带藓	*Trachycladiella aurea*（Mitt.）M. Menzel	LC	

中文名	拉丁学名	等级	等级注解
483. 大耳拟扭叶藓	*Trachypodopsis auriculata*（Mitt.）M. Fleisch.	LC	
484. 台湾拟扭叶藓	*Trachypodopsis formosana* Nog.	LC	
485. 扭叶藓	*Trachypus bicolor* Reinw. & Hornsch.	LC	
486. 小扭叶藓	*Trachypus humilis* Lindb.	LC	
船叶藓科 Lembophyllaceae			
487. 毛尖新悬藓	*Neobarbella comes*（Griff.）Nog. var. *pilifera*（Broth. & M. Yasuda）B. C. Tan，S. He & Isov.	DD	
平藓科 Neckeraceae			
488. 残齿藓	*Forsstroemia trichomitria*（Hedw.）Lindb.	LC	
489. 扁枝藓	*Homalia trichomanoides*（Hedw.）Schimp.	LC	
490. 小树平藓	*Homaliodendron exiguum*（Bosch & Sande Lac.）M. Fleisch.	LC	
491. 树平藓	*Homaliodendron flabellatum*（Sm.）M. Fleisch.	LC	
492. 舌叶树平藓	*Homaliodendron ligulifolium*（Mitt.）M. Fleisch.	LC	
493. 钝叶树平藓	*Homaliodendron microdendron*（Mont.）M. Fleisch.	LC	
494. 西南树平藓	*Homaliodendron montagneanum*（Müll. Hal.）M. Fleisch.	LC	
495. 疣叶树平藓	*Homaliodendron papillosum* Broth.	LC	
496. 刀叶树平藓	*Homaliodendron scalpellifolium*（Mitt.）M. Fleisch.	LC	
497. 截叶拟平藓	*Neckeropsis lepineana*（Mont.）M. Fleisch.	LC	
498. 钝叶拟平藓	*Neckeropsis obtusata*（Mont.）M. Fleisch.	LC	
499. 卵叶台湾藓	*Taiwanobryum anacamptolepis*（Müll. Hal.）S. Olsson，Enroth & D. Quandt	LC	
500. 广东台湾藓	*Taiwanobryum guangdongense*（Enroth）S. Olsson，Enroth & D. Quandt	NT	
501. 台湾藓	*Taiwanobryum speciosum* Nog.	LC	
502. 南亚木藓	*Thamnobryum subserratum*（Hook. ex Harv.）Nog. & Z.Iwats.	LC	
瓦叶藓科 Miyabeaceae			
503. 圆叶拟扁枝藓	*Homaliadelphus sharpii*（R. S. Williams）Sharp var. *rotundatus*（Nog.）Z. Iwats.	LC	
油藓科 Hookeriaceae			
504. 尖叶油藓	*Hookeria acutifolia* Hook. & Grev.	LC	

中文名	拉丁学名	等级	等级注解
小黄藓科 Daltoniaceae			
505. 刺边叉枝毛蒴藓	*Calyptrochaeta ramosa*（M. Fleisch.）B. C. Tan & H. Rob. subsp. *spinosa*（Nog.）P. J. Lin & B. C. Tan	LC	
506. 厚角黄藓	*Distichophyllum collenchymatosum* Cardot	LC	
507. 沿海厚角黄藓	*Distichophyllum collenchymatosum* var. *pseudosinense* P. J. Lin & B. C. Tan	LC	
508. 东亚黄藓	*Distichophyllum maibarae* Besch.	DD	
509. 万氏黄藓	*Distichophyllum wanianum* B. C. Tan & P. J. Lin	EN	B2ab（i,iv）
茸帽藓科 Pilotrichaceae			
510. 强肋藓	*Callicostella papillata*（Mont.）Mitt.	LC	
511. 平滑强肋藓	*Callicostella prabaktiana*（Müll. Hal.）Bosch & Sande Lac.	LC	
512. 并齿拟油藓	*Hookeriopsis utacamundiana*（Mont.）Broth.	LC	
孔雀藓科 Hypopterygiaceae			
513. 粗齿雉尾藓	*Cyathophorum adiantum*（Griff.）Mitt.	LC	
514. 短肋雉尾藓	*Cyathophorum hookerianum*（Griff.）Mitt.	LC	
515. 树雉尾藓	*Dendrocyathophorum paradoxum*（Broth.）Dixon	LC	
516. 黄边孔雀藓	*Hypopterygium flavolimbatum* Müll. Hal.	LC	
异枝藓科 Heterocladiaceae			
517. 小粗疣藓	*Fauriella tenerrima* Broth.	LC	
518. 粗疣藓	*Fauriella tenuis*（Mitt.）Cardot	DD	
碎米藓科 Fabroniaceae			
519. 东亚碎米藓	*Fabronia matsumurae* Besch.	LC	
异齿藓科 Regmatodontaceae			
520. 异齿藓	*Regmatodon declinatus*（Hook.）Brid.	LC	
薄罗藓科 Leskeaceae			
521. 大麻羽藓	*Claopodium assurgens*（Sull. & Lesq.）Cardot	LC	
522. 细麻羽藓	*Claopodium gracillimum*（Cardot & Thér.）Nog.	LC	
523. 多疣麻羽藓	*Claopodium pellucinerve*（Mitt.）Best	LC	
524. 齿叶麻羽藓	*Claopodium prionophyllum*（Müll. Hal.）Broth.	LC	
525. 中华细枝藓	*Lindbergia brachyptera*（Mitt.）Kindb.	LC	
526. 细枝藓	*Lindbergia brachyptera*（Mitt.）Kindb.	LC	

续表

中文名	拉丁学名	等级	等级注解
527. 拟草藓	*Pseudoleskeopsis zippelii*（Dozy & Molk.）Broth.	LC	
528. 翼叶小绢藓	*Rozea pterogonioides*（Harv.）A. Jaeger	LC	
529. 华东附干藓	*Schwetschkea courtoisii* Broth. & Paris	LC	
牛舌藓科 Anomodontaceae			
530. 小牛舌藓	*Anomodon minor* Lindb	LC	
531. 牛舌藓	*Anomodon viticulosus*（Hedw.）Hook. & Taylor	LC	
532. 拟多枝藓	*Haplohymenium pseudotriste*（Müll. Hal.）Broth.	LC	
533. 暗绿多枝藓	*Haplohymenium triste*（Ces.）Kindb.	LC	
534. 羊角藓	*Herpetineuron toccoae*（Sull. & Lesq.）Cardot	LC	
535. 拟附干藓	*Schwetschkeopsis fabronia*（Schwägr.）Broth.	LC	
羽藓科 Thuidiaceae			
536. 纤枝细羽藓	*Cyrto-hypnum bonianum*（Besch.）W. R. Buck & H. A.Crum	LC	
537. 密枝细羽藓	*Cyrto-hypnum tamariscellum*（Müll. Hal.）W. R. Buck & H. A. Crum	LC	
538. 红毛细羽藓	*Cyrto-hypnum versicolor*（Hornsch. ex Müll. Hal.）W. R. Buck & H. A. Crum	LC	
539. 多毛细羽藓	*Cyrto-hypnum vestitissimum*（Besch.）W. R. Buck & H. A. Crum	LC	
540. 狭叶小羽藓	*Haplocladium angustifolium*（Hampe & Müll. Hal.）Broth.	LC	
541. 细叶小羽藓	*Haplocladium microphyllum*（Hedw.）Broth.	LC	
542. 大羽藓	*Thuidium cymbifolium*（Dozy & Molk.）Dozy & Molk.	LC	
543. 拟灰羽藓	*Thuidium glaucinoides* Broth.	LC	
544. 短肋羽藓	*Thuidium kanedae* Sakurai	LC	
545. 灰羽藓	*Thuidium pristocalyx*（Müll. Hal.）A. Jaeger	LC	
青藓科 Brachytheciaceae			
546. 气藓	*Aerobryum speciosum* Dozy & Molk.	LC	
547. 多褶青藓	*Brachythecium buchananii*（Hook.）A. Jaeger	LC	
548. 多枝青藓	*Brachythecium fasciculirameum* Müll. Hal.	LC	
549. 台湾青藓	*Brachythecium formosanum* Takaki	LC	
550. 圆枝青藓	*Brachythecium garovaglioides* Müll. Hal.	LC	
551. 粗枝青藓	*Brachythecium helminthocladum* Broth. & Paris	LC	
552. 扁枝青藓	*Brachythecium planiusculum* Müll. Hal.	DD	

续表

中文名	拉丁学名	等级	等级注解
553. 羽枝青藓	*Brachythecium plumosum*（Hedw.）Schimp.	LC	
554. 脆枝青藓	*Brachythecium thraustum* Müll. Hal.	NT	
555. 钩叶青藓	*Brachythecium uncinifolium* Broth. & Paris	LC	
556. 密枝燕尾藓	*Bryhnia serricuspis*（Müll. Hal.）Y. F. Wang & R. L. Hu	LC	
557. 短尖美喙藓	*Eurhynchium angustirete*（Broth.）T. J. Kop.	LC	
558. 尖叶美喙藓	*Eurhynchium eustegium*（Besch.）Dixon	LC	
559. 宽叶美喙藓	*Eurhynchium hians*（Hedw.）Sande Lac.	LC	
560. 扭尖美喙藓	*Eurhynchium kirishimense* Takaki	LC	
561. 疏网美喙藓	*Eurhynchium laxirete* Broth.	LC	
562. 密叶美喙藓	*Eurhynchium savatieri* Schimp. ex Besch.	LC	
563. 无疣同蒴藓	*Homalothecium laevisetum* Sande Lac.	LC	
564. 白色同蒴藓	*Homalothecium leucodonticaule*（Müll. Hal.）Broth.	LC	
565. 鼠尾藓	*Myuroclada maximowiczii*（G. G. Borshch.）Steere & W. B. Schofield	LC	
566. 短枝褶藓	*Okamuraea brachydictyon*（Cardot）Nog.	LC	
567. 长枝褶藓	*Okamuraea hakoniensis*（Mitt.）Broth.	LC	
568. 乌苏里长枝褶藓	*Okamuraea hakoniensis* var. *ussuriensis*（Broth.）Nog.	LC	
569. 褶叶藓	*Palamocladium leskeoides*（Hook.）E. Britton	LC	
570. 日本细喙藓	*Rhynchostegiella japonica* Dixon & Thér.	LC	
571. 光柄细喙藓	*Rhynchostegiella laeviseta* Broth.	LC	
572. 毛尖细喙藓	*Rhynchostegiella sakuraii* Takaki	LC	
573. 疏叶长喙藓	*Rhynchostegium celebicum*（Sande Lac.）A. Jaeger	LC	
574. 杜氏长喙藓	*Rhynchostegium duthiei* Müll. Hal. ex Dixon	DD	
575. 斜枝长喙藓	*Rhynchostegium inclinatum*（Mitt.）A. Jaege	LC	
576. 淡枝长喙藓	*Rhynchostegium pallenticaule* Müll. Hal.	LC	
577. 淡叶长喙藓	*Rhynchostegium pallidifolium*（Mitt.）A. Jaeger	LC	
578. 水生长喙藓	*Rhynchostegium riparioides*（Hedw.）Cardot	LC	
579. 泛生长喙藓	*Rhynchostegium vagans* A. Jaeger	DD	
绢藓科 Entodontaceae			
580. 柱蒴绢藓	*Entodon challengeri*（Paris）Cardot	LC	
581. 绢藓	*Entodon cladorrhizans*（Hedw.）Müll. Hal.	LC	
582. 广叶绢藓	*Entodon flavescens*（Hook.）A. Jaeger	LC	

中文名	拉丁学名	等级	等级注解
583. 细绢藓	*Entodon giraldii* Müll. Hal.	LC	
584. 长叶绢藓	*Entodon longifolius*（Müll. Hal.）A. Jaeger	LC	
585. 深绿绢藓	*Entodon luridus*（Griff.）A. Jaeger	LC	
586. 长柄绢藓	*Entodon macropodus*（Hedw.）Müll. Hal.	LC	
587. 钝叶绢藓	*Entodon obtusatus* Broth.	LC	
588. 皱叶绢藓	*Entodon plicatus* Müll. Hal.	LC	
589. 横生绢藓	*Entodon prorepens*（Mitt.）A. Jaeger	LC	
590. 亮叶绢藓	*Entodon schleicheri*（Schimp.）Demet.	LC	
591. 亚美绢藓	*Entodon sullivantii*（Müll. Hal.）Lindb.	LC	
592. 宝岛绢藓	*Entodon taiwanensis* C. K. Wang & S. H. Lin	LC	
593. 绿叶绢藓	*Entodon viridulus* Cardot	LC	
594. 穗枝赤齿藓	*Erythrodontium julaceum*（Hook. ex Schwägr.）Paris	LC	
棉藓科 Plagiotheciaceae			
595. 长灰藓	*Herzogiella seligeri*（Brid.）Z. Iwats.	DD	
596. 北地拟同叶藓	*Isopterygiopsis muelleriana*（Schimp.）Z. Iwats.	LC	
597. 直叶棉藓	*Plagiothecium euryphyllum*（Cardot & Thér.）Z. Iwats.	LC	
598. 垂蒴棉藓	*Plagiothecium nemorale*（Mitt.）A. Jaeger	LC	
599. 长喙棉藓	*Plagiothecium succulentum*（Wilson）Lindb.	DD	
毛锦藓科 Pylaisiadelphaceae			
600. 赤茎小锦藓	*Brotherella erythrocaulis*（Mitt.）M. Fleisch.	LC	
601. 弯叶小锦藓	*Brotherella falcata*（Dozy & Molk.）M. Fleisch.	LC	
602. 小锦藓	*Brotherella fauriei*（Besch. ex Cardot）Broth.	LC	
603. 南方小锦藓	*Brotherella henonii*（Duby）M. Fleisch.	LC	
604. 粗枝拟疣胞藓	*Clastobryopsis robusta*（Broth.）M. Fleisch.	LC	
605. 鞭枝藓	*Isocladiella surcularis*（Dixon）B. C. Tan & Mohamed	LC	
606. 淡色同叶藓	*Isopterygium albescens*（Hook.）A. Jaeger	LC	
607. 扁平同叶藓	*Isopterygium applanatum* M. Fleisch.	LC	
608. 南亚同叶藓	*Isopterygium bancanum*（Sande Lac.）A. Jaeger	LC	
609. 石生同叶藓	*Isopterygium saxense* R. S. Williams	DD	
610. 齿边同叶藓	*Isopterygium serrulatum* M. Fleisch.	LC	
611. 弯叶毛锦藓	*Pylaisiadelpha tenuirostris*（Bruch & Schimp. ex Sull.）W. R. Buck	LC	

续表

中文名	拉丁学名	等级	等级注解
612. 短叶毛锦藓	*Pylaisiadelpha yokohamae*（Broth.）W. R. Buck	LC	
613. 短茎麻锦藓	*Taxithelium parvulum*（Broth. & Paris）Broth.	LC	
614. 弯叶刺枝藓	*Wijkia deflexifolia*（Mitt. ex Renauld & Cardot）H. A. Crum	LC	
615. 角状刺枝藓	*Wijkia hornschuchii*（M. Fleisch.）H. A. Crum	LC	
616. 细枝刺枝藓	*Wijkia surcularis*（Mitt.）H. A. Crum	LC	
617. 毛尖刺枝藓	*Wijkia tanytricha*（Mont.）H. A. Crum	LC	
锦藓科 Sematophyllaceae			
618. 针叶顶孢藓	*Acroporium diminutum*（Brid.）M. Fleisch.	LC	
619. 卷尖顶胞藓	*Acroporium rufum*（Reinw. & Hornsch.）M. Fleisch.	LC	
620. 心叶顶孢藓	*Acroporium secundum*（Reinw. & Hornsch.）M. Fleisch.	LC	
621. 壁厚顶胞藓	*Acroporium stramineum*（Reinw. & Hornsch.）M. Fleisch.	LC	
622. 疣柄顶孢藓	*Acroporium strepsiphyllum*（Mont.）B. C. Tan	LC	
623. 花锦藓	*Chionostomum rostratum*（Griff.）Müll. Hal.	LC	
624. 疣柄拟刺疣藓	*Papillidiopsis complanata*（Dixon）W. R. Buck & B. C. Tan	LC	
625. 褶边拟刺疣藓	*Papillidiopsis macrosticta*（Broth. & Paris）W. R. Buck & B. C. Tan	LC	
626. 光泽拟刺疣藓	*Papillidiopsis ramulina*（Thwaites & Mitt.）W. R. Buck & B. C. Tan	DD	
627. 弯叶细锯齿藓	*Radulina hamata*（Dozy & Molk.）W. R. Buck & B. C. Tan	LC	
628. 橙色锦藓	*Sematophyllum phoeniceum*（Müll. Hal.）M. Fleisch.	LC	
629. 矮锦藓	*Sematophyllum subhumile*（Müll. Hal.）M. Fleisch.	LC	
630. 羽叶锦藓	*Sematophyllum subpinnatum*（Brid.）E. Britton	LC	
631. 垂蒴刺疣藓	*Trichosteleum boschii*（Dozy & Molk.）A. Jaeger	LC	
632. 全缘刺疣藓	*Trichosteleum lutschianum*（Broth. & Paris）Broth.	LC	
633. 小蒴刺疣藓	*Trichosteleum saproxylophilum*（Müll. Hal.）B. C. Tan, W. B. Schofield & H. P. Ramsay	LC	
634. 长喙刺疣藓	*Trichosteleum stigmosum* Mitt.	LC	
灰藓科 Hypnaceae			
635. 蕨叶偏蒴藓	*Ectropothecium aneitense* Broth. & Watts	NT	
636. 偏蒴藓	*Ectropothecium buitenzorgii*（Bél.）Mitt.	LC	
637. 淡叶偏蒴藓	*Ectropothecium dealbatum*（Reinw. & Hornsch.）A. Jaeger	LC	
638. 钝叶偏蒴藓	*Ectropothecium obtusulum*（Cardot）Z. Iwats.	LC	

续表

中文名	拉丁学名	等级	等级注解
639. 大偏蒴藓	*Ectropothecium penzigianum* M. Fleisch.	LC	
640. 小偏蒴藓	*Ectropothecium perminutum* Broth. ex E. B. Bartram	DD	
641. 平叶偏蒴藓	*Ectropothecium zollingeri*（Müll. Hal.）A. Jaeger	LC	
642. 美灰藓	*Eurohypnum leptothallum*（Müll. Hal.）Ando	LC	
643. 狭叶厚角藓	*Gammiella tonkinensis*（Broth. & Paris）B. C. Tan	LC	
644. 锐齿扁锦藓	*Glossadelphus glossoides*（Bosch & Sande Lac.）M. Fleisch.	NT	
645. 舌叶扁锦藓	*Glossadelphus lingulatus*（Cardot）M. Fleisch.	LC	
646. 菲律宾粗枝藓	*Gollania philippinensis*（Broth.）Nog.	LC	
647. 拟灰藓	*Hondaella caperata*（Mitt.）B. C. Tan & Z. Iwats.	LC	
648. 尖叶灰藓	*Hypnum callichroum* Brid.	LC	
649. 灰藓	*Hypnum cupressiforme* Hedw.	LC	
650. 东亚灰藓	*Hypnum fauriei* Cardot	LC	
651. 弯叶灰藓	*Hypnum hamulosum* Schimp.	LC	
652. 长蒴灰藓	*Hypnum macrogynum* Besch.	NT	
653. 南亚灰藓	*Hypnum oldhamii*（Mitt.）A. Jaeger	LC	
654. 大灰藓	*Hypnum plumaeforme* Wilson	LC	
655. 密叶拟鳞叶藓	*Pseudotaxiphyllum densum*（Cardot）Z. Iwats.	LC	
656. 东亚拟鳞叶藓	*Pseudotaxiphyllum pohliaecarpum*（Sull. & Lesq.）Z. Iwats.	LC	
657. 互生叶鳞叶藓	*Taxiphyllum alternans*（Cardot）Z. Iwats.	LC	
658. 钝头鳞叶藓	*Taxiphyllum arcuatum*（Bosch & Sande Lac.）S. He	LC	
659. 凸尖鳞叶藓	*Taxiphyllum cuspidifolium*（Cardot）Z. Iwats.	LC	
660. 陕西鳞叶藓	*Taxiphyllum giraldii*（Müll. Hal.）M. Fleisch.	LC	
661. 浮生鳞叶藓	*Taxiphyllum inundatum* Reimers	DD	
662. 鳞叶藓	*Taxiphyllum taxirameum*（Mitt.）M. Fleisch.	LC	
663. 明叶藓	*Vesicularia montagnei*（Schimp.）Broth.	LC	
664. 长尖明叶藓	*Vesicularia reticulata*（Dozy & Molk.）Broth.	LC	
塔藓科 Hylocomiaceae			
665. 毛叶梳藓	*Ctenidium capillifolium*（Mitt.）Broth.	LC	
666. 梳藓	*Ctenidium molluscum*（Hedw.）Mitt.	LC	
667. 齿叶梳藓	*Ctenidium serratifolium*（Cardot）Broth.	LC	
668. 假蔓藓	*Loeskeobryum brevirostre*（Brid.）M. Fleisch.	LC	

续表

中文名	拉丁学名	等级	等级注解
669. 南木藓	*Macrothamnium macrocarpum*（Reinw. & Hornsch.）M. Fleisch.	LC	
670. 小蔓藓	*Meteoriella soluta*（Mitt.）S. Okamura	LC	
短颈藓科 Diphysciaceae			
671. 乳突短颈藓	*Diphyscium chiapense* D. H. Norris subsp. *unipapillosum*（Deguchi）T. Y. Chiang & S. H. Lin	LC	
672. 短颈藓	*Diphyscium foliosum*（Hedw.）D. Mohr	LC	
673. 东亚短颈藓	*Diphyscium fulvifolium* Mitt.	LC	
674. 卷叶短颈藓	*Diphyscium mucronifolium* Mitt.	LC	
金发藓科 Polytrichaceae			
675. 小仙鹤藓	*Atrichum crispulum* Schimp. ex Besch.	LC	
676. 小胞仙鹤藓	*Atrichum rhystophyllum*（Müll. Hal.）Paris	LC	
677. 多蒴仙鹤藓	*Atrichum undulatum*（Hedw.）P. Beauv. var. *gracilisetum* Besch.	LC	
678. 东亚仙鹤藓	*Atrichum yakushimense*（Horik.）Mizush.	LC	
679. 小金发藓	*Pogonatum aloides*（Hedw.）P. Beauv.	LC	
680. 刺边小金发藓	*Pogonatum cirratum*（Sw.）Brid.	LC	
681. 褐色刺边小金发藓	*Pogonatum cirratum* subsp. *fuscatum*（Mitt.）Hyvönen	LC	
682. 暖地小金发藓	*Pogonatum fastigiatum* Mitt.	LC	
683. 东亚小金发藓	*Pogonatum inflexum*（Lindb.）Sande Lac.	LC	
684. 硬叶小金发藓	*Pogonatum neesii*（Müll. Hal.）Dozy	LC	
685. 川西小金发藓	*Pogonatum nudiusculum* Mitt.	LC	
686. 双珠小金发藓	*Pogonatum pergranulatum* P. C. Chen	LC	
687. 南亚小金发藓	*Pogonatum proliferum*（Griff.）Mitt.	LC	
688. 苞叶小金发藓	*Pogonatum spinulosum* Mitt.	LC	
689. 台湾拟金发藓	*Polytrichastrum formosum*（Hedw.）G. L. Sm.	LC	
690. 圆齿台湾拟金发藓	*Polytrichastrum formosum* var. *densifolium*（Wilson ex Mitt.）Z. Iwats. & Nog.	LC	
691. 金发藓	*Polytrichum commune* Hedw.	LC	

第三章　广东石松类和蕨类植物的现状与评估

石松类和蕨类植物是陆生维管植物中第二大类群，距今已有四亿多年的演化历史，曾是地质历史中地球植被最主要的组成成分，随着有花植物在侏罗纪末期的兴起，石松类和蕨类植物多演化成为有花植物森林下耐阴植物的主体或攀缘至林冠层成为附生植物。全世界现存石松类和蕨类植物多为中小型的草本植物，约 12 000 种，隶属 51 科 337 属，广泛分布于世界各地，尤其以热带和亚热带地区种类最多，具有水生、石生、附生或草本、藤本、灌木和小乔木等丰富多样的生境类型和生态类型（任海等，2022）。最新发布的《中国生物物种名录 2021 版》收录了中国石松类和蕨类植物 41 科 188 属 2 573 种（含种下分类群，下同）。

广东省位于我国大陆最南部，也是欧亚大陆的东南部，临太平洋，由于其地处热带和亚热带的过渡地区，且高温多雨，自然地理条件优越，蕨类植物相当丰富。广东省共有石松类和蕨类植物 593 种，隶属于 34 科 121 属，其中野生种类 34 科 119 属 588 种，占全国石松类和蕨类物种总数的 23.05%。石松类和蕨类植物中 20 种以上的大科有鳞毛蕨科、水龙骨科、金星蕨科、蹄盖蕨科、凤尾蕨科、铁角蕨科、三叉蕨科、卷柏科、膜蕨科共 9 科。10 种以上的石松类和蕨类植物属有凤尾蕨属、铁角蕨属、鳞毛蕨属、卷柏属、复叶耳蕨属、短肠蕨属、毛蕨属、铁线蕨属等。这些科、属具有明显的热带和亚热带性质。典型的热带成分如假芒萁属、光叶藤蕨属、七指蕨属、莎草蕨属、毛杆蕨属、革舌蕨属等虽然均只有 1 种在广东省有分布，但它们的出现体现了广东省石松类和蕨类植物区系的热带北缘性质；而卵果蕨属、荚果蕨属、阴地蕨属等典型的北温带的成分在南岭山地的出现则体现了广东省石松类和蕨类植物区系中，热带成分与温带成分的交汇性质。一些东亚—北美间断分布属如过山蕨属、峨眉蕨属在广东省亦有分布，说明广东省蕨类植物区系仍然属于东亚植物区系的边缘，并与北美植物区系有一定的联系。

在生态习性方面，以陆生林下阴生为主，如凤尾蕨属、莲座蕨属、毛蕨属、卷柏属、鳞毛蕨属、复叶耳蕨属、叉蕨属、鳞盖蕨属、短肠蕨属等；藤本状蕨类有藤石松、海金沙属、假芒萁等；附生蕨类（包括树附生和石附生）有铁角蕨属、星蕨属、石韦属、膜蕨科、巢蕨属、书带蕨属、舌蕨属、骨碎补属等；淡水生蕨类的有水蕨属、槐叶蘋属、满江红属等；咸水生蕨类的有卤蕨属；旱生、阳生性的常组成以蕨类为主的植物群落，如芒萁（*Dicranopteris pedata*）、里白（*Diplopterygium glaucum*）、蕨（*Pteridium aquilinum* var. *latiusculum*）等。

广东省野生石松类和蕨类植物受威胁概况如表 6 所示，共有地区绝灭种（RE）3 种，分别为中华水韭、七指蕨、白桫椤，目前在广东省内已无踪迹可寻；极危种（CR）6 种，分别为深圳双扇蕨（*Dipteris shenzhenensis*）、莎草蕨（*Schizaea digitata*）、笔筒树（*Sphaeropteris lepifera*）、网藤蕨（*Lomagramma matthewii*）、戟羽耳蕨（*Polystichum hastipinnum*）和掌叶假瘤蕨（*Selliguea digitata*）；濒危种（EN）16 种；易危种（VU）30 种；近危种（NT）

31 种；无危种（LC）379 种；数据缺乏种（DD）123 种。目前共有 52 种蕨类植物受到威胁，占广东省野生石松类和蕨类植物总数的 8.84%，大部分处于无危状态。据对每一个科的受威胁状况进行统计，水龙骨科和鳞毛蕨科的受威胁物种最多，也是石松类和蕨类植物最大的科。石松科是蕨类植物中的原始类群，多数具有药用价值，因此受破坏也大；双扇蕨科由于是一群孑遗植物，分布区间断，数量稀少，加之该科植物形态优美，观赏价值高，容易受到威胁，广东产双扇蕨科仅 3 种，分别为全缘燕尾蕨（*Cheiropleuria integrifolia*）、中华双扇蕨（*Dipteris chinensis*）和深圳双扇蕨。

表6　广东省野生石松类和蕨类植物受威胁概况

| 科名 | 地区绝灭（RE） | 受威胁等级 | | | 近危（NT） | 无危（LC） | 数据缺乏（DD） | 受威胁物种数 | 总计 |
		极危（CR）	濒危（EN）	易危（VU）					
凤尾蕨科				4	2	56	15	4	77
骨碎补科					1	3		0	4
海金沙科						4	1	0	5
合囊蕨科						1		0	1
槐叶蘋科						2		0	2
金毛狗蕨科						1		0	1
金星蕨科				2	1	45	13	2	61
卷柏科			1			20	4	1	25
冷蕨科						1		0	1
里白科						9	2	0	11
鳞毛蕨科		2	3	3	8	58	17	8	91
鳞始蕨科						10	1	0	11
瘤足蕨科						4		0	4
膜蕨科			1	1		11	3	2	16
木贼科						2		0	2
瓶尔小草科	1		1			3	4	1	9
蘋科						2		0	2
球子蕨科						1		0	1
三叉蕨科			1	1		10	5	2	17
莎草蕨科		1						1	1
肾蕨科						3		0	3
石松科			2	3	2	7	3	5	17
双扇蕨科			1	2				3	3

续表

科名	地区绝灭(RE)	受威胁等级			近危(NT)	无危(LC)	数据缺乏(DD)	受威胁物种数	总计
		极危(CR)	濒危(EN)	易危(VU)					
水韭科	1							0	1
水龙骨科		1	4	6	5	42	14	11	72
松叶蕨科				1				1	1
桫椤科	1	1	1	1	2	3		2	9
蹄盖蕨科				1	1	31	23	1	56
条蕨科					1		1	0	2
铁角蕨科			1	3	3	20	9	4	36
碗蕨科			1	1	1	17	6	2	26
乌毛蕨科				1	3	6		1	10
肿足蕨科						2	1		3
紫萁科					1	5	1	0	7
总计	3	6	16	30	31	379	123	52	588

根据调整后的《国家重点保护野生植物名录》（国家林业和草原局　农业农村部，2021 年第 15 号），广东省现有国家重点保护的石松类和蕨类野生植物共 24 种，分别隶属于水韭科、石松科、瓶尔小草科、合囊蕨科、金毛狗蕨科、桫椤科、凤尾蕨科和乌毛蕨科 8 科。其中国家一级保护野生植物有 1 种，为中华水韭；国家二级保护野生植物有 23 种，分别为昆明石杉（*Huperzia kunmingensis*）、南岭石杉（*Huperzia nanlingensis*）、长柄石杉（*Huperzia javanica*）、四川石杉（*Huperzia sutchueniana*）、华南马尾杉（*Phlegmariurus austrosinicus*）、龙骨马尾杉（*Phlegmariurus carinatus*）、福氏马尾杉（*Phlegmariurus fordii*）、广东马尾杉（*Phlegmariurus guangdongensis*）、闽浙马尾杉（*Phlegmariurus mingcheensis*）、有柄马尾杉（*Phlegmariurus petiolatus*）、马尾杉（*Phlegmariurus phlegmaria*）、七指蕨、福建观音座莲（*Angiopteris fokiensis*）、金毛狗（*Cibotium barometz*）、中华桫椤（*Alsophila costularis*）、大叶黑桫椤（*Alsophila gigantea*）、桫椤（*Alsophila spinulosa*）、结脉黑桫椤（*Gymnosphaera bonii*）、黑桫椤（*Gymnosphaera podophylla*）、白桫椤、笔筒树、水蕨（*Ceratopteris thalictroides*）和苏铁蕨（*Brainea insignis*）。中华水韭和水蕨这 2 种保护植物由省农业农村主管部门分工管理。双扇蕨科的中华双扇蕨在 2018 年被列为广东省省级重点保护野生植物（王瑞江，2019）。

石松类和蕨类植物物种多样性保护在广东省的主要热点地区包括：南岭自然保护区、云开山自然保护区、信宜大雾岭自然保护区、乐昌九峰（杨东山十二度水自然保护区）、龙门南昆山自然保护区、翁源青云山自然保护区、梅县阴那山自然保护区、阳春鹅凰嶂自然保护区、江门古兜山自然保护区、封开黑石顶自然保护区、连州石灰岩山地、广州从化三角山、博罗罗浮山、中山五桂山、深圳七娘山、广州白云山国家森林公园。

广东省对石松类和蕨类植物物种多样性的保护工作近年来也在不断加强，目前已有石松类和蕨类植物的专门保护区如高明区的合水桫椤保护区（县级）、饶平县山门山苏铁蕨自然保护区（市级）。在迁地保护方面，华南植物园保育蕨类植物约 400 种，深圳仙湖植物园保育蕨类植物约 200 种。由于石松类和蕨类植物对野生生境具有很强的依赖性，当前许多植物园的蕨类植物引种因缺乏适宜的生境而长势甚差，一些对生境要求比较高的如附生或石生蕨类很容易因引种不当而死亡。因此对这些种类，如果植物园或其他地区缺乏适宜的生境，最好不要破坏野生资源而进行引种。

建议列为国家级或省级保护的石松类和蕨类植物有：粤紫萁（*Osmunda mildei*）、松叶蕨（*Psilotum nudum*）、全缘燕尾蕨（*Cheiropleuria integrifolia*）、裂羽崇澍蕨（*Chieniopteris kempii*）、单叶鞭叶蕨（*Polystichum basipinnatum*）、黑心蕨（*Doryopteris concolor*）、丝带蕨（*Lepisorus miyoshianus*）、网脉实蕨（*Bolbitis×laxireticulata*）、网藤蕨（*Lomagramma matthewii*）、莎草蕨（*Schizaea digitata*）、革舌蕨（*Scleroglossum sulcatum*）、荚囊蕨（*Struthiopteris eburnea*）、三相蕨（*Ctenitis sinii*）、旱蕨（*Cheilanthes nitidula*）、粗齿黔蕨（*Arachniodes blinii*）。以上种类，不仅在广东省，而且在全国的野外数量均比较稀少，并具有重要的科学研究价值或经济价值。

中国虽然拥有丰富的石松类和蕨类植物资源，但受到保护的石松类和蕨类植物不足中国石松类和蕨类植物的 2%，而实际有约 30% 的石松类和蕨类植物面临着严重威胁，在广东省也是如此。应加强植物的保护与立法工作，在保护工作的实践中，适当强调部分珍稀濒危石松类和蕨类植物的保护和宣传。

广东省石松类和蕨类植物红色名录如表 7 所示。

表7 广东省石松类和蕨类植物红色名录

（注：★表示广东省特有种）

中文名	拉丁学名	等级	等级注解
水韭科 Isoetaceae			
1. 中华水韭	*Isoëtes sinensis* T. C. Palmer	RE	
石松科 Lycopodiaceae			
2. 昆明石杉	*Huperzia kunmingensis* Ching	DD	
3. 南岭石杉	*Huperzia nanlingensis* Y. H. Yan & N. Shrestha	EN	B2ac（i，iii）
4. 长柄石杉	*Huperzia javanica* （Sw.）Chun-yu Yang	VU	A1cd
5. 四川石杉	*Huperzia sutchueniana* （Herter）Ching	NT	
6. 藤石松	*Lycopodiastrum casuarinoides* （Spring）Holub ex R. D. Dixit	LC	
7. 卡罗利拟小石松	*Lycopodiella caroliniana* （L.）Pic. Serm.	EN	C1a（i）D
8. 垂穗石松	*Lycopodium cernuum* L.	LC	
9. 扁枝石松	*Lycopodium complanatum* L.	LC	
10. 石松	*Lycopodium japonicum* Thunb.	LC	
11. 灰白扁枝石松	*Lycopodium multispicatum* J. H. Wilce	DD	

中文名	拉丁学名	等级	等级注解
12. 华南马尾杉	*Phlegmariurus austrosinicus*（Ching）Li Bing Zhang	NT	
13. 龙骨马尾杉	*Phlegmariurus carinatus*（Desv. ex Poir.）Ching	DD	
14. 福氏马尾杉	*Phlegmariurus fordii*（Baker）Ching	LC	
15. 广东马尾杉	*Phlegmariurus guangdongensis* Ching	VU	B2b（iii,iv）
16. 闽浙马尾杉	*Phlegmariurus mingcheensis* Ching	LC	
17. 有柄马尾杉	*Phlegmariurus petiolatus*（C. B. Clarke）H. S. Kung & Li Bing Zhang	LC	
18. 马尾杉	*Phlegmariurus phlegmaria*（L.）Holub	VU	A1cd；C2a（ii）
卷柏科 Selaginellaceae			
19. 二形卷柏	*Selaginella biformis* A. Braun. ex Kuhn	LC	
20. 双沟卷柏	*Selaginella bisulcata* Spring	DD	
21. 小笠原卷柏	*Selaginella boninensis* Baker	DD	
22. 缘毛卷柏	*Selaginella ciliaris*（Retz.）Spring	LC	
23. 蔓出卷柏	*Selaginella davidii* Franch.	LC	
24. 薄叶卷柏	*Selaginella delicatula*（Desv. ex Poir.）Alston	LC	
25. 深绿卷柏	*Selaginella doederleinii* Hieron.	LC	
26. 疏松卷柏	*Selaginella effusa* Alston	DD	
27. 异穗卷柏	*Selaginella heterostachys* Baker	LC	
28. 兖州卷柏	*Selaginella involvens*（Sw.）Spring	LC	
29. 小翠云	*Selaginella kraussiana*（Kunze）A. Braun.	DD	
30. 细叶卷柏	*Selaginella labordei* Hieron. ex Christ	LC	
31. 耳基卷柏	*Selaginella limbata* Alston	LC	
32. 江南卷柏	*Selaginella moellendorffii* Hieron.	LC	
33. 单子卷柏	*Selaginella monospora* Spring	LC	
34. 伏地卷柏	*Selaginella nipponica* Franch. & Sav.	LC	
35. 黑顶卷柏	*Selaginella picta* A. Braun. ex Baker	LC	
36. 疏叶卷柏	*Selaginella remotifolia* Spring	LC	
37. 糙叶卷柏	*Selaginella scabrifolia* Ching & Chu H. Wang	LC	
38. 卷柏	*Selaginella tamariscina*（P. Beauv.）Spring	EN	A1cd
39. 粗叶卷柏	*Selaginella trachyphylla* A. Braun ex Hieron.	LC	
40. 毛枝卷柏	*Selaginella trichoclada* Alston	LC	
41. 翠云草	*Selaginella uncinata*（Desv. ex Poir.）Spring	LC	

续表

中文名	拉丁学名	等级	等级注解
42. 瓦氏卷柏	*Selaginella wallichii*（Hook. & Grev.）Spring	LC	
43. 剑叶卷柏	*Selaginella xipholepis* Baker	LC	
木贼科 Equisetaceae			
44. 节节草	*Equisetum ramosissimum* Desf.	LC	
45. 笔管草	*Equisetum ramosissimum* subsp. *debile*（Roxb. ex Vaucher）Hauke	LC	
瓶尔小草科 Ophioglossaceae			
46. 薄叶阴地蕨	*Botrychium daucifolium* Wall. ex Hook. & Grev.	EN	A1cd
47. 台湾阴地蕨	*Botrychium formosanum* Tagawa	DD	
48. 华东阴地蕨	*Botrychium japonicum*（Prantl）Underw.	LC	
49. 阴地蕨	*Botrychium ternatum*（Thunb.）Sw.	LC	
50. 七指蕨	*Helminthostachys zeylanica*（L.）Hook.	RE	
51. 钝头瓶尔小草	*Ophioglossum petiolatum* Hook.	DD	
52. 心叶瓶尔小草	*Ophioglossum reticulatum* L.	DD	
53. 狭叶瓶尔小草	*Ophioglossum thermale* Kom.	DD	
54. 瓶尔小草	*Ophioglossum vulgatum* L.	LC	
松叶蕨科 Psilotaceae			
55. 松叶蕨	*Psilotum nudum*（L.）P. Beauv.	VU	A4a；B1b（iii，v）
合囊蕨科 Marattiaceae			
56. 福建观音座莲	*Angiopteris fokiensis* Hieron.	LC	
紫萁科 Osmundaceae			
57. 狭叶紫萁	*Osmunda angustifolia* Ching	LC	
58. 粗齿紫萁	*Osmunda banksiifolia*（C. Presl）Kuhn	LC	
59. 紫萁	*Osmunda japonica* Thunb.	LC	
60. 宽叶紫萁	*Osmunda javanica* Blume	DD	
61. 粤紫萁	*Osmunda mildei* C. Chr.	NT	
62. 华南紫萁	*Osmunda vachellii* Hook.	LC	
63. 桂皮紫萁	*Osmundastrum cinnamomeum*（L.）C. Presl	LC	
膜蕨科 Hymenophyllaceae			
64. 广西长筒蕨	*Abrodictyum obscurum*（Blume）Ebihara & K. Iwats var. *siamense*（Christ）K. Iwats.	LC	

中文名	拉丁学名	等级	等级注解
65. 毛杆蕨	*Callistopteris apiifolia*（C. Presl）Copel.	VU	B1ab（i, iii, iv）；C2a（i）
66. 南洋假脉蕨	*Crepidomanes bipunctatum*（Poir.）Copel.	LC	
67. 边内假脉蕨	*Crepidomanes intramarginale*（Hook. & Grevl.）Copel.	DD	
68. 翅柄假脉蕨	*Crepidomanes latealatum*（Bosch）Copel.	LC	
69. 阔边假脉蕨	*Crepidomanes latemarginale*（D. C. Eaton）Copel.	LC	
70. 团扇蕨	*Crepidomanes minutum*（Blume）K. Iwats.	LC	
71. 深圳假脉蕨★	*Crepidomanes shenzhenense* Wang Hui & X. Yun Wang	EN	C2a（ii）
72. 蔗蕨	*Hymenophyllum badium* Hook. & Grev.	LC	
73. 华东膜蕨	*Hymenophyllum barbatum*（Bosch）Baker	LC	
74. 厚壁蕨	*Hymenophyllum denticulatum* Sw.	DD	
75. 毛蔗蕨	*Hymenophyllum exsertum* Wall. ex Hook.	LC	
76. 长柄蔗蕨	*Hymenophyllum polyanthos*（Sw.）Sw.	LC	
77. 瓶蕨	*Vandenboschia auriculata*（Blume）Copel.	LC	
78. 罗浮山瓶蕨★	*Vandenboschia lofoushanensis* Ching	DD	
79. 南海瓶蕨	*Vandenboschia striata*（D. Don）Ebihara	LC	
里白科 Gleicheniaceae			
80. 大芒萁	*Dicranopteris ampla* Ching & P. S. Chiu	LC	
81. 乔芒萁	*Dicranopteris gigantea* Ching	DD	
82. 铁芒萁	*Dicranopteris linearis*（Burm. f.）Underw.	LC	
83. 大羽芒萁	*Dicranopteris montana* S. R. Ghosh	DD	
84. 芒萁	*Dicranopteris pedata*（Houtt.）Nakaike	LC	
85. 阔片里白	*Diplopterygium blotianum*（C. Chr.）Nakai	LC	
86. 粤里白	*Diplopterygium cantonense*（Ching）Nakai	LC	
87. 中华里白	*Diplopterygium chinense*（Rosenst.）De Vol	LC	
88. 里白	*Diplopterygium glaucum*（Thunb. ex Houtt.）Nakai	LC	
89. 光里白	*Diplopterygium laevissimum*（Christ）Nakai	LC	
90. 假芒萁	*Sticherus truncatus*（Willd.）Nakai	LC	
双扇蕨科 Dipteridaceae			
91. 全缘燕尾蕨	*Cheiropleuria integrifolia*（D. C. Eaton ex Hook.）M. Kato, Y. Yatabe, Sahashi & N. Murak.	VU	B1ab（iii, iv）；C2a（i）

续表

中文名	拉丁学名	等级	等级注解
92. 中华双扇蕨	*Dipteris chinensis* Christ	VU	A1cd；B1b（ⅲ,ⅳ）
93. 深圳双扇蕨 ★	*Dipteris shenzhenensis* Y. H. Yan & Z. Y. Wei	CR	B1a；B2ab
海金沙科 Lygodiaceae			
94. 海南海金沙	*Lygodium circinatum* （Burm. f.） Sw.	LC	
95. 曲轴海金沙	*Lygodium flexuosum* （L.） Sw.	LC	
96. 海金沙	*Lygodium japonicum* （Thunb.） Sw.	LC	
97. 小叶海金沙	*Lygodium microphyllum* （Cav.） R. Br.	LC	
98. 柳叶海金沙	*Lygodium salicifolium* C. Presl	DD	
莎草蕨科 Schizaeaceae			
99. 莎草蕨	*Schizaea digitata* （L.） Sw.	CR	D
蘋科 Marsileaceae			
100. 南国田字草	*Marsilea minuta* L.	LC	
101. 蘋	*Marsilea quadrifolia* L.	LC	
槐叶蘋科 Salviniaceae			
102. 满江红	*Azolla pinnata* R. Br. subsp. *asiatica* R. M. K. Saunders & K. Fowler	LC	
103. 槐叶蘋	*Salvinia natans* （L.） All.	LC	
瘤足蕨科 Plagiogyriaceae			
104. 瘤足蕨	*Plagiogyria adnata* （Blume） Bedd.	LC	
105. 华中瘤足蕨	*Plagiogyria euphlebia* （Kunze） Mett.	LC	
106. 镰羽瘤足蕨	*Plagiogyria falcata* Copel.	LC	
107. 华东瘤足蕨	*Plagiogyria japonica* Nakai	LC	
金毛狗蕨科 Cibotiaceae			
108. 金毛狗	*Cibotium barometz* （L.） J. Sm.	LC	
桫椤科 Cyatheaceae			
109. 中华桫椤	*Alsophila costularis* Baker	VU	A2cd；B1b（ⅲ;ⅳ）
110. 大叶黑桫椤	*Alsophila gigantea* Wall. ex Hook.	NT	
111. 桫椤	*Alsophila spinulosa* （Wall. ex Hook.） R. M. Tryon	EN	A2cd；B1b（ⅲ;ⅳ）
112. 结脉黑桫椤	*Gymnosphaera bonii* （Christ） S. Y. Dong	LC	

中文名	拉丁学名	等级	等级注解
113. 粗齿黑桫椤	*Gymnosphaera denticulata*（Baker）Copel.	LC	
114. 小黑桫椤	*Gymnosphaera metteniana*（Hance）Tagawa	NT	
115. 黑桫椤	*Gymnosphaera podophylla*（Hook.）Copel	LC	
116. 白桫椤	*Sphaeropteris brunonia*（Wall. ex Hook.）R. M. Tryon	RE	
117. 笔筒树	*Sphaeropteris lepifera*（J. Sm. ex Hook.）R. M. Tryon	CR	D
鳞始蕨科 Lindsaeaceae			
118. 钱氏鳞始蕨	*Lindsaea chienii* Ching	LC	
119. 网脉鳞始蕨	*Lindsaea cultrata*（Willd.）Sw.	LC	
120. 剑叶鳞始蕨	*Lindsaea ensifolia* Sw.	LC	
121. 异叶鳞始蕨	*Lindsaea heterophylla* Dryand.	LC	
122. 爪哇鳞始蕨	*Lindsaea javanensis* Blume	LC	
123. 亮叶鳞始蕨	*Lindsaea lucida* Blume	LC	
124. 团叶鳞始蕨	*Lindsaea orbiculata*（Lam.）Mett. ex Kuhn	LC	
125. 阔叶乌蕨	*Odontosoria biflora*（Kaulf.）C. Chr.	LC	
126. 乌蕨	*Odontosoria chinensis*（L.）J. Sm.	LC	
127. 日本鳞始蕨	*Osmolindsaea japonica*（Baker）Lehtonen & Christenh.	DD	
128. 香鳞始蕨	*Osmolindsaea odorata*（Roxb.）Lehtonen & Christenh.	LC	
碗蕨科 Dennstaedtiaceae			
129. 细毛碗蕨	*Dennstaedtia hirsuta*（Sw.）Mett. ex Miq.	LC	
130. 碗蕨	*Dennstaedtia scabra*（Wall. ex Hook.）T. Moore	LC	
131. 光叶碗蕨	*Dennstaedtia scabra* var. *glabrescens*（Ching）C. Chr.	LC	
132. 栗蕨	*Histiopteris incisa*（Thunb.）J. Sm.	LC	
133. 无腺姬蕨	*Hypolepis polypodioides*（Blume）Hook.	DD	
134. 姬蕨	*Hypolepis punctata*（Thunb.）Mett.	LC	
135. 博罗鳞盖蕨★	*Microlepia boluoensis* Y. Yuan & L. Fu	DD	
136. 华南鳞盖蕨	*Microlepia hancei* Prantl	LC	
137. 虎克鳞盖蕨	*Microlepia hookeriana*（Wall. ex Hook）C. Presl	LC	
138. 边缘鳞盖蕨	*Microlepia marginata*（Panz.）C. Chr.	LC	
139. 二回边缘鳞盖蕨	*Microlepia marginata* var. *bipinnata* Makino	LC	
140. 光叶鳞盖蕨	*Microlepia marginata* var. *calcescens*（Wall. ex Hook.）C. Chr.	LC	
141. 毛叶边缘鳞盖蕨	*Microlepia marginata* var. *villosa*（C. Presl）Y. C. Wu	DD	

中文名	拉丁学名	等级	等级注解
142. 岭南鳞盖蕨	*Microlepia matthewii* Christ	LC	
143. 膜质鳞盖蕨	*Microlepia membranacea* B. S. Wang	DD	
144. 团羽鳞盖蕨	*Microlepia obtusiloba* Hayata	NT	
145. 阔叶鳞盖蕨	*Microlepia platyphylla*（D. Don）J. Sm.	VU	B2ab（iii）
146. 假粗毛鳞盖蕨	*Microlepia pseudostrigosa* Makino	DD	
147. 斜方鳞盖蕨	*Microlepia rhomboidea*（Wall. ex Kunze）Prantl	LC	
148. 热带鳞盖蕨	*Microlepia speluncae*（L.）T. Moore	LC	
149. 粗毛鳞盖蕨	*Microlepia strigosa*（Thunb.）C. Presl	LC	
150. 毛果鳞盖蕨	*Microlepia trichocarpa* Hayata	DD	
151. 稀子蕨	*Monachosorum henryi* Christ	LC	
152. 穴子蕨	*Monachosorum maximowiczii*（Baker）Hayata	EN	B1ab（i, iii, iv）
153. 蕨	*Pteridium aquilinum*（L.）Kuhn var. *latiusculum*（Desv.）Underw. ex A. Heller	LC	
154. 毛轴蕨	*Pteridium revolutum*（Blume）Nakai	LC	
凤尾蕨科 Pteridaceae			
155. 卤蕨	*Acrostichum aureum* L.	LC	
156. 团羽铁线蕨	*Adiantum capillus-junonis* Rupr.	LC	
157. 铁线蕨	*Adiantum capillus-veneris* L.	LC	
158. 鞭叶铁线蕨	*Adiantum caudatum* L.	LC	
159. 北江铁线蕨★	*Adiantum chienii* Ching	DD	
160. 长尾铁线蕨	*Adiantum diaphanum* Blume	NT	
161. 扇叶铁线蕨	*Adiantum flabellulatum* L.	LC	
162. 白垩铁线蕨	*Adiantum gravesii* Hance	LC	
163. 毛叶铁线蕨	*Adiantum hispidulum* Sw.	DD	
164. 圆柄铁线蕨	*Adiantum induratum* Christ	DD	
165. 粤铁线蕨★	*Adiantum lianxianense* Ching & Y. X. Lin	VU	A2c+3c
166. 假鞭叶铁线蕨	*Adiantum malesianum* J. Ghatak	LC	
167. 半月形铁线蕨	*Adiantum philippense* L.	LC	
168. 翅柄铁线蕨	*Adiantum soboliferum* Wall. ex Hook.	DD	
169. 粉背蕨	*Aleuritopteris anceps*（Blanf.）Panigrahi	LC	
170. 银粉背蕨	*Aleuritopteris argentea*（S. G. Gmel.）Fée	LC	

中文名	拉丁学名	等级	等级注解
171. 金粉背蕨	*Aleuritopteris chrysophylla*（Hook.）Ching	DD	
172. 台湾粉背蕨	*Aleuritopteris formosana*（Hayata）Tagawa	DD	
173. 棕毛粉背蕨	*Aleuritopteris rufa*（D. Don）Ching	LC	
174. 美叶车前蕨	*Antrophyum callifolium* Blume	LC	
175. 车前蕨	*Antrophyum henryi* Hieron.	DD	
176. 长柄车前蕨	*Antrophyum obovatum* Baker	VU	A1c
177. 水蕨	*Ceratopteris thalictroides*（L.）Brongn.	VU	A1cde
178. 毛轴碎米蕨	*Cheilanthes chusana* Hook.	LC	
179. 旱蕨	*Cheilanthes nitidula* Wall. ex Hook.	LC	
180. 隐囊蕨	*Cheilanthes nudiuscula*（R. Br.）T. Moore	LC	
181. 薄叶碎米蕨	*Cheilanthes tenuifolia*（Burm. f.）Sw.	LC	
182. 峨眉凤了蕨	*Coniogramme emeiensis* Ching & K. H. Sing.	LC	
183. 普通凤了蕨	*Coniogramme intermedia* Hieron.	LC	
184. 无毛凤了蕨	*Coniogramme intermedia* var. *glabra* Ching	LC	
185. 凤了蕨	*Coniogramme japonica*（Thunb.）Diels	LC	
186. 黄轴凤了蕨	*Coniogramme robusta*（Christ）Christ var. *rependula* Ching & K. H. Shing	LC	
187. 紫秆凤了蕨	*Coniogramme rubicaulis* Ching	DD	
188. 黑心蕨	*Doryopteris concolor*（Langsd. & Fisch.）Kuhn	VU	A2c+3c
189. 剑叶书带蕨	*Haplopteris amboinensis*（Fée）X. C. Zhang	LC	
190. 唇边书带蕨	*Haplopteris elongata*（Sw.）E. H. Crane	LC	
191. 书带蕨	*Haplopteris flexuosa*（Fée）E. H. Crane	LC	
192. 平肋书带蕨	*Haplopteris fudzinoi*（Makino）E. H. Crane	NT	
193. 海南书带蕨	*Haplopteris hainanensis*（C. Chr. ex Ching）E. H. Crane	LC	
194. 野雉尾金粉蕨	*Onychium japonicum*（Thunb.）Kunze	LC	
195. 栗柄金粉蕨	*Onychium japonicum* var. *lucidum*（D. Don）Christ	LC	
196. 红秆凤尾蕨	*Pteris amoena* Blume	LC	
197. 线羽凤尾蕨	*Pteris arisanensis* Tagawa	LC	
198. 华南凤尾蕨	*Pteris austrosinica*（Ching）Ching	LC	
199. 狭眼凤尾蕨	*Pteris biaurita* L.	LC	
200. 条纹凤尾蕨	*Pteris cadieri* Christ	LC	
201. 海南凤尾蕨	*Pteris cadieri* var. *hainanensis*（Ching）S. H. Wu	LC	

续表

中文名	拉丁学名	等级	等级注解
202. 粗糙凤尾蕨	*Pteris cretica* L. var. *laeta*（Wall. ex Ettingsh.）C. Chr. & Tardieu	LC	
203. 多羽凤尾蕨	*Pteris decrescens* Christ	LC	
204. 岩凤尾蕨	*Pteris deltodon* Baker	LC	
205. 刺齿半边旗	*Pteris dispar* Kunze	LC	
206. 剑叶凤尾蕨	*Pteris ensiformis* Burm. f.	LC	
207. 少羽凤尾蕨	*Pteris ensiformis* var. *merrilli*（C. Chr. ex Ching）S. H. Wu	DD	
208. 阔叶凤尾蕨	*Pteris esquirolii* Christ	LC	
209. 傅氏凤尾蕨	*Pteris fauriei* Hieron.	LC	
210. 疏裂凤尾蕨	*Pteris finotii* Christ	LC	
211. 林下凤尾蕨	*Pteris grevilleana* Wall. ex J. Agardh	LC	
212. 白斑凤尾蕨	*Pteris grevilleana* var. *ornata* Alderw.	DD	
213. 广东凤尾蕨★	*Pteris guangdongensis* Ching	LC	
214. 中华凤尾蕨	*Pteris inaequalis* Baker	LC	
215. 全缘凤尾蕨	*Pteris insignis* Mett. ex Kuhn	LC	
216. 平羽凤尾蕨	*Pteris kiuschiuensis* Hieron.	LC	
217. 华中凤尾蕨	*Pteris kiuschiuensis* var. *centro-chinensis* Ching & S. H. Wu	LC	
218. 两广凤尾蕨	*Pteris maclurei* Ching	LC	
219. 岭南凤尾蕨	*Pteris maclurioides* Ching	DD	
220. 井栏边草	*Pteris multifida* Poir.	LC	
221. 南岭凤尾蕨★	*Pteris nanlingensis* R. H. Miao	DD	
222. 斜羽凤尾蕨	*Pteris oshimensis* Hieron.	LC	
223. 栗柄凤尾蕨	*Pteris plumbea* Christ	LC	
224. 五叶凤尾蕨	*Pteris quinquefoliata*（Copel.）Ching	DD	
225. 半边旗	*Pteris semipinnata* L.	LC	
226. 有刺凤尾蕨	*Pteris setulosocostulata* Hayata	DD	
227. 溪边凤尾蕨	*Pteris terminalis* Wall. ex J. Agardh	LC	
228. 三叉凤尾蕨	*Pteris tripartita* Sw.	DD	
229. 蜈蚣凤尾蕨	*Pteris vittata* L.	LC	
230. 西南凤尾蕨	*Pteris wallichiana* J. Agardh	LC	
231. 竹叶蕨	*Taenitis blechnoides*（Willd.）Sw.	LC	

续表

中文名	拉丁学名	等级	等级注解
冷蕨科 Cystopteridaceae			
232. 禾秆亮毛蕨	*Acystopteris tenuisecta*（Blume）Tagawa	LC	
铁角蕨科 Aspleniaceae			
233. 合生铁角蕨	*Asplenium adnatum* Copel.	DD	
234. 广布铁角蕨	*Asplenium anogrammoides* Christ	DD	
235. 狭翅巢蕨	*Asplenium antrophyoides* Christ	VU	A1cd;B1b（iii）
236. 华南铁角蕨	*Asplenium austrochinense* Ching	LC	
237. 线裂铁角蕨	*Asplenium coenobiale* Hance	NT	
238. 毛轴铁角蕨	*Asplenium crinicaule* Hance	LC	
239. 剑叶铁角蕨	*Asplenium ensiforme* Wall. ex Hook. & Grev.	LC	
240. 南海铁角蕨	*Asplenium formosae* Christ	LC	
241. 厚叶铁角蕨	*Asplenium griffithianum* Hook.	LC	
242. 江南铁角蕨	*Asplenium holosorum* Christ	LC	
243. 虎尾铁角蕨	*Asplenium incisum* Thunb.	DD	
244. 胎生铁角蕨	*Asplenium indicum* Sledge	LC	
245. 巢蕨	*Asplenium nidus* L.	NT	
246. 倒挂铁角蕨	*Asplenium normale* D. Don	LC	
247. 北京铁角蕨	*Asplenium pekinense* Hance	LC	
248. 镰叶铁角蕨	*Asplenium polyodon* G. Forst.	NT	
249. 长叶铁角蕨	*Asplenium prolongatum* Hook.	LC	
250. 假大羽铁角蕨	*Asplenium pseudolaserpitiifolium* Ching	LC	
251. 叶基宽铁角蕨	*Asplenium pulcherrimum*（Baker）Ching ex Tardieu	DD	
252. 四倍体铁角蕨	*Asplenium quadrivalens*（D. E. Mey.）Landolt	DD	
253. 骨碎补铁角蕨	*Asplenium ritoense* Hayata	DD	
254. 过山蕨	*Asplenium ruprechtii* Sa. Kurata	DD	
255. 岭南铁角蕨	*Asplenium sampsoni* Hance	LC	
256. 石生铁角蕨	*Asplenium saxicola* Rosenst.	LC	
257. 狭叶铁角蕨	*Asplenium scortechinii* Bedd.	VU	B1ab（iii,iv）
258. 黑边铁角蕨	*Asplenium speluncae* Christ	VU	B1ab（i, iii, iv）
259. 拟大羽铁角蕨	*Asplenium sublaserpitiifolium* Ching ex Tardieu & Ching	LC	
260. 细裂铁角蕨	*Asplenium tenuifolium* D. Don	LC	

中文名	拉丁学名	等级	等级注解
261. 铁角蕨	*Asplenium trichomanes* L.	LC	
262. 变异铁角蕨	*Asplenium varians* Wall. ex Hook. & Grev.	LC	
263. 狭翅铁角蕨	*Asplenium wrightii* D. C. Eaton ex Hook.	LC	
264. 棕鳞铁角蕨	*Asplenium yoshinagae* Makino	DD	
265. 齿果膜叶铁角蕨	*Hymenasplenium cheilosorum* (Kunze ex Mett.) Tagawa	LC	
266. 切边膜叶铁角蕨	*Hymenasplenium excisum* (C. Presl) S. Lindsay	LC	
267. 荫湿膜叶铁角蕨	*Hymenasplenium obliquissimum* (Hayata) Sugim.	DD	
268. 绿杆膜叶铁角蕨	*Hymenasplenium obscurum* (Blume) Tagawa	EN	A1c;B2b(iii)
金星蕨科 Thelypteridaceae			
269. 星毛蕨	*Ampelopteris prolifera* (Retz.) Copel.	LC	
270. 焕镛钩毛蕨	*Cyclogramma chunii* (Ching) Tagawa	VU	B1ab(iii,iv)
271. 狭基钩毛蕨	*Cyclogramma leveillei* (Christ) Ching	LC	
272. 渐尖毛蕨	*Cyclosorus acuminatus* (Houtt.) Nakai	LC	
273. 鼓岭渐尖毛蕨	*Cyclosorus acuminatus* var. *kuliangensis* Ching	DD	
274. 干旱毛蕨	*Cyclosorus aridus* (D. Don) Ching	LC	
275. 鳞柄毛蕨	*Cyclosorus crinipes* (Hook.) Ching	LC	
276. 齿牙毛蕨	*Cyclosorus dentatus* (Forssk.) Ching	LC	
277. 福建毛蕨	*Cyclosorus fukienensis* Ching	DD	
278. 异果毛蕨	*Cyclosorus heterocarpus* (Blume) Ching	LC	
279. 毛蕨	*Cyclosorus interruptus* (Willd.) H. Itô	LC	
280. 闽台毛蕨	*Cyclosorus jaculosus* (Christ) H. Itô	LC	
281. 宽羽毛蕨	*Cyclosorus latipinnus* (Benth.) Tardieu	LC	
282. 华南毛蕨	*Cyclosorus parasiticus* (L.) Farw.	LC	
283. 无腺毛蕨	*Cyclosorus procurrens* (Mett.) Copel.	DD	
284. 短尖毛蕨	*Cyclosorus subacutus* Ching	DD	
285. 台湾毛蕨	*Cyclosorus taiwanensis* (C. Chr.) H. Itô	DD	
286. 截裂毛蕨	*Cyclosorus truncatus* (Poir.) Farw.	LC	
287. 圣蕨	*Dictyocline griffithii* T. Moore	LC	
288. 闽浙圣蕨	*Dictyocline mingchengensis* Ching	VU	B1ab(iii,iv)
289. 戟叶圣蕨	*Dictyocline sagittifolia* Ching	LC	
290. 羽裂圣蕨	*Dictyocline wilfordii* (Hook.) J. Sm.	LC	

续表

中文名	拉丁学名	等级	等级注解
291. 峨眉茯蕨	*Leptogramma scallanii*（Christ）Ching	LC	
292. 小叶茯蕨	*Leptogramma tottoides* Hayata ex H. Itô	LC	
293. 针毛蕨	*Macrothelypteris oligophlebia*（Baker）Ching	LC	
294. 雅致针毛蕨	*Macrothelypteris oligophlebia* var. *elegans*（Koidz.）Ching	DD	
295. 普通针毛蕨	*Macrothelypteris torresiana*（Gaudich）Ching	LC	
296. 翠绿针毛蕨	*Macrothelypteris viridifrons*（Tagawa）Ching	LC	
297. 微毛凸轴蕨	*Metathelypteris adscendens*（Ching）Ching	LC	
298. 林下凸轴蕨	*Metathelypteris hattorii*（H. Itô）Ching	LC	
299. 疏羽凸轴蕨	*Metathelypteris laxa*（Franch. & Sav.）Ching	LC	
300. 乌来凸轴蕨	*Metathelypteris uraiensis*（Rosenst.）Ching	DD	
301. 钝角金星蕨	*Parathelypteris angulariloba*（Ching）Ching	LC	
302. 中华金星蕨	*Parathelypteris chinensis*（Ching）Ching	LC	
303. 大羽金星蕨★	*Parathelypteris chingii* K. H. Shing & J. F. Cheng var. *major*（Ching）K. H. Shing	DD	
304. 金星蕨	*Parathelypteris glanduligera*（Kunze）Ching	LC	
305. 滇越金星蕨	*Parathelypteris indochinensis*（Christ）Ching	DD	
306. 光脚金星蕨	*Parathelypteris japonica*（Baker）Ching	LC	
307. 中日金星蕨	*Parathelypteris nipponica*（Franch. & Sav.）Ching	LC	
308. 毛盖金星蕨★	*Parathelypteris trichochlamys* Ching ex K. H. Shing	DD	
309. 延羽卵果蕨	*Phegopteris decursive-pinnata*（H. C. Hall）Fée	LC	
310. 顶芽新月蕨	*Pronephrium cuspidatum*（Blume）Holttum	DD	
311. 新月蕨	*Pronephrium gymnopteridifrons*（Hayata）Holttum	LC	
312. 针毛新月蕨	*Pronephrium hirsutum* Ching ex Y. X. Lin	LC	
313. 红色新月蕨	*Pronephrium lakhimpurense*（Rosenst.）Holttum	LC	
314. 微红新月蕨	*Pronephrium megacuspe*（Baker）Holttum	LC	
315. 羽叶新月蕨	*Pronephrium parishii*（Bedd.）Holttum	NT	
316. 披针新月蕨	*Pronephrium penangianum*（Hook.）Holttum	LC	
317. 单叶新月蕨	*Pronephrium simplex*（Hook.）Holttum	LC	
318. 三羽新月蕨	*Pronephrium triphyllum*（Sw.）Holttum	LC	
319. 青岩假毛蕨	*Pseudocyclosorus cavaleriei*（H. Lév.）Y. X. Lin	DD	
320. 溪边假毛蕨	*Pseudocyclosorus ciliatus*（Wall. ex Benth.）Ching	LC	
321. 西南假毛蕨	*Pseudocyclosorus esquirolii*（Christ）Ching	LC	

中文名	拉丁学名	等级	等级注解
322. 镰片假毛蕨	*Pseudocyclosorus falcilobus*（Hook.）Ching	LC	
323. 普通假毛蕨	*Pseudocyclosorus subochthodes*（Ching）Ching	LC	
324. 景烈假毛蕨	*Pseudocyclosorus tsoi* Ching	DD	
325. 瘤羽假毛蕨	*Pseudocyclosorus tuberculifer*（C. Chr.）Ching	LC	
326. 假毛蕨	*Pseudocyclosorus tylodes*（Kunze）Ching	LC	
327. 耳状紫柄蕨	*Pseudophegopteris aurita*（Hook.）Ching	LC	
328. 密毛紫柄蕨	*Pseudophegopteris hirtirachis*（C. Chr.）Holttum	LC	
329. 紫柄蕨	*Pseudophegopteris pyrrhorhachis*（Kunze）Ching	LC	
蹄盖蕨科 Athyriaceae			
330. 日本安蕨	*Anisocampium niponicum*（Mett.）Yea C. Liu，W. L. Chiou & M. Kato	LC	
331. 华东安蕨	*Anisocampium sheareri*（Baker）Ching	LC	
332. 宿蹄盖蕨	*Athyrium anisopterum* Christ	LC	
333. 溪边蹄盖蕨	*Athyrium deltoidofrons* Makino	DD	
334. 轴果蹄盖蕨	*Athyrium epirachis*（Christ）Ching	DD	
335. 大盖蹄盖蕨	*Athyrium foliolosum* T. Moore ex R. Sim	DD	
336. 广南蹄盖蕨	*Athyrium guangnanense* Ching	DD	
337. 长江蹄盖蕨	*Athyrium iseanum* Rosenst.	LC	
338. 紫柄蹄盖蕨	*Athyrium kenzo-satakei* Sa. Kurata	DD	
339. 光蹄盖蕨	*Athyrium otophorum*（Miq.）Koidz.	LC	
340. 软刺蹄盖蕨	*Athyrium strigillosum*（E. J. Lowe）T. Moore ex Salomon	DD	
341. 胎生蹄盖蕨	*Athyrium viviparum* Christ	DD	
342. 角蕨	*Cornopteris decurrenti-alata*（Hook.）Nakai	LC	
343. 黑叶角蕨	*Cornopteris opaca*（D. Don）Tagawa	NT	
344. 介蕨	*Deparia boryana*（Willd.）M. Kato	LC	
345. 短羽娥眉蕨	*Deparia brevipinna*（Ching & K. H. Shing ex Z. R. Wang）Z. R. Wang	DD	
346. 全缘网蕨	*Deparia formosana*（Rosenst.）R. Sano	VU	A2c+3c
347. 假蹄盖蕨	*Deparia japonica*（Thunb.）M. Kato	LC	
348. 单叶双盖蕨	*Deparia lancea*（Thunb.）Fraser-Jenk.	LC	
349. 华中介蕨	*Deparia okuboana*（Makino）M. Kato	LC	
350. 毛轴假蹄盖蕨	*Deparia petersenii*（Kunze）M. Kato	LC	

续表

中文名	拉丁学名	等级	等级注解
351. 羽裂叶对囊蕨	*Deparia tomitaroana*（Masam.）R. Sano	DD	
352. 峨眉介蕨	*Deparia unifurcata*（Baker）M. Kato	DD	
353. 长果短肠蕨	*Diplazium calogrammum* Christ	DD	
354. 中华短肠蕨	*Diplazium chinense*（Baker）C. Chr.	LC	
355. 边生短肠蕨	*Diplazium conterminum* Christ	LC	
356. 厚叶双盖蕨	*Diplazium crassiusculum* Ching	LC	
357. 毛柄短肠蕨	*Diplazium dilatatum* Blume	LC	
358. 鼎湖山毛轴线盖蕨 ★	*Diplazium dinghushanicum*（Ching & S. H. Wu）Z. R. He	LC	
359. 光脚短肠蕨	*Diplazium doederleinii*（Luerss.）Makino	LC	
360. 双盖蕨	*Diplazium donianum*（Mett.）Tardieu	LC	
361. 菜蕨	*Diplazium esculentum*（Retz.）Sw.	LC	
362. 薄盖短肠蕨	*Diplazium hachijoense* Nakai	DD	
363. 海南双盖蕨	*Diplazium hainanense* Ching	DD	
364. 疏裂短肠蕨	*Diplazium incomptum* Tagawa	DD	
365. 异裂短肠蕨	*Diplazium laxifrons* Rosenst.	LC	
366. 马鞍山双盖蕨	*Diplazium maonense* Ching	DD	
367. 阔片短肠蕨	*Diplazium matthewii*（Copel.）C. Chr.	LC	
368. 大叶短肠蕨	*Diplazium maximum*（D. Don）C. Chr.	LC	
369. 深裂短肠蕨	*Diplazium metcalfii* Ching	DD	
370. 江南短肠蕨	*Diplazium mettenianum*（Miq.）C. Chr.	LC	
371. 小叶短肠蕨	*Diplazium mettenianum* var. *fauriei*（Christ）Tagawa	LC	
372. 高大短肠蕨	*Diplazium muricatum*（Mett.）Alderw.	LC	
373. 刺轴菜蕨	*Diplazium paradoxum* Fée	DD	
374. 假镰羽短肠蕨	*Diplazium petrii* Tardieu	DD	
375. 薄叶双盖蕨	*Diplazium pinfaense* Ching	LC	
376. 毛轴线盖蕨	*Diplazium pullingeri*（Baker）J. Sm.	LC	
377. 锯齿双盖蕨	*Diplazium serratifolium* Ching	LC	
378. 大叶双盖蕨	*Diplazium splendens* Ching	LC	
379. 狭鳞双盖蕨	*Diplazium stenolepis* Ching	DD	
380. 淡绿短肠蕨	*Diplazium virescens* Kunze	LC	
381. 冲绳短肠蕨	*Diplazium virescens* var. *okinawaense*（Tagawa）Sa. Kurata	DD	

中文名	拉丁学名	等级	等级注解
382. 异基短肠蕨	*Diplazium virescens* var. *sugimotoi* Sa. Kurata	DD	
383. 深绿短肠蕨	*Diplazium viridissimum* Christ	DD	
384. 短果短肠蕨	*Diplazium wheeleri*（Baker）Diels	DD	
385. 耳羽短肠蕨	*Diplazium wichurae*（Mett.）Diels	LC	
乌毛蕨科 Blechnaceae			
386. 乌毛蕨	*Blechnum orientale* L.	LC	
387. 苏铁蕨	*Brainea insignis*（Hook.）J. Sm.	NT	
388. 崇澍蕨	*Chieniopteris harlandii*（Hook.）Ching	LC	
389. 裂羽崇澍蕨	*Chieniopteris kempii*（Copel.）Ching	VU	B1ab（iii,iv）
390. 光叶藤蕨	*Stenochlaena palustris*（Burm. f.）Bedd.	NT	
391. 荚囊蕨	*Struthiopteris eburnea*（Christ）Ching	NT	
392. 狗脊	*Woodwardia japonica*（L. f.）Sm.	LC	
393. 东方狗脊	*Woodwardia orientalis* Sw.	LC	
394. 珠芽狗脊	*Woodwardia prolifera* Hook. & Arn.	LC	
395. 顶芽狗脊	*Woodwardia unigemmata*（Makino）Nakai	LC	
球子蕨科 Onocleaceae			
396. 东方荚果蕨	*Pentarhizidium orientale*（Hook.）Hayata	LC	
肿足蕨科 Hypodematiaceae			
397. 肿足蕨	*Hypodematium crenatum*（Forssk.）Kuhn & Decken	LC	
398. 福氏肿足蕨	*Hypodematium fordii*（Baker）Ching	LC	
399. 毛叶肿足蕨★	*Hypodematium villosum* F. G. Wang & F. W. Xing	DD	
鳞毛蕨科 Dryopteridaceae			
400. 斜方复叶耳蕨	*Arachniodes amabilis*（Blume）Tindale	LC	
401. 多羽复叶耳蕨	*Arachniodes amoena*（Ching）Ching	LC	
402. 刺头复叶耳蕨	*Arachniodes aristata*（G. Forst.）Tindale	LC	
403. 粗齿黔蕨	*Arachniodes blinii*（H. Lév.）Nakaike	DD	
404. 大片复叶耳蕨	*Arachniodes cavaleriei*（Christ）Ohwi	LC	
405. 中华复叶耳蕨	*Arachniodes chinensis*（Rosenst.）Ching	LC	
406. 华南复叶耳蕨	*Arachniodes festina*（Hance）Ching	LC	
407. 粗裂复叶耳蕨	*Arachniodes grossa*（Tardieu & C. Chr.）Ching	NT	
408. 假斜方复叶耳蕨	*Arachniodes hekiana* Sa. Kurata	LC	

中文名	拉丁学名	等级	等级注解
409. 缩羽复叶耳蕨	*Arachniodes japonica*（Sa. Kurata）Nakaike	DD	
410. 黑鳞复叶耳蕨	*Arachniodes nigrospinosa*（Ching）Ching	NT	
411. 日本复叶耳蕨	*Arachniodes nipponica*（Rosenst.）Ohwi	LC	
412. 相似复叶耳蕨	*Arachniodes similis* Ching	DD	
413. 长尾复叶耳蕨	*Arachniodes simplicior*（Makino）Ohwi	LC	
414. 网脉实蕨	*Bolbitis* × *laxireticulata* K. Iwats.	VU	B2ab（iii）
415. 刺蕨	*Bolbitis appendiculata*（Willd.）K. Iwats.	LC	
416. 长叶实蕨	*Bolbitis heteroclita*（C. Presl）Ching	LC	
417. 中华刺蕨	*Bolbitis sinensis*（Baker）K. Iwats.	EN	A2cd；B2ab（iii）
418. 华南实蕨	*Bolbitis subcordata*（Copel.）Ching	LC	
419. 二型肋毛蕨	*Ctenitis dingnanensis* Ching	LC	
420. 直鳞肋毛蕨	*Ctenitis eatoni*（Baker）Ching	LC	
421. 三相蕨	*Ctenitis sinii*（Ching）Ohwi	NT	
422. 亮鳞肋毛蕨	*Ctenitis subglandulosa*（Hance）Ching	LC	
423. 刺齿贯众	*Cyrtomium caryotideum*（Wall. ex Hook. & Grev.）C. Presl	LC	
424. 披针贯众	*Cyrtomium devexiscapulae*（Koidz.）Koidz. & Ching	LC	
425. 全缘贯众	*Cyrtomium falcatum*（L. f.）C. Presl	NT	
426. 贯众	*Cyrtomium fortunei* J. Sm.	LC	
427. 斜基贯众	*Cyrtomium obliquum* Ching & K. H. Shing	DD	
428. 阔羽贯众	*Cyrtomium yamamotoi* Tagawa	LC	
429. 顶果鳞毛蕨	*Dryopteris apiciflora*（Wall. ex Mett.）Kuntze	DD	
430. 阿萨姆鳞毛蕨	*Dryopteris assamensis*（C. Hope）C. Chr. & Ching	LC	
431. 暗鳞鳞毛蕨	*Dryopteris atrata*（Wall. ex Kunze）Ching	LC	
432. 阔鳞鳞毛蕨	*Dryopteris championii*（Benth.）C. Chr. ex Ching	LC	
433. 膜边鳞毛蕨	*Dryopteris clarkei*（Baker）Kuntze	NT	
434. 桫椤鳞毛蕨	*Dryopteris cycadina*（Franch. & Sav.）C. Chr.	LC	
435. 迷人鳞毛蕨	*Dryopteris decipiens*（Hook.）Kuntze	LC	
436. 深裂迷人鳞毛蕨	*Dryopteris decipiens* var. *diplazioides*（Christ）Ching	LC	
437. 德化鳞毛蕨	*Dryopteris dehuaensis* Ching & K. H. Shing	LC	
438. 红盖鳞毛蕨	*Dryopteris erythrosora*（D. C. Eaton）Kuntze.	LC	
439. 峨边鳞毛蕨	*Dryopteris exstipellata*（Ching & S. H. Wu）Li Bing Zhang	DD	

续表

中文名	拉丁学名	等级	等级注解
440. 黑足鳞毛蕨	*Dryopteris fuscipes* C. Chr.	LC	
441. 裸果鳞毛蕨	*Dryopteris gymnosora*（Makino）C. Chr.	LC	
442. 异鳞鳞毛蕨	*Dryopteris heterolaena* C. Chr.	NT	
443. 平行鳞毛蕨	*Dryopteris indusiata*（Makino）Makino & Yamam.	LC	
444. 羽裂鳞毛蕨	*Dryopteris integriloba* C. Chr.	LC	
445. 泡鳞鳞毛蕨	*Dryopteris kawakamii* Hayata	DD	
446. 京鹤鳞毛蕨	*Dryopteris kinkiensis* Koidz. ex Tagawa	DD	
447. 齿头鳞毛蕨	*Dryopteris labordei*（Christ）C. Chr.	LC	
448. 两广鳞毛蕨	*Dryopteris liangkwangensis* Ching	VU	B1ab（i, ii, iii, v）c（i, ii, iv）
449. 黑鳞远轴鳞毛蕨	*Dryopteris namegatae*（Sa. Kurata）Sa. Kurata	LC	
450. 太平鳞毛蕨	*Dryopteris pacifica*（Nakai）Tagawa	LC	
451. 鱼鳞鳞毛蕨	*Dryopteris paleolata*（Pic. Serm.）Li Bing Zhang	LC	
452. 柄叶鳞毛蕨	*Dryopteris podophylla*（Hook.）Kuntze	LC	
453. 蓝色鳞毛蕨	*Dryopteris polita* Rosenst.	LC	
454. 南亚鳞毛蕨	*Dryopteris pseudocaenopteris*（Kunze）Li Bing Zhang	DD	
455. 无盖鳞毛蕨	*Dryopteris scottii*（Bedd.）Ching ex C. Chr.	LC	
456. 霞客鳞毛蕨 ★	*Dryopteris shiakeana* H. Shang & Y. H. Yan	EN	B1ab（i, iii, iv）
457. 无盖肉刺蕨	*Dryopteris shikokiana*（Makino）C. Chr.	NT	
458. 奇羽鳞毛蕨	*Dryopteris sieboldii*（Van Houtte ex Mett.）Kuntze	LC	
459. 稀羽鳞毛蕨	*Dryopteris sparsa*（D. Don）Kuntze	LC	
460. 无柄鳞毛蕨	*Dryopteris submarginata* Rosenst.	LC	
461. 大明鳞毛蕨	*Dryopteris tahmingensis* Ching	DD	
462. 华南鳞毛蕨	*Dryopteris tenuicula* C. G. Matthew & Christ	LC	
463. 同形鳞毛蕨	*Dryopteris uniformis*（Makino）Makino	LC	
464. 变异鳞毛蕨	*Dryopteris varia*（L.）Kuntze	LC	
465. 南平鳞毛蕨	*Dryopteris yenpingensis* C. Chr. & Ching	LC	
466. 武夷山鳞毛蕨	*Dryopteris wuyishanica* Ching & P. S. Chiu	DD	
467. 寻乌鳞毛蕨	*Dryopteris xunwuensis* Ching & K. H. Shing	DD	
468. 维明鳞毛蕨	*Dryopteris zhuweimingii* Li Bing Zhang	DD	

中文名	拉丁学名	等级	等级注解
469. 华南吕宋舌蕨	*Elaphoglossum luzonicum* Copel. var. *mcclurei* (Ching) F. G. Wang & F. W. Xing	DD	
470. 华南舌蕨	*Elaphoglossum yoshinagae* (Yatabe) Makino	LC	
471. 网藤蕨	*Lomagramma matthewii* (Ching) Holttum	CR	A2c+3c；B1 ab(i, iii)
472. 镰羽耳蕨	*Polystichum balansae* Christ	LC	
473. 单叶鞭叶蕨	*Polystichum basipinnatum* (Baker) Diels	EN	A1c；B2ab(iii)；C2a(i)
474. 陈氏耳蕨	*Polystichum chunii* Ching	DD	
475. 华北耳蕨	*Polystichum craspedosorum* (Maxim.) Diels	DD	
476. 粗脉耳蕨	*Polystichum crassinervium* Ching ex W. M. Chu & Z. R. He	DD	
477. 对生耳蕨	*Polystichum deltodon* (Baker) Diels	LC	
478. 小戟叶耳蕨	*Polystichum hancockii* (Hance) Diels	LC	
479. 戟羽耳蕨 ★	*Polystichum hastipinnum* G. D. Tang & Li Bing Zhang	CR	B1ab(i, ii, iii, iv)
480. 孟奇耳蕨 ★	*Polystichum hanmengqii* Li Bing Zhang & Yan Liu	LC	
481. 广东耳蕨 ★	*Polystichum kwangtungense* Ching	VU	A2c+3c
482. 鞭叶耳蕨	*Polystichum lepidocaulon* (Hook.) J. Sm.	LC	
483. 黑鳞耳蕨	*Polystichum makinoi* (Tagawa) Tagawa	LC	
484. 假黑鳞耳蕨	*Polystichum pseudomakinoi* Tagawa	LC	
485. 洪雅耳蕨	*Polystichum pseudoxiphophyllum* Ching ex H. S. Kung	LC	
486. 灰绿耳蕨	*Polystichum scariosum* (Roxb.) C. V. Morton	LC	
487. 离脉柳叶蕨	*Polystichum tenuius* (Ching) Li Bing Zhang	NT	
488. 梯羽耳蕨	*Polystichum trapezoideum* (Ching & K. H. Shing ex K. H. Shing) Li Bing Zhang	LC	
489. 戟叶耳蕨	*Polystichum tripteron* (Kunze) C. Presl	LC	
490. 对马耳蕨	*Polystichum tsus-simense* (Hook.) J. Sm.	LC	
肾蕨科 Nephrolepidaceae			
491. 长叶肾蕨	*Nephrolepis biserrata* (Sw.) Schott.	LC	
492. 毛叶肾蕨	*Nephrolepis brownii* (Desv.) Hovenkamp & Miyam.	LC	
493. 肾蕨	*Nephrolepis cordifolia* (L.) C. Presl	LC	

中文名	拉丁学名	等级	等级注解
三叉蕨科 Tectariaceae			
494. 黄腺羽蕨	*Pleocnemia winitii* Holttum	LC	
495. 毛轴牙蕨	*Pteridrys australis* Ching	EN	B1ab（i，ii，iii，iv）
496. 大齿三叉蕨	*Tectaria coadunata*（J. Sm.）C. Chr.	DD	
497. 下延三叉蕨	*Tectaria decurrens*（C. Presl）Copel.	LC	
498. 毛叶轴脉蕨	*Tectaria devexa*（Kunze）Copel.	LC	
499. 黑鳞轴脉蕨	*Tectaria fuscipes*（Wall. ex Bedd.）C. Chr.	LC	
500. 沙皮蕨	*Tectaria harlandii*（Hook.）C. M. Kuo	LC	
501. 疣状三叉蕨	*Tectaria impressa*（Fée）Holttum	DD	
502. 西藏轴脉蕨	*Tectaria ingens*（Atk. ex C. B. Clarke）Holttum	DD	
503. 台湾轴脉蕨	*Tectaria kusukusensis*（Hayata）Lellinger	VU	B1b（i，iii，iv）
504. 中型三叉蕨	*Tectaria media* Ching	DD	
505. 多形三叉蕨	*Tectaria polymorpha*（Wall. ex Hook.）Copel.	LC	
506. 条裂三叉蕨	*Tectaria phaeocaulis*（Rosenst.）C. Chr.	LC	
507. 棕毛轴脉蕨	*Tectaria setulosa*（Baker）Holttum	DD	
508. 燕尾三叉蕨	*Tectaria simonsii*（Baker）Ching	LC	
509. 三叉蕨	*Tectaria subtriphylla*（Hook. & Arn.）Copel.	LC	
510. 地耳蕨	*Tectaria zeilanica*（Houtt.）Sledge	LC	
条蕨科 Oleandraceae			
511. 华南条蕨	*Oleandra cumingii* J. Sm.	NT	
512. 波边条蕨	*Oleandra undulata*（Willd.）Ching	DD	
骨碎补科 Davalliaceae			
513. 大叶骨碎补	*Davallia divaricata* Blume	LC	
514. 阔叶骨碎补	*Davallia solida*（G. Forst.）Sw.	NT	
515. 杯盖阴石蕨	*Humata griffithiana*（Hook.）C. Chr.	LC	
516. 阴石蕨	*Humata repens*（L. f.）Small ex Diels	LC	
水龙骨科 Polypodiaceae			
517. 崖姜	*Aglaomorpha coronans*（Wall. ex Mett.）Copel.	NT	
518. 节肢蕨	*Arthromeris lehmanni*（Mett.）Ching	LC	
519. 龙头节肢蕨	*Arthromeris lungtauensis* Ching	LC	
520. 团叶槲蕨	*Drynaria bonii* Christ	DD	

中文名	拉丁学名	等级	等级注解
521. 槲蕨	*Drynaria roosii* Nakaike	LC	
522. 雨蕨	*Gymnogrammitis dareiformis*（Hook.）Ching ex Tardieu & C. Chr.	EN	B1ab（i，ii，iii，iv）
523. 披针骨牌蕨	*Lemmaphyllum diversum*（Rosenst.）Tagawa	LC	
524. 抱石莲	*Lemmaphyllum drymoglossoides*（Baker）Ching	LC	
525. 伏石蕨	*Lemmaphyllum microphyllum* C. Presl	LC	
526. 倒卵伏石蕨	*Lemmaphyllum microphyllum* var. *obovatum*（Harr.）C. Chr.	DD	
527. 骨牌蕨	*Lemmaphyllum rostratum*（Bedd.）Tagawa	LC	
528. 鳞果星蕨	*Lepidomicrosorium buergerianum*（Miq.）Ching & K. H. Shing ex S. X. Xu	LC	
529. 表面星蕨	*Lepidomicrosorium superficiale*（Blume）Li Wang	LC	
530. 黄瓦韦	*Lepisorus asterolepis*（Baker）Ching ex S. X. Xu	DD	
531. 庐山瓦韦	*Lepisorus lewisii*（Baker）Ching	LC	
532. 丝带蕨	*Lepisorus miyoshianus*（Makino）Fraser-Jenk. & Subh. Chandra	VU	B2 ab（i，iv）
533. 粤瓦韦	*Lepisorus obscurevenulosus*（Hayata）Ching	LC	
534. 稀鳞瓦韦	*Lepisorus oligolepidus*（Baker）Ching	LC	
535. 短柄瓦韦	*Lepisorus subsessilis* Ching & Y. X. Lin	DD	
536. 瓦韦	*Lepisorus thunbergianus*（Kaulf.）Ching	LC	
537. 阔叶瓦韦	*Lepisorus tosaensis*（Makino）H. Itô	LC	
538. 心叶薄唇蕨	*Leptochilus cantoniensis*（Baker）Ching	VU	A2c+3c；D
539. 掌叶线蕨	*Leptochilus digitatus*（Baker）Noot.	LC	
540. 线蕨	*Leptochilus ellipticus*（Thunb. ex Murray）Noot.	LC	
541. 滇线蕨	*Leptochilus ellipticus* var. *pentaphyllus*（Baker）X. C. Zhang & Noot.	DD	
542. 宽羽线蕨	*Leptochilus ellipticus* var. *pothifolius*（Buch.-Ham ex D. Don）X. C. Zhang	LC	
543. 断线蕨	*Leptochilus hemionitideus*（C. Presl）Noot.	LC	
544. 胄叶线蕨	*Leptochilus hemitomus*（Hance）Noot.	LC	
545. 绿叶线蕨	*Leptochilus leveillei*（Christ）X. C. Zhang & Noot.	LC	
546. 具柄线蕨	*Leptochilus pedunculatus*（Hook. & Grev.）Fraser-Jenk.	DD	
547. 褐叶线蕨	*Leptochilus wrightii*（Hook. & Baker）X. C. Zhang	LC	
548. 中华剑蕨	*Loxogramme chinensis* Ching	VU	A2c+3c

中文名	拉丁学名	等级	等级注解
549. 匙叶剑蕨	*Loxogramme grammitoides*（Baker）C. Chr.	LC	
550. 老街剑蕨	*Loxogramme lankokiensis*（Rosenst.）C. Chr.	EN	B2ab（i,iv）C2a(ii)
551. 柳叶剑蕨	*Loxogramme salicifolia*（Makino）Makino	VU	A2c+3c
552. 锯蕨	*Micropolypodium okuboi*（Yatabe）Hayata	EN	A2c+3c；B1b(i,iii)
553. 羽裂星蕨	*Microsorum insigne*（Blume）Copel.	LC	
554. 膜叶星蕨	*Microsorum membranaceum*（D. Don）Ching	NT	
555. 有翅星蕨	*Microsorum pteropus*（Blume）Copel.	LC	
556. 星蕨	*Microsorum punctatum*（L.）Copel.	LC	
557. 江南星蕨	*Neolepisorus fortunei*（T. Moore）Li Wang	LC	
558. 盾蕨	*Neolepisorus ovatus*（Wall. ex Bedd.）Ching	LC	
559. 显脉星蕨	*Neolepisorus zippelii*（Blume）Li Wang	NT	
560. 短柄滨禾蕨	*Oreogrammitis dorsipila*（Christ）Parris	LC	
561. 隐脉滨禾蕨	*Oreogrammitis sinohirtella* Parris	DD	
562. 光亮瘤蕨	*Phymatosorus cuspidatus*（D. Don）Pic. Serm.	LC	
563. 多羽瘤蕨	*Phymatosorus longissimus*（Blume）Pic. Serm.	NT	
564. 显脉瘤蕨	*Phymatosorus membranifolius*（R. Br.）S. G. Lu	DD	
565. 瘤蕨	*Phymatosorus scolopendria*（Burm. f.）Pic. Serm.	LC	
566. 蒙自拟水龙骨	*Polypodiastrum mengtzeense*（Christ）Ching	VU	B2ab（i, iii, iv）
567. 友水龙骨	*Polypodiodes amoena*（Wall. ex Mett.）Ching	LC	
568. 中华水龙骨	*Polypodiodes chinensis*（Christ）S. G. Lu	DD	
569. 日本水龙骨	*Polypodiodes niponica*（Mett.）Ching	LC	
570. 缘生穴子蕨	*Prosaptia contigua*（G. Forst.）C. Presl	VU	B2ab(iii)
571. 中间穴子蕨	*Prosaptia intermedia*（Ching）Tagawa	DD	
572. 台湾穴子蕨	*Prosaptia urceolaris*（Hayata）Copel.	DD	
573. 贴生石韦	*Pyrrosia adnascens*（Sw.）Ching	LC	
574. 石蕨	*Pyrrosia angustissima*（Giesenh. ex Diels）Tagawa & K. Iwats.	NT	
575. 相近石韦	*Pyrrosia assimilis*（Baker）Ching	LC	
576. 光石韦	*Pyrrosia calvata*（Baker）Ching	LC	

续表

中文名	拉丁学名	等级	等级注解
577. 石韦	*Pyrrosia lingua*（Thunb.）Farw.	LC	
578. 有柄石韦	*Pyrrosia petiolosa*（Christ）Ching	LC	
579. 庐山石韦	*Pyrrosia sheareri*（Baker）Ching	LC	
580. 中越石韦	*Pyrrosia tonkinensis*（Giesenh.）Ching	LC	
581. 革舌蕨	*Scleroglossum sulcatum*（Kuhn）Alderw.	EN	D1+2
582. 灰鳞假瘤蕨	*Selliguea albipes*（C. Chr. & Ching）S. G. Lu, Hovenkamp & M. G. Gilbert	LC	
583. 十字假瘤蕨	*Selliguea cruciformis*（Ching）Fraser-Jenk.	DD	
584. 掌叶假瘤蕨	*Selliguea digitata*（Ching）S. G. Lu, Hovenkamp & M. G. Gilbert	CR	D1+2
585. 修蕨	*Selliguea feei* Bory	DD	
586. 金鸡脚假瘤蕨	*Selliguea hastata*（Thunb.）Fraser-Jenk.	LC	
587. 尖裂假瘤蕨	*Selliguea oxyloba*（Wall. ex Kunze）Fraser-Jenk.	DD	
588. 喙叶假瘤蕨	*Selliguea rhynchophylla*（Hook.）Fraser-Jenk.	LC	

第四章 广东裸子植物的现状与评估

裸子植物起源可追溯至距今 3.85 亿年前的古生代中泥盆世，在经历了中生代的繁盛后，其在全球陆地生态系统中的优势地位逐渐被被子植物所取代。从裸子植物产生至今，经过多次地质事件，种类更迭、演替、繁衍，进化出了习性各异的现代类群。现代的裸子植物广泛分布于世界各地，全球裸子植物共计 85 属 1 118 种。我国是裸子植物的重要产区，有 4 亚纲 7 目 8 科 37 属 260 种，是世界上裸子植物物种最丰富的国家（杨永等，2017b；吕丽莎等，2018）。与高等植物的其他门类相比，裸子植物的物种多样性是最低的，然而裸子植物在全球森林生态系统中占据重要地位。在我国，以裸子植物为建群种的针叶林是分布最广、类型多样的植被类型，它所形成的针叶林面积约占森林总面积的 52.18%，具有十分重要的生态、经济与社会价值和意义（吴征镒，1995；孔祥海等，2011）。

裸子植物虽然种类不多，但它是维管植物演化过程中的关键类群，吸引了众多研究人员，对其分类系统也众说纷纭。国内最早使用的为郑万钧系统（郑万钧，傅立国，1978），即将中国的裸子植物分为 4 纲 12 科。Christenhusz 等（2011）基于分子系统学研究提出了一个新的裸子植物分类系统，简称克氏系统，该系统共收录 4 亚纲 8 目 12 科 84 属，与传统分类系统相比，科级分类变化明显，把苏铁类分为苏铁科和泽米铁科，杉科并入柏科，三尖杉科并入红豆杉科，把南半球分布的南洋杉科和罗汉松科列入南洋杉目，把金松科、红豆杉科和柏科归入柏目。本书共收录了广东省裸子植物 7 科 31 属 69 种，其中野生种 6 科 16 属 29 种，栽培种 5 科 18 属 40 种。

人类活动直接或间接影响了裸子植物的分布与现状，是威胁物种生存的关键因素。全世界的裸子植物受威胁比例达 42%，其中苏铁类植物受到的威胁最为严重，约有 63.5% 的物种受到威胁（杨永等，2017a），而中国裸子植物的受威胁比例占 59%（杨永等，2017b），因此保护与保育这些濒危植物非常重要。

据不完全统计，从分布区来看，广东省裸子植物多样性最高的前五个市（县）主要位于广东省的北部，分别为乳源瑶族自治县（16 种）、乐昌市（13 种）、连山壮族瑶族自治县（11 种）、连州市（10 种）、连南瑶族自治县（9 种）。

根据 IUCN 的评估标准，对广东省现存的 29 种野生裸子植物的分布状况、种群动态及受威胁因素进行全面评估，最终确定极危（CR）4 种，分别为仙湖苏铁（*Cycas fairylakea*）、南亚松（*Pinus latteri*）、水松（*Glyptostrobus pensilis*）和白豆杉（*Pseudotaxus chienii*）；濒危（EN）4 种，分别为油杉（*Keteleeria fortunei*）、罗汉松（*Podocarpus macrophyllus*）、海南粗榧（*Cephalotaxus hainanensis*）和篦子三尖杉（*Cephalotaxus oliveri*）；易危（VU）11 种，分别为长苞铁杉（*Pinus kwangtungensis*）、华南五针松（*Pinus kwangtungensis*）、铁杉（*Tsuga chinensis*）、长叶竹柏（*Nageia fleuryi*）、竹柏（*Nageia nagi*）、百日青（*Podocarpus neriifolius*）、福建柏（*Fokienia hodginsii*）、穗花杉（*Amentotaxus argotaenia*）、三尖杉

（*Cephalotaxus fortunei*）、粗榧（*Cephalotaxus sinensis*）和南方红豆杉（*Taxus wallichiana* var. *mairei*）；近危（NT）1 种；无危（LC）6 种；数据缺乏（DD）3 种。广东省裸子植物受威胁物种共 19 种，占总数的 65.52%（表 8）。

表 8　广东省裸子植物受威胁概况

科名	野外绝灭（EW）	地区绝灭（RE）	受威胁等级			近危（NT）	无危（LC）	数据缺乏（DD）	受威胁物种数	总计
			极危（CR）	濒危（EN）	易危（VU）					
柏科	0	0	1	0	1	0	2	0	2	4
红豆杉科	0	0	1	2	4	0	0	1	7	8
罗汉松科	0	0	0	1	3	0	0	1	4	5
买麻藤科	0	0	0	0	0	1	3	0	0	4
松科	0	0	1	1	3	0	1	1	5	7
苏铁科	0	0	1	0	0	0	0	0	1	1
总计	0	0	4	4	11	1	6	3	19	29

广东省裸子植物种类中，中国特有种有 11 种，特有比例达 37.93%，占中国特有裸子植物物种数 94 种的 11.70%（黄继红等，2014）。广东特有种仅 1 种，为仙湖苏铁，2005 年的调查数据显示仙湖苏铁有 5 个居群 2 707 株，总面积不足 300 hm^2，主要分布在深圳塘朗山和梅林水库，其他 3 个种群数量不足 30 株。由于被过度采挖以及受病虫害的影响，仙湖苏铁野生个体数不断减少，雌株老龄化严重，幼苗更新不足，目前处于种群衰退阶段，通过人工抚育，生长状态区域良好。2020 年在江门调查过程中发现面积不足 300 hm^2 的范围内生长着野生仙湖苏铁近 300 株，其中茎干高度大于 1 m、胸径在 30~45 cm 的个体约有 50 株，但受环境影响，整个种群开花的株数不足 10 株，生长状况不容乐观，保护行动迫在眉睫。

根据调整后的《国家重点保护野生植物名录》（国家林业和草原局 农业农村部，2021 年第 15 号），广东省裸子植物中共有 13 种被列入，其中国家一级保护有 3 种，分别为仙湖苏铁、水松和南方红豆杉，国家二级保护有 10 种，分别为江南油杉（*Keteleeria fortunei* var. *cyclolepis*）、华南五针松、罗汉松、短叶罗汉松（*Podocarpus macrophyllus* var. *maki*）、百日青（*Podocarpus neriifolius*）、福建柏、穗花杉、海南粗榧、篦子三尖杉和白豆杉。

结合广东省裸子植物红色名录（表 9）评估和野外调查，我们发现裸子植物致濒因素主要有两个：一是由于其观赏、药用及材用价值高，遭严重采挖，罗汉松科和红豆杉科尤为显著，针对这一现象，设置自然保护地，加强法律约束无疑是最具成效的方法；二是因其种群数量少，个体数小，种群发展及更新受限，如水松、三尖杉、粗榧和南方红豆杉等，在这种情况下，适度开展人工抚育措施更有利于裸子植物的生长发育和繁殖。

表9 广东省裸子植物红色名录

(注：★表示广东特有种)

中文名	拉丁学名	等级	等级注解
苏铁科 Cycadaceae			
1. 仙湖苏铁★	*Cycas fairylakea* D. Y. Wang	CR	A2c；B2b(i,iii) c(iii,iv)
买麻藤科 Gnetaceae			
2. 海南买麻藤	*Gnetum hainanense* C. Y. Cheng ex L. K. Fu, Y. F. Yu & M. G. Gilbert	NT	
3. 罗浮买麻藤	*Gnetum luofuense* C. Y. Cheng	LC	
4. 买麻藤	*Gnetum montanum* Markgr.	LC	
5. 小叶买麻藤	*Gnetum parvifolium* (Warb.) C. Y. Cheng ex Chun	LC	
松科 Pinaceae			
6. 油杉	*Keteleeria fortunei* (A. Murray bis) Carrière	EN	A2c+3cd
7. 江南油杉	*Keteleeria fortunei* var. *cyclolepis* (Flous) Silba	DD	
8. 长苞铁杉	*Nothotsuga longibracteata* (W. C. Cheng) Hu ex C. N. Page	VU	A3cd；C2a(i)
9. 华南五针松	*Pinus kwangtungensis* Chun & Tsiang	VU	A2cd
10. 南亚松	*Pinus latteri* Mason	CR	A3c；B1ab(iii)
11. 马尾松	*Pinus massoniana* Lamb.	LC	
12. 铁杉	*Tsuga chinensis* (Franch.) Pritz.	VU	A2cd
罗汉松科 Podocarpaceae			
13. 长叶竹柏	*Nageia fleuryi* (Hickel) de Laub.	VU	A2cd+3cd
14. 竹柏	*Nageia nagi* (Thunb.) Kuntze	VU	B1b(i,v)；C2b
15. 罗汉松	*Podocarpus macrophyllus* (Thunb.) Sw.	EN	A2cd+3cd
16. 短叶罗汉松	*Podocarpus macrophyllus* var. *maki* Siebold & Zucc.	DD	
17. 百日青	*Podocarpus neriifolius* D. Don	VU	A2cd+3cd
柏科 Cupressaceae			
18. 杉木	*Cunninghamia lanceolata* (Lamb.) Hook.	LC	
19. 柏木	*Cupressus funebris* Endl.	LC	
20. 福建柏	*Fokienia hodginsii* (Dunn) A. Henry & H. H. Thomas	VU	A2cd+3cd
21. 水松	*Glyptostrobus pensilis* (Staunton ex D. Don) K. Koch	CR	A2c+3c

中文名	拉丁学名	等级	等级注解
红豆杉科 Taxaceae			
22. 穗花杉	*Amentotaxus argotaenia*（Hance）Pilg.	VU	A2cd+3cd；C2a（i）；D1
23. 三尖杉	*Cephalotaxus fortunei* Hook.	VU	C2a（i）
24. 海南粗榧	*Cephalotaxus hainanensis* H. L. Li	EN	A2c+3c
25. 篦子三尖杉	*Cephalotaxus oliveri* Mast.	EN	A2cd
26. 粗榧	*Cephalotaxus sinensis*（Rehder & E. H. Wilson）H. L. Li	VU	B1ab（iii）
27. 宽叶粗榧	*Cephalotaxus latifolia* W. C. Cheng & L. K. Fu ex L. K. Fu & R. R. Mill	DD	
28. 白豆杉	*Pseudotaxus chienii*（W. C. Cheng）W. C. Cheng	CR	A2cd+3cd
29. 南方红豆杉	*Taxus wallichiana* Zucc. var. *mairei*（Lemée & H. Lév.）L. K. Fu & Nan Li	VU	A2c+3c

第五章　广东被子植物的现状与评估

一、基本概况

被子植物又称有花植物。最新的基于分子数据的研究结果表明被子植物起源于距今2亿年前的中生代晚三叠世，此后在长达1.4亿年间，经侏罗纪至晚白垩世，逐渐占据统治地位。被子植物是种子植物门中的一个最高等的类群，也是当今植物界中进化程度最高、种类最多、分布最广且适应性最强的类群。统计资料显示，现今全世界的被子植物约有383 962种（包括种下分类群，下同），而中国约有38 729种，占全球被子植物的10.09%。

二、物种状况

本书依据APG（APG IV，2016）系统将广东省行政区域范围内的被子植物分为233科1 865属6 657种，占全国被子植物物种总数的17.19%，其中本土野生被子植物有208科1 389属5 350种，在广东省高等植物中占80.35%，也构成了本省濒危植物的主体，许多种类已经被列入国内保护植物名录和国际公约保护物种名录。根据广东省现有被子植物的分布状况，参照覃海宁等（2017b）及IUCN发布的相关评估指南，对广东省野生被子植物的濒危状况进行评估。结果表明，由于在多次野外调查过程中均未能再次发现，加上生境的变化，白玉簪和罗浮紫珠在广东省可能已经绝灭（EX）；地区绝灭种（RE）6种，为中华荸、旋苞隐棒花、冠果草、水蕨、水禾和细果野菱，这些物种几乎全为湿地植物，受生境影响极大，一旦生境受损，便很难生存。此外，广东省被子植物中有极危种（CR）59种，濒危种（EN）199种，易危种（VU）316种，近危种（NT）489种，无危种（LC）3 911种，数据缺乏（DD）368种。其中极危、濒危和易危三个等级被称为受威胁等级，共574种，占广东省被子植物总数的10.73%，接近全国物种受威胁比例11.18%（表10）。

特有植物由于其分布区域狭窄，受到潜在威胁的风险较大。随着全球生物多样性保护研究的深入，特有物种已成为衡量生物多样性优先保护区的重要标准。广东省特有被子植物共306种，占广东省野生被子植物物种总数的5.72%，有31.05%的物种处于受威胁状态；在极危等级的物种中，广东特有种占52.54%，比例达一半以上。因此从大尺度上看，在资源优先的情况下，特有物种的边界更为明确，应给予更多关注。

表10　广东省被子植物红色名录评估结果统计

濒危等级	种数 ［占广东省本土种数的比例（%）］	广东特有种数 ［占广东省本土特有种数的比例（%）］
绝灭（EX）	2（0.04）	2（0.65）
野外绝灭（EW）	0（0.00）	0（0.00）
地区绝灭（RE）	6（0.11）	0（0.00）

续表

濒危等级	种数 ［占广东省本土种数的比例（%）］	广东特有种数 ［占广东省本土特有种数的比例（%）］
极危（CR）	59（1.10）	31（10.13）
濒危（EN）	199（3.72）	29（9.48）
易危（VU）	316（5.91）	35（11.44）
近危（NT）	489（9.14）	40（13.07）
无危（LC）	3 911（73.10）	132（43.14）
数据缺乏（DD）	368（6.88）	37（12.09）
总计	5 350（100）	306（100）

被子植物不同科的受威胁程度差异很大。广东省内被子植物中的川蔓草科、莼菜科、毒鼠子科、蜡梅科、兰花蕉科、帽蕊草科、霉草科、肉豆蔻科、睡莲科、瘿椒花科、猪笼草科等11个科的所有物种均处于受威胁状态（表11）。这些科的植物多为草本，种群数量少，分布散，加之大部分为腐生植物或水生植物，极易受环境影响而致濒。另外，马兜铃科、眼子菜科、兰科、木兰科及五味子科的植物因具有较高的药用价值和观赏价值，科内50%以上的物种均处于受威胁状态，如广东省兰科植物中有189种受威胁，占广东省247种兰科植物的76.52%。

表11 广东省被子植物在科级水平上的受威胁状况统计

科名	绝灭 （EX）	地区 绝灭 （RE）	受威胁等级			近危 （NT）	无危 （LC）	数据 缺乏 （DD）	受威胁 物种数	总计
			极危 （CR）	濒危 （EN）	易危 （VU）					
川蔓草科			1	2					3	3
莼菜科			1						1	1
毒鼠子科					1				1	1
蜡梅科					1				1	1
兰花蕉科				1					1	1
帽蕊草科					1				1	1
霉草科			1	1	2				4	4
肉豆蔻科			1						1	1
睡莲科			2						2	2
瘿椒花科				1					1	1
猪笼草科					1				1	1
马兜铃科			2	7	10	3		1	19	23
眼子菜科					7		1	1	7	9

科名	绝灭(EX)	地区绝灭(RE)	极危(CR)	濒危(EN)	易危(VU)	近危(NT)	无危(LC)	数据缺乏(DD)	受威胁物种数	总计
兰科			11	112	66	33	6	19	189	247
木兰科			4	6	8	2	4		18	24
五味子科				2	10	6	2	1	12	21
金莲木科					1	1			1	2
蓝果树科					2		2		2	4
藜芦科					3	1	2		3	6
五桠果科					1		1		1	2
棕榈科				2	8	1	11	1	10	23
阿丁枫科				2	1		4		3	7
胡椒科					6	2	6	1	6	15
睡菜科				1	1	1	2		2	5
西番莲科				1	1		3		2	5
红树科				1	2	1	4		3	8
樟科			3	8	41	27	56	7	52	142
金缕梅科			1	2	6	1	15		9	25
草海桐科					1		2		1	3
三白草科					1		2		1	3
水鳖科		1		2	5	3	6	4	7	21
杨梅科					1		2		1	3
小檗科			1	2	1	4	6		4	14
番荔枝科			1	1	6	9	8	4	8	29
露兜树科					1		3		1	4
檀香科					2	2	2	2	2	8
泽泻科		1	1		1	2		3	2	8
苦苣苔科			9	7	8	16	53	9	24	102
秋海棠科			2		1	1	8	2	3	14
金粟兰科					2	5	3		2	10
仙茅科					1	1	3	1	1	6
水玉簪科	1				2	4	4	2	2	13
猕猴桃科					3	4	14		3	21

续表

科名	绝灭（EX）	地区绝灭（RE）	受威胁等级			近危（NT）	无危（LC）	数据缺乏（DD）	受威胁物种数	总计
			极危（CR）	濒危（EN）	易危（VU）					
防己科				1	2	1	18		3	22
无患子科				1	3	7	19	1	4	31
山茶科			1	2	4	16	32	2	7	57
天门冬科				2	2	4	25		4	33
千屈菜科		1		1	1	3	11		2	17
姜科				1	3	3	25	3	4	35
假黄杨科				1		2	2	4	1	9
山龙眼科					1	1	7		1	9
山榄科					1	2	6	1	1	10
天南星科		1	1	3		1	33		4	39
豆科			2	4	22	35	206	13	28	282
瑞香科					1		10		1	11
薯蓣科				2		2	14	4	2	22
安息香科				2		7	14	1	2	24
黄杨科				1		3	7	1	1	12
马钱科				1		1	7	3	1	12
壳斗科			1	1	7	15	74	13	9	111
海桐花科				1			12	1	1	14
虎耳草科				1		3	10		1	14
山柑科					1	2	9	2	1	14
大麻科				1			14		1	15
毛茛科			1		2	8	34	3	3	48
木通科						6	9		1	16
野牡丹科				2	1	5	36	5	3	49
报春花科			2	2	1	4	71	2	5	82
木犀科			1		1	2	26	3	2	33
远志科					1	2	15		1	18
大戟科				1	3	6	64	4	4	78
杜英科				1		2	14	3	1	20
龙胆科				1		2	14	3	1	20

科名	绝灭(EX)	地区绝灭(RE)	受威胁等级			近危(NT)	无危(LC)	数据缺乏(DD)	受威胁物种数	总计
			极危(CR)	濒危(EN)	易危(VU)					
葡萄科				1	2	7	51	3	3	64
堇菜科					1	1	17	3	1	22
锦葵科				2	1	6	52	5	3	66
桃金娘科				1		2	20	1	1	24
冬青科			1		2	9	59	3	3	74
茜草科				2	6	9	179	7	8	203
唇形科	1		2	3	3	6	176	13	8	204
伞形科			1				22	3	1	26
山矾科					1		27	1	1	29
杨柳科					1	11	14	3	1	29
夹竹桃科				1	2	6	76	9	3	94
桑科					2	5	51	7	2	65
五列木科			1		1	7	53	4	2	66
禾本科	2		3	2	6	15	361	24	11	413
蔷薇科					3	14	135	8	3	160
爵床科			1			4	49	1	1	55
卫矛科					1	10	42	8	1	61
杜鹃花科					1	6	59	17	1	83
菊科			1			1	213	9	1	224
莎草科					1	6	213	23	1	243
芭蕉科							5		0	5
菝葜科						1	30		0	31
白花菜科							2		0	2
白花丹科							2		0	2
百部科							1		0	1
百合科							5	1	0	6
闭鞘姜科							2		0	2
茶茱萸科						1	2		0	3
菖蒲科							2		0	2
车前科							26	5	0	31

续表

科名	绝灭 (EX)	地区绝灭 (RE)	受威胁等级			近危 (NT)	无危 (LC)	数据缺乏 (DD)	受威胁物种数	总计
			极危 (CR)	濒危 (EN)	易危 (VU)					
扯根菜科						1			0	1
柽柳科							1		0	1
川蔓藻科							1		0	1
刺茉莉科							1		0	1
灯心草科							7	1	0	8
叠珠树科						1			0	1
番杏科							2		0	2
凤仙花科						3	13		0	16
橄榄科							1		0	1
沟繁缕科						1	1	2	0	4
钩吻科							1		0	1
古柯科							1		0	1
谷精草科						1	12	1	0	14
禾本科							1		0	1
胡麻科						1			0	1
胡桃科							6		0	6
胡桐科							1		0	1
胡颓子科						2	10	1	0	13
葫芦科						3	26	4	0	33
虎皮楠科							5		0	5
花柱草科							1	1	0	2
桦木科							10		0	10
黄眼草科							4	1	0	5
金虎尾科							2		0	3
金丝桃科							12	2	0	14
金檀木科						1			0	1
金鱼藻科							1		0	1
旌节花科							2		0	2
景天科						3	13		0	16
桔梗科							16	1	0	17

续表

科名	绝灭 （EX）	地区 绝灭 （RE）	受威胁等级			近危 （NT）	无危 （LC）	数据 缺乏 （DD）	受威胁 物种数	总计
			极危 （CR）	濒危 （EN）	易危 （VU）					
苦木科							5		0	5
狸藻科							10	1	0	11
莲叶桐科						1	3		0	4
楝科						3	9		0	12
楝科								1	0	1
蓼科						1	41	6	0	48
列当科						3	13	5	0	21
柳叶菜科						1	10	1	0	12
马鞭草科							2		0	2
马齿苋科							1		0	1
牻牛儿苗科							1		0	1
茅膏菜科						1	5		0	6
母草科							23	2	0	25
木犀草科								1	0	1
纳西菜科							2	1	0	3
南鼠刺科							1		0	1
牛栓藤科						1	2		0	3
泡桐科							5		0	5
桤叶树科						1	3		0	4
漆树科						2	9		0	11
茄科							20	1	0	21
青荚叶科						2	1		0	3
青皮木科							2		0	2
清风藤科						3	21	2	0	26
秋水仙科							3		0	3
忍冬科							17		0	17
日光兰科							4		0	4
桑寄生科						1	23	2	0	26
山柚子科							1		0	1
山茱萸科						2	17		0	19

科名	绝灭 (EX)	地区 绝灭 (RE)	受威胁等级			近危 (NT)	无危 (LC)	数据 缺乏 (DD)	受威胁 物种数	总计
			极危 (CR)	濒危 (EN)	易危 (VU)					
商陆科							2	1	0	3
蛇菰科						1	5		0	6
省沽油科							7		0	7
十字花科						1	13	4	0	18
石蒜科							4	1	0	5
石竹科						1	14	1	0	16
使君子科						2	4		0	6
柿科						4	11		0	15
鼠刺科						2	4	1	0	7
鼠李科						7	29	1	0	37
水蕹科						1			0	1
丝粉藻科							1		0	1
丝缨花科						1	3		0	4
粟米草科							4		0	4
藤黄科							2		0	2
田葱科						1			0	1
田基麻科							1		0	1
铁青树科							1		0	1
通泉草科							4		0	4
五福花科						1	27		0	28
五加科						5	39	2	0	46
五膜草科							1		0	1
苋科							10	1	0	11
香蒲科							3		0	3
小二仙草科							5	2	0	7
小盘木科							1		0	1
楔瓣花科							1		0	1
绣球花科							19	2	0	21
玄参科							5	1	0	6
旋花科						1	32	2	0	35

续表

科名	绝灭（EX）	地区绝灭（RE）	受威胁等级			近危（NT）	无危（LC）	数据缺乏（DD）	受威胁物种数	总计
			极危（CR）	濒危（EN）	易危（VU）					
荨麻科						9	70	3	0	82
鸭跖草科							35		0	35
亚麻科							1		0	1
叶下珠科						2	56	7	0	65
罂粟科							7		0	7
榆科						3	1		0	4
雨久花科							3		0	3
鸢尾科						1	3		0	4
芸香科						3	38	3	0	44
粘木科						1			0	1
竹芋科							2		0	2
紫草科							15		0	15
紫茉莉科							3	1	0	4
紫葳科						1	6	1	0	8
酢浆草科						1	1	1	0	3
总计	2	6	59	199	316	489	3 911	368	574	5 350

三、国家重点保护野生植物

根据调整后的《国家重点保护野生植物名录》（国家林业和草原局 农业农村部公告，2021 年第 15 号），广东省分布的被子植物中国家重点保护野生植物有 42 科 63 属 121 种（见表 12），其中国家一级保护野生植物有 6 种，国家二级保护野生植物有 115 种；农业农村主管部门分工管理 47 种，林业和草原主管部门分工管理 74 种。与 1999 年发布《国家重点保护野生植物名录（第一批）》（国家林业局 农业部令第 4 号）相比，在被子植物中，广东省新增加了国家重点保护野生植物 89 种，其中 36 种为兰科植物。需要说明的是，由于飞霞兰（*Cymbidium feixiaense*）在分类学上存在问题，疏花石斛（*Dendrobium henryi*）、浙江马鞍树（*Maackia chekiangensis*）、乌苏里狐尾藻（*Myriophyllum ussuriense*）、大籽猕猴桃（*Actinidia macrosperma*）在野外未见，也没有标本记录，因此，为了使有限的保护资金用于分类和野生种群更加明确的目标物种，对于这些种类暂缓认定在广东的分布，留待以后验证。

表 12　广东省被子植物中的国家重点保护野生植物

科名	中文名	学名	保护级别
莼菜科	1. 莼菜 *	*Brasenia schreberi* J. F. Gmel.	二级
马兜铃科	2. 金耳环	*Asarum insigne* Diels	二级
肉豆蔻科	3. 风吹楠	*Horsfieldia amygdalina*（Wall.）Warb.	二级
木兰科	4. 厚叶木莲	*Manglietia pachyphylla* Hung T. Chang	二级
木兰科	5. 广东含笑	*Michelia guangdongensis* Y. H. Yan，Q. W. Zeng & F. W. Xing	二级
樟科	6. 卵叶桂	*Cinnamomum rigidissimum* Hung T. Chang	二级
樟科	7. 闽楠	*Phoebe bournei*（Hemsl.）Yen C. Yang	二级
水鳖科	8. 龙舌草 *	*Ottelia alismoides*（L.）Pers.	二级
藜芦科	9. 华重楼 *	*Paris chinensis* Franch.	二级
藜芦科	10. 球药隔重楼 *	*Paris fargesii* Franch.	二级
兰科	11. 金线兰 *	*Anoectochilus roxburghii*（Wall.）Lindl.	二级
兰科	12. 白及 *	*Bletilla striata*（Thunb. ex A. Murray）Rchb. f.	二级
兰科	13. 杜鹃兰	*Cremastra appendiculata*（D. Don）Makino	二级
兰科	14. 纹瓣兰	*Cymbidium aloifolium*（L.）Sw.	二级
兰科	15. 冬凤兰	*Cymbidium dayanum* Rchb. f.	二级
兰科	16. 建兰	*Cymbidium ensifolium*（L.）Sw.	二级
兰科	17. 蕙兰	*Cymbidium faberi* Rolfe	二级
兰科	18. 多花兰	*Cymbidium floribundum* Lindl.	二级
兰科	19. 春兰	*Cymbidium goeringii*（Rchb. f.）Rchb. f.	二级
兰科	20. 寒兰	*Cymbidium kanran* Makino	二级
兰科	21. 硬叶兰	*Cymbidium mannii* Rchb. f.	二级
兰科	22. 墨兰	*Cymbidium sinense*（Jackson ex Andrews）Willd.	二级
兰科	23. 丹霞兰	*Danxiaorchis singchiana* J. W. Zhai et al.	二级
兰科	24. 钩状石斛 *	*Dendrobium aduncum* Wall. ex Lindl.	二级
兰科	25. 密花石斛 *	*Dendrobium densiflorum* Wall.	二级
兰科	26. 重唇石斛 *	*Dendrobium hercoglossum* Rchb. f.	二级
兰科	27. 广东石斛 *	*Dendrobium kwangtungense* C. L. Tso	二级
兰科	28. 聚石斛 *	*Dendrobium lindleyi* Steud.	二级
兰科	29. 美花石斛 *	*Dendrobium loddigesii* Rolfe	二级
兰科	30. 罗河石斛 *	*Dendrobium lohohense* Tang & F. T. Wang	二级
兰科	31. 细茎石斛 *	*Dendrobium moniliforme*（L.）Sw.	二级

科名	中文名	学名	保护级别
兰科	32. 铁皮石斛 *	*Dendrobium officinale* Kimura & Migo	二级
兰科	33. 单莛草石斛 *	*Dendrobium porphyrochilum* Lindl.	二级
兰科	34. 始兴石斛 *	*Dendrobium shixingense* Z. L. Chen，S. J. Zeng & J. Duan	二级
兰科	35. 剑叶石斛 *	*Dendrobium spatella* Rchb. f.	二级
兰科	36. 大花石斛 *	*Dendrobium wilsonii* Rolfe	二级
兰科	37. 血叶兰	*Ludisia discolor*（Ker Gawl.）Blume	二级
兰科	38. 小叶兜兰	*Paphiopedilum barbigerum* Tang & F. T. Wang	一级
兰科	39. 广东兜兰	*Paphiopedilum guangdongense* Z. J. Liu & L. J. Chen	一级
兰科	40. 紫纹兜兰	*Paphiopedilum purpuratum*（Lindl.）Stein	一级
兰科	41. 独蒜兰	*Pleione bulbocodioides*（Franch.）Rolfe	二级
兰科	42. 陈氏独蒜兰	*Pleione chunii* C. L. Tso	二级
兰科	43. 台湾独蒜兰	*Pleione formosana* Hayata	二级
兰科	44. 毛唇独蒜兰	*Pleione hookeriana*（Lindl.）Rollisson	二级
兰科	45. 小叶独蒜兰	*Pleione microphylla* S. C. Chen & Z. H. Tsi	二级
兰科	46. 深圳香荚兰	*Vanilla shenzhenica* Z. J. Liu & S. C. Chen	二级
禾本科	47. 水禾 *	*Hygroryza aristata*（Retz.）Nees	二级
禾本科	48. 药用稻 *	*Oryza officinalis* Wall. ex G. Watt	二级
禾本科	49. 野生稻 *	*Oryza rufipogon* Griff.	二级
禾本科	50. 拟高粱 *	*Sorghum propinquum*（Kunth）Hitchc.	二级
禾本科	51. 中华结缕草 *	*Zoysia sinica* Hance	二级
小檗科	52. 六角莲	*Dysosma pleiantha*（Hance）Woodson	二级
小檗科	53. 八角莲	*Dysosma versipellis*（Hance）M. Cheng ex T. S. Ying	二级
毛茛科	54. 短萼黄连 *	*Coptis chinensis* Franch. var. *brevisepala* W. T. Wang & P. G. Xiao	二级
金缕梅科	55. 长柄双花木	*Disanthus cercidifolius* Maxim. subsp. *longipes*（Hung T. Chang）K. Y. Pang	二级
金缕梅科	56. 四药门花	*Loropetalum subcordatum*（Benth.）Oliv.	二级
豆科	57. 格木	*Erythrophleum fordii* Oliv.	二级
豆科	58. 山豆根 *	*Euchresta japonica* Hook. f. ex Regel	二级
豆科	59. 野大豆 *	*Glycine soja* Siebold & Zucc.	二级
豆科	60. 烟豆 *	*Glycine tabacina*（Labill.）Benth.	二级
豆科	61. 短绒野大豆 *	*Glycine tomentella* Hayata	二级
豆科	62. 博罗红豆	*Ormosia boluoensis* Y. Q. Wang & P. Y. Chen	二级

科名	中文名	学名	保护级别
豆科	63. 厚荚红豆	*Ormosia elliptica* Q. W. Yao & R. H. Chang	二级
豆科	64. 凹叶红豆	*Ormosia emarginata*（Hook. & Arn.）Benth.	二级
豆科	65. 锈枝红豆	*Ormosia ferruginea* R. H. Chang	二级
豆科	66. 肥荚红豆	*Ormosia fordiana* Oliv.	二级
豆科	67. 光叶红豆	*Ormosia glaberrima* Y. C. Wu	二级
豆科	68. 花榈木	*Ormosia henryi* Prain	二级
豆科	69. 韧荚红豆	*Ormosia indurata* H. Y. Chen	二级
豆科	70. 云开红豆	*Ormosia merrilliana* H. Y. Chen	二级
豆科	71. 小叶红豆	*Ormosia microphylla* Merr.	一级
豆科	72. 秃叶红豆	*Ormosia nuda*（How）R. H. Chang & Q. W. Yao	二级
豆科	73. 茸荚红豆	*Ormosia pachycarpa* Champ. ex Benth.	二级
豆科	74. 薄毛茸荚红豆	*Ormosia pachycarpa* var. *tenuis* Chun ex R. H. Chang	二级
豆科	75. 紫花红豆	*Ormosia purpureiflora* H. Y. Chen	二级
豆科	76. 软荚红豆	*Ormosia semicastrata* Hance	二级
豆科	77. 亮毛红豆	*Ormosia sericeolucida* H. Y. Chen	二级
豆科	78. 木荚红豆	*Ormosia xylocarpa* Chun ex Merr. & H. Y. Chen	二级
蔷薇科	79. 广东蔷薇	*Rosa kwangtungensis* T. T. Yu & H. T. Tsai	二级
蔷薇科	80. 亮叶月季	*Rosa lucidissima* H. Lév.	二级
榆科	81. 大叶榉树	*Zelkova schneideriana* Hand.-Mazz.	二级
桑科	82. 长穗桑 *	*Morus wittiorum* Hand.-Hazz.	二级
壳斗科	83. 华南锥	*Castanopsis concinna*（Champ. ex Benth.）A. DC.	二级
秋海棠科	84. 阳春秋海棠 *	*Begonia coptidifolia* H. G. Ye，F. G. Wang，Y. S. Ye & C. I. Peng	二级
金莲木科	85. 合柱金莲木	*Sauvagesia rhodoleuca*（Diels）M. C. E. Amaral	二级
川薹草科	86. 华南飞瀑草 *	*Cladopus austrosinensis* Mak. Kato & Y. Kita	二级
川薹草科	87. 飞瀑草 *	*Cladopus nymanii* H. Möller	二级
千屈菜科	88. 细果野菱 *	*Trapa incisa* Siebold & Zucc.	二级
野牡丹科	89. 虎颜花 *	*Tigridiopalma magnifica* C. Chen	二级
无患子科	90. 伞花木	*Eurycorymbus cavaleriei*（H. Lév.）Rehder & Hand.-Mazz.	二级
无患子科	91. 韶子 *	*Nephelium chryseum* Blume	二级
芸香科	92. 山橘 *	*Fortunella hindsii*（Champ. ex Benth.）Swingle	二级
楝科	93. 红椿	*Toona ciliata* M. Roem.	二级
锦葵科	94. 丹霞梧桐	*Firmiana danxiaensis* H. H. Hsue & H. S. Kiu	二级

科名	中文名	学名	保护级别
瑞香科	95. 土沉香	*Aquilaria sinensis*（Lour.）Spreng.	二级
叠珠树科	96. 伯乐树	*Bretschneidera sinensis* Hemsl.	二级
蓼科	97. 金荞麦 *	*Fagopyrum dibotrys*（D. Don）Hara	二级
五列木科	98. 猪血木	*Euryodendron excelsum* Hung T. Chang	一级
山榄科	99. 紫荆木	*Madhuca pasquieri*（Dubard）H. J. Lam	二级
山茶科	100. 圆籽荷	*Apterosperma oblata* Hung T. Chang	二级
山茶科	101. 杜鹃红山茶	*Camellia azalea* C. F. Wei	一级
山茶科	102. 突肋茶 *	*Camellia costata* Hu & S. Ye Liang ex Hung T. Chang	二级
山茶科	103. 秃房茶 *	*Camellia gymnogyna* Hung T. Chang	二级
山茶科	104. 毛叶茶 *	*Camellia ptilophylla* Hung T. Chang	二级
山茶科	105. 茶 *	*Camellia sinensis*（L.）Kuntze	二级
山茶科	106. 大叶茶（普洱茶）	*Camellia sinensis* var. *assamica*（Choisy）Kitam.	二级
山茶科	107. 白毛茶 *	*Camellia sinensis* var. *pubilimba* Hung T. Chang	二级
安息香科	108. 棱果秤锤树	*Sinojackia henryi*（Dümmer）Merr.	二级
安息香科	109. 狭果秤锤树	*Sinojackia rehderiana* Hu	二级
猕猴桃科	110. 中华猕猴桃 *	*Actinidia chinensis* Planch.	二级
猕猴桃科	111. 金花猕猴桃 *	*Actinidia chrysantha* C. F. Liang	二级
猕猴桃科	112. 条叶猕猴桃 *	*Actinidia fortunatii* Finet & Gagnep.	二级
茜草科	113. 绣球茜	*Dunnia sinensis* Tutcher	二级
茜草科	114. 香果树	*Emmenopterys henryi* Oliv.	二级
茜草科	115. 巴戟天	*Morinda officinalis* F. C. How	二级
夹竹桃科	116. 驼峰藤	*Merrillanthus hainanensis* Chun & Tsiang	二级
木犀科	117. 毛柄木犀	*Osmanthus pubipedicellatus* L. C. Chia ex Hung T. Chang	二级
苦苣苔科	118. 报春苣苔	*Primulina tabacum* Hance	二级
唇形科	119. 苦梓	*Gmelina hainanensis* Oliv.	二级
冬青科	120. 扣树	*Ilex kaushue* S. Y. Hu	二级
伞形科	121. 珊瑚菜 *	*Glehnia littoralis* F. Schmidt ex Miq.	二级

注：* 表示由农业农村主管部门分工管理。

四、兰科植物

兰科植物是单子叶植物中最大的类群，许多种类有重要的药用和观赏价值。由于兰科植物对生态环境的依赖程度很高，大部分生长在植被较好的森林里，生境一旦被干扰后会严重阻碍其生长和繁殖。因此，兰科植物的数量和生长状况可以比较客观地反映该地区的生物多样性状况，也是生物多样性保护的旗舰类群之一（秦卫华，2012）。王瑞江（2019）主编的《广东重点保护野生植物》一书详细记载了分布于广东省的81属234种兰科植物，时隔近两年，根据最新的文献资料（潘云云等，2020；刘逸嵘等，2020；张玲玲等，2020）、野外调查及专家提供的信息等，截至2021年12月，共收录到野生兰科植物80属246种。此次名录将羽唇兰属（*Ornithochilus*）归入蝴蝶兰属（*Phalaenopsis*）中，绿花带唇兰（*Tainia penangiana*）归入安兰属（*Ania*），将花格斑叶兰（*Goodyera kwangtungensis*）与斑叶兰（*Goodyera schlechtendaliana*）合并，新增加伞花卷瓣兰（*Bulbophyllum umbellatum*）、永泰卷瓣兰（*Bulbophyllum yongtaiense*）、蜈蚣兰（*Cleisostoma scolopendrifolium*）、台湾吻兰（*Collabium formosanum*）、浅裂沼兰（*Crepidium acuminatum*）、香港毛兰（*Eria gagnepainii*）、折柱天麻（*Gastrodia flexistyla*）、青云山天麻（*Gastrodia qingyunshanensis*）、细花玉凤花（*Habenaria lucida*）、日本对叶兰（*Neottia japonica*）、西南齿唇兰（*Odontochilus elwesii*）、小叶兜兰（*Paphiopedilum barbigerum*）、南方舌唇兰（*Platanthera angustata*）、台湾独蒜兰（*Pleione formosana*）共14种。

对广东省兰科植物的濒危状况进行统计，其中极危种（CR）11种，濒危种（EN）112种，易危种（VU）66种，近危种（NT）33种，无危种（LC）6种，数据缺乏（DD）18种（表13）。共有76.83%的兰科植物处于受威胁状态，7.32%的物种野外居群状况不明。经调查华南植物园、仙湖植物园、东莞植物园等对兰科植物的保育情况，广东省有迁地保护的兰科植物种类共129种，占兰科植物总数的52.44%；而就地保护的兰科植物种类共115种，占兰科植物总数的46.75%，说明大部分兰科植物的处境堪忧，因此对兰科植物的保护需要进一步加强。

表13　广东省兰科植物受威胁状况统计

属名	受威胁等级			近危（NT）	无危（LC）	数据缺乏（DD）	受威胁物种数	总计
	极危（CR）	濒危（EN）	易危（VU）					
安兰属		2	1				3	3
白点兰属		2					2	2
白蝶兰属				1				1
白及属		1					1	1
斑叶兰属	1	6	2	1			9	10
苞舌兰属				1				1
苞叶兰属			1				1	1
贝母兰属				1				1
柄唇兰属						1		1
叉柱兰属		1	1	1			2	3
齿唇兰属		2	1			1	3	4

续表

属名	受威胁等级			近危 (NT)	无危 (LC)	数据 缺乏 (DD)	受威胁 物种数	总计
	极危 (CR)	濒危 (EN)	易危 (VU)					
葱叶兰属			1				1	1
脆兰属				1				1
带唇兰属		2	1				3	3
带叶兰属		1					1	1
丹霞兰属	1						1	1
地宝兰属		1	2				3	3
兜兰属	2	1					3	3
独蒜兰属		3		2			3	5
杜鹃兰属		1					1	1
二尾兰属			1				1	1
粉口兰属			1				1	1
隔距兰属		2	3	1			5	6
蛤兰属		1					1	1
鹤顶兰属		2	1	1			3	4
厚唇兰属			1				1	1
蝴蝶兰属		2					2	2
虎舌兰属		1					1	1
黄兰属		1	1				2	2
寄树兰属			1				1	1
角盘兰属		1					1	1
金石斛属		1					1	1
金线兰属		1					1	1
阔蕊兰属		1	1	4		2	2	8
兰属		4	5			1	10	10
菱兰属		1	2				3	3
毛兰属			2	1			2	3
美冠兰属		3	1	1			4	5
拟兰属	1	3					4	4
鸟巢兰属		1					1	1
牛齿兰属					1			1

续表

属名	受威胁等级			近危 （NT）	无危 （LC）	数据 缺乏 （DD）	受威胁 物种数	总计
	极危 （CR）	濒危 （EN）	易危 （VU）					
盆距兰属		2					2	2
苹兰属			1				1	1
钳唇兰属				1				1
全唇兰属		2					2	2
绒兰属				1				1
三蕊兰属		1				1	1	2
山珊瑚属		1					1	1
舌唇兰属	2	3	2				7	7
蛇舌兰属				1				1
石豆兰属		10	5	1		3	15	19
石斛属	1	7	5			1	14	14
石仙桃属			2				2	2
绶草属					2			2
双唇兰属						1		1
坛花兰属		1					1	1
天麻属		3	1				4	4
头蕊兰属		2	1				3	3
万代兰属		1					1	1
吻兰属		2	1				3	3
无耳沼兰属				1				1
无叶兰属		1		1			1	2
虾脊兰属		6	7	4		1	13	18
线柱兰属			2		1	1	2	4
香荚兰属	1						1	1
小沼兰属				1				1
宿苞兰属						1		1
血叶兰属		1					1	1
羊耳蒜属	1	5	5	3	1	1	11	16
异型兰属	1						1	1
隐柱兰属		1					1	1

续表

属名	受威胁等级			近危（NT）	无危（LC）	数据缺乏（DD）	受威胁物种数	总计
	极危（CR）	濒危（EN）	易危（VU）					
盂兰属		1					1	1
玉凤花属		6	4	2		1	10	13
芋兰属		2					2	2
鸢尾兰属		2					2	2
云叶兰属		1					1	1
沼兰属		1		1		1	1	3
朱兰属		1					1	1
竹茎兰属		1				1	1	2
竹叶兰属				1				1
总计	11	112	66	33	6	18	189	246

五、湿地植物

广东省是湿地类型最丰富的省份之一，在 20 世纪 80 年代以前，许多湿地植物，尤其是水生植物，是广东地区最为常见的杂草（颜素珠，1983）。但是近 30 年来，随着经济发展，湿地的自然条件也发生了重大变化，土地资源的不合理利用造成了湿地生境破碎化，工业废水、生活污水的排放，以及农药除草剂的大量使用严重影响了湿地植物的生长，外来湿地植物的入侵使得本地湿地植物生态位受到挤占，这些因素都造成了本地湿地植物多样性的减少和湿地生态环境的恶劣，细果野菱、水鳖、海丰莕菜（*Nymphoides coronata*）、茶菱（*Trapella sinensis*）等一类严格生长在水中的浮叶或挺水植物，在多次调查中均没有找到其野生居群，可能已经在野外绝灭。为了加强对广东省湿地植物资源的保护，广东省人民政府 2019 年 3 月 26 日印发了《广东省加强滨海湿地保护严格管控围填海实施方案》、2021 年 1 月 1 日施行了新修订的《广东省湿地保护条例》、2021 年 7 月广东省林业局又着手制定《广东省湿地公园管理办法》。截止到 2021 年 12 月，广东省已建有国际重要湿地 4 处、国家重要湿地 2 处、省重要湿地 13 处、湿地自然保护区 110 处、湿地公园 265 个，湿地保护总面积达 881 300 hm^2，湿地保护率达到 50.27%，绝大多数重要湿地区域纳入了保护范围。

对广东省海岸和内陆湿地进行调查结果显示，广东省湿地有被子植物 112 科 336 属609 种，禾本科（84 种）、莎草科（53 种）、菊科（26 种）、蓼科（24 种）、车前科（24种）等组成了湿地植物优势科。对湿地植物濒危状况评估的结果表明，目前急需保护的受威胁湿地植物有 30 种，包括极危植物莼菜、睡莲（*Nymphaea tetragona*）、广西隐棒花（*Cryptocoryne crispatula* var. *balansae*）、宽叶泽苔草（*Caldesia grandis*）、香根草（*Chrysopogon* zizanioides）、药用稻、野生稻、中华萍蓬草（*Nuphar pumila* subsp. *sinensis*）和珊瑚菜等 9 种；濒危植物北越隐棒花（*Cryptocoryne crispatula* var. *tonkinensis*）、虾子草（*Nechamandra alternifolia*）、龙舌草、欧菱（*Trapa natans*）、小荇菜（*Nymphoides coreana*）等 5 种；易危植物矮慈姑（*Sagittaria pygmaea*）、水筛属（*Blyxa*）所有种和眼子菜属（*Potamogeton*）大部分种等 16 种。在这些植物种类中，欧菱、药用稻、野生稻和野慈姑（*Sagittaria trifolia*）等为重要的农业作物近缘种，睡莲、眼子菜属植物、猪笼草（*Nepenthes mirabilis*）、隐棒花属（*Cryptocoryne*）植物、中华萍蓬草、小荇菜、水皮莲（*Nymphoides cristata*）、金银莲花、宽叶泽苔草等为重要的观赏植物，莼菜和欧菱等为重要的野生果蔬和淀粉植物，香根草为重要的水土保持植物，龙舌草、高雄茨藻（*Najas browniana*）、水禾及珊瑚菜（*Glehnia littoralis*）等为国家二级保护野生植物，都具有重要科研价值（王瑞江，2020，2021）。

六、保护建议

在全球植物保护战略形势下，全国各省市政府和非政府组织、科研院校、保护区及社会公众都在不遗余力地保护植物物种和它们的栖息地，促进可持续发展和生态文明建设。近年来，广东省在植物资源调查与保护方面做了大量工作：完成了国家重点保护野生植物资源调查、兰科植物资源普查、湿地水生植物资源调查等（胡喻华等，2020；张玲玲等，2020；王瑞江，2020，2021）；完善了广东省高等植物名录，并按照 IUCN 的评估标准对广东省本土野生植物进行濒危等级评估；开展了仙湖苏铁、水松、伯乐树、走马胎（*Ardisia kteniophylla*）等珍稀濒危植物的保育工作（陈雨晴等，2017；王丹丹等，2018；王强，2018）；对列入《全国极小种群野生植物拯救保护工程计划（2011—2015）》名录的观光木（*Michelia odora*）、丹霞梧桐、广东含笑等植物开展了一定的保护拯救工作（荣文婷等，2019；张薇等，2018）。

广东省对植物资源的保护，在以下方面仍需要加强研究和管理：

（1）加强植物资源本底调查工作，进一步弄清极小种群和珍稀濒危植物资源现状。初步的统计表明，对广东省植物资源的调查存在许多空白地区，约 1/3 的县级区域从未有标本记录，粤西和粤东许多生物多样性热点地区尚未开展系统性的生物资源本底调查工作，许多新的植物种类尚有待描述。此外，由于本底状况不清，一些珍稀濒危植物尚未纳入保护框架中。如在广东台山发现的国家一级重点保护野生植物仙湖苏铁有 300 多株，到目前为止还没有纳入保护规划；广东湛江和茂名地区发现的野生香根草由 30 年前的"杂草"变成现在的"极危"物种；广东野生稻的分布点由历史记录的 1 083 个减至 103 个（范芝兰等，2017）。此外，在对极小种群植物的保护方面，广东省还需要制定适合本地植物资源状况的极小种群名录，为将来加强对这些植物的保护提供指导。

（2）提高植物就地和迁地保护的能力，保护珍稀濒危植物的遗传多样性。虽然已经对广东省本土野生被子植物进行了受威胁等级评估，但有许多野生植物的生存现状并不清楚，数据缺乏的物种有 368 种，占 6.88%，一些种类如东莞润楠（*Machilus longipes*）、广东苏铁（*Cycas taiwaniana*）等多年未在野外观察到。植物的迁地与就地保护工作有待加强，目前统计到的迁地与就地保护野生维管植物仅占 46.34%，尚不超过总数的一半，受威胁物种虽然有 60.78% 的种类已得到有效的迁地或就地保护，但仍有部分植物资源长期面临着生存威胁，如水生植物对水环境依赖性较强，而广东省的水体环境近年来改变很大，以前常见的水生植物已很难发现，如水蕹（*Aponogeton lakhonensis*）、水禾等，一些重要栽培作物的野生近缘种面临灭绝的风险，如野生稻、莼菜等；野生兰科植物的人为采挖情况日益严重，目前石斛属的植物基本上难以见到，石豆兰属（*Bulbophyllum*）的植物被人成片掀走，金线兰（*Anoectochilus roxburghii*）在幼苗生长期就被连株拔走。还有一些观赏性比较强的种类，如兰属（*Cymbidium*）、虾脊兰属（*Calanthe*）和兜兰属（*Paphiopedilum*）等植物常被人偷挖贩卖。

目前植物园保育的珍稀濒危植物的遗传多样性较低，许多生境遭到破坏的珍稀濒危植物依然没有得到有效保护，也缺乏对珍稀特有和重点南药植物资源的保育工作。植物的保育是一项长期的工作，需要投入大量的人力、物力、财力，以及基地建设，虽然广东省已经开启了"一中心三基地"的建设，但还需要可持续的资金投入和设施建设。

（3）加强广东省重要战略植物种质资源库的建设工作，保障植物资源的生物安全和可持续利用。种质资源库可实现植物种质资源的充分共享和可持续利用，为全社会获得永续利用的自然资源，大大节省时间和成本。目前"国家重要野生植物种质资源库"已经得到国家科技部和财政部的支持，广东省也是该资源库的参建单位，但受于各种条件的限制，目前储备的植物资源较少，尚未能形成一套完整的体系。另外，资源库的建设本身就是一项连续性、需长期积累的基础性工作，其本身所蕴含的价值也随之体现，后期需加大投入，构建相对独立和完整的基础数据库、保存及利用体系。做好遗传种质资源库和苗木资源储备库的建设，可为广东省植被恢复、园林绿化、农业发展等提供强有力的服务平台和技术支撑。

（4）加强对外来植物入侵的防控和监测，构建良好的生态安全保护屏障。广东省是华南地区重要的通商口岸，是我国外来生物入侵风险最高的省份之一。目前广东省已有 47 种植物形成严重的生态入侵，其中南美蟛蜞菊和银合欢还被 IUCN 于 2000 年列入"世界最有害外来入侵物种百强"；近百种外来植物已经在广东地区归化，形成潜在的入侵植物源，对本地的生态环境安全有着极大的威胁。针对当前形势，迫切需要对广东省已归化的植物和已入侵的植物进行全面和细致的调查，在此基础上建立外来入侵植物数据库。实践中还要加强海关的检疫检查工作，从各种渠道阻断有意和无意带入的外来物种。此外，由于外来物种一经形成入侵，基本上无法进行彻底和有效的清除。应该在保持现有种类和数量不增加的情况下，防止新的外来植物的入侵。另外，加强对外来入侵植物的野外监测，并对其生物学特性、种群状况、危害程度及扩散潜力进行进一步研究，了解其入侵机制（王明娜等，2014），进而开展生物防治、化学防治、物理根除等治理措施。

广东省被子植物红色名录如表 14 所示。

表14　广东省被子植物红色名录

（注：★表示广东特有种）

中文名	拉丁学名	等级	等级注解
莼菜科 Cabombaceae			
1. 莼菜	*Brasenia schreberi* J. F. Gmel.	CR	A2cd+3cd
睡莲科 Nymphaeaceae			
2. 中华萍蓬草	*Nuphar pumila* subsp. *sinensis*（Hand.-Mazz.）Padgett	CR	A1c；B1ab（i）c（iii）
3. 睡莲	*Nymphaea tetragona* Georgi	CR	A2c+3c
五味子科 Schisandraceae			
4. 大屿八角	*Illicium angustisepalum* A. C. Sm.	VU	A2c+3c；B1ab（iii）+2ab（iii）
5. 短柱八角	*Illicium brevistylum* A. C. Sm.	VU	C2a（i）
6. 红花八角	*Illicium dunnianum* Tutcher	NT	
7. 红茴香	*Illicium henryi* Diels	VU	C2a（i）
8. 假地枫皮	*Illicium jiadifengpi* B. N. Chang	VU	A2cd+3cd
9. 红毒茴	*Illicium lanceolatum* A. C. Sm.	NT	
10. 平滑叶八角	*Illicium leiophyllum* A. C. Sm.	DD	
11. 大八角	*Illicium majus* Hook. f. & Thomson	VU	C2a（i）
12. 小花八角	*Illicium micranthum* Dunn	NT	
13. 短梗八角	*Illicium pachyphyllum* A. C. Sm.	EN	B1ab（iii）
14. 粤中八角★	*Illicium tsangii* A. C. Sm.	NT	
15. 黑老虎	*Kadsura coccinea*（Lem.）A. C. Sm.	NT	
16. 异形南五味子	*Kadsura heteroclita*（Roxb.）Craib	LC	
17. 南五味子	*Kadsura longipedunculata* Finet & Gagnep.	LC	
18. 冷饭藤	*Kadsura oblongifolia* Merr.	NT	
19. 绿叶五味子	*Schisandra arisanensis* Hayata subsp. *viridis*（A. C. Sm.）R. M. K. Saunders	VU	A2c+3c
20. 翼梗五味子	*Schisandra henryi* C. B. Clarke	VU	C2a（i）
21. 东南五味子	*Schisandra henryi* subsp. *marginalis*（A. C. Sm.）R. M. K. Saunders	VU	B1ab（iii）
22. 长柄五味子	*Schisandra longipes*（Merr. & Chun）R. M. K. Saunders	VU	B1ab（ii,iii,iv）
23. 毛叶五味子	*Schisandra pubescens* Hemsl. & E. H. Wilson	EN	B1ab（iii）
24. 华中五味子	*Schisandra sphenanthera* Rehder & E. H. Wilson	VU	B1ab（ii, iii, iv）+2ab（ii,iii,iv）

中文名	拉丁学名	等级	等级注解
三白草科 Saururaceae			
25. 裸蒴	*Gymnotheca chinensis* Decne.	VU	A2c+3cd
26. 蕺菜	*Houttuynia cordata* Thunb.	LC	
27. 三白草	*Saururus chinensis*（Lour.）Baill.	LC	
胡椒科 Piperaceae			
28. 石蝉草	*Peperomia blanda*（Jacq.）Kunth	LC	
29. 豆瓣绿	*Peperomia tetraphylla* Hook. & Arn.	LC	
30. 华南胡椒	*Piper austrosinense* Y. C. Tseng	LC	
31. 苎叶蒟	*Piper boehmeriifolium*（Miq.）Wall. ex C. DC.	DD	
32. 复毛胡椒	*Piper bonii* C. DC.	VU	B1ab（ⅱ,ⅲ,ⅳ）
33. 华山蒌	*Piper cathayanum* M. G. Gilbert & N. H. Xia	VU	C2a（ⅰ）
34. 中华胡椒★	*Piper chinense* Miq.	VU	B2ab（ⅴ）
35. 海南蒟	*Piper hainanense* Hemsl.	VU	A2c+3c；B2ab（ⅴ）
36. 山蒟	*Piper hancei* Maxim.	LC	
37. 毛蒟	*Piper hongkongense* C. DC.	VU	A2c+3c
38. 大叶蒟	*Piper laetispicum* C. DC.	VU	B2ab（ⅲ,ⅳ）
39. 变叶胡椒	*Piper mutabile* C. DC.	NT	
40. 假蒟	*Piper sarmentosum* Roxb.	LC	
41. 小叶爬崖香	*Piper sintenense* Hatusima	LC	
42. 石南藤	*Piper wallichii*（Miq.）Hand.-Mazz.	NT	
马兜铃科 Aristolochiaceae			
43. 华南马兜铃	*Aristolochia austrochinensis* C. Y. Cheng & J. S. Ma	VU	A3c
44. 马兜铃	*Aristolochia debilis* Siebold & Zucc.	DD	
45. 通城虎	*Aristolochia fordiana* Hemsl.	VU	A2c+3c；C2a（ⅰ）
46. 蜂窠马兜铃	*Aristolochia foveolata* Merr.	VU	A2c+3c
47. 大叶马兜铃	*Aristolochia kaempferi* Willd.	VU	A2c+3c；B2ab（ⅲ）c（ⅳ）
48. 耳叶马兜铃	*Aristolochia tagala* Cham.	VU	A2c+3c
49. 管花马兜铃	*Aristolochia tubiflora* Dunn	VU	A2c+3c
50. 尾花细辛	*Asarum caudigerum* Hance	NT	
51. 地花细辛	*Asarum geophilum* Hemsl.	VU	A2c+3c

续表

中文名	拉丁学名	等级	等级注解
52. 小叶马蹄香	*Asarum ichangense* C. Y. Cheng & C. S. Yang	EN	A2c+3c
53. 金耳环	*Asarum insigne* Diels	VU	A2c+3c；C2a(i)
54. 祁阳细辛	*Asarum magnificum* Tsiang ex C. Y. Cheng & C. S. Yang	VU	C2a(i)
55. 鼎湖细辛 ★	*Asarum magnificum* var. *dinghuense* C. Y. Cheng & C. S. Yang	EN	A2c+3c；B1ab(v)+2ab(v)
56. 慈姑叶细辛	*Asarum sagittarioides* C. F. Liang	NT	
57. 五岭细辛	*Asarum wulingense* C. F. Liang	NT	
58. 长叶关木通	*Isotrema championii* (Merr. & Chun) X. X. Zhu, S. Liao & J. S. Ma	EN	A2c+3c
59. 广防己	*Isotrema fangchi* (Y. C. Wu ex L. D. Chow & S. M. Hwang) X. X. Zhu, S. Liao & J. S. Ma	VU	A2c+3c；C2a(i)
60. 海南关木通	*Isotrema hainanense* (Merr.) X. X. Zhu, S. Liao & J. S. Ma	EN	A2cd；B2ab(iii)
61. 广西马兜铃	*Isotrema kwangsiense* (Chun & F. C. How ex C. F. Liang) X. X. Zhu	EN	A2c+3c
62. 海边关木通	*Isotrema thwaitesii* (Hook.) X. X. Zhu, S. Liao & J. S. Ma	EN	A2c+3c
63. 变色马兜铃	*Isotrema versicolor* (S. M. Hwang) X. X. Zhu, S. Liao & J. S. Ma	EN	A2c+3c；B2ab(iii)c(iv)
64. 香港关木通	*Isotrema westlandii* (Hemsl.) H. Huber	CR	A2c+3c；B1ab(iii)；C1+2a(ii)
65. 斜檐关木通 ★	*Isotrema plagiostomum* X. X. Zhou & R. J. Wang	CR	B2a；C2a(i)；D
肉豆蔻科 Myristicaceae			
66. 风吹楠	*Horsfieldia amygdalina* (Wall.) Warb.	CR	C1+2a(ii)
木兰科 Magnoliaceae			
67. 香港木兰	*Lirianthe championii* N. H. Xia & C. Y. Wu	VU	A2c+3c
68. 桂南木莲	*Manglietia conifer* Dandy	VU	A2c
69. 木莲	*Manglietia fordiana* Oliv.	LC	
70. 广州木莲 ★	*Manglietia guangzhouensis* A. Q. Dong, Q. W. Zeng & F. W. Xing	CR	D
71. 广东木莲	*Manglietia kwangtungensis* (Merr.) Dandy	VU	C2a(ii)
72. 长梗木莲 ★	*Manglietia longipedunculata* Q. W. Zeng & Y. W. Law	CR	C2a(i)
73. 厚叶木莲 ★	*Manglietia pachyphylla* Hung T. Chang	EN	C2a(ii)
74. 苦梓含笑	*Michelia balansae* (A. DC.) Dandy	EN	A2c

续表

中文名	拉丁学名	等级	等级注解
75. 阔瓣含笑	*Michelia cavaleriei* Finet & Gagnep. var. *platypetala*（Hand. -Mazz.）N. H. Xia	VU	A2c+3c；B2ab（iii）
76. 乐昌含笑	*Michelia chapensis* Dandy	NT	
77. 紫花含笑	*Michelia crassipes* Y. W. Law	EN	A2c+3c；C2a（i）
78. 雅致含笑	*Michelia elegans* Y. W. Law & Y. F. Wu	EN	A2c+3c；C2a（i）
79. 金叶含笑	*Michelia foveolata* Merr. ex Dandy	NT	
80. 福建含笑	*Michelia fujianensis* Q. F. Zheng	CR	D
81. 广东含笑★	*Michelia guangdongensis* Y. H. Yan，Q. W. Zeng & F. W.Xing	CR	C2a（i）
82. 醉香含笑	*Michelia macclurei* Dandy	LC	
83. 黄心含笑	*Michelia martini*（H. Lév.）Finet & Gagnep.	EN	A2c+3c
84. 深山含笑	*Michelia maudiae* Dunn	LC	
85. 白花含笑	*Michelia mediocris* Dandy	VU	A2c+3c
86. 观光木	*Michelia odora*（Chun）Nooteboom & B. L. Chen	VU	A2c；B1ab（i,iii）
87. 野含笑	*Michelia skinneriana* Dunn	LC	
88. 台山含笑★	*Michelia taishanensis* Y. H. Tong，X. E. Ye，X. H. Ye & Yu Q. Chen	VU	D1
89. 乐东拟单性木兰	*Parakmeria lotungensis*（Chun & C. H. Tsoong）Y. W.Law	EN	C2a（i）
90. 玉兰	*Yulania denudata*（Desr.）D. L. Fu	VU	A2cd+3cd
番荔枝科 Annonaceae			
91. 毛叶藤春	*Alphonsea mollis* Dunn	DD	
92. 狭瓣鹰爪花	*Artabotrys hainanensis* R. E. Fr.	DD	
93. 鹰爪花	*Artabotrys hexapetalus*（L. f.）Bhandari	NT	
94. 香港鹰爪花	*Artabotrys hongkongensis* Hance	NT	
95. 多花鹰爪花	*Artabotrys multiflorus* C. E. C. Fisch.	DD	
96. 毛叶鹰爪花	*Artabotrys pilosus* Meer. & Chun	VU	C2a（ii）
97. 喙果皂帽花	*Dasymaschalon rostratum* Merr. & Chun	VU	A2c+3c
98. 皂帽花	*Dasymaschalon trichophorum* Merr.	LC	
99. 假鹰爪	*Desmos chinensis* Lour.	LC	
100. 斜脉异萼花	*Disepalum plagioneurum*（Diels）D. M. Johnson	NT	
101. 白叶瓜馥木	*Fissistigma glaucescens*（Hance）Merr.	LC	
102. 瓜馥木	*Fissistigma oldhamii*（Hemsl.）Merr.	LC	
103. 黑风藤	*Fissistigma polyanthum*（Hook. f. & Thomson）Merr.	LC	

中文名	拉丁学名	等级	等级注解
104. 凹叶瓜馥木	*Fissistigma retusum*（H. Lév.）Rehder	VU	A2cd
105. 天堂瓜馥木	*Fissistigma tientangense* Tsiang & P. T. Li	EN	A2c+3c
106. 香港瓜馥木	*Fissistigma uonicum*（Dunn）Merr.	LC	
107. 细基丸	*Hubera cerasoides*（Roxb.）Chaowasku	NT	
108. 陵水暗罗	*Marsypopetalum littorale*（Blume）B. Xue & R. M. K. Saunders	VU	A2cd
109. 野独活	*Miliusa balansae* Finet & Gagnep.	NT	
110. 囊瓣木	*Miliusa horsfieldii*（Bennett）Baill. ex Pierre	CR	A2cd；C2a（i）
111. 中华野独活	*Miliusa sinensis* Finet & Gagnep.	VU	B2ab（iii，iv，v）
112. 暗罗	*Polyalthia suberosa*（Roxb.）Thwaites	NT	
113. 嘉陵花	*Popowia pisocarpa*（Blume）Endl.	NT	
114. 海岛木	*Trivalvaria costata*（Hook. f. & Thomson）I. M. Turner	DD	
115. 光叶紫玉盘	*Uvaria boniana* Finet & Gagnep.	LC	
116. 刺果紫玉盘	*Uvaria calamistrata* Hance	NT	
117. 大花紫玉盘	*Uvaria grandiflora* Roxb. ex Hornem.	NT	
118. 紫玉盘	*Uvaria macrophylla* Roxb.	LC	
119. 东京紫玉盘	*Uvaria tonkinensis* Finet & Gagnep.	VU	C2a（i）
蜡梅科 Calycanthaceae			
120. 山蜡梅	*Chimonanthus nitens* Oliv.	VU	A2cd+3cd
莲叶桐科 Hernandiaceae			
121. 宽药青藤	*Illigera celebica* Miq.	LC	
122. 小花青藤	*Illigera parviflora* Dunn	LC	
123. 红花青藤	*Illigera rhodantha* Hance	LC	
124. 锈毛青藤	*Illigera rhodantha* var. *dunniana*（H. Lév.）Kubitzki	NT	
樟科 Lauraceae			
125. 南投黄肉楠	*Actinodaphne acuminata*（Blume）Meisn.	DD	
126. 广东黄肉楠	*Actinodaphne koshepangii* Chun ex Hung T. Chang	VU	A2c+3c
127. 柳叶黄肉楠	*Actinodaphne lecomtei* C. K. Allen	VU	A2cd+3cd
128. 毛黄肉楠	*Actinodaphne pilosa*（Lour.）Merr.	LC	
129. 山潺	*Beilschmiedia appendiculata*（C. K. Allen）S. K. Lee & Y. T. Wei	VU	C2a（i）
130. 短序琼楠	*Beilschmiedia brevipaniculata* C. K. Allen	VU	A3c；D1

中文名	拉丁学名	等级	等级注解
131. 美脉琼楠	*Beilschmiedia delicata* S. K. Lee & Y. T. Wei	VU	C2a(i)
132. 广东琼楠	*Beilschmiedia fordii* Dunn	LC	
133. 糠秕琼楠	*Beilschmiedia furfuracea* Chun ex Hung T. Chang	EN	B1ab(iii,v)
134. 琼楠	*Beilschmiedia intermedia* C. K. Allen	NT	
135. 隐脉琼楠	*Beilschmiedia obscurinervia* Hung T. Chang	CR	B1ab(iii,v)
136. 厚叶琼楠	*Beilschmiedia percoriacea* C. K. Allen	VU	B1ab(iii); C2a(i)
137. 网脉琼楠	*Beilschmiedia tsangii* Merr.	LC	
138. 海南琼楠	*Beilschmiedia wangii* C. K. Allen	VU	A2c+3c
139. 滇琼楠	*Beilschmiedia yunnanensis* Hu	VU	C2a(i)
140. 无根藤	*Cassytha filiformis* L.	LC	
141. 毛桂	*Cinnamomum appelianum* Schewe	LC	
142. 华南桂	*Cinnamomum austrosinense* Hung T. Chang	NT	
143. 钝叶桂	*Cinnamomum bejolghota* (Buch.-Ham.) Sweet	VU	A2cd+3cd
144. 阴香	*Cinnamomum burmannii* (Nees & T. Nees) Blume	LC	
145. 樟	*Cinnamomum camphora* (L.) Presl	LC	
146. 狭叶阴香	*Cinnamomum heyneanum* Nees	VU	D1
147. 野黄桂	*Cinnamomum jensenianum* Hand.-Mazz.	VU	A2c+3c; B1ab(iii)
148. 红辣槁树★	*Cinnamomum kwangtungense* Merr.	EN	A2c+3c; B1ab(ii,iii,v)
149. 软皮桂	*Cinnamomum liangii* C. K. Allen	NT	
150. 沉水樟	*Cinnamomum micranthum* (Hayata) Hayata	VU	A2cd+3cd
151. 黄樟	*Cinnamomum parthenoxylon* (Jack) Meisn.	LC	
152. 少花桂	*Cinnamomum pauciflorum* Nees	NT	
153. 卵叶桂	*Cinnamomum rigidissimum* Hung T. Chang	NT	
154. 香桂	*Cinnamomum subavenium* Miq.	NT	
155. 辣汁树	*Cinnamomum tsangii* Merr.	VU	B1ab(ii,iii,iv,v)
156. 粗脉桂	*Cinnamomum validinerve* Hance	NT	
157. 川桂	*Cinnamomum wilsonii* Gamble	LC	
158. 厚壳桂	*Cryptocarya chinensis* (Hance) Hemsl.	LC	
159. 硬壳桂	*Cryptocarya chingii* W. C. Cheng	LC	

中文名	拉丁学名	等级	等级注解
160. 黄果厚壳桂	*Cryptocarya concinna* Hance	LC	
161. 丛花厚壳桂	*Cryptocarya densiflora* Blume	NT	
162. 钝叶厚壳桂	*Cryptocarya impressinervia* H. W. Li	VU	B1ab(ii,iii,iv,v)
163. 广东厚壳桂★	*Cryptocarya kwangtungensis* Hung T. Chang	VU	B2ab(i,iii)
164. 白背厚壳桂	*Cryptocarya maclurei* Merr.	DD	
165. 长序厚壳桂	*Cryptocarya metcalfiana* C. K. Allen	VU	B1ab(ii,iii,iv,v)
166. 红柄厚壳桂	*Cryptocarya tsangii* Nakai	NT	
167. 广东莲桂★	*Dehaasia kwangtungensis* Kosterm.	CR	D
168. 乌药	*Lindera aggregata* (Sims)Kosterm.	LC	
169. 小叶乌药	*Lindera aggregata* var. *playfairii* (Hemsl.)H. P. Tsui	NT	
170. 狭叶山胡椒	*Lindera angustifolia* W. C. Cheng	VU	A2c
171. 鼎湖钓樟	*Lindera chunii* Merr.	LC	
172. 香叶树	*Lindera communis* Hemsl.	LC	
173. 红果山胡椒	*Lindera erythrocarpa* Makino	NT	
174. 绒毛钓樟	*Lindera floribunda* (C. K. Allen)H. P. Tsui	VU	B1ab(iii,v)
175. 山胡椒	*Lindera glauca* (Siebold & Zucc.)Blume	LC	
176. 广东山胡椒	*Lindera kwangtungensis* (H. Liu)C. K. Allen	LC	
177. 黑壳楠	*Lindera megaphylla* Hemsl.	LC	
178. 滇粤山胡椒	*Lindera metcalfiana* C. K. Allen	LC	
179. 绒毛山胡椒	*Lindera nacusua* (D. Don)Merr.	LC	
180. 香粉叶	*Lindera pulcherrima* (Wall.)Benth. var. *atteuata* C. K. Allen	NT	
181. 山橿	*Lindera reflexa* Hemsl.	LC	
182. 假桂钓樟	*Lindera tonkinensis* Lecomte	LC	
183. 尖脉木姜子	*Litsea acutivena* Hayata	LC	
184. 大萼木姜子	*Litsea baviensis* Lecomte	VU	A2c+3c
185. 朝鲜木姜子	*Litsea coreana* H. Lév.	LC	
186. 毛豹皮樟	*Litsea coreana* var. *lanuginosa* (Migo) Yen C. Yang & P. H. Huang	NT	
187. 豹皮樟	*Litsea coreana* var. *sinensis* (C. K. Allen) Yen C. Yang & P. H. Huang	LC	
188. 山鸡椒	*Litsea cubeba* (Lour.)Pers.	LC	

中文名	拉丁学名	等级	等级注解
189. 毛山鸡椒	*Litsea cubeba* var. *formosana*（Nakai）Yen C. Yang & P. H. Huang	VU	A2c
190. 黄丹木姜子	*Litsea elongata*（Wall. ex Nees）Benth. & Hook. f.	LC	
191. 石木姜子	*Litsea elongata* var. *faberi*（Hems.）Yen C. Yang & P. H. Huang	VU	A2cd
192. 潺槁木姜子	*Litsea glutinosa*（Lour.）C. B. Rob.	LC	
193. 白野槁树	*Litsea glutinosa* var. *brideliifolia*（Hayata）Merr.	NT	
194. 华南木姜子	*Litsea greenmaniana* C. K. Allen	LC	
195. 广东木姜子★	*Litsea kwangtungensis* Hung T. Chang	VU	A2c+3c；B1ab（iii）
196. 大果木姜子	*Litsea lancilimba* Merr.	NT	
197. 润楠叶木姜子★	*Litsea machiloides* Y. C. Yang & P. H. Huang	EN	A2c+3c；B1ab（iii）
198. 毛叶木姜子	*Litsea mollis* Hemsl.	NT	
199. 假柿木姜子	*Litsea monopetala*（Roxb.）Pers	LC	
200. 少脉木姜子	*Litsea oligophlebia* Hung T. Chang	EN	A2c+3c；B1ab（ii,iii,v）
201. 海桐叶木姜子★	*Litsea pittosporifolia* Yen C. Yang & P. H. Huang	CR	B1ab（iii,v）
202. 竹叶木姜子	*Litsea pseudoelongata* H. Liu	LC	
203. 木姜子	*Litsea pungens* Hemsl.	LC	
204. 圆叶豺皮樟	*Litsea rotundifolia* Nees	LC	
205. 豺皮樟	*Litsea rotundifolia* var. *oblongifolia*（Nees）C. K. Allen	LC	
206. 卵叶豺皮樟★	*Litsea rotundifolia* var. *ovatifolia* Yen C. Yang & P. H.Huang	VU	A2c+3c
207. 黑木姜子	*Litsea salicifolia*（Roxb. ex Nees）Hook. f.	VU	B2ab（i,iii）
208. 圆果木姜子	*Litsea sinoglobosa* J. Li & H. W. Li	DD	
209. 桂北木姜子	*Litsea subcoriacea* Yen C. Yang & P. H. Huang	NT	
210. 栓皮木姜子	*Litsea suberosa* Y. C. Yang & P. H. Huang	NT	
211. 黄椿木姜子	*Litsea variabilis* Hemsl.	VU	A2cd+3cd
212. 毛黄椿木姜子	*Litsea variabilis* var. *oblonga* Lecomte	LC	
213. 轮叶木姜子	*Litsea verticillata* Hance	LC	
214. 短序润楠	*Machilus breviflora*（Benth.）Hemsl.	LC	
215. 灰岩润楠	*Machilus calcicola* C. J. Qi	VU	A2c+3c；B2ab（iii）

中文名	拉丁学名	等级	等级注解
216. 浙江润楠	*Machilus chekiangensis* S. K. Lee	LC	
217. 华润楠	*Machilus chinensis* (Champ. ex Benth.) Hemsl.	LC	
218. 基脉润楠	*Machilus decursinervis* Chun	NT	
219. 定安润楠	*Machilus dinganensis* S. K. Lee & F. N. Wei	NT	
220. 琼桂润楠	*Machilus foonchewii* S. K. Lee	DD	
221. 黄心树	*Machilus gamblei* King ex Hook. f.	LC	
222. 光叶润楠	*Machilus glabrophylla* J. F. Zuo	VU	B2ab(iii)
223. 黄绒润楠	*Machilus grijsii* Hance	LC	
224. 宜昌润楠	*Machilus ichangensis* Rehder & E. H. Wilson	LC	
225. 广东润楠	*Machilus kwangtungensis* Yen C. Yang	LC	
226. 薄叶润楠	*Machilus leptophylla* Hand.-Mazz.	LC	
227. 利川润楠	*Machilus lichuanensis* W. C. Cheng ex S. K. Lee	DD	
228. 木姜润楠	*Machilus litseifolia* S. K. Lee	VU	A2c+3c
229. 东莞润楠★	*Machilus longipes* Hung T. Chang	DD	
230. 闽桂润楠	*Machilus minkweiensis* S. K. Lee	DD	
231. 龙眼润楠	*Machilus oculodracontis* Chun	EN	A2c+3c; B1ab(iii)
232. 建润楠	*Machilus oreophila* Hance	NT	
233. 刨花润楠	*Machilus pauhoi* Kaneh.	LC	
234. 凤凰润楠	*Machilus phoenicis* Dunn	LC	
235. 扁果润楠	*Machilus platycarpa* Chun	NT	
236. 梨润楠	*Machilus pomifera* (Kosterm.)S. K. Lee	VU	A2c+3c
237. 粗壮润楠	*Machilus robusta* W. W. Sm.	VU	A2c;C2a(i)
238. 柳叶润楠	*Machilus salicina* Hance	LC	
239. 红楠	*Machilus thunbergii* Siebold & Zucc.	LC	
240. 绒毛润楠	*Machilus velutina* Champ. ex Benth.	LC	
241. 黄枝润楠	*Machilus versicolora* S. K. Lee & F. N. Wei	VU	A2cd
242. 信宜润楠	*Machilus wangchiana* Chun	EN	D1
243. 新木姜子	*Neolitsea aurata* (Hayata)Koidz.	LC	
244. 云和新木姜子	*Neolitsea aurata* var. *paraciculata* (Nakai) Yen C. Yang & P. H. Huang	NT	
245. 浙闽新木姜子	*Neolitsea aurata* var. *undulatula* Yen C. Yang & P. H.Huang	VU	A2c+3c;C2a(ii)

中文名	拉丁学名	等级	等级注解
246. 短梗新木姜子	*Neolitsea brevipes* H. W. Li	NT	
247. 锈叶新木姜子	*Neolitsea cambodiana* Lecomte	LC	
248. 香港新木姜子	*Neolitsea cambodiana* var. *glabra* C. K. Allen	LC	
249. 鸭公树	*Neolitsea chui* Merr.	LC	
250. 簇叶新木姜子	*Neolitsea confertifolia* (Hemsl.) Merr.	VU	A2c+3c
251. 香果新木姜子	*Neolitsea ellipsoidea* C. K. Allen	VU	A2cd+3cd; C2a(ii)
252. 广西新木姜子	*Neolitsea kwangsiensis* H. Liu	VU	A2c+3c
253. 大叶新木姜子	*Neolitsea levinei* Merr.	LC	
254. 卵叶新木姜子	*Neolitsea ovatifolia* Yen C. Yang & P. H. Huang	NT	
255. 显脉新木姜子	*Neolitsea phanerophlebia* Merr.	LC	
256. 羽脉新木姜子	*Neolitsea pinninervis* Yen C. Yang & P. H. Huang	VU	A2c+3c
257. 美丽新木姜子	*Neolitsea pulchella* (Meisn.) Merr.	LC	
258. 新宁新木姜子	*Neolitsea shingningensis* Yen C. Yang & P. H. Huang	VU	A2c+3c;C2a(i)
259. 毛叶新木姜子	*Neolitsea velutina* W. T. Wang	VU	A2c+3c; B1ab(ii,iii)
260. 巫山新木姜子	*Neolitsea wushanica* (Chun) Merr.	VU	A2c+3c
261. 南亚新木姜子	*Neolitsea zeylanica* (Nees & T. Nees) Merr.	VU	A2c+3c
262. 闽楠	*Phoebe bournei* (Hemsl.) Yen C. Yang	EN	A2cd+3cd
263. 台楠	*Phoebe formosana* (Hayata) Hayata	EN	A2c+3c;C2a(i)
264. 紫楠	*Phoebe sheareri* (Hemsl.) Gamble	NT	
265. 乌心楠	*Phoebe tavoyana* (Meisn.) Hook. f.	VU	A2cd+3cd
266. 檫木	*Sassafras tzumu* (Hemsl.) Hemsl.	NT	
金粟兰科 Chloranthaceae			
267. 丝穗金粟兰	*Chloranthus fortunei* (A. Gray) Solms	VU	A2cd+3cd
268. 宽叶金粟兰	*Chloranthus henryi* Hemsl.	NT	
269. 单穗金粟兰	*Chloranthus monostachys* R. Br.	NT	
270. 多穗金粟兰	*Chloranthus multistachys* S. J. Pei	NT	
271. 及己	*Chloranthus serratus* (Thunb.) Roem. & Schult.	LC	
272. 四川金粟兰	*Chloranthus sessilifolius* K. F. Wu	NT	
273. 华南金粟兰	*Chloranthus sessilifolius* var. *austrosinensis* K. F. Wu	NT	
274. 金粟兰	*Chloranthus spicatus* (Thunb.) Makino	LC	

续表

中文名	拉丁学名	等级	等级注解
275. 草珊瑚	*Sarcandra glabra*（Thunb.）Nakai	LC	
276. 海南草珊瑚	*Sarcandra glabra* subsp. *brachystachys*（Blume）Verdc.	VU	A2cd+3cd
菖蒲科 Acoraceae			
277. 菖蒲	*Acorus calamus* L.	LC	
278. 金钱蒲	*Acorus gramineus* Soland.	LC	
天南星科 Araceae			
279. 尖尾芋	*Alocasia cucullata*（Lour.）G. Don	LC	
280. 尖叶海芋	*Alocasia longiloba* Miq.	LC	
281. 海芋	*Alocasia odora*（Roxb.）K. Koch	LC	
282. 南蛇棒	*Amorphophallus dunnii* Tutcher	LC	
283. 东亚魔芋	*Amorphophallus kiusianus*（Makino）Makino	LC	
284. 疣柄魔芋	*Amorphophallus paeoniifolius*（Dennst.）Nicolson	LC	
285. 梗序魔芋★	*Amorphophallus stipitatus* Engl.	LC	
286. 穿心藤	*Amydrium hainanense*（K. C. Ting & T. L. Wu ex H. Li, Y. Shiao & S. L. Tseng）H. Li	LC	
287. 雷公连	*Amydrium sinense*（Engl.）H. Li	LC	
288. 灯台莲	*Arisaema bockii* Engl.	LC	
289. 陈氏南星★	*Arisaema chenii* Z. X. Ma & Y. J. Huang	EN	B2ab（iii）
290. 心檐南星	*Arisaema cordatum* N. E. Br.	LC	
291. 一把伞南星	*Arisaema erubescens*（Wall.）Schott	LC	
292. 天南星	*Arisaema heterophyllum* Blume	LC	
293. 湘南星	*Arisaema hunanense* Hand.-Mazz.	LC	
294. 墨喉南星★	*Arisaema melanostomum* Z. X. Ma, Xiao Yun Wang & Wen Yan Du	EN	B2ab（iii）
295. 画笔南星	*Arisaema penicillatum* N. E. Br.	LC	
296. 鄂西南星	*Arisaema silvestrii* Pamp.	LC	
297. 野芋	*Colocasia antiquorum* Schott	LC	
298. 大野芋	*Colocasia gigantea*（Blume）Hook. f.	LC	
299. 旋苞隐棒花	*Cryptocoryne crispatula* Engl.	RE	
300. 北越隐棒花	*Cryptocoryne crispatula* var. *tonkinensis*（Gagnep.）N. Jacobsen	CR	A2cd+3cd
301. 广西隐棒花	*Cryptocoryne crispatula* var. *balansae*（Gagnep.）N.Jacobsen	EN	A2cd+3cd
302. 麒麟叶	*Epipremnum pinnatum*（L.）Engl.	LC	

中文名	拉丁学名	等级	等级注解
303. 千年健	*Homalomena occulta*（Lour.）Schott	LC	
304. 刺芋	*Lasia spinosa*（L.）Thwaites	LC	
305. 稀脉浮萍	*Lemna aequinoctialis* Welw.	LC	
306. 浮萍	*Lemna minor* L.	LC	
307. 滴水珠	*Pinellia cordata* N. E. Br.	LC	
308. 半夏	*Pinellia ternata*（Thunb.）Breitenb.	NT	
309. 石柑子	*Pothos chinensis*（Raf.）Merr.	LC	
310. 百足藤	*Pothos repens*（Lour.）Druce	LC	
311. 爬树龙	*Rhaphidophora decursiva*（Roxb.）Schott	LC	
312. 狮子尾	*Rhaphidophora hongkongensis* Schott	LC	
313. 毛过山龙	*Rhaphidophora hookeri* Schott	LC	
314. 紫萍	*Spirodela polyrhiza*（L.）Schleid.	LC	
315. 犁头尖	*Typhonium blumei* Nicolson & Sivadasan	LC	
316. 鞭檐犁头尖	*Typhonium flagelliforme*（Lodd.）Blume	LC	
317. 马蹄犁头尖	*Typhonium trilobatum*（L.）Schott	LC	
泽泻科 Alismataceae			
318. 东方泽泻	*Alisma orientale*（Samuel.）Juz.	DD	
319. 泽泻	*Alisma plantago-aquatica* L.	DD	
320. 宽叶泽薹草	*Caldesia grandis* Samuel.	CR	A1c；B1b（i）
321. 冠果草	*Sagittaria guayanensis* Kuth subsp. *lappula*（D. Don）Bogin	RE	
322. 利川慈姑	*Sagittaria lichuanensis* J. K. Chen	NT	
323. 小慈姑	*Sagittaria potamogetonifolia* Merr.	DD	D2
324. 矮慈姑	*Sagittaria pygmaea* Miq.	VU	A2c+3c
325. 野慈姑	*Sagittaria trifolia* L.	NT	
水鳖科 Hydrocharitaceae			
326. 无尾水筛	*Blyxa aubertii* Rich.	VU	A2c+3c
327. 有尾水筛	*Blyxa echinosperma*（C. B. Clarke）Hook. f.	VU	A2c+3c
328. 水筛	*Blyxa japonica*（Miq.）Maxim. ex Asch. & Gürke	VU	A2c+3c
329. 光滑水筛	*Blyxa leiosperma* Koidz.	NT	
330. 八药水筛	*Blyxa octandra*（Roxb.）Planch. ex Thwaites	NT	
331. 贝克喜盐草	*Halophila beccarii* Asch.	DD	

中文名	拉丁学名	等级	等级注解
332. 小喜盐草	*Halophila minor*（Zoll.）Hartog	VU	A2c+3c
333. 喜盐草	*Halophila ovalis*（R. Br.）Hook. f.	VU	A2c+3c
334. 黑藻	*Hydrilla verticillata*（L. f.）Royle	LC	
335. 罗氏轮叶黑藻	*Hydrilla verticillata* var. *roxburghii* Casp.	LC	
336. 水鳖	*Hydrocharis dubia*（Blume）Backer	RE	
337. 高雄茨藻	*Najas browniana* Rendle	DD	
338. 东方茨藻	*Najas chinensis* N. Z. Wang	LC	
339. 纤细茨藻	*Najas gracillima*（A. Braun ex Engelmann）Magnus	LC	
340. 草茨藻	*Najas graminea* Delile	DD	
341. 大茨藻	*Najas marina* L.	DD	
342. 小茨藻	*Najas minor* All.	NT	
343. 虾子草	*Nechamandra alternifolia*（Roxb.）Thwaites	EN	C2a（i）
344. 龙舌草	*Ottelia alismoides*（L.）Pers.	EN	A2c+3c
345. 密刺苦草	*Vallisneria denseserrulata*（Makino）Makino	LC	A2c+3c
346. 苦草	*Vallisneria natans*（Lour.）H. Hara	LC	
水蕹科 Aponogetonaceae			
347. 水蕹	*Aponogeton lakhonensis* A. Camus	NT	A1c+2c+3c；B1b（iii，iv）
眼子菜科 Potamogetonaceae			
348. 菹草	*Potamogeton crispus* L.	LC	
349. 鸡冠眼子菜	*Potamogeton cristatus* Regel & Maack	VU	A2c+3c
350. 眼子菜	*Potamogeton distinctus* A. Benn.	VU	A2c+3c
351. 浮叶眼子菜	*Potamogeton natans* L.	VU	A2c+3c
352. 南方眼子菜	*Potamogeton octandrus* Poir.	VU	A2c+3c
353. 小眼子菜	*Potamogeton pusillus* L.	VU	A2c+3c
354. 竹叶眼子菜	*Potamogeton wrightii* Morong	VU	A2c+3c
355. 篦齿眼子菜	*Stuckenia pectinata*（L.）Börner	VU	A2c+3c
356. 角果藻	*Zannichellia palustris* L.	DD	
川蔓藻科 Ruppiaceae			
357. 川蔓藻	*Ruppia maritima* L.	DD	
丝粉藻科 Cymodoceaceae			
358. 针叶藻	*Syringodium isoetifolium*（Asch.）Dandy	DD	

中文名	拉丁学名	等级	等级注解
纳西菜科 Nartheciaceae			
359. 短柄粉条儿菜	*Aletris scopulorum* Dunn	LC	
360. 粉条儿菜	*Aletris spicata* (Thunb.) Franch.	LC	
361. 狭瓣粉条儿菜	*Aletris stenoloba* Franch.	DD	
水玉簪科 Burmanniaceae			
362. 头花水玉簪	*Burmannia championii* Thwaites	VU	D1
363. 香港水玉簪	*Burmannia chinensis* Gand.	DD	
364. 三品一枝花	*Burmannia coelestis* D. Don	VU	A2c+3c
365. 透明水玉簪	*Burmannia cryptopetala* Makino	NT	
366. 山鬼水玉簪★	*Burmannia decurrens* X. J. Li & D. X. Zhang	LC	
367. 水玉簪	*Burmannia disticha* L.	LC	
368. 粤东水玉簪★	*Burmannia filamentosa* D. X. Zhang & R. M. K. Saunders	NT	
369. 纤草	*Burmannia itoana* Makino	LC	
370. 宽翅水玉簪	*Burmannia nepalensis* (Miers) Hook. f.	LC	
371. 亭立	*Burmannia wallichii* (Miers) Hook. f.	NT	
372. 白玉簪★	*Corsiopsis chinensis* D. X. Zhang, R. M. K. Saunders & C. M. Hu	EX	
373. 香港水玉杯	*Thismia hongkongensis* S. S. Mar & R. M. K. Saunders	NT	
374. 三丝水玉杯	*Thismia tentaculata* K. Larsen & Aver.	DD	
薯蓣科 Dioscoreaceae			
375. 参薯	*Dioscorea alata* L.	LC	
376. 大青薯	*Dioscorea benthamii* Prain & Burkill	LC	
377. 黄独	*Dioscorea bulbifera* L.	LC	
378. 薯莨	*Dioscorea cirrhosa* Lour.	LC	
379. 叉蕊薯蓣	*Dioscorea collettii* Hook. f.	LC	
380. 粉背薯蓣	*Dioscorea collettii* var. *hypoglauca* (Palib.) C.Pei & C. T.Ting	LC	
381. 无翅参薯	*Dioscorea exalata* C. T. Ting & M. C. Chang	DD	
382. 山薯	*Dioscorea fordii* Prain & Burkill	LC	
383. 福州薯蓣	*Dioscorea futschauensis* Uline ex R. Knuth	NT	
384. 白薯莨	*Dioscorea hispida* Dennst.	NT	
385. 日本薯蓣	*Dioscorea japonica* Thunb.	LC	
386. 细叶日本薯蓣	*Dioscorea japonica* var. *oldhamii* Uline ex R. Knuth	LC	

续表

中文名	拉丁学名	等级	等级注解
387. 毛芋头薯蓣	*Dioscorea kamoonensis* Kunth	LC	
388. 柳叶薯蓣	*Dioscorea linearicordata* Prain & Burkill	VU	B1ab(iii,v)
389. 五叶薯蓣	*Dioscorea pentaphylla* L.	LC	
390. 褐苞薯蓣	*Dioscorea persimilis* Prain & Burkill	LC	
391. 薯蓣	*Dioscorea polystachya* Turcz.	LC	
392. 马肠薯蓣	*Dioscorea simulans* Prain & Burkill	VU	A2c+3c
393. 绵草薢	*Dioscorea spongiosa* J. Q. Xi, M. Mizuno & W. L. Zhao	DD	
394. 细柄薯蓣	*Dioscorea tenuipes* Franch. & Sav.	DD	
395. 裂果薯	*Schizocapsa plantaginea* Hance	LC	
396. 箭根薯	*Tacca chantrieri* André	DD	
霉草科 Triuridaceae			
397. 大柱霉草	*Sciaphila secundiflora* Thwaites ex Benth.	CR	B1ab(iv)
398. 多枝霉草	*Sciaphila ramosa* Fukuy. & T. Suzuki	VU	D2
399. 小霉草	*Sciaphila nana* Blume	EN	B1ab(iv)
400. 尖峰岭霉草	*Sciaphila jianfenglingensis* Han Xu, Y. D. Li & H. Q. Chen	VU	D2
百部科 Stemonaceae			
401. 大百部	*Stemona tuberosa* Lour.	LC	
露兜树科 Pandanaceae			
402. 露兜草	*Pandanus austrosinensis* T. L. Wu	LC	
403. 簕古子	*Pandanus kaida* Kurz.	LC	
404. 露兜树	*Pandanus tectorius* Parkinson	LC	
405. 分叉露兜	*Pandanus urophyllus* Hance	VU	D1
藜芦科 Melanthiaceae			
406. 白丝草	*Chionographis chinensis* K. Krause	LC	
407. 石门台白丝草★	*Chamaelirium shimentaiense* Y. H. Tong, C. M. He & Y. Q. Li	VU	D2
408. 球药隔重楼	*Paris fargesii* Franch.	NT	
409. 华重楼	*Paris chinensis* Franch.	VU	A2acd+3cd+4cd
410. 牯岭藜芦	*Veratrum schindleri* Loes.	LC	
411. 小果丫蕊花	*Ypsilandra cavaleriei* H. Lév. & Vaniot	VU	C2a(ii)
秋水仙科 Colchicaceae			
412. 万寿竹	*Disporum cantoniense*（Lour.）Merr.	LC	

中文名	拉丁学名	等级	等级注解
413. 海南万寿竹	*Disporum hainanense* Merr.	LC	
414. 横脉万寿竹	*Disporum trabeculatum* Gagnep.	LC	
菝葜科 Smilacaceae			
415. 弯梗菝葜	*Smilax aberrans* Gagnep.	LC	
416. 尖叶菝葜	*Smilax arisanensis* Hayata	NT	
417. 灰叶菝葜	*Smilax astrosperma* F. T. Wang & Tang	LC	
418. 圆锥菝葜	*Smilax bracteata* C. Presl	LC	
419. 菝葜	*Smilax china* L.	LC	
420. 华肖菝葜	*Smilax chinensis*（F. T. Wang）P. Li & C. X. Fu	LC	
421. 柔毛菝葜	*Smilax chingii* F. T. Wang & Tang	LC	
422. 银叶菝葜	*Smilax cocculoides* Warb.	LC	
423. 筐条菝葜	*Smilax corbularia* Kunth	LC	
424. 小果菝葜	*Smilax davidiana* A. DC.	LC	
425. 托柄菝葜	*Smilax discotis* Warb.	LC	
426. 长托菝葜	*Smilax ferox* Wall. ex Kunth	LC	
427. 四翅菝葜	*Smilax gagnepainii* T. Koyama	LC	
428. 合丝肖菝葜	*Smilax gaudichaudiana* Kunth	LC	
429. 土茯苓	*Smilax glabra* Roxb.	LC	
430. 黑果菝葜	*Smilax glaucochina* Warb.	LC	
431. 菱叶菝葜	*Smilax hayatae* T. koyama	LC	
432. 粉背菝葜	*Smilax hypoglauca* Benth.	LC	
433. 肖菝葜	*Smilax japonica*（Kunth）P. Li & C. X. Fu	LC	
434. 缘毛菝葜	*Smilax kwangsiensis* F. T. Wang & Tang	LC	
435. 小刚毛菝葜 ★	*Smilax kwangsiensis* var. *setulosa* F. T. Wang & Tang	LC	
436. 马甲菝葜	*Smilax lanceifolia* Roxb.	LC	
437. 大果菝葜	*Smilax megacarpa* A. DC.	LC	
438. 白背牛尾菜	*Smilax nipponica* Miq.	LC	
439. 抱茎菝葜	*Smilax ocreata* A. DC.	LC	
440. 穿鞘菝葜	*Smilax perfoliata* Lour.	LC	
441. 牛尾菜	*Smilax riparia* A. DC.	LC	
442. 短梗菝葜	*Smilax scobinicaulis* C. H. Wright	LC	

中文名	拉丁学名	等级	等级注解
443. 短柱肖菝葜	*Smilax septemnervia*（F. T. Wang & Tang）P. Li & C.X. Fu	LC	
444. 鞘柄菝葜	*Smilax stans* Maxim.	LC	
445. 筒被菝葜	*Smilax synandra* Gagnep.	LC	
百合科 Liliaceae			
446. 野百合	*Lilium brownii* F. E. Brown ex Miellez	LC	
447. 条叶百合	*Lilium callosum* Siebold & Zucc.	LC	
448. 药百合	*Lilium speciosum* Thunb. var. *gloriosoides* Baker	DD	
449. 油点草	*Tricyrtis macropoda* Miq.	LC	
450. 吉祥草	*Reineckea carnea*（Andrews.）Kunth	LC	
451. 万年青	*Rohdea japonica*（Thunb.）Roth	LC	
兰科 Orchidaceae			
452. 多花脆兰	*Acampe rigida*（Buch.-Ham. ex Sm.）P. F. Hunt	NT	
453. 锥囊坛花兰	*Acanthephippium striatum* Lindl.	EN	B1ab（i,iii,v）
454. 香港安兰	*Ania hongkongensis*（Rolfe）Tang & F. T. Wang	EN	B1ab（iv）c（iii）
455. 绿花安兰	*Ania penangiana*（Hook. f.）Summerh.	EN	A2c；B1ab（i）c（iii）
456. 南方安兰	*Ania ruybarrettoi* S. Y. Hu & Barretto	VU	C2a（i）
457. 金线兰	*Anoectochilus roxburghii*（Wall.）Lindl.	EN	A4d；C1
458. 无叶兰	*Aphyllorchis montana* Rchb. F.	NT	
459. 单唇无叶兰	*Aphyllorchis simplex* Tang & F. T. Wang	EN	B1ab（i,ii,iii）；D
460. 佛冈拟兰 ★	*Apostasia fogangica* Y. Y. Yin，P. S. Zhong & Z. J. Liu	EN	B1ab（i,ii,iii）；D
461. 拟兰	*Apostasia odorata* Blume	EN	B1ab（i,ii,iii）
462. 多枝拟兰	*Apostasia ramifera* S. C. Chen & K. Y. Lang	EN	B1ab（i,ii,iii）
463. 深圳拟兰 ★	*Apostasia shenzhenica* Z. J. Liu & L. J. Chen	CR	B2ab（i,ii,iii）；D
464. 牛齿兰	*Appendicula cornuta* Blume	LC	
465. 竹叶兰	*Arundina graminifolia*（D. Don）Hochr.	LC	
466. 白及	*Bletilla striata*（Thunb. ex A. Murray）Rchb. f.	EN	A4d；B1ab（iii,v）；C2a（ii）
467. 短距苞叶兰	*Brachycorythis galeandra*（Rchb. f.）Summerh.	VU	A2a；B1ab（iii,iv）
468. 赤唇石豆兰	*Bulbophyllum affine* Lindl.	EN	A4d；B1ab（iii,iv）

中文名	拉丁学名	等级	等级注解
469. 芳香石豆兰	*Bulbophyllum ambrosia*（Hance）Schltr.	VU	B1ab(iii);C1
470. 二色卷瓣兰	*Bulbophyllum bicolor* Lindl.	EN	B1ab(i,ii,iii)
471. 直唇卷瓣兰	*Bulbophyllum delitescens* Hance	EN	B1ab(i,ii,iii)
472. 戟唇石豆兰	*Bulbophyllum depressum* King & Pantl.	EN	B1ab(i,ii,iii)
473. 圆叶石豆兰	*Bulbophyllum drymoglossum* Maxim. ex Okubo	EN	B1ab(i,ii,iii)
474. 狭唇卷瓣兰	*Bulbophyllum fordii*（Rolfe）J. J. Sm.	DD	
475. 莲花卷瓣兰	*Bulbophyllum hirundinis*（Gagnep.）Seidenf.	DD	
476. 瘤唇卷瓣兰	*Bulbophyllum japonicum*（Makino）Makino	VU	A2c
477. 广东石豆兰	*Bulbophyllum kwangtungense* Schltr.	VU	A2c+3c; B2ab(iii,v)
478. 齿瓣石豆兰	*Bulbophyllum levinei* Schltr.	VU	B1ab(i,ii,iii)
479. 密花石豆兰	*Bulbophyllum odoratissimum*（Sm.）Lindl.	VU	A2c+3c; B2ab(iii,v)
480. 毛药卷瓣兰	*Bulbophyllum omerandrum* Hayata	EN	B1ab(i,ii,iii)
481. 斑唇卷瓣兰	*Bulbophyllum pectenveneris*（Gagnep.）Seidenf.	EN	B1ab(i,ii,iii)
482. 伞花石豆兰	*Bulbophyllum shweliense* W. W. Sm.	EN	B1ab(i,ii,iii)
483. 短足石豆兰	*Bulbophyllum stenobulbon* Par. & Rchb. f.	EN	B1ab(i,ii,iii)
484. 虎斑卷瓣兰★	*Bulbophyllum tigridum* Hance	EN	D2
485. 伞花卷瓣兰	*Bulbophyllum umbellatum* Lindl.	NT	
486. 永泰卷瓣兰	*Bulbophyllum yongtaiense* J. F. Liu,S. R. Lan & Y. C.Liang	DD	
487. 泽泻虾脊兰	*Calanthe alismatifolia* Lindl.	VU	A1c+4d
488. 狭叶虾脊兰	*Calanthe angustifolia*（Blume）Lindl.	VU	A2c+4d; B1ab(i,ii,iii)
489. 银带虾脊兰	*Calanthe argenteostriata* C. Z. Tang & S. J. Cheng	EN	A2c+4d; B1ab(i,ii,iii)
490. 翘距虾脊兰	*Calanthe aristulifera* Rchb. f.	NT	
491. 棒距虾脊兰	*Calanthe clavata* Lindl.	EN	A2c+4d; B1ab(i,ii,iii)
492. 密花虾脊兰	*Calanthe densiflora* Lindl.	VU	A1c+4d
493. 虾脊兰	*Calanthe discolor* Lindl.	NT	
494. 钩距虾脊兰	*Calanthe graciliflora* Hayata	NT	
495. 乐昌虾脊兰★	*Calanthe lechangensis* Z. H. Tsi & T. Tang	EN	A2c+4d; B1ab(i,ii,iii)

中文名	拉丁学名	等级	等级注解
496. 南方虾脊兰	*Calanthe lyroglossa* Rchb. f.	VU	A2c+4d；B1ab（i，ii，iii）
497. 细花虾脊兰	*Calanthe mannii* Hook. f.	VU	A2c+4d；B1ab（i，ii，iii）
498. 长距虾脊兰	*Calanthe masuca*（D. Don）Lindl.	VU	A1c+4d
499. 南昆虾脊兰★	*Calanthe nankunensis* Z. H. Tsi	DD	
500. 车前虾脊兰	*Calanthe plantaginea* Lindl.	EN	A1c+4d
501. 镰萼虾脊兰	*Calanthe puberula* Lindl.	VU	A1c+4d；B1ab（i，ii，iii）
502. 反瓣虾脊兰	*Calanthe reflexa* Maxim.	EN	A1c+4d；B1ab（i，ii，iii）
503. 二列叶虾脊兰	*Calanthe speciosa*（Blume）Lindl.	NT	
504. 三褶虾脊兰	*Calanthe triplicata*（Willemet）Ames	EN	A1c+4d；C1
505. 银兰	*Cephalanthera erecta*（Thunb.）Blume	EN	B1ab（i，ii，iii）
506. 南岭头蕊兰	*Cephalanthera erecta* var. *oblanceolata* N. Pearce & P. J.Cribb	EN	B1ab（i，ii，iii）
507. 金兰	*Cephalanthera falcata*（Thunb.）Blume	VU	B1ab（i，ii，iii）
508. 铃花黄兰	*Cephalantheropsis halconensis*（Ames）S. S. Ying	EN	A2c；B1ab（i，ii，iii）
509. 黄兰	*Cephalantheropsis obcordata*（Lindl.）Ormerod	VU	A2c
510. 叉柱兰	*Cheirostylis clibborndyeri* S. Y. Hu & Barretto	NT	
511. 琉球叉柱兰	*Cheirostylis liukiuensis* Masamune	VU	A2c
512. 云南叉柱兰	*Cheirostylis yunnanensis* Rolfe	EN	B1ab（i，ii，iii）
513. 广东异型兰★	*Chiloschista guangdongensis* Z. H. Tsi	CR	D2
514. 大序隔距兰	*Cleisostoma paniculatum*（Ker Gawl.）Garay	VU	A2c+4d
515. 短茎隔距兰	*Cleisostoma parishii*（Hook. f.）Garay	EN	B1ab（i，ii，iii）
516. 尖喙隔距兰	*Cleisostoma rostratum*（Lodd. ex Lindl.）Garay	VU	B1ab（i，ii，iii）
517. 蜈蚣兰	*Cleisostoma scolopendrifolium*（Makino）Garay	VU	B1ab（i，ii，iii）
518. 广东隔距兰	*Cleisostoma simondii*（Gagnep.）Seidenf. var. *guangdongense* Z. H. Tsi	NT	
519. 红花隔距兰	*Cleisostoma williamsonii*（Rchb. f.）Garay	EN	B1ab（i，ii，iii）
520. 流苏贝母兰	*Coelogyne fimbriata* Lindl.	NT	
521. 吻兰	*Collabium chinense*（Rolfe）Tang & F. T. Wang	VU	A2c
522. 南方吻兰	*Collabium delavayi*（Gagnep.）Seidenf.	EN	A2c+3c

续表

中文名	拉丁学名	等级	等级注解
523. 台湾吻兰	*Collabium formosanum* Hayata	EN	B1ab(i,ii,iii)
524. 蛤兰	*Conchidium pusillum* Griff.	EN	A2c+3c
525. 杜鹃兰	*Cremastra appendiculata*（D. Don）Makino	EN	A2c+4d
526. 浅裂沼兰	*Crepidium acuminatum*（D. Don）Szlach.	NT	
527. 二脊沼兰	*Crepidium finetii*（Gagnep.）S. C. Chen & J. J. Wood	EN	A2c+3c
528. 深裂沼兰	*Crepidium purpureum*（Lindley）Szlachetko	DD	
529. 玫瑰宿苞兰	*Cryptochilus roseus*（Lindley）S. C. Chen & J. J. Wood	DD	
530. 隐柱兰	*Cryptostylis arachnites*（Blume）Blume	EN	B1ab(i,ii,iii)
531. 纹瓣兰	*Cymbidium aloifolium*（L.）Sw.	DD	
532. 冬凤兰	*Cymbidium dayanum* Rchb. f.	EN	A4d;B1ab(iii)
533. 建兰	*Cymbidium ensifolium*（L.）Sw.	VU	A4d
534. 蕙兰	*Cymbidium faberi* Rolfe	EN	A4d;C1
535. 飞霞兰 ★	*Cymbidium feixiaense* F. C. Li	DD	
536. 多花兰	*Cymbidium floribundum* Lindl.	VU	C1
537. 春兰	*Cymbidium goeringii*（Rchb. f.）Rchb. f.	EN	A4d;C1
538. 寒兰	*Cymbidium kanran* Makino	VU	A4d;C1
539. 兔耳兰	*Cymbidium lancifolium* Hook.	VU	A2c+4d
540. 硬叶兰	*Cymbidium mannii* Rchb. f.	EN	A2c+4d
541. 墨兰	*Cymbidium sinense*（Jackson ex Andrews）Willd.	VU	A2c+4d
542. 丹霞兰 ★	*Danxiaorchis singchiana* J. W. Zhai, F. W. Xing & Z. J.Liu	CR	D2
543. 钩状石斛	*Dendrobium aduncum* Wall. ex Lindl.	VU	A4d
544. 密花石斛	*Dendrobium densiflorum* Wall.	EN	A4d;B1ab(iii,v)
545. 疏花石斛	*Dendrobium henryi* Schltr.	DD	
546. 重唇石斛	*Dendrobium hercoglossum* Rchb. f.	EN	A4d;B1ab(iii,v)
547. 广东石斛	*Dendrobium kwangtungense* C. L. Tso	EN	A4c;B1ab(ii,iii)
548. 聚石斛	*Dendrobium lindleyi* Steud.	EN	A2c+4d
549. 美花石斛	*Dendrobium loddigesii* Rolfe	VU	A4d
550. 罗河石斛	*Dendrobium lohohense* Tang & F. T. Wang	EN	A4d;B1ab(iii)
551. 细茎石斛	*Dendrobium moniliforme*（L.）Sw.	VU	B1ab(iii)
552. 铁皮石斛	*Dendrobium officinale* Kimura & Migo	CR	A4c;B1ab(ii,iii)
553. 单莛草石斛	*Dendrobium porphyrochilum* Lindl.	EN	A4d

中文名	拉丁学名	等级	等级注解
554. 始兴石斛	*Dendrobium shixingense* Z. L. Chen, S. J. Zeng & J.Duan	EN	A4d;D2
555. 剑叶石斛	*Dendrobium spatella* Rchb. f.	VU	A2c; B2ab(ii,iii,v)
556. 大花石斛	*Dendrobium wilsonii* Rolfe	DD	
557. 白绵绒兰	*Dendrolirium lasiopetalum*（Willd.）S. C. Chen & J. J.Wood	NT	
558. 双唇兰	*Didymoplexis pallens* Griff.	DD	
559. 无耳沼兰	*Dienia ophrydis*（J. Koenig）Seidenf.	NT	
560. 蛇舌兰	*Diploprora championi*（Lindl. ex Benth.）Hook. f.	NT	
561. 单叶厚唇兰	*Epigeneium fargesii*（Finet）Gagnep.	VU	A2c;C1
562. 虎舌兰	*Epipogium roseum*（D. Don）Lindl.	EN	A2c;B1b(iii)c(i)
563. 半柱毛兰	*Eria corneri* Rchb. f.	NT	
564. 足茎毛兰	*Eria coronaria*（Lindl.）Rchb. f.	VU	B1ab(i,ii,iii)
565. 香港毛兰	*Eria gagnepainii* Hawkes & Heller	VU	A2c;B1ab(iii)
566. 钳唇兰	*Erythrodes blumei*（Lindl.）Schltr.	NT	
567. 长苞美冠兰	*Eulophia bracteosa* Lindl.	EN	B1ab(iii)
568. 黄花美冠兰	*Eulophia flava*（Lindl.）Hook. f.	EN	A4d;C1
569. 美冠兰	*Eulophia graminea* Lindl.	NT	
570. 紫花美冠兰	*Eulophia spectabilis*（Dennst.）Suresh	EN	B1ab(i,ii,iii)
571. 无叶美冠兰	*Eulophia zollingeri*（Rchb. f.）J. J. Sm.	VU	B1b(iii)c(ii)
572. 流苏金石斛	*Flickingeria fimbriata*（Blume）A. D. Hawkes	EN	B1ab(iii)c(ii)
573. 毛萼山珊瑚	*Galeola lindleyana*（Hook. f. & J. W. Thomson）Rchb.f.	EN	B1ac(ii)
574. 广东盆距兰	*Gastrochilus guangtungensis* Z. H. Tsi	EN	B1ab(i,ii,iii)
575. 黄松盆距兰	*Gastrochilus japonicus*（Makino）Schltr.	EN	B1ab(iii)
576. 无喙天麻	*Gastrodia albida* T. C. Hsu & C. M. Kuo	EN	B1ab(iii)
577. 折柱天麻	*Gastrodia flexistyla* T. C. Hsu & C. M. Kuo	EN	B1ab(iii)
578. 北插天天麻	*Gastrodia peichatieniana* S. S. Ying	EN	A2c
579. 青云山天麻★	*Gastrodia qingyunshanensis* J. X. Huang, Han Xu & H.J. Yang	VU	
580. 大花地宝兰	*Geodorum attenuatum* Griff.	VU	B1ab(iii)c(i,ii,iii)
581. 地宝兰	*Geodorum densiflorum*（Lam.）Schltr.	VU	A2c
582. 多花地宝兰	*Geodorum recurvum*（Roxb.）Alston	EN	B1ab(iii,v)c(i,ii,iii)

中文名	拉丁学名	等级	等级注解
583. 大花斑叶兰	*Goodyera biflora*（Lindl.）Hook. f.	EN	B1ac（i,ii,iii）
584. 多叶斑叶兰	*Goodyera foliosa*（Lindl.）Benth. ex C. B. Clarke	VU	A2c
585. 光萼斑叶兰	*Goodyera henryi* Rolfe	EN	A2c;C1
586. 垂叶斑叶兰	*Goodyera pendula* Maxim.	EN	B1ab（i,ii,iii）
587. 高斑叶兰	*Goodyera procera*（Ker Gawl.）Hook.	NT	
588. 小小斑叶兰	*Goodyera pusilla* Bl.	CR	B1ab（iv）c（iii）
589. 斑叶兰	*Goodyera schlechtendaliana* Rchb. f.	VU	A2c
590. 歌绿斑叶兰	*Goodyera seikoomontana* Yamam.	EN	B1ab（iii）
591. 绒叶斑叶兰	*Goodyera velutina* Maxim. ex Regel	EN	B1b（iv）c（iii）
592. 绿花斑叶兰	*Goodyera viridiflora*（Blume）Lindl. ex D. Dietr.	EN	B1b（iv）c（iii）
593. 毛莛玉凤花	*Habenaria ciliolaris* Kraenzl.	VU	A2c
594. 鹅毛玉凤花	*Habenaria dentata*（Sw.）Schltr.	NT	
595. 线瓣玉凤花	*Habenaria fordii* Rolfe	VU	A2c
596. 粤琼玉凤花	*Habenaria hystrix* Ames	VU	B1b（iv）c（iii）
597. 细裂玉凤花	*Habenaria leptoloba* Benth.	EN	B1ab（iii）
598. 坡参	*Habenaria linguella* Lindl.	VU	A2c
599. 细花玉凤花	*Habenaria lucida* Wall. ex Lindl.	EN	B1ab（iii,iv）
600. 南方玉凤花	*Habenaria malintana*（Blanco）Merr.	EN	B1ab（i,ii,iii）
601. 丝瓣玉凤花	*Habenaria pantlingiana* Kraenzl.	EN	B1ab（iv）c（iii）
602. 裂瓣玉凤花	*Habenaria petelotii* Gagnep.	EN	B1ac（i）
603. 肾叶玉凤花	*Habenaria reniformis*（D. Don）Hook. f.	DD	
604. 橙黄玉凤花	*Habenaria rhodocheila* Hance	NT	
605. 十字兰	*Habenaria schindleri* Schltr.	EN	B1b（iv）c（iii）
606. 叉唇角盘兰	*Herminium lanceum*（Thunb. ex Sw.）Vuijk	EN	A2c
607. 全唇盂兰	*Lecanorchis nigricans* Honda	EN	B1ac（i）
608. 镰翅羊耳蒜	*Liparis bootanensis* Griff.	NT	
609. 褐花羊耳蒜	*Liparis brunnea* Ormerod	EN	B1ac（iii）;D2
610. 丛生羊耳蒜	*Liparis cespitosa*（Thou.）Lindl.	DD	
611. 大花羊耳蒜	*Liparis distans* C. B. Clarke	VU	B1ac（iii）;D2
612. 紫花羊耳蒜	*Liparis nigra* Seidenf.	VU	B1ac（iii）
613. 巨花羊耳蒜	*Liparis gigantea* C. L. Tso	VU	A2c;B1ab（iii）

中文名	拉丁学名	等级	等级注解
614. 广东羊耳蒜	*Liparis kwangtungensis* Schltr.	VU	B1ab（iii）
615. 黄花羊耳蒜	*Liparis luteola* Lindl.	EN	B1ab（iii）
616. 南岭羊耳蒜★	*Liparis nanlingensis* H. Z. Tian & F. W. Xing	EN	D2
617. 见血青	*Liparis nervosa*（Thunb.）Lindl.	LC	
618. 香花羊耳蒜	*Liparis odorata*（Willd.）Lindl.	EN	B1ab（iii,iv）
619. 长唇羊耳蒜	*Liparis pauliana* Hand.-Mazz.	EN	Bab（i）
620. 插天山羊耳蒜	*Liparis sootenzanensis* Fukuy.	NT	
621. 扇唇羊耳蒜	*Liparis stricklandiana* Rchb. f.	VU	A2c
622. 吉氏羊耳蒜	*Liparis tsii* H. Z. Tian & A. Q. Hu.	CR	D2
623. 长茎羊耳蒜	*Liparis viridiflora*（Blume）Lindl.	NT	
624. 血叶兰	*Ludisia discolor*（Ker Gawl.）Blume	EN	A4d；C1
625. 葱叶兰	*Microtis unifolia*（G. Forst.）Rchb. f.	VU	B1b（iv）c（iii）
626. 阿里山全唇兰	*Myrmechis drymoglossifolia* Hayata	EN	B1ab（iv）
627. 宽瓣全唇兰	*Myrmechis urceolata* Tang & K. Y. Lang	EN	B1ac（iii）
628. 日本对叶兰	*Neottia japonica*（Blume）Szlach.	EN	B1ac（iii）
629. 云叶兰	*Nephelaphyllum tenuiflorum* Blume	EN	B1ac（iii）
630. 毛唇芋兰	*Nervilia fordii*（Hance）Schltr.	EN	A4d；C1
631. 毛叶芋兰	*Nervilia plicata*（Andrews.）Schltr.	EN	B1ab（iv）
632. 麻栗坡三蕊兰	*Neuwiedia malipoensis* Z. J. Liu，L. J. Chen & K. Wei Liu	DD	
633. 三蕊兰	*Neuwiedia singapureana*（Wall. ex Baker）Rolfe	EN	B1b（iv）c（iii）
634. 狭叶鸢尾兰	*Oberonia caulescens* Lindl.	EN	B1b（iv）c（iii）
635. 小叶鸢尾兰	*Oberonia japonica*（Maxim.）Makino	EN	B1b（iv）c（iii）
636. 小沼兰	*Oberonioides microtatantha*（Schltr.）Szlach.	NT	
637. 西南齿唇兰	*Odontochilus elwesii* C. B. Clarke ex Hook. f.	DD	
638. 广东齿唇兰	*Odontochilus guangdongensis* S. C. Chen，S. W. Gade & P. J. Cribb	EN	B1ab（iv）
639. 齿唇兰	*Odontochilus lanceolatus*（Lindl.）Blume	VU	B1b（iv）c（iii）
640. 南岭齿唇兰	*Odontochilus nanlingensis*（L. P. Siu & K. Y. Lang）Ormerod	EN	D2
641. 粉口兰	*Pachystoma pubescens* Blume	VU	B1b（iv）c（iii）
642. 小叶兜兰	*Paphiopedilum barbigerum* Tang & F. T. Wang	CR	B1ab（iii）；D
643. 广东兜兰★	*Paphiopedilum guangdongense* Z. J. Liu & L. J. Chen	CR	D2
644. 紫纹兜兰	*Paphiopedilum purpuratum*（Lindl.）Stein	EN	A4d；C2a（i）

中文名	拉丁学名	等级	等级注解
645. 龙头兰	*Pecteilis susannae*（L.）Rafin.	NT	
646. 小花阔蕊兰	*Peristylus affinis*（D. Don）Seidenf.	EN	B1b（ⅴ）c（ⅳ）
647. 长须阔蕊兰	*Peristylus calcaratus*（Rolfe）S. Y. Hu	NT	
648. 狭穗阔蕊兰	*Peristylus densus*（Lindl.）Santapau & Kapadia	VU	A2c
649. 台湾阔蕊兰	*Peristylus formosanus*（Schltr.）T. P. Lin	DD	
650. 阔蕊兰	*Peristylus goodyeroides*（D. Don）Lindl.	NT	
651. 撕唇阔蕊兰	*Peristylus lacertifer*（Lindl.）J. J. Sm.	NT	
652. 短裂阔蕊兰	*Peristylus lacertifer* var. *taipoensis*（S. Y. Hu & Barretto）S. C. Chen	DD	
653. 触须阔蕊兰	*Peristylus tentaculatus*（Lindl.）J. J. Sm.	NT	
654. 仙笔鹤顶兰	*Phaius columnaris* C. Z. Tang & S. J. Cheng	EN	B1ab（ⅳ）
655. 黄花鹤顶兰	*Phaius flavus*（Blume）Lindl.	NT	
656. 紫花鹤顶兰	*Phaius mishmensis*（Lindl. & Paxt.）Rchb. f.	EN	A4d；C1
657. 鹤顶兰	*Phaius tancarvilleae*（L'Hér.）Blume	VU	C1
658. 羽唇兰	*Phalaenopsis difformis*（Wall. ex Lindl.）Kocyan & Schuit.	EN	B1ab（ⅲ）
659. 东亚蝴蝶兰	*Phalaenopsis subparishii*（Z. H. Tsi）Kocyan & Schuit.	EN	B1ab（ⅲ）
660. 细叶石仙桃	*Pholidota cantonensis* Rolfe	VU	A2c
661. 石仙桃	*Pholidota chinensis* Lindl.	VU	A2c+3c
662. 马齿苹兰	*Pinalia szetschuanica*（Schltr.）S. C. Chen & J. J.Wood	VU	B1b（ⅲ）c（ⅳ）
663. 南方舌唇兰	*Platanthera angustata*（Blume）Lindl.	EN	A2c
664. 大明山舌唇兰	*Platanthera damingshanica* K. Y. Lang & H. S. Guo	EN	B1ab（ⅲ）
665. 广东舌唇兰★	*Platanthera guangdongensis* Y. F. Li，L. F. Wu & L. J.Chen	CR	B2ab（ⅲ）
666. 尾瓣舌唇兰	*Platanthera mandarinorum* Rchb. f.	VU	A2c
667. 小舌唇兰	*Platanthera minor*（Miq.）Rchb. f.	VU	A2c
668. 南岭舌唇兰★	*Platanthera nanlingensis* X. H. Jin & W. T. Jin	EN	D2
669. 紫金舌唇兰★	*Platanthera zijinensis* Q. L. Ye，Z. M. Zhong & Ming H. Li	CR	D2
670. 独蒜兰	*Pleione bulbocodioides*（Franch.）Rolfe	NT	
671. 陈氏独蒜兰	*Pleione chunii* C. L. Tso	EN	B1b（ⅳ）c（ⅲ）
672. 台湾独蒜兰	*Pleione formosana* Hayata	NT	
673. 毛唇独蒜兰	*Pleione hookeriana*（Lindl.）Rollisson	EN	B1ab（ⅲ）
674. 小叶独蒜兰★	*Pleione microphylla* S. C. Chen & Z. H. Tsi	EN	D2
675. 柄唇兰	*Podochilus khasianus* Hook. f.	DD	

中文名	拉丁学名	等级	等级注解
676. 朱兰	*Pogonia japonica* Rchb. f.	EN	B1ac(ⅲ)
677. 小片菱兰	*Rhomboda abbreviata* (Lindl.) Ormerod	VU	A2c
678. 贵州菱兰	*Rhomboda fanjingensis* Ormerod	VU	B1ac(ⅲ)
679. 白肋菱兰	*Rhomboda tokioi* (Fukuy.) Ormerod	EN	B1ab(ⅲ)
680. 寄树兰	*Robiquetia succisa* (Lindl.) Seidenf. & Garay	VU	A2c
681. 苞舌兰	*Spathoglottis pubescens* Lindl.	NT	
682. 香港绶草	*Spiranthes hongkongensis* S. Y. Hu & Barretto	LC	
683. 绶草	*Spiranthes sinensis* (Pers.) Ames	LC	
684. 带叶兰	*Taeniophyllum glandulosum* Blume	EN	B1b(ⅲ)c(ⅳ)
685. 心叶带唇兰	*Tainia cordifolia* Hook. f.	EN	B1b(ⅲ)c(ⅱ)
686. 带唇兰	*Tainia dunnii* Rolfe	VU	C1
687. 大花带唇兰	*Tainia macrantha* Hook. f.	EN	B1ab(ⅰ,ⅱ,ⅲ)
688. 白点兰	*Thrixspermum centipeda* Lour.	EN	B1b(ⅰ)c(ⅲ)
689. 小叶白点兰	*Thrixspermum japonicum* (Miq.) Rchb. f.	EN	B1ab(ⅰ)c(ⅲ)
690. 阔叶竹茎兰	*Tropidia angulosa* (Lindl.) Bl.	DD	
691. 短穗竹茎兰	*Tropidia curculigoides* Lindl.	EN	B1b(ⅰ)c(ⅲ)
692. 广东万代兰	*Vanda fuscoviridis* Lindl.	EN	B1ab(ⅲ)
693. 深圳香荚兰★	*Vanilla shenzhenica* Z. J. Liu & S. C. Chen	CR	D2
694. 二尾兰	*Vrydagzynea nuda* Blume	VU	B1ab(ⅲ)
695. 宽叶线柱兰	*Zeuxine affinis* (Lindl.) Benth. ex Hook. f.	VU	B1b(ⅲ)c(ⅳ)
696. 黄花线柱兰	*Zeuxine flava* (Wall. ex Lindl.) Trimen	DD	
697. 白花线柱兰	*Zeuxine parviflora* (Ridl.) Seidenf.	VU	B1b(ⅲ)c(ⅳ)
698. 线柱兰	*Zeuxine strateumatica* (L.) Schltr.	LC	
仙茅科 Hypoxidaceae			
699. 短葶仙茅	*Curculigo breviscapa* S. C. Chen	VU	A2c+3c；B1b(ⅲ,ⅳ)
700. 大叶仙茅	*Curculigo capitulata* (Lour.) O. Kuntze	LC	
701. 光叶仙茅	*Curculigo glabrescens* (Ridl.) Merr.	LC	
702. 仙茅	*Curculigo orchioides* Gaertn.	LC	
703. 小金梅草	*Hypoxis aurea* Lour.	NT	
704. 台山仙茅★	*Sinocurculigo taishanica* Z. J. Liu, L. J. Chen & Ke Wei Liu	DD	

中文名	拉丁学名	等级	等级注解
鸢尾科 Iridaceae			
705. 射干	*Belamcanda chinensis*（L.）Redouté	LC	
706. 蝴蝶花	*Iris japonica* Thunb.	LC	
707. 小花鸢尾	*Iris speculatrix* Hance	NT	
708. 鸢尾	*Iris tectorum* Maxim.	LC	
日光兰科 Asphodelaceae			
709. 山菅	*Dianella ensifolia*（L.）DC.	LC	
710. 黄花菜	*Hemerocallis citrina* Baroni	LC	
711. 萱草	*Hemerocallis fulva*（L.）L.	LC	
712. 常绿萱草	*Hemerocallis fulva* var. *aurantiaca*（Baker）M. Hotta	LC	
石蒜科 Amaryllidaceae			
713. 薤头	*Allium chinense* G. Don	LC	
714. 多星韭	*Allium wallichii* Kunth	LC	
715. 西南文殊兰	*Crinum latifolium* L.	DD	
716. 忽地笑	*Lycoris aurea*（L'Hér.）Herb.	LC	
717. 石蒜	*Lycoris radiata*（L'Hér.）Herb.	LC	
天门冬科 Asparagaceae			
718. 山文竹	*Asparagus acicularis* F. T. Wang & S. C. Chen	VU	A2c
719. 天门冬	*Asparagus cochinchinensis*（Lour.）Merr.	LC	
720. 蜘蛛抱蛋	*Aspidistra elatior* Blume	VU	A1c；B2b（iv）
721. 流苏蜘蛛抱蛋	*Aspidistra fimbriata* F. T. Wang & K. Y. Lang	LC	
722. 海南蜘蛛抱蛋	*Aspidistra hainanensis* Chun & F. C. How	LC	
723. 九龙盘	*Aspidistra lurida* Ker Gawl.	LC	
724. 小花蜘蛛抱蛋	*Aspidistra minutiflora* Stapf	LC	
725. 南昆山蜘蛛抱蛋★	*Aspidistra nankunshanensis* Y. Liu & C. R. Lin	EN	A1c；B2b（iv）
726. 斑点蜘蛛抱蛋	*Aspidistra punctata* Lindl.	EN	B1ab（i,iii）
727. 绵枣儿	*Barnardia japonica*（Thunb.）Schult. & Schult. f.	LC	
728. 开口箭	*Campylandra chinensis*（Baker）M. N. Tamura, S. Yun Liang & Turland	LC	
729. 弯蕊开口箭	*Campylandra wattii* C. B. Clarke	LC	
730. 小花吊兰	*Chlorophytum laxum* R. Br.	LC	

中文名	拉丁学名	等级	等级注解
731. 竹根七	*Disporopsis fuscopicta* Hance	LC	
732. 深裂竹根七	*Disporopsis pernyi*（Hua）Diels	LC	
733. 紫萼	*Hosta ventricosa*（Salisb.）Stearn	NT	
734. 禾叶山麦冬	*Liriope graminifolia*（L.）Baker	LC	
735. 阔叶山麦冬	*Liriope muscari*（Decne.）L. H. Bailey	LC	
736. 山麦冬	*Liriope spicata*（Thunb.）Lour.	LC	
737. 长茎沿阶草	*Ophiopogon chingii* F. T. Wang & T. Tang	LC	
738. 棒叶沿阶草	*Ophiopogon clavatus* C. H. Wright ex Oliv.	LC	
739. 间型沿阶草	*Ophiopogon intermedius* D. Don	LC	
740. 麦冬	*Ophiopogon japonicus*（L. f.）Ker Gawl.	LC	
741. 宽叶沿阶草	*Ophiopogon platyphyllus* Merr. & Chun	LC	
742. 广东沿阶草	*Ophiopogon reversus* C. C. Huang	LC	
743. 疏花沿阶草	*Ophiopogon sparsiflorus* F. T. Wang & L. K. Dai	LC	
744. 狭叶沿阶草	*Ophiopogon stenophyllus*（Merr.）L. Rodr.	LC	
745. 阴生沿阶草	*Ophiopogon umbraticola* Hance	LC	
746. 大盖球子草	*Peliosanthes macrostegia* Hance	LC	
747. 簇花球子草	*Peliosanthes teta* Andrews.	NT	
748. 多花黄精	*Polygonatum cyrtonema* Hua	NT	
749. 长梗黄精	*Polygonatum filipes* Merr. ex C. Jeffrey & McEwan	NT	
750. 异蕊草	*Thysanotus chinensis* Benth.	LC	
棕榈科 Arecaceae			
751. 长果桃椰	*Arenga longicarpa* C. F. Wei	EN	A1c
752. 桂南省藤	*Calamus austroguangxiensis* S. J. Pei & San Y. Chen	VU	D2
753. 短轴省藤	*Calamus compsostachys* Burret	EN	A1c；B1ab（iii）
754. 电白省藤	*Calamus dianbaiensis* C. F. Wei	VU	A2c+3c
755. 大喙省藤	*Calamus macrorrhynchus* Burret	LC	
756. 杖藤	*Calamus rhabdocladus* Burret	LC	
757. 白藤	*Calamus tetradactylus* Hance	LC	
758. 毛鳞省藤	*Calamus thysanolepis* Hance	LC	
759. 多果省藤	*Calamus walkeri* Hance	VU	B1ab（iii）
760. 鱼尾葵	*Caryota maxima* Blume ex Mart.	LC	

中文名	拉丁学名	等级	等级注解
761. 短穗鱼尾葵	*Caryota mitis* Lour.	NT	
762. 单穗鱼尾葵	*Caryota monostachy* Becc.	LC	
763. 黄藤	*Daemonorops jenkinsiana*（Griff.）Mart.	LC	
764. 石山棕	*Guihaia argyrata*（S. K. Lee & F. N. Wei）S. K. Lee, F. N. Wei & J. Dransf.	VU	A1c
765. 两广石山棕	*Guihaia grossefibrosa*（Gagnep.）J. Dransf. ,S. K. Lee & F. N. Wei	DD	
766. 穗花轴榈	*Licuala fordiana* Becc.	VU	A1c
767. 蒲葵	*Livistona chinensis*（Jacq.）R. Br. ex Mart.	VU	D2
768. 大叶蒲葵	*Livistona saribus*（Lour.）Merr. ex A. Chev.	VU	A1c；B1b(iii)
769. 刺葵	*Phoenix loureiroi* Kunth	LC	
770. 变色山槟榔	*Pinanga baviensis* Becc.	LC	
771. 棕竹	*Rhapis excelsa*（Thunb.）A. Henry	LC	
772. 细棕竹	*Rhapis gracilis* Burret	VU	A1c
773. 棕榈	*Trachycarpus fortunei*（Hook.）H. Wendl.	LC	
鸭跖草科 Commelinaceae			
774. 穿鞘花	*Amischotolype hispida*（Less. & A. Rich.）D. Y. Hong	LC	
775. 假紫万年青	*Belosynapsis ciliata*（Blume）R. S. Rao	LC	
776. 耳苞鸭跖草	*Commelina auriculata* Blume	LC	
777. 饭包草	*Commelina benghalensis* L.	LC	
778. 鸭跖草	*Commelina communis* L.	LC	
779. 节节草	*Commelina diffusa* Burm. f.	LC	
780. 大苞鸭跖草	*Commelina paludosa* Blume	LC	
781. 波缘鸭跖草	*Commelina undulata* R. Br.	LC	
782. 蛛丝毛蓝耳草	*Cyanotis arachnoidea* C. B. Clarke	LC	
783. 鞘苞花	*Cyanotis axillaris*（L.）D. Don ex Sweet	LC	
784. 四孔草	*Cyanotis cristata*（L.）D. Don	LC	
785. 沙地蓝耳草	*Cyanotis loureiroana*（Schultes & J. H. Schultes）Merr.	LC	
786. 蓝耳草	*Cyanotis vaga*（Lour.）Roem. & Schult.	LC	
787. 聚花草	*Floscopa scandens* Lour.	LC	
788. 大苞水竹叶	*Murdannia bracteata*（C. B. Clarke）Kuntze ex J. K.Morton	LC	
789. 疣花水竹叶	*Murdannia edulis*（Stokes）Faden	LC	

续表

中文名	拉丁学名	等级	等级注解
790. 根茎水竹叶	*Murdannia hookeri*（C. B. Clarke）Brückn.	LC	
791. 狭叶水竹叶	*Murdannia kainantensis*（Masam.）D. Y. Hong	LC	
792. 牛轭草	*Murdannia loriformis*（Hassk.）R. S. Rolla Rao & Kammathy	LC	
793. 大果水竹叶	*Murdannia macrocarpa* D. Y. Hong	LC	
794. 少叶水竹叶	*Murdannia medica*（Lour.）D. Y. Hong	LC	
795. 裸花水竹叶	*Murdannia nudiflora*（L.）Brenan	LC	
796. 细竹蒿草	*Murdannia simplex*（Vahl）Brenan	LC	
797. 腺毛水竹叶	*Murdannia spectabilis*（Kurz）Faden	LC	
798. 矮水竹叶	*Murdannia spirata*（L.）G. Brückn	LC	
799. 水竹叶	*Murdannia triquetra*（Wall. ex C. B. Clarke）G.Brückn.	LC	
800. 细柄水竹叶	*Murdannia vaginata*（L.）G. Brückn	LC	
801. 大杜若	*Pollia hasskarlii* R. S. Rao	LC	
802. 杜若	*Pollia japonica* Thunb.	LC	
803. 长花枝杜若	*Pollia secundiflora*（Blume）Bakh. f.	LC	
804. 长柄杜若	*Pollia siamensis*（Craib）Faden ex D. Y. Hong	LC	
805. 密花杜若	*Pollia thyrsiflora*（Blume）Endl. ex Hassk.	LC	
806. 钩毛子草	*Rhopalephora scaberrima*（Blume）Faden	LC	
807. 竹叶吉祥草	*Spatholirion longifolium*（Gagnep.）Dunn	LC	
808. 竹叶子	*Streptolirion volubile* Edgew.	LC	
田葱科 Philydraceae			
809. 田葱	*Philydrum lanuginosum* Banks & Sol. ex Gaertn.	NT	
雨久花科 Pontederiaceae			
810. 箭叶雨久花	*Monochoria hastata*（L.）Solms	LC	
811. 雨久花	*Monochoria korsakowii* Regel & Maack	LC	
812. 鸭舌草	*Monochoria vaginalis*（Burm. f.）C. Presl ex Kunth	LC	
兰花蕉科 Lowiaceae			
813. 兰花蕉	*Orchidantha chinensis* T. L. Wu	EN	A2c+3c；B1ab（ii,iii,v）；C1；D1+2
芭蕉科 Musaceae			
814. 野蕉	*Musa balbisiana* Colla	LC	

中文名	拉丁学名	等级	等级注解
815. 香阿宽蕉	*Musa itinerans* Cheesman var. *annamica* (R. V. Valmayor, L. D. Danh & Hakkinen) Hakkinen	LC	
816. 中国阿宽蕉	*Musa itinerans* var. *chinensis* Hakkinen	LC	
817. 广东阿宽蕉★	*Musa itinerans* var. *guangdongensis* Hakkinen	LC	
818. 乐昌阿宽蕉★	*Musa itinerans* var. *lechangensis* Hakkinen	LC	
竹芋科 Marantaceae			
819. 尖苞柊叶	*Phrynium placentarium* (Lour.) Merr.	LC	
820. 柊叶	*Phrynium rheedei* Suresh & Nicolson	LC	
闭鞘姜科 Costaceae			
821. 闭鞘姜	*Costus speciosus* (J. Koenig) Sm.	LC	
822. 光叶闭鞘姜	*Costus tonkinensis* Gagnep.	LC	
823. 三叶山姜	*Alpinia austrosinense* (D. Fang) P. Zou & Y. S. Ye	LC	
824. 距花山姜	*Alpinia calcarata* Roscoe	LC	
825. 从化山姜★	*Alpinia conghuaensis* J. P. Liao & T. L. Wu	VU	A1c;B1ab(iii,iv)
826. 红豆蔻	*Alpinia galanga* (L.) Willd.	LC	
827. 狭叶山姜	*Alpinia graminifolia* D. Fang & J. Y. Luo	NT	
828. 光叶假益智★	*Alpinia guangdongensis* S. J. Chen & Z. Y. Chen	LC	
829. 海南山姜	*Alpinia hainanensis* K. Schum.	LC	
830. 山姜	*Alpinia japonica* (Tunb.) Miq.	LC	
831. 箭杆风	*Alpinia jianganfeng* T. L. Wu	LC	
832. 长柄山姜	*Alpinia kwangsiensis* T. L. Wu & S. J. Chen	LC	
833. 假益智	*Alpinia maclurei* Merr.	DD	
834. 华山姜	*Alpinia oblongifolia* Hayata	LC	
835. 高良姜	*Alpinia officinarum* Hance	LC	
836. 卵唇山姜★	*Alpinia ovata* Z. L. Zhao & L. S. Xu	LC	
837. 益智	*Alpinia oxyphylla* Miq.	LC	
838. 花叶山姜	*Alpinia pumila* Hook. f.	LC	
839. 密苞山姜	*Alpinia stachyodes* Hance	LC	
840. 阳春山姜★	*Alpinia stachyodes* var. *yangchunensis* Z. L. Zhao & L. S.Xu	LC	
841. 光叶球穗山姜	*Alpinia strobiliformis* T. L. Wu & S. J. Chen var. *glabra* T. L. Wu	DD	
842. 艳山姜	*Alpinia zerumbet* (Pers.) B. L. Burtt & R. M. Sm.	LC	

中文名	拉丁学名	等级	等级注解
843. 疣果豆蔻	*Amomum muricarpum* Elmer	LC	
844. 黄花大苞姜	*Caulokaempferia coenobialis*（Hance）K. Larsen	LC	
845. 郁金	*Curcuma aromatica* Salisb.	LC	
846. 南昆山莪术 ★	*Curcuma nankunshanensis* N. Liu，X. B. Ye & J. Chen	VU	B1ab（iii，iv）
847. 莪术	*Curcuma phaeocaulis* Valeton	LC	
848. 舞花姜	*Globba racemosa* Sm.	LC	
849. 偏穗姜	*Plagiostachys austrosinensis* T. L. Wu & S. J. Chen	EN	A3c；B1ab（iii）
850. 土田七	*Stahlianthus involucratus*（King ex Baker）Craib	NT	
851. 匙苞姜	*Zingiber cochleariforme* D. Fang	DD	
852. 珊瑚姜	*Zingiber corallinum* Hance	LC	
853. 桂姜	*Zingiber guangxiense* D. Fang	NT	
854. 蘘荷	*Zingiber mioga*（Thunb.）Roscoe	LC	
855. 南岭姜 ★	*Zingiber nanlingensis* L. Chen，A. Q. Dong & F. W. Xing	VU	C2a（i）
856. 阳荷	*Zingiber striolatum* Diels	LC	
857. 红球姜	*Zingiber zerumbet*（L.）Roscoe ex Sm.	LC	
香蒲科 Typhaceae			
858. 曲轴黑三棱	*Sparganium fallax* Graebn.	LC	
859. 水烛	*Typha angustifolia* L.	LC	
860. 香蒲	*Typha orientalis* C. Presl	LC	
黄眼草科 Xyridaceae			
861. 南非黄眼草	*Xyris capensis* Thunb. var. *schoenoides*（Mart.）Nilsson	LC	
862. 中国黄眼草	*Xyris bancana* Miq.	LC	
863. 硬叶葱草	*Xyris complanata* R. Br.	LC	
864. 黄眼草	*Xyris indica* L.	LC	
865. 葱草	*Xyris pauciflora* Willd.	DD	
谷精草科 Eriocaulaceae			
866. 狭叶谷精草	*Eriocaulon angustulum* W. L. Ma	NT	
867. 毛谷精草	*Eriocaulon australe* R. Br.	LC	
868. 云南谷精草	*Eriocaulon brownianum* Mart.	LC	
869. 谷精草	*Eriocaulon buergerianum* Körn.	LC	
870. 白药谷精草	*Eriocaulon cinereum* R. Br.	LC	

续表

中文名	拉丁学名	等级	等级注解
871. 长苞谷精草	*Eriocaulon decemflorum* Maxim.	LC	
872. 尖苞谷精草	*Eriocaulon echinulatum* Mart.	LC	
873. 光瓣谷精草	*Eriocaulon glabripetalum* W. L. Ma	DD	
874. 南投谷精草	*Eriocaulon nantoense* Hayata	LC	
875. 尼泊尔谷精草	*Eriocaulon nepalense* Prescott ex Bong.	LC	
876. 丝叶谷精草	*Eriocaulon setaceum* L.	LC	
877. 华南谷精草	*Eriocaulon sexangulare* L.	LC	
878. 越南谷精草	*Eriocaulon tonkinense* Ruhland	LC	
879. 菲律宾谷精草	*Eriocaulon truncatum* Buch.-Ham. ex Mart.	LC	
灯心草科 Juncaceae			
880. 翅茎灯心草	*Juncus alatus* Franch. & Sav.	LC	
881. 星花灯心草	*Juncus diastrophanthus* Buchenau	LC	
882. 灯心草	*Juncus effusus* L.	LC	
883. 细子灯心草	*Juncus leptospermus* Buchenau	LC	
884. 笄石菖	*Juncus prismatocarpus* R. Br.	LC	
885. 圆柱叶灯心草	*Juncus prismatocarpus* subsp. *teretifolius* K. F. Wu	LC	
886. 野灯心草	*Juncus setchuensis* Buchenau	LC	
887. 多花地杨梅	*Luzula multiflora* (Ehrh.) Lej.	DD	
莎草科 Cyperaceae			
888. 星穗莎	*Actinoschoenus thouarsii* (Kunth) Benth.	NT	
889. 大藨草	*Actinoscirpus grossus* (L. f.) Goetgh. & D. A. Simpson	NT	
890. 球柱草	*Bulbostylis barbata* (Rottb.) C. B. Clarke	LC	
891. 丝叶球柱草	*Bulbostylis densa* (Wall.) Hand.-Mazz.	LC	
892. 毛鳞球柱草	*Bulbostylis puberula* C. B. Clarke	LC	
893. 广东薹草	*Carex adrienii* E. G. Camus	LC	
894. 团穗薹草	*Carex agglomerata* C. B. Clarke	VU	A3c
895. 阿里山薹草	*Carex arisanensis* Hayata	DD	
896. 华南薹草	*Carex austrosinensis* Tang & F. T. Wang ex S. Yun Liang	NT	
897. 浆果薹草	*Carex baccans* Nees	LC	
898. 滨海薹草	*Carex bodinieri* Franch.	LC	
899. 青绿薹草	*Carex breviculmis* R. Br.	LC	

续表

中文名	拉丁学名	等级	等级注解
900. 短尖薹草	*Carex brevicuspis* C. B. Clarke	LC	
901. 褐果薹草	*Carex brunnea* Thunb.	LC	
902. 戟叶薹草	*Carex canina* Dunn	NT	
903. 中华薹草	*Carex chinensis* Retz.	LC	
904. 缘毛薹草	*Carex craspedotricha* Nelmes	LC	
905. 十字薹草	*Carex cruciata* Wahl.	LC	
906. 隐穗薹草	*Carex cryptostachys* Brongn.	LC	
907. 粗毛流苏薹草	*Carex densifimbriata* Tang & F. T. Wang var. *hirsuta* P.C. Li	LC	
908. 二形鳞薹草	*Carex dimorpholepis* Steud.	LC	
909. 长穗薹草	*Carex dolichostachya* Hayata	DD	
910. 签草	*Carex doniana* Spreng.	LC	
911. 蕨状薹草	*Carex filicina* Nees	LC	
912. 拟穿孔薹草	*Carex foraminatiformis* Y. C. Tang & S. Yun Liang	DD	
913. 穹隆薹草	*Carex gibba* Wahlenb.	LC	
914. 长梗薹草	*Carex glossostigma* Hand.-Mazz.	LC	
915. 韩江薹草	*Carex hanensis* Dunn	DD	
916. 长襄薹草	*Carex harlandii* Boott	LC	
917. 疏果薹草	*Carex hebecarpa* C. A. Mey.	LC	
918. 狭穗薹草	*Carex ischnostachya* Steud.	LC	
919. 季庄薹草 ★	*Carex jizhuangensis* S. Yun. Liang	DD	
920. 高氏薹草 ★	*Carex kaoi* Tang & F. T. Wang	NT	
921. 古城薹草	*Carex kuchunensis* Tang & F. T. Wang ex S. Yun. Liang	LC	
922. 弯喙薹草	*Carex laticeps* C. B. Clarke ex Franch.	NT	
923. 香港薹草	*Carex ligata* Boott ex Benth.	LC	
924. 舌叶薹草	*Carex ligulata* Nees	LC	
925. 林氏薹草	*Carex lingii* F. T. Wang & Tang	LC	
926. 刘氏薹草	*Carex liouana* F. T. Wang & Tang	LC	
927. 聚穗薹草 ★	*Carex longicolla* Tang & F. T. Wang ex Y. F. Deng	LC	
928. 长穗柄薹草	*Carex longipes* D. Don ex Tilloch & Taylor	LC	
929. 龙胜薹草	*Carex longshengensis* Y. C. Tang & S. Yun Liang	LC	
930. 斑点果薹草	*Carex maculata* Boott	LC	

中文名	拉丁学名	等级	等级注解
931. 弯柄薹草	*Carex manca* Boott ex Benth.	LC	
932. 短叶薹草	*Carex manca* subsp. *wichurae*（Boeckeler）S. Y. Liang	DD	
933. 毛囊薹草	*Carex maubertiana* Boott	LC	
934. 条穗薹草	*Carex nemostachys* Steud.	LC	
935. 矩圆薹草★	*Carex oblanceolata* T. Koyama	DD	
936. 肿喙薹草	*Carex oedorrhampha* Nelmes	LC	
937. 霹雳薹草	*Carex perakensis* C. B. Clarke	LC	
938. 镜子薹草	*Carex phacota* Spreng.	LC	
939. 凤凰山薹草	*Carex phoenicis* Dunn	DD	
940. 密苞叶薹草	*Carex phyllocephala* T. Koyama	LC	
941. 扁茎薹草	*Carex planiscapa* Chun & F. C. How	DD	
942. 粉被薹草	*Carex pruinosa* Boott	LC	
943. 弥勒山薹草	*Carex pseudolaticeps* Tang & F. T. Wang	LC	
944. 矮生薹草	*Carex pumila* Thunb.	LC	
945. 根花薹草	*Carex radiciflora* Dunn	LC	
946. 松叶薹草	*Carex rara* Boott	LC	
947. 垂果薹草	*Carex recurvisaccus* T. Koyama	LC	
948. 反折果薹草	*Carex retrofracta* Kük.	LC	
949. 长颈薹草	*Carex rhynchophora* Franch.	LC	
950. 点囊薹草	*Carex rubrobrunnea* C. B. Clarke	LC	
951. 大理薹草	*Carex rubrobrunnea* var. *taliensis*（Franch.）Kük.	LC	
952. 花莛薹草	*Carex scaposa* C. B. Clarke	LC	
953. 长雄薹草	*Carex scaposa* var. *dolichostachys* F. T. Wang & Tang	LC	
954. 糙叶花莛薹草	*Carex scaposa* var. *hirsuta* P. C. Li	LC	
955. 硬果薹草	*Carex sclerocarpa* Franch.	LC	
956. 多穗仙台薹草	*Carex sendaica* Franch. var. *pseudosendaica* T. Koyama	LC	
957. 华芒鳞薹草	*Carex sinoaristata* Tang & F. T. Wang ex L. K. Dai	LC	
958. 澳门薹草	*Carex spachiana* Boott	DD	
959. 柄果薹草	*Carex stipitinux* C. B. Clarke ex Franch.	LC	
960. 草黄薹草	*Carex stramentitia* Boott ex Boeckeler	LC	
961. 似柔果薹草	*Carex submollicula* Tang & F. T. Wang ex L. K. Dai	LC	

中文名	拉丁学名	等级	等级注解
962. 长柱头薹草	*Carex teinogyna* Boott	LC	
963. 芒尖鳞薹草	*Carex tenebrosa* Boott	LC	
964. 纤穗薹草	*Carex tenuispicula* Tang ex S. Yun Liang	LC	
965. 藏薹草	*Carex thibetica* Franch.	LC	
966. 高节薹草	*Carex thomsonii* Boott	LC	
967. 横果薹草	*Carex transversa* Boott	LC	
968. 三穗薹草	*Carex tristachya* Thunb.	LC	
969. 合鳞薹草	*Carex tristachya* var. *pocilliformis*（Boott）Kük.	LC	
970. 截鳞薹草	*Carex truncatigluma* C. B. Clarke	LC	
971. 三念薹草★	*Carex tsiangii* F. T. Wang & Tang	LC	
972. 英德薹草	*Carex yingdeensis* Y. F. Deng	LC	
973. 丫蕊薹草	*Carex ypsilandrifolia* Wang & Tang	LC	
974. 遵义薹草	*Carex zunyiensis* Tang & F. T. Wang	LC	
975. 克拉莎	*Cladium jamaicense* Crantz subsp. *chinense*（Nees）T.Koyama	LC	
976. 长板栗莎草	*Cyperus castaneus* Willd.	LC	
977. 密穗砖子苗	*Cyperus compactus* Retz.	LC	
978. 扁穗莎草	*Cyperus compressus* L.	LC	
979. 长尖莎草	*Cyperus cuspidatus* Kunth	LC	
980. 莎状砖子苗	*Cyperus cyperinus*（Retz.）Valck. Sur.	LC	
981. 砖子苗	*Cyperus cyperoides*（L.）Kuntze	LC	
982. 异型莎草	*Cyperus difformis* L.	LC	
983. 多脉莎草	*Cyperus diffusus* Vahl	LC	
984. 宽叶多脉莎草★	*Cyperus diffusus* var. *latifolius* L. K. Dai	LC	
985. 疏穗莎草	*Cyperus distans* L. f.	LC	
986. 穆穗莎草	*Cyperus eleusinoides* Kunth	LC	
987. 广东高秆莎草★	*Cyperus exaltatus* Retz. var. *tenuispicatus* L. K. Dai.	LC	
988. 畦畔莎草	*Cyperus haspan* L.	LC	
989. 叠穗莎草	*Cyperus imbricatus* Retz.	LC	
990. 碎米莎草	*Cyperus iria* L.	LC	
991. 羽状穗砖子苗	*Cyperus javanicus* Houtt.	LC	
992. 茳芏	*Cyperus malaccensis* Lam.	LC	

续表

中文名	拉丁学名	等级	等级注解
993. 短叶茳芏	*Cyperus malaccensis* subsp. *monophyllus*（Vahl）T.Koyama	LC	
994. 旋鳞莎草	*Cyperus michelianus*（L.）Link.	LC	
995. 具芒碎米莎草	*Cyperus microiria* Steud.	LC	
996. 垂穗莎草	*Cyperus nutans* Vahl	LC	
997. 毛轴莎草	*Cyperus pilosus* Vahl	LC	
998. 宽柱莎草	*Cyperus platystylis* R. Br.	LC	
999. 拟毛轴莎草	*Cyperus procerus* Rottb.	LC	
1000. 矮莎草	*Cyperus pygmaeus* Rottb.	LC	
1001. 辐射砖子苗	*Cyperus radians* Nees & Meyen ex Kunth	LC	
1002. 水莎草	*Cyperus serotinus* Rottb.	DD	
1003. 广东水莎草	*Cyperus serotinus* var. *inundatus* Kük.	DD	
1004. 粗根茎莎草	*Cyperus stoloniferus* Retz.	LC	
1005. 四棱穗莎草	*Cyperus tenuiculmis* Boeckeler	LC	
1006. 窄穗莎草	*Cyperus tenuispica* Steud.	LC	
1007. 三翅秆砖子苗	*Cyperus trialatus*（Boeckeler）J. Kern	LC	
1008. 裂颖茅	*Diplacrum caricinum* R. Br.	LC	
1009. 紫果蔺	*Eleocharis atropurpurea*（Retz.）J. Presl & C. Presl	LC	
1010. 密花荸荠	*Eleocharis congesta* D. Don	LC	
1011. 荸荠	*Eleocharis dulcis*（Burm. f.）Trin. ex Hensch	LC	
1012. 黑籽荸荠	*Eleocharis geniculata*（L.）Roem. & Schult.	LC	
1013. 假马蹄	*Eleocharis ochrostachys* Steud.	LC	
1014. 透明鳞荸荠	*Eleocharis pellucida* J. Presl & C. Presl	LC	
1015. 菲律宾荸荠	*Eleocharis philippinensis* Svenson	DD	
1016. 贝壳叶荸荠	*Eleocharis retroflexa*（Poir.）Urb.	LC	
1017. 螺旋鳞荸荠	*Eleocharis spiralis*（Rottb.）Roem. & Schult.	LC	
1018. 龙师草	*Eleocharis tetraquetra* Nees	LC	
1019. 牛毛毡	*Eleocharis yokoscensis*（Franch. & Sav.）Tang & F. T.Wang	LC	
1020. 总苞草	*Elytrophorus spicatus*（Willd.）A. Camus	DD	
1021. 披针穗飘拂草	*Fimbristylis acuminata* Vahl	LC	
1022. 夏飘拂草	*Fimbristylis aestivalis*（Retz.）Vahl	LC	
1023. 复序飘拂草	*Fimbristylis bisumbellata*（Forssk.）Bubani	LC	

中文名	拉丁学名	等级	等级注解
1024. 扁鞘飘拂草	*Fimbristylis complanata*（Retz.）Link	LC	
1025. 矮扁鞘飘拂草	*Fimbristylis complanata* var. *exaltata*（T. Koyama）Y. C. Tang ex S. R. Zhang & T. Koyama	LC	
1026. 佛焰苞飘拂草	*Fimbristylis cymosa* R. Br. var. *spathacea*（Roth）T. Koyama	LC	
1027. 两歧飘拂草	*Fimbristylis dichotoma*（L.）Vahl	LC	
1028. 绒毛飘拂草	*Fimbristylis dichotoma* subsp. *podocarpa*（Nees）T.Koyama	LC	
1029. 拟二叶飘拂草	*Fimbristylis diphylloides* Makino	LC	
1030. 起绒飘拂草	*Fimbristylis dipsacea*（Rottb.）Benth. ex C. B. Clarke	LC	
1031. 红鳞飘拂草	*Fimbristylis disticha* Boeckeler	LC	
1032. 知风飘拂草	*Fimbristylis eragrostis*（Nees）Hance	LC	
1033. 矮飘拂草	*Fimbristylis fimbristyloides*（F. Muell.）Druce	LC	
1034. 暗褐飘拂草	*Fimbristylis fusca*（Nees）C. B. Clarke	LC	
1035. 纤细飘拂草	*Fimbristylis gracilenta* Hance	LC	
1036. 宜昌飘拂草	*Fimbristylis henryi* C. B. Clarke	LC	
1037. 金色飘拂草	*Fimbristylis hookeriana* Boeckeler	LC	
1038. 硬穗飘拂草	*Fimbristylis insignis* Thwaites	LC	
1039. 广东飘拂草 ★	*Fimbristylis kwantungensis* C. B. Clarke	LC	
1040. 细茎飘拂草	*Fimbristylis leptoclada* Benth.	LC	
1041. 水虱草	*Fimbristylis littoralis* Gamdich	LC	
1042. 长穗飘拂草	*Fimbristylis longispica* Steud.	LC	
1043. 长柄果飘拂草	*Fimbristylis longistipitata* Tang & F. T. Wang	LC	
1044. 褐鳞飘拂草	*Fimbristylis nigrobrunnea* Thwaites	LC	
1045. 垂穗飘拂草	*Fimbristylis nutans*（Retz.）Vahl	LC	
1046. 独穗飘拂草	*Fimbristylis ovata*（Burm. f.）Kern	LC	
1047. 细叶飘拂草	*Fimbristylis polytrichoides*（Retz.）R. Br	LC	
1048. 五棱秆飘拂草	*Fimbristylis quinquangularis*（Vahl）Kunth	LC	
1049. 结壮飘拂草	*Fimbristylis rigidula* Nees	LC	
1050. 少穗飘拂草	*Fimbristylis schoenoides*（Retz.）Vahl	LC	
1051. 绢毛飘拂草	*Fimbristylis sericea* R. Br.	LC	
1052. 锈鳞飘拂草	*Fimbristylis sieboldii* Miq. ex Franch. & Sav.	LC	
1053. 畦畔飘拂草	*Fimbristylis squarrosa* Vahl	LC	
1054. 匍匐茎飘拂草	*Fimbristylis stolonifera* C. B. Clarke	DD	

续表

中文名	拉丁学名	等级	等级注解
1055. 双穗飘拂草	*Fimbristylis subbispicata* Nees & Meyen	LC	
1056. 四棱飘拂草	*Fimbristylis tetragona* R. Br.	LC	
1057. 西南飘拂草	*Fimbristylis thomsonii* Boeckeler	LC	
1058. 三穗飘拂草	*Fimbristylis tristachya* R. Br.	LC	
1059. 伞形飘拂草	*Fimbristylis umbellaris* （Lam.）Vahl	DD	
1060. 毛芙兰草	*Fuirena ciliaris* （L.）Boxb.	LC	
1061. 芙兰草	*Fuirena umbellata* Rottb.	LC	
1062. 散穗黑莎草	*Gahnia baniensis* Benl	LC	
1063. 爪哇黑莎草	*Gahnia javanica* Zoll. & Moritzi	LC	
1064. 黑莎草	*Gahnia tristis* Nees	LC	
1065. 海南割鸡芒	*Hypolytrum hainanense* （Merr.）Tang & F. T. Wang	LC	
1066. 割鸡芒	*Hypolytrum nemorum* （Vahl）Spreng.	LC	
1067. 少穗割鸡芒	*Hypolytrum paucistrobiliferum* Tang & F. T. Wang	LC	
1068. 短叶水蜈蚣	*Kyllinga brevifolia* Rottb.	LC	
1069. 圆筒水蜈蚣	*Kyllinga cylindrica* Nees	LC	
1070. 黑籽水蜈蚣	*Kyllinga melanosperma* Nees	LC	
1071. 单穗水蜈蚣	*Kyllinga nemoralis* （J. R. Forster & G. Forster）Dandy ex Hutch.	LC	
1072. 三头水蜈蚣	*Kyllinga bulbosa* P. Beauvois	LC	
1073. 鳞籽莎	*Lepidosperma chinense* Nees & Meyen ex Kunth	LC	
1074. 华湖瓜草	*Lipocarpha chinensis* （Osbeck）J. Kern	LC	
1075. 湖瓜草	*Lipocarpha microcephala* （R. Br.）Kunth	LC	
1076. 毛毯细莞	*Lipocarpha squarrosa* （L.）Goetgh.	LC	
1077. 剑叶莎	*Machaerina ensigera* （Hance）T. Koyama	LC	
1078. 圆叶剑叶莎	*Machaerina rubiginosa* （Sol. ex G. Forst.）T. Koyama	LC	
1079. 华擂鼓簕	*Mapania silhetensis* C. B. Clarke	LC	
1080. 单穗擂鼓荔	*Mapania wallichii* C. B. Clarke	LC	
1081. 球穗扁莎	*Pycreus flavidus* （Retz.）T. Koyama	LC	
1082. 小球穗扁莎	*Pycreus flavidus* var. *nilagiricus* （Hochst. ex Steud.）C. Y. Wu ex Karthik.	DD	
1083. 直球穗扁莎	*Pycreus flavidus* var. *strictus* C. Y. Wu ex Karthik.	LC	
1084. 多枝扁莎	*Pycreus polystachyos* （Rottb.）P. Beauv.	LC	

中文名	拉丁学名	等级	等级注解
1085. 矮扁莎	*Pycreus pumilus*（L.）Nees	LC	
1086. 红鳞扁莎	*Pycreus sanguinolentus*（Vahl）Nees	LC	
1087. 槽果扁莎	*Pycreus sulcinux*（C. B. Clarke）C. B. Clarke	LC	
1088. 禾状扁莎	*Pycreus unioloides*（R. Br.）Urb.	DD	
1089. 海滨莎	*Remirea maritima* Aubl.	LC	
1090. 华刺子莞	*Rhynchospora chinensis* Nees & Meyen ex Nees	LC	
1091. 三俭草	*Rhynchospora corymbosa*（L.）Britton	LC	
1092. 细叶刺子莞	*Rhynchospora faberi* C. B. Clarke	LC	
1093. 柔弱刺子莞	*Rhynchospora gracillima* Thwaites	LC	
1094. 日本刺子莞	*Rhynchospora malasica* C. B. Clarke	LC	
1095. 刺子莞	*Rhynchospora rubra*（Lour.）Makino	LC	
1096. 白喙刺子莞	*Rhynchospora rugosa*（Vahl）Gale subsp. *brownii*（Roem. & Schult.）T. Koyama	LC	
1097. 萤蔺	*Schoenoplectus juncoides*（Roxb.）Palla	LC	
1098. 细匍匐茎水葱	*Schoenoplectus lineolatus*（Franch. & Sav.）T. Koyama	LC	
1099. 水毛花	*Schoenoplectus mucronatus*（L.）Palla subsp. *robustus*（Miq.）T. Koyama	LC	
1100. 稻田仰卧秆水葱	*Schoenoplectus supinus*（L.）Palla var. *lateriflorus*（J. F. Gmel.）T. Soják	LC	
1101. 水葱	*Schoenoplectus tabernaemontani*（C. C. Gmel.）Palla	LC	
1102. 三棱水葱	*Schoenoplectus triqueter*（L.）Palla	LC	
1103. 猪毛草	*Schoenoplectus wallichii*（Nees）T. Koyama	LC	
1104. 长穗赤箭莎	*Schoenus calostachyus*（R. Br.）Poir.	LC	
1105. 赤箭莎	*Schoenus falcatus* R. Br.	LC	
1106. 陈氏藨草	*Scirpus chunianus* Tang & F. T. Wang	LC	
1107. 细枝藨草	*Scirpus filipes* C. B. Clarke	DD	
1108. 庐山藨草	*Scirpus lushanensis* Ohwi	LC	
1109. 百球藨草	*Scirpus rosthornii* Diels	LC	
1110. 百穗藨草	*Scirpus ternatanus* Reinw. ex Miq.	LC	
1111. 二花珍珠茅	*Scleria biflora* Roxb.	LC	
1112. 华珍珠茅	*Scleria ciliaris* Nees	LC	
1113. 伞房珍珠茅	*Scleria corymbosa* Roxb.	LC	

中文名	拉丁学名	等级	等级注解
1114. 圆秆珍珠茅	*Scleria harlandii* Hance	LC	
1115. 黑鳞珍珠茅	*Scleria hookeriana* Boeckeler	LC	
1116. 疏松珍珠茅	*Scleria laxa* R. Br.	LC	
1117. 毛果珍珠茅	*Scleria levis* Retz.	LC	
1118. 石果珍珠茅	*Scleria lithosperma*（L.）Sw.	LC	
1119. 角架珍珠茅	*Scleria novae-hollandiae* Boeckeler	DD	
1120. 扁果珍珠茅	*Scleria oblata* S. T. Blake	DD	
1121. 小型珍珠茅	*Scleria parvula* Steud.	LC	
1122. 纤秆珍珠茅	*Scleria pergracilis*（Nees）Kunth	LC	
1123. 紫花珍珠茅	*Scleria purpurascens* Steud.	DD	
1124. 光果珍珠茅	*Scleria radula* Hance	DD	
1125. 垂序珍珠茅	*Scleria rugosa* R. Br.	LC	
1126. 轮叶珍珠茅	*Scleria scrobiculata* Nees & Meyen	LC	
1127. 高秆珍珠茅	*Scleria terrestris*（L.）Fass.	LC	
1128. 越南珍珠茅	*Scleria tonkinensis* C. B. Clarke	LC	
1129. 三棱针蔺	*Trichophorum mattfeldianum*（Kük.）S. Yun Liang	LC	
1130. 玉山针蔺	*Trichophorum subcapitatum*（Thwaites & Hook.）D. A.Simpson	LC	
禾本科 Poaceae			
1131. 小叶酸竹	*Acidosasa breviclavata* W. T. Lin	LC	
1132. 异枝酸竹	*Acidosasa carinata*（W. T. Lin）D. Z. Li & Y. X. Zhang	LC	
1133. 酸竹★	*Acidosasa chinensis* C. D. Chu & C. S. Chao ex Keng f.	NT	
1134. 斑箨酸竹	*Acidosasa notata*（Z. P. Wang & G. H. Ye）S. S. You	LC	
1135. 凤头黍	*Acroceras munroanum*（Balansa）Henrard	NT	
1136. 山鸡谷草	*Acroceras tonkinense*（Balansa）C. E. Hubb. ex Bor	NT	
1137. 节节麦	*Aegilops tauschii* Coss.	LC	
1138. 华北剪股颖	*Agrostis clavata* Trin.	LC	
1139. 台湾剪股颖	*Agrostis sozanensis* Hayata	DD	
1140. 臭虫草	*Alloteropsis cimicina*（L.）Stapf	NT	
1141. 毛颖草	*Alloteropsis semialata*（R. Br.）Hitchc.	LC	
1142. 紫纹毛颖草	*Alloteropsis semialata* var. *eckloniana*（Nees）Pilg.	NT	
1143. 看麦娘	*Alopecurus aequalis* Sobol.	LC	

中文名	拉丁学名	等级	等级注解
1144. 日本看麦娘	*Alopecurus japonicus* Steud.	DD	
1145. 华须芒草	*Andropogon chinensis*（Nees）Merr.	LC	
1146. 水蔗草	*Apluda mutica* L.	LC	
1147. 异穗楔颖草	*Apocopis intermedius*（A. Camus）Chai-Anan	DD	
1148. 楔颖草	*Apocopis paleacea*（Trin.）Hochr.	LC	
1149. 瑞氏楔颖草	*Apocopis wrightii* Munro	LC	
1150. 华三芒草	*Aristida chinensis* Munro	LC	
1151. 黄草毛	*Aristida cumingiana* Trin. & Rupr.	LC	
1152. 荩草	*Arthraxon hispidus*（Thunb.）Makino	LC	
1153. 茅叶荩草	*Arthraxon lanceolatus*（Roxb.）Hochst.	LC	
1154. 洱源荩草	*Arthraxon typicus*（Buse）Koord.	DD	
1155. 苦篱竹	*Arundinaria acerba* W. T. Lin	LC	
1156. 从化青篱竹★	*Arundinaria conghuaensis* W. T. Lin	LC	
1157. 多脉青篱竹	*Arundinaria multinervis* W. T. Lin & Z. M. Wu	LC	
1158. 蒲竹	*Arundinaria rectirama* W. T. Lin	LC	
1159. 毛节野古草	*Arundinella barbinodis* Keng ex B. S. Sun & Z. H. Hu	LC	
1160. 孟加拉野古草	*Arundinella bengalensis*（Spreng.）Druce	LC	
1161. 毛秆野古草	*Arundinella hirta*（Thunb.）Tanaka	LC	
1162. 石芒草	*Arundinella nepalensis* Trin.	LC	
1163. 刺芒野古草	*Arundinella setosa* Trin.	LC	
1164. 无刺野古草	*Arundinella setosa* var. *esetosa* Bor ex S. M. Phillips & S. L. Chen	DD	
1165. 芦竹	*Arundo donax* L.	LC	
1166. 野燕麦	*Avena fatua* L.	LC	
1167. 光稃野燕麦	*Avena fatua* var. *glabrata* Peterm.	LC	
1168. 类地毯草	*Axonopus fissifolius*（Raddi）Kuhlm.	LC	
1169. 抱秆黄竹★	*Bambusa amplexicaulis* W. T. Lin & Z. M. Wu	LC	
1170. 狭耳泥竹★	*Bambusa angustiaurita* W. T. Lin	LC	
1171. 狭耳簕竹★	*Bambusa angustissima* L. C. Chia & H. L. Fung	LC	
1172. 扁竹	*Bambusa basihirsuta* McClure	LC	
1173. 巴斯簕竹★	*Bambusa basihirsutoides* N. H. Xia	LC	
1174. 阳春石竹★	*Bambusa basisolida* W. T. Lin	LC	

中文名	拉丁学名	等级	等级注解
1175. 吊丝球竹	*Bambusa beecheyana* Munro	LC	
1176. 大头典竹	*Bambusa beecheyana* var. *pubescens* （P. F. Li）W. C.Lin	LC	
1177. 单竹	*Bambusa cerosissima* McClure	LC	
1178. 粉单竹	*Bambusa chungii* McClure	LC	
1179. 牛角竹	*Bambusa cornigera* McClure	LC	
1180. 皱耳石竹★	*Bambusa crispiaurita* W. T. Lin & Z. M. Wu	LC	
1181. 坭簕竹	*Bambusa dissimulator* McClure	LC	
1182. 小簕竹	*Bambusa flexuosa* Munro	LC	
1183. 鸡窦簕竹	*Bambusa funghomii* McClure	LC	
1184. 坭竹	*Bambusa gibba* McClure	LC	
1185. 乡土竹★	*Bambusa indigena* L. C. Chia & H. L. Fung	LC	
1186. 黎庵高竹	*Bambusa insularis* L. C. Chia & H. L. Fung	LC	
1187. 油簕竹	*Bambusa lapidea* McClure	LC	
1188. 紫斑簕竹★	*Bambusa longipalea* W. T. Lin	LC	
1189. 大耳坭竹★	*Bambusa macrotis* L. C. Chia & H. L. Fung	VU	A1c;B1ab(i,iii)
1190. 马岭竹	*Bambusa malingensis* McClure	DD	
1191. 绿竹	*Bambusa oldhamii* Munro	LC	
1192. 撑篙竹	*Bambusa pervariabilis* McClure	LC	
1193. 孖竹★	*Bambusa rectocuneata* （W. T. Lin）N. H. Xia, R. S. Lin & R. H. Wang	LC	
1194. 甲竹	*Bambusa remotiflora* （Kuntze）L. C. Chia & H. L. Fung	LC	
1195. 花头黄★	*Bambusa revoluta* （W. T. Lin & J. Y. Lin）N. H. Xia, R. H. Wang & R. S. Lin	LC	
1196. 皱纹单竹★	*Bambusa rugata* （W. T. Lin）Ohrnb.	LC	
1197. 木竹	*Bambusa rutila* McClure	LC	
1198. 掩耳黄竹★	*Bambusa semitecta* W. T. Lin & Z. M. Wu	LC	
1199. 黄麻竹★	*Bambusa stenoaurita* （W. T. Lin）Wen	LC	
1200. 信宜石竹★	*Bambusa subtruncata* L. C. Chia & H. L. Fung	LC	
1201. 横脉甲竹★	*Bambusa transvenula* （W. T. Lin & Z. J. Feng）N. H.Xia	LC	
1202. 青竿竹	*Bambusa tuldoides* Munro	LC	
1203. 霞山坭竹★	*Bambusa xiashanensis* L. C. Chia & H. L. Fung	VU	B1ab(i,iii)
1204. 茵草	*Beckmannia syzigachne* （Steud.）Fernald	LC	

中文名	拉丁学名	等级	等级注解
1205. 小花单枝竹★	*Bonia parvifloscula*（W. T. Lin）N. H. Xia	VU	A2c；B1ab（i，iii，v）
1206. 臭根子草	*Bothriochloa bladhii*（Retz.）S. T. Blake	LC	
1207. 孔颖臭根子草	*Bothriochloa bladhii* var. *punctata*（Roxb.）R. R.Stewart	LC	
1208. 白羊草	*Bothriochloa ischaemum*（L.）Keng	LC	
1209. 孔颖草	*Bothriochloa pertusa*（L.）A. Camus	LC	
1210. 四生臂形草	*Brachiaria subquadripara*（Trin.）Hitchc.	LC	
1211. 毛臂形草	*Brachiaria villosa*（Lam.）A. Camus	LC	
1212. 拂子茅	*Calamagrostis epigeios*（L.）Roth	LC	
1213. 硬秆子草	*Capillipedium assimile*（Steud.）A. Camus	LC	
1214. 细柄草	*Capillipedium parviflorum*（R. Br.）Stapf	LC	
1215. 酸模芒	*Centotheca lappacea*（L.）Desv.	LC	
1216. 无芒山涧草	*Chikusichloa mutica* Keng	LC	
1217. 细弱筇竹★	*Chimonobambusa gracilis*（W. T. Lin）N. H. Xia	VU	B1ab（iii）
1218. 方竹	*Chimonobambusa quadrangularis*（Fenzi）Makino	LC	
1219. 孟仁草	*Chloris barbata* Sw.	LC	
1220. 台湾虎尾草	*Chloris formosana*（Honda）Keng ex B. S. Sun & Z. H.Hu	LC	
1221. 竹节草	*Chrysopogon aciculatus*（Retz.）Trin.	LC	
1222. 金须茅	*Chrysopogon orientalis*（Desv.）A. Camus	LC	
1223. 小丽草	*Coelachne simpliciuscula*（Wight & Arn. ex Steud.）Munro ex Benth.	LC	
1224. 水生薏米	*Coix aquatic* Roxb.	LC	
1225. 薏苡	*Coix lacryma-jobi* L.	LC	
1226. 橘草	*Cymbopogon goeringii*（Steud.）A. Camus	LC	
1227. 青香茅	*Cymbopogon mekongensis* A. Camus	LC	
1228. 扭鞘香茅	*Cymbopogon tortilis*（J. Presl）A. Camus	LC	
1229. 枫茅	*Cymbopogon winterianus* Jowitt ex Bor	LC	
1230. 狗牙根	*Cynodon dactylon*（L.）Pers.	LC	
1231. 弯穗狗牙根	*Cynodon radiatus* Roth ex Roem. & Schult.	LC	
1232. 尖叶弓果黍	*Cyrtococcum oxyphyllum*（Hochst. ex Steud.）Stapf	LC	
1233. 弓果黍	*Cyrtococcum patens*（L.）A. Camus	LC	
1234. 散穗弓果黍	*Cyrtococcum patens* var. *latifolium*（Honda）Ohwi	LC	
1235. 龙爪茅	*Dactyloctenium aegyptium*（L.）Willd.	LC	

中文名	拉丁学名	等级	等级注解
1236. 麻竹	*Dendrocalamus latiflorus* Munro	LC	
1237. 吊丝竹	*Dendrocalamus minor*（McClure）L. C. Chia & H. L.Fung	LC	
1238. 小麻竹★	*Dendrocalamus pulverulentoides* N. H. Xia，J. B. Ni，Y. H. Tong & Z. Y. Niu	DD	
1239. 白沙竹★	*Dendrocalamus suberosus*（W. T. Lin & Z. M. Wu）N.H. Xia	LC	
1240. 三枝麻竹★	*Dendrocalamus triramus*（W. T. Lin & Z. M. Wu）N.H. Xia	LC	
1241. 疏穗野青茅	*Deyeuxia effusiflora* Rendle	LC	
1242. 箱根野青茅	*Deyeuxia hakonensis*（Franch. & Sav.）Keng	DD	
1243. 野青茅	*Deyeuxia pyramidalis*（Host）Veldkamp	LC	
1244. 双花草	*Dichanthium annulatum*（Forssk.）Stapf	LC	
1245. 粒状马唐	*Digitaria abludens*（Roem. & Schult.）Veldkamp	NT	
1246. 升马唐	*Digitaria ciliaris*（Retz.）Koeler	LC	
1247. 毛马唐	*Digitaria ciliaris* var. *chrysoblephara*（Fig. & De Not.）R. R. Stewart	LC	
1248. 十字马唐	*Digitaria cruciata*（Nees ex Steud.）A. Camus	LC	
1249. 纤维马唐	*Digitaria fibrosa*（Hack.）Stapf	NT	
1250. 亨利马唐	*Digitaria henryi* Rendle	LC	
1251. 二型马唐	*Digitaria heterantha*（Hook. f.）Merr.	LC	
1252. 止血马唐	*Digitaria ischaemum*（Schreb.）Muhl	LC	
1253. 长花马唐	*Digitaria longiflora*（Retz.）Pers.	LC	
1254. 红尾翎	*Digitaria radicosa*（J. Presl）Miq.	LC	
1255. 马唐	*Digitaria sanguinalis*（L.）Scop.	LC	
1256. 海南马唐	*Digitaria setigera* Roth	LC	
1257. 宿根马唐	*Digitaria thwaitesii*（Hack.）Henrard	LC	
1258. 紫马唐	*Digitaria violascens* Link.	LC	
1259. 镰形觿茅	*Dimeria falcata* Hack.	LC	
1260. 广西觿茅	*Dimeria guangxiensis* S. L. Chen & G. Y. Sheng	LC	
1261. 觿茅	*Dimeria ornithopoda* Trin.	LC	
1262. 小觿茅	*Dimeria parva*（Keng & Y. L. Yang）S. L. Chen & G.Y. Sheng	LC	
1263. 华觿茅	*Dimeria sinensis* Rendle	LC	
1264. 单生觿茅	*Dimeria solitaria* Keng & Y. L. Yong	NT	
1265. 紫斑镰序竹★	*Drepanostachyum naibunensoides* W. T. Lin & Z. M. Wu	DD	

中文名	拉丁学名	等级	等级注解
1266. 长芒稗	*Echinochloa caudata* Roshev.	LC	
1267. 光头稗	*Echinochloa colona* (L.) Link	LC	
1268. 稗	*Echinochloa crusgalli* (L.) P. Beauv.	LC	
1269. 小旱稗	*Echinochloa crusgalli* var. *austrojaponensis* Ohwi	DD	
1270. 短芒稗	*Echinochloa crusgalli* var. *breviseta* (Döll) Podp.	LC	
1271. 无芒稗	*Echinochloa crusgalli* var. *mitis* (Pursh) Peterm.	LC	
1272. 细叶旱稗	*Echinochloa crusgalli* var. *praticola* Ohwi	LC	
1273. 西来稗	*Echinochloa crusgalli* var. *zelayensis* (Kunth) Hitchc.	DD	
1274. 孔雀稗	*Echinochloa cruspavonis* (Kunth) Schult.	DD	
1275. 硬稃稗	*Echinochloa glabrescens* Munro ex Hook. f.	DD	
1276. 水田稗	*Echinochloa oryzoides* (Ard.) Fritsch.	LC	
1277. 牛筋草	*Eleusine indica* (L.) Gaertn.	LC	
1278. 日本纤毛草	*Elymus ciliaris* (Trin.) Tzvelev var. *hackelianus* (Honda) G. H. Zhu & S. L. Chen	LC	
1279. 肠须草	*Enteropogon dolichostachyus* (Lag) Keng ex Lazarides	DD	
1280. 鼠妇草	*Eragrostis atrovirens* (Desf.) Trin. ex Steud.	LC	
1281. 秋画眉草	*Eragrostis autumnalis* Keng	LC	
1282. 长画眉草	*Eragrostis brownii* (Kunth) Nees	LC	
1283. 大画眉草	*Eragrostis cilianensis* (All.) Vignolo ex Janch.	LC	
1284. 珠芽画眉草	*Eragrostis cumingii* Steud.	LC	
1285. 短穗画眉草	*Eragrostis cylindrica* (Roxb.) Nees ex Hook. & Arn.	LC	
1286. 双药画眉草	*Eragrostis elongata* (Willd.) J. Jacq.	LC	
1287. 佛欧里画眉草	*Eragrostis fauriei* Ohwi	LC	
1288. 知风草	*Eragrostis ferruginea* (Thunb.) P. Beauv.	LC	
1289. 乱草	*Eragrostis japonica* (Thunb.) Trin.	LC	
1290. 小画眉草	*Eragrostis minor* Host.	LC	
1291. 多秆画眉草	*Eragrostis multicaulis* Steud.	LC	
1292. 华南画眉草	*Eragrostis nevinii* Hance	LC	
1293. 宿根画眉草	*Eragrostis perennans* Keng	LC	
1294. 疏穗画眉草	*Eragrostis perlaxa* Keng ex Keng f. & L. Liu	LC	
1295. 画眉草	*Eragrostis pilosa* (L.) P. Beauv.	LC	
1296. 多毛知风草	*Eragrostis pilosissima* Link	LC	

续表

中文名	拉丁学名	等级	等级注解
1297. 有毛画眉草	*Eragrostis pilosiuscula* Ohwi	LC	
1298. 鲫鱼草	*Eragrostis tenella* （L.）P. Beauv. ex Roem. & Schult.	LC	
1299. 牛虱草	*Eragrostis unioloides* （Retz.）Nees. ex Steud.	LC	
1300. 蜈蚣草	*Eremochloa ciliaris* （L.）Merr.	LC	
1301. 瘤糙假俭草	*Eremochloa muricata* （Retz.）Hack.	LC	
1302. 假俭草	*Eremochloa ophiuroides* （Munro）Hack.	LC	
1303. 马陆草	*Eremochloa zeylanica* （Hack. ex Trimen）Hack.	LC	
1304. 鹧鸪草	*Eriachne pallescens* R. Br.	LC	
1305. 高野黍	*Eriochloa procera* （Retz.）C. E. Hubb.	LC	
1306. 野黍	*Eriochloa villosa* （Thunb.）Kunth	LC	
1307. 龚氏金茅	*Eulalia leschenaultiana* （Decne）Ohwi	LC	
1308. 棕茅	*Eulalia phaeothrix* （Hack.）Kuntze	LC	
1309. 四脉金茅	*Eulalia quadrinervis* （Hack.）Kuntze	LC	
1310. 金茅	*Eulalia speciosa* （Debeaux）Kuntze	LC	
1311. 拟金茅	*Eulaliopsis binata* （Retz.）C. E. Hubb.	LC	
1312. 真穗草	*Eustachys tenera* （J. Presl）A. Camus	CR	A1c；B1（i，iii）；D1
1313. 三芒耳稃草	*Garnotia acutigluma*（Steud.）Ohwi	LC	
1314. 纤毛耳稃草	*Garnotia ciliata* Merr.	LC	
1315. 耳稃草	*Garnotia patula* （Munro）Benth.	LC	
1316. 无芒耳稃草	*Garnotia patula* var. *mutica* （Munro）Rendle	LC	
1317. 脆枝耳稃草	*Garnotia tenella* （Arn. ex Miq.）Janowski	LC	
1318. 绞剪竹	*Gelidocalamus albopubescens* W. T. Lin & Z. J. Feng	LC	
1319. 井冈寒竹	*Gelidocalamus stellatus* T. H. Wen	LC	
1320. 近实心井冈竹 ★	*Gelidocalamus subsolidus* W. T. Lin & Z. J. Feng	LC	
1321. 绒耳寒竹 ★	*Gelidocalamus velutinus* W. T. Lin	LC	
1322. 筒穗草	*Germainia capitata* Balansa & Poitr.	LC	
1323. 球穗草	*Hackelochloa granularis* （L.）Kuntze	LC	
1324. 大牛鞭草	*Hemarthria altissima* （Poir.）Stapf & C. E. Hubb.	LC	
1325. 扁穗牛鞭草	*Hemarthria compressa* （L. f.）R. Br.	LC	
1326. 小牛鞭草 ★	*Hemarthria humilis* Keng	LC	
1327. 牛鞭草	*Hemarthria sibirica* （Gand.）Ohwi	LC	

中文名	拉丁学名	等级	等级注解
1328. 具鞘牛鞭草	*Hemarthria vaginata* Buse	DD	
1329. 黄茅	*Heteropogon contortus* (L.) P. Beauv. ex Roem. & schult.	LC	
1330. 水禾	*Hygroryza aristata* (Retz.) Nees	RE	
1331. 膜稃草	*Hymenachne amplexicaulis* (Rudge) Nees	LC	
1332. 弊草	*Hymenachne assamica* (Hook. f.) Hitchc.	LC	
1333. 短梗苞茅	*Hyparrhenia diplandra* (Hack.) Stapf	LC	
1334. 苞茅	*Hyparrhenia newtonii* (Hack.) Stapf	NT	
1335. 大距花黍	*Ichnanthus pallens* (Sw.) Munro ex Benth. var. *major* (Nees) Stieber	LC	
1336. 白茅	*Imperata cylindrica* (L.) P. Beauv.	LC	
1337. 大白茅	*Imperata cylindrica* var. *major* (Nees) C. E. Hubb.	LC	
1338. 紧箬篛竹★	*Indocalamus amplexicaulis* W. T. Lin	LC	
1339. 车八岭箬竹★	*Indocalamus chebalingensis* W. T. Lin	LC	
1340. 广东箬竹	*Indocalamus guangdongensis* H. R. Zhao & Y. L. Yang	LC	
1341. 粽巴箬竹	*Indocalamus herklotsii* McClure	LC	
1342. 粤西箬竹★	*Indocalamus inaequilaterus* W. T. Lin & Z. M. Wu	LC	
1343. 阔叶箬竹	*Indocalamus latifolius* (Keng) McClure	LC	
1344. 箬叶竹	*Indocalamus longiauritus* Hand.-Mazz.	LC	
1345. 密脉箬竹	*Indocalamus pseudosinicus* McClure var. *densinervillus* H. R. Zhao & Y. L. Yang	LC	
1346. 水银竹	*Indocalamus sinicus* (Hance) Nakai	LC	
1347. 箬竹	*Indocalamus tessellatus* (Munro) Keng. f.	LC	
1348. 大节竹	*Indosasa crassiflora* McClure	LC	
1349. 浦竹仔★	*Indosasa hispida* McClure	LC	
1350. 月耳大节竹★	*Indosasa lunata* W. T. Lin	LC	
1351. 摆竹	*Indosasa shibataeoides* McClure	EN	A1c+3c
1352. 白花柳叶箬	*Isachne albens* Trin.	LC	
1353. 柳叶箬	*Isachne globosa* (Thunb.) Kuntze	LC	
1354. 浙江柳叶箬	*Isachne hoi* Keng f.	LC	
1355. 日本柳叶箬	*Isachne nipponensis* Ohwi	LC	
1356. 江西柳叶箬	*Isachne nipponensis* var. *kiangsiensis* Keng. f.	LC	
1357. 矮小柳叶箬	*Isachne pulchella* Roth	LC	

中文名	拉丁学名	等级	等级注解
1358. 匍匐柳叶箬	*Isachne repens* Keng	LC	
1359. 刺毛柳叶箬	*Isachne sylvestris* Ridl.	LC	
1360. 平颖柳叶箬	*Isachne truncata* A. Camus	LC	
1361. 毛鸭嘴草	*Ischaemum antephoroides*（Steud.）Miq.	LC	
1362. 有芒鸭嘴草	*Ischaemum aristatum* L.	LC	
1363. 鸭嘴草	*Ischaemum aristatum* var. *glaucum*（Honda）T. Koyama	LC	
1364. 粗毛鸭嘴草	*Ischaemum barbatum* Retz.	LC	
1365. 细毛鸭嘴草	*Ischaemum ciliare* Retz.	LC	
1366. 无芒鸭嘴草	*Ischaemum muticum* L.	LC	
1367. 簇穗鸭嘴草	*Ischaemum polystachyum* J. Presl	LC	
1368. 田间鸭嘴草	*Ischaemum rugosum* Salisb.	LC	
1369. 帝汶鸭嘴草	*Ischaemum timorense* Kunth	LC	
1370. 李氏禾	*Leersia hexandra* Swartz	LC	
1371. 秕壳草	*Leersia sayanuka* Ohwi	DD	
1372. 千金子	*Leptochloa chinensis*（L.）Nees	LC	
1373. 双稃草	*Leptochloa fusca*（L.）Kunth	LC	
1374. 虮子草	*Leptochloa panicea*（Retz.）Ohwi	LC	
1375. 淡竹叶	*Lophatherum gracile* Brongn.	LC	
1376. 小草	*Microchloa indica*（L. f.）P. Beauv.	LC	
1377. 刚莠竹	*Microstegium ciliatum*（Trin.）A. Camus	LC	
1378. 蔓生莠竹	*Microstegium fasciculatum*（L.）Henrard	LC	
1379. 膝曲莠竹	*Microstegium fauriei*（Hayata）Honda subsp. *geniculatum*（Hayata）T. Koyama	LC	
1380. 单序莠竹★	*Microstegium monoracemum* W. C. Wu	LC	
1381. 竹叶茅	*Microstegium nudum*（Trin.）A. Camus	LC	
1382. 多芒莠竹	*Microstegium somae*（Hayata）Ohwi	LC	
1383. 柔枝莠竹	*Microstegium vimineum*（Trin.）A. Camus	LC	
1384. 五节芒	*Miscanthus floridulus*（Labill.）Warb. ex K. Schum. & Lauterb.	LC	
1385. 南荻	*Miscanthus lutarioriparius* L. Liou ex S. L. Chen & Renvoize	LC	
1386. 尼泊尔芒	*Miscanthus nepalensis*（Trin.）Haek.	LC	
1387. 芒	*Miscanthus sinensis* Andersson	LC	

中文名	拉丁学名	等级	等级注解
1388. 假蛇尾草	*Mnesithea laevis*（Retz.）Kunth	LC	
1389. 毛俭草	*Mnesithea mollicoma*（Hance）A. Camus	LC	
1390. 类芦	*Neyraudia reynaudiana*（Kunth）Keng ex Hitchc.	LC	
1391. 裂舌少穗竹★	*Oligostachyum bilobum* W. T. Lin & Z. J. Feng	LC	
1392. 凤竹	*Oligostachyum hupehense*（J. L. Lu）Z. P. Wang & G.H. Ye	LC	
1393. 糙花少穗竹	*Oligostachyum scabriflorum*（McClure）Z. P. Wang & G. H. Ye	LC	
1394. 短舌少穗竹★	*Oligostachyum scabriflorum* var. *breviligulatum* Z. P. Wang & G. H. Ye	LC	
1395. 斗竹	*Oligostachyum spongiosum*（C. D. Chu & C. S. Chao）G. H. Ye & Z. P. Wang	LC	
1396. 蛇尾草	*Ophiuros exaltatus*（L.）Kuntze	NT	
1397. 竹叶草	*Oplismenus compositus*（L.）P. Beauv.	LC	
1398. 台湾竹叶草	*Oplismenus compositus* var. *formosanus*（Honda）S. L.Chen & Y. X. Jin	LC	
1399. 中间型竹叶草	*Oplismenus compositus* var. *intermedius*（Honda）Ohwi	LC	
1400. 大叶竹叶草	*Oplismenus compositus* var. *owatarii*（Honda）Ohwi	LC	
1401. 疏穗竹叶草	*Oplismenus patens* Honda	LC	
1402. 求米草	*Oplismenus undulatifolius*（Ard.）Roem. & Schult.	LC	
1403. 日本求米草	*Oplismenus undulatifolius* var. *japonicus*（Steud.）Koidz.	LC	
1404. 药用稻	*Oryza officinalis* Wall. ex G. Watt	CR	A2ac+3c；B1ab（ⅰ,ⅲ,ⅳ,ⅴ）
1405. 野生稻	*Oryza rufipogon* Griff.	CR	A2ac+3c；B2ab（ⅰ,ⅲ,ⅳ,ⅴ）；C1
1406. 露籽草	*Ottochloa nodosa*（Kunth）Dandy	LC	
1407. 小花露籽草	*Ottochloa nodosa* var. *micrantha*（Balansa ex A. Camus）S. M Phillips & S. L. Chen	LC	
1408. 紧序黍	*Panicum auritum* J. Presl ex Nees	LC	
1409. 糠稷	*Panicum bisulcatum* Thunb.	LC	
1410. 短叶黍	*Panicum brevifolium* L.	LC	
1411. 弯花黍	*Panicum curviflorum* Hornem.	NT	
1412. 旱黍草	*Panicum elegantissimum* Hook. f.	LC	
1413. 南亚稷	*Panicum humile* Nees ex Steud.	LC	

中文名	拉丁学名	等级	等级注解
1414. 藤竹草	*Panicum incomtum* Trin.	LC	
1415. 大罗湾草	*Panicum luzonense* J. Presl	DD	
1416. 心叶稷	*Panicum notatum* Retz.	LC	
1417. 细柄黍	*Panicum sumatrense* Roth ex Roem. & Schult.	LC	
1418. 发枝稷	*Panicum trichoides* Sw.	LC	
1419. 类雀稗	*Paspalidium flavidum*（Retz.）A. Camus	LC	
1420. 尖头类雀稗	*Paspalidium punctatum*（Burm. f.）A. Camus	LC	
1421. 台湾雀稗	*Paspalum hirsutum* Retz.	LC	
1422. 长叶雀稗	*Paspalum longifolium* Roxb.	LC	
1423. 鸭嘴草	*Paspalum scrobiculatum* L.	LC	
1424. 囡雀稗	*Paspalum scrobiculatum* var. *bispicatum* Hack.	LC	
1425. 圆果雀稗	*Paspalum scrobiculatum* var. *orbiculare*（G. Forst.）Hack.	LC	
1426. 雀稗	*Paspalum thunbergii* Kunth ex Steud.	LC	
1427. 海雀稗	*Paspalum vaginatum* Sw.	LC	
1428. 狼尾草	*Pennisetum alopecuroides*（L.）Spreng.	LC	
1429. 茅根	*Perotis indica*（L.）Kuntze	LC	
1430. 大花茅根	*Perotis rara* R. Br.	LC	
1431. 显子草	*Phaenosperma globosa* Munro ex Benth.	NT	
1432. 芦苇	*Phragmites australis*（Cav.）Trin. ex Steud.	LC	
1433. 卡开芦	*Phragmites karka*（Retz.）Trin. ex Steud.	LC	
1434. 人面竹	*Phyllostachys aurea* Carrière ex Rivière & C. Rivière	LC	
1435. 丹霞山刚竹★	*Phyllostachys danxiashanensis* N. H. Xia & X. R. Zheng	VU	B1ab（iii）
1436. 毛竹	*Phyllostachys edulis*（Carrière）J. Houz.	LC	
1437. 甜笋竹	*Phyllostachys elegans* McClure	LC	
1438. 水竹	*Phyllostachys heteroclada* Oliv.	LC	
1439. 假毛竹	*Phyllostachys kwangsiensis* W. Y. Hsiung，Q. H. Dai & J. K. Liu	LC	
1440. 大节刚竹★	*Phyllostachys lofushanensis* Z. P. Wang，C. H. Hu & G. H. Ye	LC	
1441. 篌竹	*Phyllostachys nidularia* Munro	LC	
1442. 实肚竹	*Phyllostachys nidularia* f. *farcata* H. R. Zhao & A. T. Liu	LC	
1443. 紫竹	*Phyllostachys nigra*（Lodd. ex Lindl.）Munro	LC	
1444. 桂竹	*Phyllostachys reticulata*（Rupr.）K. Koch	LC	

中文名	拉丁学名	等级	等级注解
1445. 河竹	*Phyllostachys rivalis* H. R. Zhao & A. T. Liu	LC	
1446. 舒城刚竹	*Phyllostachys shuchengensis* S. C. Li & S. H. Wu	DD	
1447. 乌哺鸡竹	*Phyllostachys vivax* McClure	DD	
1448. 钝颖落芒草	*Piptatherum kuoi* S. M. Phillips & Z. L. Wu	DD	
1449. 银环苦竹★	*Pleioblastus albosericeus* W. T. Lin	LC	
1450. 苦竹	*Pleioblastus amarus*（Keng）Keng f.	LC	
1451. 窄耳苦竹★	*Pleioblastus angustatus* W. T. Lin	LC	
1452. 斑苦竹	*Pleioblastus maculatus*（McClure）C. D. Chu & C. S.Chao	LC	
1453. 油苦竹	*Pleioblastus oleosus* T. H. Wen	LC	
1454. 蝶环苦竹★	*Pleioblastus patellaris* W. T. Lin & Z. M. Wu	LC	
1455. 白顶早熟禾	*Poa acroleuca* Steud.	LC	
1456. 早熟禾	*Poa annua* L.	LC	
1457. 金丝草	*Pogonatherum crinitum*（Thunb.）Kunth	LC	
1458. 金发草	*Pogonatherum paniceum*（Lam.）Hack.	LC	
1459. 棒头草	*Polypogon fugax* Nees ex Steud.	LC	
1460. 长芒棒头草	*Polypogon monspeliensis*（L.）Desf.	LC	
1461. 多裔草	*Polytoca digitata*（L. f.）Druce	NT	
1462. 假铁秆草	*Pseudanthistiria heteroclita*（Roxb.）Hook. f.	NT	
1463. 钩毛草	*Pseudechinolaena polystachya*（Kunth）Stapf	LC	
1464. 笔草	*Pseudopogonatherum contortum*（Brongn.）A. Camus	LC	
1465. 线叶笔草	*Pseudopogonatherum contortum* var. *linearifolium* Keng ex S. L. Chen	LC	
1466. 中华笔草	*Pseudopogonatherum contortum* var. *sinense* Keng & S.L. Chen	LC	
1467. 刺叶假金发草	*Pseudopogonatherum koretrostachys*（Trin.）Henrard	LC	
1468. 长稃伪针茅	*Pseudoraphis balansae* Henrard	NT	
1469. 伪针茅	*Pseudoraphis brunoniana*（Wall. & Griff.）Pilg.	LC	
1470. 茶秆竹	*Pseudosasa amabilis*（McClure）Keng f. ex S. L. Chen, G. Y. Sheng & al.	LC	
1471. 抱秆茶秆竹★	*Pseudosasa amplexicaulis* W. T. Lin & Z. J. Feng	LC	
1472. 托竹	*Pseudosasa cantorii*（Munro）Keng f. ex S. L. Chen & al.	LC	
1473. 篲竹	*Pseudosasa hindsii*（Munro）S. L. Chen & G. Y. Sheng ex T. G. Liang	LC	

续表

中文名	拉丁学名	等级	等级注解
1474. 矢竹	*Pseudosasa japonica* (Siebold & Zucc.) Makino ex Nakai	LC	
1475. 长舌酸竹	*Pseudosasa nanunica* (McClure) Z. P. Wang & G. H.Ye	LC	
1476. 毛花茶秆竹	*Pseudosasa pubiflora* (Keng) Keng f. ex D. Z. Li & L. M. Gao	LC	
1477. 泡竹	*Pseudostachyum polymorphum* Munro	LC	
1478. 筒轴茅	*Rottboellia cochinchinensis* (Lour.) Clayton	LC	
1479. 斑茅	*Saccharum arundinaceum* Retz.	LC	
1480. 金猫尾	*Saccharum fallax* Balansa	LC	
1481. 台蔗茅	*Saccharum formosanum* (Stapf) Ohwi	LC	
1482. 河八王	*Saccharum narenga* (Nees ex Steud.) Wall. ex Hack.	LC	
1483. 狭叶斑茅	*Saccharum procerum* Roxb.	DD	
1484. 甜根子草	*Saccharum spontaneum* L.	LC	
1485. 囊颖草	*Sacciolepis indica* (L.) Chase	LC	
1486. 鼠尾囊颖草	*Sacciolepis myosuroides* (R. Br.) Chase ex E. G.Camus	LC	
1487. 银环赤竹	*Sasa albosericea* W. T. Lin & J. Y. Lin	LC	
1488. 广东赤竹★	*Sasa guangdongensis* W. T. Lin & X. B. Ye	LC	
1489. 赤竹	*Sasa longiligulata* McClure	LC	
1490. 矩叶赤竹★	*Sasa oblongula* C. H. Hu	LC	
1491. 红壳赤竹	*Sasa rubrovaginata* C. H. Hu	LC	
1492. 裂稃草	*Schizachyrium brevifolium* (Sw.) Nees ex Buse	LC	
1493. 斜须裂稃草	*Schizachyrium fragile* (R. Brown) A. Camus	LC	
1494. 红裂稃草	*Schizachyrium sanguineum* (Retz.) Alston	LC	
1495. 苗竹仔	*Schizostachyum dumetorum* (Hance ex Walp.) Munro	LC	
1496. 沙罗单竹	*Schizostachyum funghomii* McClure	LC	
1497. 思箖竹	*Schizostachyum pseudolima* McClure	LC	
1498. 短穗竹	*Semiarundinaria densiflora* (Rendle) T. H. Wen	LC	
1499. 大狗尾草	*Setaria faberi* R. A. W. Herrm.	LC	
1500. 西南莩草	*Setaria forbesiana* (Nees ex Steud.) Hook. f.	LC	
1501. 棕叶狗尾草	*Setaria palmifolia* (J. Koenig) Stapf	LC	
1502. 幽狗尾草	*Setaria parviflora* (Poir.) Kerguélen	LC	
1503. 光花狗尾草	*Setaria plicata* (Lam.) T. Cooke var. *leviflora* (Keng ex S. L. Chen) S. L. Chen & S. M.Phillips	DD	
1504. 金色狗尾草	*Setaria pumila* (Poir.) Roem. & Schult.	LC	

中文名	拉丁学名	等级	等级注解
1505. 倒刺狗尾草	*Setaria verticillata*（L.）P. Beauv.	DD	
1506. 倭竹	*Shibataea kumasaca*（Zoll. ex Steud.）Makino	LC	
1507. 白皮唐竹	*Sinobambusa farinosa*（McClure）T. H. Wen	LC	
1508. 少毛唐竹★	*Sinobambusa glabrata* W. T. Lin & Z. J. Feng	LC	
1509. 扛竹	*Sinobambusa henryi*（McClure）C. D. Chu & C. S. Chao	LC	
1510. 竹仔★	*Sinobambusa humilis* McClure	LC	
1511. 毛环唐竹★	*Sinobambusa incana* T. H. Wen	LC	
1512. 晾衫竹	*Sinobambusa intermedia* McClure	LC	
1513. 肾耳唐竹	*Sinobambusa nephroaurita* C. D. Chu & C. S. Chao	LC	
1514. 红舌唐竹	*Sinobambusa rubroligula* McClure	LC	
1515. 唐竹	*Sinobambusa tootsik*（Makino）Makino	LC	
1516. 满山爆竹	*Sinobambusa tootsik* var. *laeta*（McClure）T. H. Wen	LC	
1517. 光高粱	*Sorghum nitidum*（Vahl）Pers.	LC	
1518. 拟高粱	*Sorghum propinquum*（Kunth）Hitchc.	EN	B2ab（i,iii,v）；C2a（i,ii）
1519. 稗荩	*Sphaerocaryum malaccense*（Trin.）Pilger.	LC	
1520. 老鼠艻	*Spinifex littoreus*（Burm. f.）Merr.	LC	
1521. 油芒	*Spodiopogon cotulifer*（Thunb.）Hack.	LC	
1522. 大油芒	*Spodiopogon sibiricus* Trin.	LC	
1523. 双蕊鼠尾粟	*Sporobolus diandrus*（Retz.）P. Beauv.	LC	
1524. 鼠尾粟	*Sporobolus fertilis*（Steud.）Clayton	LC	
1525. 广州鼠尾粟	*Sporobolus hancei* Rendle	LC	
1526. 盐地鼠尾粟	*Sporobolus virginicus*（L.）Kunth	LC	
1527. 钝叶草	*Stenotaphrum helferi* Munro ex Hook. f.	LC	
1528. 苞子草	*Themeda caudata*（Nees）A. Camus	LC	
1529. 中华菅	*Themeda quadrivalvis*（L.）Kuntze	RE	
1530. 黄背草	*Themeda triandra* Forssk.	LC	
1531. 菅	*Themeda villosa*（Poir.）A. Camus	LC	
1532. 云南菅	*Themeda yunnanensis* S. L. Chen & T. D. Zhuang	LC	
1533. 蒭雷草	*Thuarea involuta*（G. Forst.）R. Br. ex Sm.	LC	
1534. 粽叶芦	*Thysanolaena latifolia*（Roxb. ex Hornem.）Honda	LC	
1535. 线形草沙蚕	*Tripogon filiformis* Nees ex Steud.	LC	

中文名	拉丁学名	等级	等级注解
1536. 长芒草沙蚕	*Tripogon longearistatus* Hack. ex Honda	LC	
1537. 三毛草	*Trisetum bifidum*（Thunb.）Ohwi	LC	
1538. 尾稃草	*Urochloa reptans*（L.）Stapf	LC	
1539. 刺毛尾稃草	*Urochloa setigera*（Retz.）Stapf	DD	
1540. 毛玉山竹	*Yushania basihirsuta*（McClure）Z. P. Wang & G. H.Ye	VU	B1ab(iii)
1541. 菰	*Zizania latifolia*（Griseb.）Turcz. ex Stapf	LC	
1542. 沟叶结缕草	*Zoysia matrella*（L.）Merr.	LC	
1543. 中华结缕草	*Zoysia sinica* Hance	LC	
1544. 细叶结缕草	*Zoysia tenuifolia* Tyiele.	LC	
金鱼藻科 Ceratophyllaceae			
1545. 金鱼藻	*Ceratophyllum demersum* L.	LC	
罂粟科 Papaveraceae			
1546. 北越紫堇	*Corydalis balansae* Prain	LC	
1547. 夏天无	*Corydalis decumbens*（Thunb.）Pers.	LC	
1548. 小花黄堇	*Corydalis racemosa*（Thunb.）Pers.	LC	
1549. 地锦苗	*Corydalis sheareri* S. Moore	LC	
1550. 阜平黄堇	*Corydalis wilfordii* Regel	LC	
1551. 血水草	*Eomecon chionantha* Hance	LC	
1552. 博落回	*Macleaya cordata*（Willd.）R. Br.	LC	
木通科 Lardizabalaceae			
1553. 长序木通	*Akebia longeracemosa* Matsum.	NT	
1554. 木通	*Akebia quinata*（Houtt.）Decne	LC	
1555. 三叶木通	*Akebia trifoliata*（Thunb.）Koidz.	NT	
1556. 白木通	*Akebia trifoliata* subsp. *australis*（Diels）T. Shimizu	LC	
1557. 五月瓜藤	*Holboellia angustifolia* Wall.	LC	
1558. 大血藤	*Sargentodoxa cuneata*（Oliv.）Rehder & E. H. Wilson	NT	
1559. 串果藤	*Sinofranchetia chinensis*（Franch.）Hemsl.	VU	A2c+3c；B1c(i,iii)
1560. 野木瓜	*Stauntonia chinensis* DC.	LC	
1561. 翅野木瓜	*Stauntonia decora*（Dunn）C. Y. Wu ex S. H. Huang	NT	
1562. 牛藤果	*Stauntonia elliptica* Hemsl.	LC	
1563. 粉叶野木瓜★	*Stauntonia glauca* Merr. & F. P. Metcalf	NT	

中文名	拉丁学名	等级	等级注解
1564. 钝药野木瓜	*Stauntonia leucantha* Y. C. Wu	NT	
1565. 斑叶野木瓜	*Stauntonia maculata* Merr.	LC	
1566. 倒卵叶野木瓜	*Stauntonia obovata* Hemsl.	LC	
1567. 尾叶那藤	*Stauntonia obovatifoliola* Hayata subsp. *urophylla*（Hand. -Mazz.）H. N. Qin	LC	
1568. 三脉野木瓜★	*Stauntonia trinervia* Merr.	LC	
防己科 Menispermaceae			
1569. 樟叶木防己	*Cocculus laurifolius* DC.	LC	
1570. 木防己	*Cocculus orbiculatus*（L.）DC.	LC	
1571. 毛叶轮环藤	*Cyclea barbata* Miers	LC	
1572. 纤细轮环藤	*Cyclea gracillima* Diels	LC	
1573. 粉叶轮环藤	*Cyclea hypoglauca*（Schauer）Diels	LC	
1574. 轮环藤	*Cyclea racemosa* Oliv.	LC	
1575. 四川轮环藤	*Cyclea sutchuenensis* Gagnep.	LC	
1576. 秤钩风	*Diploclisia affinis*（Oliv.）Diels	LC	
1577. 苍白秤钩风	*Diploclisia glaucescens*（Blume）Diels	LC	
1578. 天仙藤	*Fibraurea recisa* Pierre	LC	
1579. 夜花藤	*Hypserpa nitida* Miers	LC	
1580. 粉绿藤	*Pachygone sinica* Diels	LC	
1581. 细圆藤	*Pericampylus glaucus*（Lam.）Merr.	LC	
1582. 硬骨藤	*Pycnarrhena poilanei*（Gagnep.）Forman.	VU	B2ab（i，iii）
1583. 风龙	*Sinomenium acutum*（Thunb.）Rehder & E. H. Wilson	VU	B1ab（iii）
1584. 金线吊乌龟	*Stephania cephalantha* Hayata	LC	
1585. 血散薯	*Stephania dielsiana* Y. C. Wu	LC	
1586. 海南地不容	*Stephania hainanensis* H. S. Lo & Y. Tsoon	EN	A1c；B2ab（ii）
1587. 粪箕笃	*Stephania longa* Lour.	LC	
1588. 粉防己	*Stephania tetrandra* S. Moore	LC	
1589. 青牛胆	*Tinospora sagittata*（Oliv.）Gagnep.	NT	
1590. 中华青牛胆	*Tinospora sinensis*（Lour.）Merr.	LC	
小檗科 Berberidaceae			
1591. 华东小檗	*Berberis chingii* S. S. Cheng	NT	

续表

中文名	拉丁学名	等级	等级注解
1592. 南岭小檗	*Berberis impedita* C. K. Schneid.	NT	
1593. 豪猪刺	*Berberis julianae* C. K. Schneid.	LC	
1594. 石楠叶小檗★	*Berberis photiniifolia* C. M. Hu	NT	
1595. 庐山小檗	*Berberis virgetorum* C. K. Schneid.	LC	
1596. 六角莲	*Dysosma pleiantha*（Hance）Woodson	CR	A2cd；B1b（i，iii，v）；C1+2a(ii)
1597. 八角莲	*Dysosma versipellis*（Hance）M. Cheng ex T. S. Ying	EN	A2cd；B1b(i,iii,v)
1598. 黔岭淫羊藿	*Epimedium leptorrhizum* Stearn	EN	A2c+3c
1599. 三枝九叶草	*Epimedium sagittatum*（Siebold & Zucc.）Maxim.	VU	A2c+3c
1600. 阔叶十大功劳	*Mahonia bealei*（Fortune）Carrière	LC	
1601. 小果十大功劳	*Mahonia bodinieri* Gagnep.	NT	
1602. 北江十大功劳	*Mahonia fordii* C. K. Schneid.	LC	
1603. 沈氏十大功劳	*Mahonia shenii* Chun	LC	
1604. 南天竹	*Nandina domestica* Thunb.	LC	

毛茛科 Ranunculaceae

中文名	拉丁学名	等级	等级注解
1605. 乌头	*Aconitum carmichaeli* Debeaaux	LC	
1606. 小升麻	*Actaea japonica* Thunb.	LC	
1607. 单穗升麻	*Actaea simplex*（DC.）Wormsk. ex Prantl	NT	
1608. 打破碗花花	*Anemone hupehensis*（Lemoine）Lemoine	LC	
1609. 女萎	*Clematis apiifolia* DC.	LC	
1610. 钝齿铁线莲	*Clematis apiifolia* var. *argentilucida*（H. Lév. & Vaniot）W. T. Wang	LC	
1611. 小木通	*Clematis armandii* Franch.	LC	
1612. 威灵仙	*Clematis chinensis* Osbeck	LC	
1613. 光果威灵仙★	*Clematis chinensis* var. *laeviachenium* R. H. Miao	LC	
1614. 厚叶铁线莲	*Clematis crassifolia* Benth.	LC	
1615. 山木通	*Clematis finetiana* H. Lév. & Vaniot.	LC	
1616. 铁线莲	*Clematis florida* Thunb.	LC	
1617. 小蓑衣藤	*Clematis gouriana* Roxb. ex DC.	LC	
1618. 单叶铁线莲	*Clematis henryi* Oliv.	LC	
1619. 毛蕊铁线莲	*Clematis lasiandra* Maxim.	LC	
1620. 锈毛铁线莲	*Clematis lechenaultiana* DC.	LC	

中文名	拉丁学名	等级	等级注解
1621. 丝铁线莲	*Clematis loureiroana* DC.	NT	
1622. 毛柱铁线莲	*Clematis meyeniana* Walp.	LC	
1623. 沙叶铁线莲	*Clematis meyeniana* var. *granulata* Finet & Gagnep.	LC	
1624. 绣球藤	*Clematis montana* Buch.-Ham. ex DC.	NT	
1625. 裂叶铁线莲	*Clematis parviloba* Gardner & Champ.	LC	
1626. 扬子铁线莲	*Clematis puberula* Hook. f. & Thomson var. *ganpiniana*（H. Lév & Vaniot）W. T. Wang	LC	
1627. 曲柄铁线莲	*Clematis repens* Finet & Gagnep.	LC	
1628. 菝葜铁线莲	*Clematis smilacifolia* Wall.	LC	
1629. 圆锥铁线莲	*Clematis terniflora* DC.	LC	
1630. 鼎湖铁线莲★	*Clematis tinghuensis* C. T. Ting	VU	C2a（i）
1631. 柱果铁线莲	*Clematis uncinata* Champ. ex Benth.	LC	
1632. 尾叶铁线莲	*Clematis urophylla* Franch.	LC	
1633. 新会铁线莲	*Clematis xinhuiensis* R. J. Wang	DD	
1634. 短萼黄连	*Coptis chinensis* Franch. var. *brevisepala* W. T. Wang & P. G. Xiao	CR	B2ab（i,v）
1635. 还亮草	*Delphinium anthriscifolium* Hance	LC	
1636. 卵瓣还亮草	*Delphinium anthriscifolium* var. *savatieri*（Franch.）Munz	DD	
1637. 蕨叶人字果	*Dichocarpum dalzielii*（Drumm. & Hutch.）W. T. Wang & P. G. Xiao	LC	
1638. 两广锡兰莲	*Naravelia pilulifera* Hance	LC	
1639. 禺毛茛	*Ranunculus cantoniensis* DC.	LC	
1640. 茴茴蒜	*Ranunculus chinensis* Bunge	LC	
1641. 毛茛	*Ranunculus japonicus* Thunb.	LC	
1642. 石龙芮	*Ranunculus sceleratus* L.	LC	
1643. 钩柱毛茛	*Ranunculus silerifolius* H. Lév.	LC	
1644. 天葵	*Semiaquilegia adoxoides*（DC.）Makino	NT	
1645. 丹霞人字果★	*Semiaquilegia danxiashanensis* L. Wu, J. J. Zhou, Q. Zhang & W. S. Deng	VU	C2a（i）
1646. 尖叶唐松草	*Thalictrum acutifolium*（Hand.-Mazz.）B. Boivin	LC	
1647. 盾叶唐松草	*Thalictrum ichangense* Lecoy. ex Oliv.	NT	
1648. 爪哇唐松草	*Thalictrum javanicum* Blume	NT	

中文名	拉丁学名	等级	等级注解
1649. 东亚唐松草	*Thalictrum minus* L. var. *hypoleucum* (Siebold & Zucc.) Miq.	LC	
1650. 菲律宾唐松草	*Thalictrum philippinense* C. B. Rob.	DD	
1651. 阴地唐松草	*Thalictrum umbricola* Ulbr.	NT	
1652. 尾囊草	*Urophysa henryi* (Oliv.) Ulbr.	NT	
清风藤科 Sabiaceae			
1653. 狭叶泡花树	*Meliosma angustifolia* Merr.	LC	
1654. 灌丛泡花树	*Meliosma dumicola* W. W. Sm.	DD	
1655. 垂枝泡花树	*Meliosma flexuosa* Pamp.	LC	
1656. 香皮树	*Meliosma fordii* Hemsl.	LC	
1657. 辛氏泡花树	*Meliosma fordii* var. *sinii* (Diels.) Y. W. Law	LC	
1658. 腺毛泡花树	*Meliosma glandulosa* Cufod.	LC	
1659. 华南泡花树	*Meliosma laui* Merr.	LC	
1660. 疏枝泡花树	*Meliosma longipes* Merr.	DD	
1661. 异色泡花树	*Meliosma myriantha* Siebold & Zucc. var. *discolor* Dunn	LC	
1662. 红柴枝	*Meliosma oldhamii* Miq. ex Maxim.	LC	
1663. 狭序泡花树	*Meliosma paupera* Hand.-Mazz.	LC	
1664. 腋毛泡花树	*Meliosma rhoifolia* Maxim. var. *barbulata* (Cufod.) Y. W. Law	LC	
1665. 笔罗子	*Meliosma rigida* Siebold & Zucc.	LC	
1666. 毡毛泡花树	*Meliosma rigida* var. *pannosa* (Hand.-Mazz.) Y. W.Law	LC	
1667. 樟叶泡花树	*Meliosma squamulata* Hance	LC	
1668. 山樣叶泡花树	*Meliosma thorelii* Lecomte	LC	
1669. 毛泡花树	*Meliosma velutina* Rehder & E. H. Wilson	NT	
1670. 鄂西清风藤	*Sabia campanulata* Wall. ex Roxb. subsp. *ritchieae* (Rehder & E. H. Wilson) Y. F. Wu	NT	
1671. 革叶清风藤	*Sabia coriacea* Rehder & E. H. Wilson	LC	
1672. 灰背清风藤	*Sabia discolor* Dunn	LC	
1673. 簇花清风藤	*Sabia fasciculata* Lecomte ex L. Chen	LC	
1674. 清风藤	*Sabia japonica* Maxim.	LC	
1675. 中华清风藤	*Sabia japonica* var. *sinensis* L. Chen	LC	
1676. 柠檬清风藤	*Sabia limoniacea* Wall. & Hook. f. & Thomson	LC	
1677. 长脉清风藤	*Sabia nervosa* Chun ex Y. F. Wu	NT	
1678. 尖叶清风藤	*Sabia swinhoei* Hemsl.	LC	

中文名	拉丁学名	等级	等级注解
山龙眼科 Proteaceae			
1679. 小果山龙眼	*Helicia cochinchinensis* Lour.	LC	
1680. 海南山龙眼	*Helicia hainanensis* Hayata	NT	
1681. 广东山龙眼 ★	*Helicia kwangtungensis* W. T. Wang	LC	
1682. 长柄山龙眼	*Helicia longipetiolata* Merr. & Chun	LC	
1683. 倒卵叶山龙眼	*Helicia obovatifolia* Merr. & Chun	LC	
1684. 枇杷叶山龙眼	*Helicia obovatifolia* var. *mixia*（H. L. Li）Sleumer	LC	
1685. 网脉山龙眼	*Helicia reticulata* W. T. Wang	LC	
1686. 阳春山龙眼 ★	*Helicia yangchunensis* H. S. Kiu	LC	
1687. 痄腮树	*Heliciopsis terminalis*（Kurz）Sleumer	VU	B2ab（iii,v）
黄杨科 Buxaceae			
1688. 雀舌黄杨	*Buxus bodinieri* H. Lév.	NT	
1689. 汕头黄杨 ★	*Buxus cephalantha* H. Lév. & Vaniot var. *shantouensis* M. Cheng	VU	B2ab（iv）
1690. 匙叶黄杨	*Buxus harlandii* Hance	LC	
1691. 大叶黄杨	*Buxus megistophylla* H. Lév.	LC	
1692. 杨梅黄杨	*Buxus myrica* H. Lév.	LC	
1693. 黄杨	*Buxus sinica*（Rehder & E. H. Wilson）M. Cheng	LC	
1694. 尖叶黄杨	*Buxus sinica* var. *aemulans*（Rehder & E. H. Wilson）P. Brückner & T. L. Ming	LC	
1695. 越橘叶黄杨	*Buxus sinica* var. *vacciniifolia* M. Cheng	DD	
1696. 狭叶黄杨	*Buxus stenophylla* Hance	LC	
1697. 多毛板凳果	*Pachysandra axillaris* Franch. var. *stylosa*（Dunn）M.Cheng	LC	
1698. 长叶柄野扇花	*Sarcococca longipetiolata* M. Cheng	NT	
1699. 东方野扇花	*Sarcococca orientalis* C. Y. Wu	NT	
五桠果科 Dilleniaceae			
1700. 大花五桠果	*Dillenia turbinata* Finet & Gagnep.	VU	C2a（i）
1701. 锡叶藤	*Tetracera sarmentosa*（L.）Vahl	LC	
阿丁枫科 Altingiaceae			
1702. 蕈树	*Altingia chinensis*（Champ. ex Benth.）Oliv. ex Hance	LC	
1703. 细柄蕈树	*Altingia gracilipes* Hemsl.	LC	
1704. 镰尖蕈树	*Altingia siamensis* Craib	VU	A3c

续表

中文名	拉丁学名	等级	等级注解
1705. 缺萼枫香树	*Liquidambar acalycina* Hung T. Chang	LC	
1706. 枫香树	*Liquidambar formosana* Hance	LC	
1707. 半枫荷	*Semiliquidambar cathayensis* Hung T. Chang	EN	A2abcd+3bc；D
1708. 细柄半枫荷	*Semiliquidambar chingii*（F. P. Metcalf）Hung T.Chang	EN	A2c；B1ab（i，iii）；C1
金缕梅科 Hamamelidaceae			
1709. 瑞木	*Corylopsis multiflora* Hance	LC	
1710. 蜡瓣花	*Corylopsis sinensis* Hemsl.	LC	
1711. 秃蜡瓣花	*Corylopsis sinensis* var. *calvescens* Rehder & E. H. Wilson	LC	
1712. 长柄双花木	*Disanthus cercidifolius* Maxim. subsp. *longipes*（Hung T. Chang）K. Y. Pang	EN	A2abcd+3bcd
1713. 假蚊母	*Distyliopsis dunnii*（Hemsl.）P. K. Endress	LC	
1714. 钝叶假蚊母	*Distyliopsis tutcheri*（Hemsl.）P. K. Endress	NT	
1715. 小叶蚊母树	*Distylium buxifolium*（Hance）Merr.	LC	
1716. 闽粤蚊母树	*Distylium chungii*（F. P. Metcalf）W. C. Cheng	VU	A2cd；B1ab(i,ii,iii,iv)
1717. 窄叶蚊母树	*Distylium dunnianum* H. Lév.	LC	
1718. 鳞毛蚊母树	*Distylium elaeagnoides* Hung T. Chang	LC	
1719. 大叶蚊母树	*Distylium macrophyllum* Hung T. Chang	VU	A2c；B1（i，ii，iii，iv）
1720. 杨梅叶蚊母树	*Distylium myricoides* Hemsl.	LC	
1721. 蚊母树	*Distylium racemosum* Siebold & Zucc.	LC	
1722. 褐毛秀柱花	*Eustigma balansae* Oliv.	VU	B1ab(i,iii,v)
1723. 秀柱花	*Eustigma oblongifolium* Gardner & Champ.	VU	B1ab(i,iii,v)
1724. 长瓣马蹄荷	*Exbucklandia longipetala* Hung T. Chang	VU	B1ab(i,iii,v)
1725. 马蹄荷	*Exbucklandia populnea*（R. Br. ex Giff.）R. W. Brown	LC	
1726. 大果马蹄荷	*Exbucklandia tonkinensis*（Lecomte）Hung T. Chang	LC	
1727. 金缕梅	*Hamamelis mollis* Oliv.	VU	A2c+3c
1728. 檵木	*Loropetalum chinense*（R. Br.）Oliv.	LC	
1729. 四药门花	*Loropetalum subcordatum*（Benth.）Oliv.	CR	A1ac；B1ab(i)；D
1730. 壳菜果	*Mytilaria laosensis* Lecomte	LC	
1731. 红花荷	*Rhodoleia championii* Hook. f.	LC	

中文名	拉丁学名	等级	等级注解
1732. 窄瓣红花荷	*Rhodoleia stenopetala* Hung T. Chang	EN	A2c+3c；B1ab(i,iii,iv)
1733. 水丝梨	*Sycopsis sinensis* Oliv.	LC	
虎皮楠科 Daphniphyllaceae			
1734. 牛耳枫	*Daphniphyllum calycinum* Benth.	LC	
1735. 交让木	*Daphniphyllum macropodum* Miq.	LC	
1736. 虎皮楠	*Daphniphyllum oldhami* (Hemsl.) K. Rosenth.	LC	
1737. 脉叶虎皮楠	*Daphniphyllum paxianum* K. Rosenth.	LC	
1738. 假轮叶虎皮楠★	*Daphniphyllum subverticillatum* Merr.	LC	
鼠刺科 Iteaceae			
1739. 秀丽鼠刺	*Itea amoena* Chun	DD	
1740. 鼠刺	*Itea chinensis* Hook. & Arn.	LC	
1741. 厚叶鼠刺	*Itea coriacea* Y. C. Wu	LC	
1742. 毛鼠刺	*Itea indochinensis* Merr.	NT	
1743. 毛脉鼠刺	*Itea indochinensis* var. *pubinervia* C. Y. Wu ex H. Chuang	LC	
1744. 峨眉鼠刺	*Itea omeiensis* C. K. Schneid.	LC	
1745. 阳春鼠刺★	*Itea yangchunensis* S. Y. Jin	NT	
虎耳草科 Saxifragaceae			
1746. 落新妇	*Astilbe chinensis* (Maxim.) Franch. & Sav.	LC	
1747. 大落新妇	*Astilbe grandis* Stapf ex E. H. Wilson	LC	
1748. 肾萼金腰	*Chrysosplenium delavayi* Franch.	LC	
1749. 广东金腰★	*Chrysosplenium hydrocotylifolium* H. Lév. & Vaniot var. *guangdongense* S. J. Xu & Z. X. Li	LC	
1750. 绵毛金腰	*Chrysosplenium lanuginosum* Hook. f. & Thomson	LC	
1751. 大叶金腰	*Chrysosplenium macrophyllum* Oliv.	NT	
1752. 毛柄金腰	*Chrysosplenium pilosum* Maxim. var. *pilosopetiolatum* (Z. P. Jien) J. T. Pan	LC	
1753. 柔毛金腰	*Chrysosplenium pilosum* var. *valdepilosum* Ohwi	LC	
1754. 大桥虎耳草★	*Saxifraga daqiaoensis* F. G. Wang & F. W. Xing	EN	A3c；B1ab(iii)
1755. 卵心叶虎耳草	*Saxifraga epiphylla* Gornall & H. Ohba	NT	
1756. 蒙自虎耳草	*Saxifraga mengtzeana* Engl. & Irmsch.	LC	

中文名	拉丁学名	等级	等级注解
1757. 虎耳草	*Saxifraga stolonifera* Curt.	LC	
1758. 单脉虎耳草	*Saxifraga uninervia* J. Anthony	NT	
1759. 黄水枝	*Tiarella polyphylla* D. Don	LC	
景天科 Crassulaceae			
1760. 费菜	*Phedimus aizoon*（L.）'t Hart	LC	
1761. 东南景天	*Sedum alfredii* Hance	LC	
1762. 对叶景天	*Sedum baileyi* Praeger	LC	
1763. 珠芽景天	*Sedum bulbiferum* Makino	LC	
1764. 大叶火焰草	*Sedum drymarioides* Hance	LC	
1765. 凹叶景天	*Sedum emarginatum* Migo	LC	
1766. 台湾佛甲草	*Sedum formosanum* N. E. Br.	LC	
1767. 禾叶景天	*Sedum grammophyllum* Fröd.	LC	
1768. 本州景天	*Sedum hakonense* Makino	NT	
1769. 日本景天	*Sedum japonicum* Siebold ex Miq.	LC	
1770. 佛甲草	*Sedum lineare* Thunb.	LC	
1771. 龙泉景天	*Sedum lungtsuanense* S. H. Fu	LC	
1772. 大苞景天	*Sedum oligospermum* Maire	NT	
1773. 垂盆草	*Sedum sarmentosum* Bunge	LC	
1774. 细小景天	*Sedum subtile* Miq.	NT	
1775. 四芒景天	*Sedum tetractinum* Fröd.	LC	
扯根菜科 Penthoraceae			
1776. 扯根菜	*Penthorum chinense* Pursh	NT	
小二仙草科 Haloragidaceae			
1777. 黄花小二仙草	*Gonocarpus chinensis*（Lour.）Orchard	LC	
1778. 小二仙草	*Gonocarpus micranthus* Thunb.	LC	
1779. 矮狐尾藻	*Myriophyllum humile*（Raf.）Morong	DD	
1780. 穗状狐尾藻	*Myriophyllum spicatum* L.	LC	
1781. 刺果狐尾藻	*Myriophyllum tuberculatum* Roxb.	LC	
1782. 乌苏里狐尾藻	*Myriophyllum ussuriense*（Regel）Maxim.	DD	
1783. 狐尾藻	*Myriophyllum verticillatum* L.	LC	

中文名	拉丁学名	等级	等级注解
葡萄科 Vitaceae			
1784. 蓝果蛇葡萄	*Ampelopsis bodinieri*（H. Lév. & Vaniot）Rehder	DD	
1785. 广东蛇葡萄	*Ampelopsis cantoniensis*（Hook. & Arn.）Planch.	LC	
1786. 羽叶蛇葡萄	*Ampelopsis chaffanjonii*（H. Lév.）Rehder	LC	
1787. 三裂蛇葡萄	*Ampelopsis delavayana* Planch.	LC	
1788. 毛三裂蛇葡萄	*Ampelopsis delavayana* var. *setulosa*（Diels & Gilg）C.L. Li	LC	
1789. 蛇葡萄	*Ampelopsis glandulosa*（Wall.）Momiy.	LC	
1790. 光叶蛇葡萄	*Ampelopsis glandulosa* var. *hancei*（Planch.）Momiy.	LC	
1791. 异叶蛇葡萄	*Ampelopsis glandulosa* var. *heterophylla*（Thunb.）Momiy	LC	
1792. 牯岭蛇葡萄	*Ampelopsis glandulosa* var. *kulingensis*（Rehder）Momiy.	LC	
1793. 显齿蛇葡萄	*Ampelopsis grossedentata*（Hand.-Mazz.）W. T. Wang	LC	
1794. 葎叶蛇葡萄	*Ampelopsis humulifolia* Bunge	LC	
1795. 粉叶蛇葡萄	*Ampelopsis hypoglauca*（Hance）C. L. Li	LC	
1796. 白蔹	*Ampelopsis japonica*（Thunb.）Makino	LC	
1797. 白毛乌蔹莓	*Cayratia albifolia* C. L. Li	LC	
1798. 角花乌蔹莓	*Cayratia corniculata*（Benth.）Gagnep.	LC	
1799. 膝曲乌蔹莓	*Cayratia geniculata*（Blume）Gagnep.	LC	
1800. 乌蔹莓	*Cayratia japonica*（Thunb.）Gagnep.	LC	
1801. 毛乌蔹莓	*Cayratia japonica* var. *mollis*（Wall.）Momiy.	LC	
1802. 尖叶乌蔹莓	*Cayratia japonica* var. *pseudotrifolia*（W. T. Wang）C.L. Li	LC	
1803. 苦郎藤	*Cissus assamica*（M. A. Lawson）Craib	LC	
1804. 翅茎白粉藤	*Cissus hexangularis* Thorel ex Planch.	LC	
1805. 鸡心藤	*Cissus kerrii* Craib	LC	
1806. 翼茎白粉藤	*Cissus pteroclada* Hayata	LC	
1807. 白粉藤	*Cissus repens* Lam.	LC	
1808. 四棱白粉藤	*Cissus subtetragona* Planch.	DD	
1809. 火筒树	*Leea indica*（Burm. f.）Merr.	NT	
1810. 异叶地锦	*Parthenocissus dalzielii* Gagnep.	LC	
1811. 长柄地锦	*Parthenocissus feddei*（H. Lév.）C. L. Li	LC	
1812. 绿叶地锦	*Parthenocissus laetevirens* Rehder	LC	
1813. 三叶地锦	*Parthenocissus semicordata*（Wall.）Planch.	LC	

中文名	拉丁学名	等级	等级注解
1814. 地锦	*Parthenocissus tricuspidata*（Siebold & Zucc.）Planch.	LC	
1815. 尾叶崖爬藤	*Tetrastigma caudatum* Merr. & Chun	LC	
1816. 茎花崖爬藤	*Tetrastigma cauliflorum* Merr.	NT	
1817. 红枝崖爬藤	*Tetrastigma erubescens* Planch.	LC	
1818. 单叶红枝崖爬藤	*Tetrastigma erubescens* var. *monophyllum* Gagnep.	LC	
1819. 三叶崖爬藤	*Tetrastigma hemsleyanum* Diels & Gilg	LC	
1820. 崖爬藤	*Tetrastigma obtectum*（Wall. ex M. A. Lawson）Planch. ex Franch.	LC	
1821. 无毛崖爬藤	*Tetrastigma obtectum* var. *glabrum*（H. Lév.）Gagnep.	LC	
1822. 厚叶崖爬藤	*Tetrastigma pachyphyllum*（Hemsl.）Chun	LC	
1823. 扁担藤	*Tetrastigma planicaule*（Hook. f.）Gagnep.	LC	
1824. 过山崖爬藤	*Tetrastigma pseudocruciatum* C. L. Li	VU	A2c
1825. 毛脉崖爬藤	*Tetrastigma pubinerve* Merr. & Chun	NT	
1826. 狭叶崖爬藤	*Tetrastigma serrulatum*（Roxb.）Planch.	NT	
1827. 小果葡萄	*Vitis balansana* Planch.	LC	
1828. 美丽葡萄	*Vitis bellula*（Rehder）W. T. Wang	LC	
1829. 华南美丽葡萄	*Vitis bellula* var. *pubigera* C. L. Li	DD	
1830. 蘡薁	*Vitis bryoniifolia* Bunge	LC	
1831. 东南葡萄	*Vitis chunganensis* Hu	LC	
1832. 闽赣葡萄	*Vitis chungii* Metcalf	LC	
1833. 刺葡萄	*Vitis davidii*（Roman. Caill.）Foëx	LC	
1834. 锈毛刺葡萄	*Vitis davidii* var. *ferruginea* Merr. & Chun	LC	
1835. 葛藟葡萄	*Vitis flexuosa* Thunb.	LC	
1836. 毛葡萄	*Vitis heyneana* Roem. & Schult.	LC	
1837. 桑叶葡萄	*Vitis heyneana* subsp. *ficifolia*（Bunge）C. L. Li	NT	
1838. 鸡足葡萄	*Vitis lanceolatifoliosa* C. L. Li	NT	
1839. 连山葡萄★	*Vitis luochengensis* W. T. Wang var. *tomentosonerva* C. L.Li	VU	A1ac；B2ab（i，ii，iv）
1840. 变叶葡萄	*Vitis piasezkii* Maxim.	NT	
1841. 毛脉葡萄	*Vitis pilosonerva* F. P. Metcalf	LC	
1842. 华东葡萄	*Vitis pseudoreticulata* W. T. Wang	LC	

中文名	拉丁学名	等级	等级注解
1843. 绵毛葡萄	*Vitis retordii* Rom. Caill. ex Planch.	LC	
1844. 乳源葡萄★	*Vitis ruyuanensis* C. L. Li	EN	A2c+3c；B1ab（i，iv）+ 2ab（i，ii，iii，iv，v）
1845. 狭叶葡萄	*Vitis tsoi* Merr.	LC	
1846. 大果俞藤	*Yua austro-orientalis*（F. P. Metcalf）C. L. Li	LC	
1847. 俞藤	*Yua thomsoni*（M. A. Lawson）C. L. Li	LC	
豆科 Fabaceae			
1848. 相思子	*Abrus precatorius* L.	LC	
1849. 广州相思子	*Abrus pulchellus* Wall. ex Thwaites subsp. *cantoniensis*（Hance）Verdc.	NT	
1850. 毛相思子	*Abrus pulchellus* subsp. *mollis*（Hance）Verdc.	LC	
1851. 尖叶相思	*Acacia caesia*（L.）Willd.	DD	
1852. 藤金合欢	*Acacia concinna*（Willd.）DC.	LC	
1853. 羽叶金合欢	*Acacia pennata*（L.）Willd.	LC	
1854. 海南羽叶金合欢	*Acacia pennata* subsp. *hainanensis*（Hayata）I. C.Nielsen	LC	
1855. 越南金合欢	*Acacia vietnamensis* I. C. Nielsen	LC	
1856. 海红豆	*Adenanthera microsperma* Teijsm. & Binn.	LC	
1857. 合萌	*Aeschynomene indica* L.	LC	
1858. 鼎湖双束鱼藤★	*Aganope dinghuensis*（P. Y. Chen）T. C. Chen & Pedley	EN	B1ab(iii)
1859. 双束鱼藤	*Aganope thyrsiflora*（Benth.）Polhill	NT	
1860. 光腺合欢	*Albizia calcarea* Y. H. Huang	DD	
1861. 楹树	*Albizia chinensis*（Osbeck）Merr.	LC	
1862. 天香藤	*Albizia corniculata*（Lour.）Druce	LC	
1863. 合欢	*Albizia julibrissin* Durazz.	LC	
1864. 山槐	*Albizia kalkora*（Roxb.）Prain	LC	
1865. 香合欢	*Albizia odoratissima*（L. f.）Benth.	LC	
1866. 黄豆树	*Albizia procera*（Roxb.）Benth.	LC	
1867. 柴胡叶链荚豆	*Alysicarpus bupleurifolius*（L.）DC.	LC	
1868. 卵叶链荚豆	*Alysicarpus ovalifolius*（Schumach.）J. Léonard	DD	
1869. 链荚豆	*Alysicarpus vaginalis*（L.）DC.	LC	

中文名	拉丁学名	等级	等级注解
1870. 肉色土圞儿	*Apios carnea*（Wall.）Benth. ex Baker	VU	A2c
1871. 南岭土圞儿	*Apios chendezhaoana*（Y. K. Yang，L. H. Liu & J. K. Wu）B. Pan bis，X. L. Yu & F. Zhang	EN	D
1872. 猴耳环	*Archidendron clypearia*（Jack.）Nielsen	LC	
1873. 亮叶猴耳环	*Archidendron lucidun*（Benth.）Nielsen	LC	
1874. 大叶合欢	*Archidendron turgidum*（Merr.）I. C. Nielsen	LC	
1875. 薄叶猴耳环	*Archidendron utile*（Chun & How）I. C. Nielsen	NT	
1876. 阔裂叶羊蹄甲	*Bauhinia apertilobata* Merr. & F. P. Metcalf	LC	
1877. 火索藤	*Bauhinia aurea* H. Lév.	NT	
1878. 龙须藤	*Bauhinia championii*（Benth.）Benth.	LC	
1879. 首冠藤	*Bauhinia corymbosa* Roxb. ex DC.	LC	
1880. 孪叶羊蹄甲	*Bauhinia didyma* L. Chen	NT	
1881. 粉叶首冠藤	*Bauhinia glauca*（Wall. ex Benth.）Benth.	LC	
1882. 日本火索藤	*Bauhinia japonica* Maxim.	LC	
1883. 褐毛火索藤	*Bauhinia ornata* Kurz var. *kerrii*（Gagnep.）K. & S. S.Larsen	LC	
1884. 藤槐	*Bowringia callicarpa* Champ. ex Benth.	LC	
1885. 刺果苏木	*Caesalpinia bonduc*（L.）Roxb.	LC	
1886. 南天藤	*Caesalpinia crista* L.	LC	
1887. 云实	*Caesalpinia decapetala*（Roth）Alston	LC	
1888. 椭圆叶南天藤	*Caesalpinia elliptifolia* S. J. Li，Z. Y. Chen & D. X.Zhang	VU	A3c；D
1889. 大叶南天藤	*Caesalpinia magnifoliolata* F. P. Metcalf	NT	
1890. 小叶云实	*Caesalpinia millettii* Hook. & Arn.	LC	
1891. 喙荚云实	*Caesalpinia minax* Hance	LC	
1892. 鸡嘴簕	*Caesalpinia sinensis*（Hemsl.）J. E. Vidal	LC	
1893. 春云实	*Caesalpinia vernalis* Champ. ex Benth.	LC	
1894. 蔓草虫豆	*Cajanus scarabaeoides*（L.）Thouars	LC	
1895. 绿花鸡血藤	*Callerya championi*（Benth.）X. Y. Zhu	LC	
1896. 灰毛鸡血藤	*Callerya cinerea*（Benth.）Schot	LC	
1897. 喙果鸡血藤	*Callerya cochinchinensis*（Gagnep.）Schot	LC	
1898. 密花鸡血藤	*Callerya congestiflora*（T. C. Chen）Z. Wei & Pedley	LC	
1899. 香花鸡血藤	*Callerya dielsiana*（Harms）P. K. Lôc ex Z. Wei & Pedley	LC	

中文名	拉丁学名	等级	等级注解
1900. 异果鸡血藤	*Callerya dielsiana* var. *heterocarpa*（Chun ex T. C. Chen）X. Y. Zhu ex Z. Wei & Pedley	LC	
1901. 宽序鸡血藤	*Callerya eurybotrya*（Drake）Schot	LC	
1902. 广东鸡血藤	*Callerya fordii*（Dunn）Schot	NT	
1903. 亮叶鸡血藤	*Callerya nitida*（Benth.）R. Geesink	LC	
1904. 丰城鸡血藤	*Callerya nitida* var. *hirsutissima*（Z. Wei）X. Y. Zhu	LC	
1905. 峨眉鸡血藤	*Callerya nitida* var. *minor*（Z. Wei）X. Y. Zhu	DD	
1906. 皱果鸡血藤	*Callerya oosperma*（Dunn）Z. Wei & Pedley	LC	
1907. 网络鸡血藤	*Callerya reticulata*（Benth.）Schot	LC	
1908. 线叶鸡血藤	*Callerya reticulata* var. *stenophlla*（Merr. & Chun）X. Y. Zhu	NT	
1909. 美丽鸡血藤	*Callerya speciosa*（Champ. ex Benth.）Schot	NT	
1910. 杭子梢	*Campylotropis macrocarpa*（Bunge）Rehder	LC	
1911. 太白山杭子梢	*Campylotropis macrocarpa* var. *hupehensis*（Pamp.）Iokawa & H. Ohashi	DD	
1912. 小刀豆	*Canavalia cathartica* Thouars	LC	
1913. 狭刀豆	*Canavalia lineata*（Thunb.）DC.	LC	
1914. 海刀豆	*Canavalia maritima*（Aubl.）Thouars	LC	
1915. 广西紫荆	*Cercis chuniana* F. P. Metcalf	VU	A2cd；B2ab（ⅲ）
1916. 湖北紫荆	*Cercis glabra* Pamp.	NT	
1917. 大叶山扁豆	*Chamaecrista leschenaultiana*（DC.）O. Degener	LC	
1918. 粉叶首冠藤	*Cheniella glauca*（Benth.）R. Clark & Mackinder	LC	
1919. 细花首冠藤	*Cheniella tenuiflora*（Watt ex C. B. Clarke）R. Clark & Mackinder	LC	
1920. 台湾蝙蝠草	*Christia campanulata*（Benth.）Thoth.	LC	
1921. 长管蝙蝠草	*Christia constricta*（Schindl.）T. C. Chen	NT	
1922. 铺地蝙蝠草	*Christia obcordata*（Poir.）Bakh. f. ex Meeuwen	LC	
1923. 蝙蝠草	*Christia vespertilionis*（L. f.）Bahl. f. ex Meeuwen	LC	
1924. 小花香槐	*Cladrastis delavayi*（Franch.）Prain	VU	A1c
1925. 翅荚香槐	*Cladrastis platycarpa*（Maxim.）Makino	LC	
1926. 广东蝶豆	*Clitoria hanceana* Hemsl.	LC	
1927. 圆叶舞草	*Codoriocalyx gyroides*（Roxb. ex Link）X. Y. Zhu	LC	
1928. 舞草	*Codoriocalyx motorius*（Houtt.）Ohashi	NT	

中文名	拉丁学名	等级	等级注解
1929. 翅托叶猪屎豆	*Crotalaria alata* Buch.-Ham. ex D. Don	LC	
1930. 响铃豆	*Crotalaria albida* B. Heyne ex Roth	LC	
1931. 大猪屎豆	*Crotalaria assamica* Benth.	LC	
1932. 长萼猪屎豆	*Crotalaria calycina* Schrank	LC	
1933. 中国猪屎豆	*Crotalaria chinensis* L.	LC	
1934. 假地蓝	*Crotalaria ferruginea* Graham ex Benth.	LC	
1935. 线叶猪屎豆	*Crotalaria linifolia* L. f.	LC	
1936. 窄叶猪屎豆	*Crotalaria linifolia* var. *stenophylla* C. Y. Yang	LC	
1937. 假苜蓿	*Crotalaria medicaginea* Lam.	LC	
1938. 褐毛猪屎豆	*Crotalaria mysorensis* Roth	LC	
1939. 座地猪屎豆	*Crotalaria nana* Burm. f. var. *patula* Baker	LC	
1940. 野百合	*Crotalaria sessiliflora* L.	LC	
1941. 大托叶猪屎豆	*Crotalaria spectabilis* Roth	LC	
1942. 四棱猪屎豆	*Crotalaria tetragona* Roxb. ex Andrews	LC	
1943. 球果猪屎豆	*Crotalaria uncinella* Lam.	LC	
1944. 多疣猪屎豆	*Crotalaria verrucosa* L.	LC	
1945. 秧青	*Dalbergia assamica* Benth.	LC	
1946. 两粤黄檀	*Dalbergia benthamii* Prain	LC	
1947. 弯枝黄檀	*Dalbergia candenatensis*（Dennst.）Prain	VU	A2c;B2ab（iii）
1948. 大金刚藤	*Dalbergia dyeriana* Prain ex Harms	LC	
1949. 藤黄檀	*Dalbergia hancei* Benth.	LC	
1950. 黄檀	*Dalbergia hupeana* Hance	LC	
1951. 香港黄檀	*Dalbergia millettii* Benth.	LC	
1952. 象鼻藤	*Dalbergia mimosoides* Franch.	LC	
1953. 斜叶黄檀	*Dalbergia pinnata*（Lour.）Prain	LC	
1954. 多裂黄檀	*Dalbergia rimosa* Roxb.	LC	
1955. 假木豆	*Dendrolobium triangulare*（Retz.）Schindl.	LC	
1956. 白花鱼藤	*Derris alborubra* Hemsl.	LC	
1957. 尾叶鱼藤	*Derris caudatilimba* F. C. How	LC	
1958. 锈毛鱼藤	*Derris ferruginea*（Roxb.）Benth.	LC	
1959. 中南鱼藤	*Derris fordii* Oliv.	LC	

中文名	拉丁学名	等级	等级注解
1960. 亮叶中南鱼藤	*Derris fordii* var. *lucida* F. C. How	LC	
1961. 边荚鱼藤	*Derris marginata*（Roxb.）Benth.	LC	
1962. 粗茎鱼藤	*Derris scabricaulis*（Franch.）Gagnep. ex F. C. How	VU	A2c
1963. 大叶东京鱼藤	*Derris tonkinensis* Gagnep. var. *compacta* Gagnep.	NT	
1964. 鱼藤	*Derris trifoliata* Lour.	LC	
1965. 单序山蚂蝗	*Desmodium diffusum* DC.	NT	
1966. 大叶山蚂蝗	*Desmodium gangeticum*（L.）DC.	LC	
1967. 假地豆	*Desmodium heterocarpon*（L.）DC.	LC	
1968. 糙毛假地豆	*Desmodium heterocarpon* var. *strigosum* Meeuwen	LC	
1969. 异叶山蚂蝗	*Desmodium heterophyllum*（Willd.）DC.	LC	
1970. 大叶拿身草	*Desmodium laxiflorum* DC.	LC	
1971. 小叶三点金	*Desmodium microphyllum*（Thunb.）DC.	LC	
1972. 饿蚂蝗	*Desmodium multiflorum* DC.	LC	
1973. 显脉山绿豆	*Desmodium reticulatum* Champ. ex Benth.	LC	
1974. 赤山蚂蝗	*Desmodium rubrum*（Lour.）DC.	LC	
1975. 长波叶山蚂蝗	*Desmodium sequax* Wall.	LC	
1976. 广东金钱草	*Desmodium styracifolium*（Osbeck）Merr.	VU	A2d+3d
1977. 三点金	*Desmodium triflorum*（L.）DC.	LC	
1978. 绒毛山蚂蝗	*Desmodium velutinum*（Willd.）DC.	LC	
1979. 单叶拿身草	*Desmodium zonatum* Miq.	NT	
1980. 硬毛山黑豆	*Dumasia hirsuta* Craib	NT	
1981. 山黑豆	*Dumasia truncata* Siebold & Zucc.	LC	
1982. 黄毛野扁豆	*Dunbaria fusca*（Wall.）Kurz	LC	
1983. 鸽仔豆	*Dunbaria henryi* Y. C. Wu	LC	
1984. 长柄野扁豆	*Dunbaria podocarpa* Kurz	LC	
1985. 圆叶野扁豆	*Dunbaria rotundifolia*（Lour.）Merr.	LC	
1986. 榼藤	*Entada phaseoloides*（L.）Merr.	NT	
1987. 眼镜豆	*Entada rheedii* Spreng.	NT	
1988. 鸡头薯	*Eriosema chinense* Vogel	NT	
1989. 格木	*Erythrophleum fordii* Oliv.	VU	A2c；D1
1990. 山豆根	*Euchresta japonica* Hook. f. ex Regel	EN	A2c

中文名	拉丁学名	等级	等级注解
1991. 大叶千斤拔	*Flemingia macrophylla*（Willd.）Kuntze ex Merr.	LC	
1992. 千斤拔	*Flemingia prostrata* Roxb.	LC	
1993. 球穗千斤拔	*Flemingia strobilifera*（L.）R. Br.	LC	
1994. 干花豆	*Fordia cauliflora* Hemsl.	LC	
1995. 乳豆	*Galactia tenuiflora*（Klein ex Willd.）Wight & Arn.	LC	
1996. 睫苞豆	*Geissaspis cristata* Wight & Arn.	VU	A2c；B2b（iv）
1997. 小果皂荚	*Gleditsia australis* Hemsl.	VU	A1c
1998. 华南皂荚	*Gleditsia fera*（Lour.）Merr.	LC	
1999. 皂荚	*Gleditsia sinensis* Lam.	VU	A1c
2000. 野大豆	*Glycine soja* Siebold & Zucc.	VU	A2c
2001. 烟豆	*Glycine tabacina*（Labill.）Benth.	VU	B2b（i）
2002. 短绒野大豆	*Glycine tomentella* Hayata	VU	A2c
2003. 肥皂荚	*Gymnocladus chinensis* Baill.	NT	
2004. 侧序长柄山蚂蝗	*Hylodesmum laterale*（Schindl.）H. Ohashi & R. R. Mill	LC	
2005. 疏花长柄山蚂蝗	*Hylodesmum laxum*（DC.）H. Ohashi & R. R. Mill	LC	
2006. 细长柄山蚂蝗	*Hylodesmum leptopus*（A. Gray ex Benth.）H. Ohashi & R. R. Mill	LC	
2007. 羽叶长柄山蚂蝗	*Hylodesmum oldhamii*（Oliv.）H. Ohashi & R. R. Mill	DD	
2008. 长柄山蚂蝗	*Hylodesmum podocarpum*（DC.）H. Ohashi & R. R. Mill	LC	
2009. 宽卵叶长柄山蚂蝗	*Hylodesmum podocarpum* subsp. *fallax*（Schindl.）H. Ohashi & R. R. Mill	LC	
2010. 尖叶长柄山蚂蝗	*Hylodesmum podocarpum* subsp. *oxyphyllum*（DC.）H. Ohashi & R. R. Mill	LC	
2011. 四川长柄山蚂蝗	*Hylodesmum podocarpum* subsp. *szechuenense*（Craib）H. Ohashi & R. R. Mill	LC	
2012. 深紫木蓝	*Indigofera atropurpurea* Buch.-Ham. ex Hornem.	LC	
2013. 疏花木蓝	*Indigofera colutea*（Burm. f.）Merr.	LC	
2014. 庭藤	*Indigofera decora* Lindl.	LC	
2015. 宜昌木蓝	*Indigofera decora* var. *ichangensis*（Craib）Y. Y. Fang & C. Z. Zheng	LC	

中文名	拉丁学名	等级	等级注解
2016. 密果木蓝	*Indigofera densifructa* Y. Y. Fang & C. Z. Zheng	LC	
2017. 假大青蓝	*Indigofera galegoides* DC.	LC	
2018. 穗序木蓝	*Indigofera hendecaphylla* Jacq.	LC	
2019. 硬毛木蓝	*Indigofera hirsuta* L.	LC	
2020. 花木蓝	*Indigofera kirilowii* Maxim. ex Palib.	LC	
2021. 滨海木蓝	*Indigofera litoralis* Chun & T. C. Chen	LC	
2022. 黑叶木蓝	*Indigofera nigrescens* Kurz ex King & Prain	LC	
2023. 远志木蓝	*Indigofera squalida* Prain	LC	
2024. 三叶木蓝	*Indigofera trifoliata* L.	LC	
2025. 脉叶木蓝	*Indigofera venulosa* Champ. ex Benth.	LC	
2026. 尖叶木蓝	*Indigofera zollingeriana* Miq.	VU	A2c;B1ab(ⅲ)
2027. 长萼鸡眼草	*Kummerowia stipulacea*（Maxim）Makino	LC	
2028. 鸡眼草	*Kummerowia striata*（Thunb.）Schindl.	LC	
2029. 胡枝子	*Lespedeza bicolor* Turcz.	LC	
2030. 中华胡枝子	*Lespedeza chinensis* G. Don	LC	
2031. 截叶铁扫帚	*Lespedeza cuneata*（Dum.-Cours.）G. Don	LC	
2032. 丹霞铁马鞭★	*Lespedeza danxiaensis* Q. Fan，W. Y. Zhao & K. W. Jiang	CR	B2a
2033. 短梗胡枝子	*Lespedeza cyrtobotrya* Miq.	LC	
2034. 大叶胡枝子	*Lespedeza davidii* Franch.	LC	
2035. 多花胡枝子	*Lespedeza floribunda* Bunge	LC	
2036. 广东胡枝子	*Lespedeza fordii* Schindl.	LC	
2037. 尖叶铁扫帚	*Lespedeza juncea*（L. f.）Pers.	LC	
2038. 短叶胡枝子	*Lespedeza mucronata* Ricker	LC	
2039. 铁马鞭	*Lespedeza pilosa*（Thunb.）Siebold & Zucc.	LC	
2040. 日本胡枝子	*Lespedeza thunbergii*（DC.）Nakai	LC	
2041. 美丽胡枝子	*Lespedeza thunbergii* subsp. *formosa*（Vogel）H. Ohashi	LC	
2042. 绒毛胡枝子	*Lespedeza tomentosa*（Thunb.）Siebold ex Maxim.	LC	
2043. 路生胡枝子	*Lespedeza viatorum* Champ. ex Benth.	LC	
2044. 细梗胡枝子	*Lespedeza virgata*（Thunb.）DC.	LC	
2045. 南胡枝子	*Lespedeza wilfordi* Ricker	DD	
2046. 短萼仪花	*Lysidice brevicalyx* C. F. Wei	VU	A2c;B2ab(ⅲ)

中文名	拉丁学名	等级	等级注解
2047. 仪花	*Lysidice rhodostegia* Hance	VU	A2c；B2ab（iii）
2048. 华南马鞍树	*Maackia australis*（Dunn）Takeda	VU	A2c；B2ab（ii,iii）
2049. 浙江马鞍树	*Maackia chekiangensis* S. S. Chien	DD	
2050. 香港崖豆	*Millettia oraria*（Hance）Dunn	NT	
2051. 厚果崖豆藤	*Millettia pachycarpa* Benth.	LC	
2052. 海南崖豆藤	*Millettia pachyloba* Drake	LC	
2053. 印度崖豆	*Millettia pulchra*（Benth.）Kurz	LC	
2054. 疏叶崖豆	*Millettia pulchra* var. *laxior*（Dunn）Z. Wei	LC	
2055. 绒叶印度崖豆	*Millettia pulchra* var. *tomentosa* Prain	LC	
2056. 绒毛崖豆	*Millettia velutina* Dunn	NT	
2057. 白花油麻藤	*Mucuna birdwoodiana* Tutcher	LC	
2058. 黄毛黧豆	*Mucuna bracteata* DC.	NT	
2059. 港油麻藤	*Mucuna championii* Benth.	LC	
2060. 海南黧豆	*Mucuna hainanensis* Hayata	LC	
2061. 褶皮黧豆	*Mucuna lamellata* Wilmot-Dear	LC	
2062. 大球油麻藤	*Mucuna macrobotrys* Hance	NT	
2063. 大果油麻藤	*Mucuna macrocarpa* Wall.	NT	
2064. 常春油麻藤	*Mucuna sempervirens* Hemsl.	NT	
2065. 小槐花	*Ohwia caudata*（Thunb.）H. Ohashi	LC	
2066. 博罗红豆★	*Ormosia boluoensis* Y. Q. Wang & P. Y. Chen	CR	B1ab（i,ii,iii,v）；D
2067. 厚荚红豆	*Ormosia elliptica* Q. W. Yao & R. H. Chang	DD	
2068. 凹叶红豆	*Ormosia emarginata*（Hook. & Arn.）Benth.	LC	
2069. 锈枝红豆	*Ormosia ferruginea* R. H. Chang	NT	
2070. 肥荚红豆	*Ormosia fordiana* Oliv.	LC	
2071. 光叶红豆	*Ormosia glaberrima* Y. C. Wu	LC	
2072. 花榈木	*Ormosia henryi* Prain	VU	A2c；B2ab（i,ii,iii,v）
2073. 韧荚红豆	*Ormosia indurata* H. Y. Chen	LC	
2074. 云开红豆	*Ormosia merrilliana* H. Y. Chen	NT	
2075. 小叶红豆	*Ormosia microphylla* Merr.	VU	A3c；B1ab（i,ii,iii,v））；C2a（ii）

中文名	拉丁学名	等级	等级注解
2076. 秃叶红豆	*Ormosia nuda*（How）R. H. Chang & Q. W. Yao	VU	A1c
2077. 茸荚红豆	*Ormosia pachycarpa* Champ. ex Benth.	NT	
2078. 薄毛茸荚红豆 ★	*Ormosia pachycarpa* var. *tenuis* Chun ex R. H. Chang	DD	
2079. 紫花红豆 ★	*Ormosia purpureiflora* H. Y. Chen	EN	A2c；B2ab（i，ii，iii，v）
2080. 软荚红豆	*Ormosia semicastrata* Hance	LC	
2081. 亮毛红豆	*Ormosia sericeolucida* H. Y. Chen	DD	
2082. 木荚红豆	*Ormosia xylocarpa* Chun ex Merr. & H. Y. Chen	LC	
2083. 粤东鱼藤	*Paraderris hancei*（Hemsl.）T. C. Chen	LC	
2084. 毛排钱树	*Phyllodium elegans*（Lour.）Desv.	LC	
2085. 长柱排钱树	*Phyllodium kurzianum*（Kuntze）H. Ohashi	LC	
2086. 长叶排钱树	*Phyllodium longipes*（Craib）Schindl.	LC	
2087. 排钱树	*Phyllodium pulchellum*（L.）Desv.	LC	
2088. 水黄皮	*Pongamia pinnata*（L.）Merrill	LC	
2089. 老虎刺	*Pterolobium punctatum* Hemsl.	LC	
2090. 葛	*Pueraria montana*（Lour.）Merr.	LC	
2091. 葛麻姆	*Pueraria montana* var. *lobata*（Willd.）Maesen & S. M. Almeida ex Sanjappa & Predeep	LC	
2092. 粉葛	*Pueraria montana* var. *thomsonii*（Benth.）M. R. Almeida	LC	
2093. 三裂叶野葛	*Pueraria phaseoloides*（Roxb.）Benth.	LC	
2094. 密子豆	*Pycnospora lutescens*（Poir.）Schindl.	LC	
2095. 中华鹿藿	*Rhynchosia chinensis* Hung T. Chang ex Y. T. Wei & S. K.Lee	LC	
2096. 菱叶鹿藿	*Rhynchosia dielsii* Harms	LC	
2097. 小鹿藿	*Rhynchosia minima*（L.）DC.	LC	
2098. 鹿藿	*Rhynchosia volubilis* Lour.	LC	
2099. 落地豆	*Rothia indica*（L.）Druce	NT	
2100. 华扁豆	*Sinodolichos lagopus*（Dunn）Verdc.	LC	
2101. 缘毛合叶豆	*Smithia ciliata* Royle	LC	
2102. 密节坡油甘	*Smithia conferta* Sm.	LC	
2103. 盐碱土坡油甘	*Smithia salsuginea* Hance	DD	
2104. 坡油甘	*Smithia sensitiva* Aiton	LC	

中文名	拉丁学名	等级	等级注解
2105. 闽槐	*Sophora franchetiana* Dunn	LC	
2106. 绒毛槐	*Sophora tomentosa* L.	NT	
2107. 红血藤	*Spatholobus sinensis* Chun & T. C. Chen	NT	
2108. 密花豆	*Spatholobus suberectus* Dunn	NT	
2109. 蔓茎葫芦茶	*Tadehagi pseudotriquetrum*（DC.）H. Ohashi	NT	
2110. 葫芦茶	*Tadehagi triquetrum*（L.）H. Ohashi	LC	
2111. 长序灰毛豆	*Tephrosia noctiflora* Bojer ex Baker	LC	
2112. 矮灰毛豆	*Tephrosia pumila*（Lam.）Pers.	DD	
2113. 灰毛豆	*Tephrosia purpurea*（L.）Pers.	LC	
2114. 黄灰毛豆	*Tephrosia vestita* Vogel	LC	
2115. 猫尾草	*Uraria crinita*（L.）Desv. ex DC.	LC	
2116. 滇南狸尾豆	*Uraria lacei* Craib	LC	
2117. 狸尾豆	*Uraria lagopodioides*（L.）DC.	LC	
2118. 长苞狸尾豆	*Uraria longibracteata* Y. C. Yang & P. H. Huang	LC	
2119. 黑狸尾豆	*Uraria neglecta* Prain	LC	
2120. 钩柄狸尾豆	*Uraria rufescens*（DC.）Schindl.	LC	
2121. 中华狸尾豆	*Uraria sinensis*（Hemsl.）Franch.	LC	
2122. 短序算珠豆	*Urariopsis brevissima* Y. C. Yang & P. H. Huang	NT	
2123. 广布野豌豆	*Vicia cracca* L.	LC	
2124. 小巢菜	*Vicia hirsuta*（L.）Gray	LC	
2125. 窄叶野豌豆	*Vicia sativa* L. subsp. *nigra*（L.）Ehrh.	LC	
2126. 滨豇豆	*Vigna marina*（Burm.）Merr.	LC	
2127. 贼小豆	*Vigna minima*（Roxb.）Ohwi & Ohashi	LC	
2128. 野豇豆	*Vigna vexillata*（L.）A. Rich.	LC	
2129. 任豆	*Zenia insignis* Chun	VU	A1c；D1+2
2130. 丁葵草	*Zornia gibbosa* Span.	LC	
远志科 Polygalaceae			
2131. 寄生鳞叶草	*Epirixanthes elongata* Blume	VU	A2c；C2a（i）
2132. 尾叶远志	*Polygala caudata* Rehder & E. H. Wilson	LC	
2133. 华南远志	*Polygala chinensis* L.	LC	
2134. 黄花倒水莲	*Polygala fallax* Hemsl.	NT	

续表

中文名	拉丁学名	等级	等级注解
2135. 香港远志	*Polygala hongkongensis* Hemsl.	LC	
2136. 狭叶香港远志	*Polygala hongkongensis* var. *stenophylla* Migo	LC	
2137. 瓜子金	*Polygala japonica* Houtt.	LC	
2138. 曲江远志	*Polygala koi* Merr.	LC	
2139. 大叶金牛	*Polygala latouchei* Franch.	LC	
2140. 长叶远志	*Polygala longifolia* Poir.	LC	
2141. 小花远志	*Polygala polifolia* C. Presl	LC	
2142. 小扁豆	*Polygala tatarinowii* Regel	LC	
2143. 长毛籽远志	*Polygala wattersii* Hance	LC	
2144. 齿果草	*Salomonia cantoniensis* Lour.	LC	
2145. 椭圆叶齿果草	*Salomonia ciliata*（L.）DC.	LC	
2146. 蝉翼藤	*Securidaca inappendiculata* Hassk.	LC	
2147. 瑶山蝉翼藤	*Securidaca yaoshanensis* K. S. Hao	NT	
2148. 黄叶树	*Xanthophyllum hainanense* Hu	LC	
蔷薇科 Rosaceae			
2149. 小花龙芽草	*Agrimonia nipponica* Koidz. var. *occidentalis* Skalický ex J. E. Vidal	LC	
2150. 龙芽草	*Agrimonia pilosa* Ledeb.	LC	
2151. 黄龙尾	*Agrimonia pilosa* var. *nepalensis*（D. Don）Naka	LC	
2152. 襄阳山樱桃	*Cerasus cyclamina*（Koehne）T. T. Yu & C. L. Li	LC	
2153. 尾叶樱桃	*Cerasus dielsiana*（C. K. Schneid.）T. T. Yu & C. L. Li	NT	
2154. 麦李	*Cerasus glandulosa*（Thunb.）Loisel.	LC	
2155. 长尾毛柱樱桃	*Cerasus pogonostyla*（Maxim.）T. T. Yu & C. L. Li var. *obovata*（Koehne）T. T. Yu & C. L. Li	LC	
2156. 山樱花	*Cerasus serrulata*（Lindl.）Loudon	LC	
2157. 野山楂	*Crataegus cuneata* Siebold & Zucc.	LC	
2158. 皱果蛇莓	*Duchesnea chrysantha*（Zoll. & Moritzi）Miq.	LC	
2159. 蛇莓	*Duchesnea indica*（Andr.）Focke	LC	
2160. 大花枇杷	*Eriobotrya cavaleriei*（H. Lév.）Rehder	LC	
2161. 台湾枇杷	*Eriobotrya deflexa*（Hemsl.）Nakai	NT	
2162. 香花枇杷	*Eriobotrya fragrans* Champ. ex Benth.	LC	

中文名	拉丁学名	等级	等级注解
2163. 黄毛枇杷	*Eriobotrya fulvicoma* W. Y. Chun ex W. B. Liao, F. F. Li & D. F. Cui	VU	C2a（ii）
2164. 柔毛路边青	*Geum japonicum* Thunb. var. *chinense* F. Bolle	LC	
2165. 棣棠花	*Kerria japonica*（L.）DC.	LC	
2166. 冬青叶桂樱★	*Lauro-cerasus aquifolioides* Chun ex T. T. Yu & L. T. Lu	LC	
2167. 华南桂樱	*Lauro-cerasus fordiana*（Dunn）Browicz	LC	
2168. 毛背桂樱	*Lauro-cerasus hypotricha*（Rehder）T. T. Yu & L. T. Lu	LC	
2169. 全缘桂樱★	*Lauro-cerasus marginata*（Dunn）T. T. Yu & L. T. Lu	LC	
2170. 腺叶桂樱	*Lauro-cerasus phaeosticta*（Hance）C. K. Schneid.	LC	
2171. 刺叶桂樱	*Lauro-cerasus spinulosa*（Siebold & Zucc.）C. K.Schneid.	LC	
2172. 尖叶桂樱	*Lauro-cerasus undulata*（Buch.-Ham. ex D. Don）M.Roem.	LC	
2173. 大叶桂樱	*Lauro-cerasus zippeliana*（Miq.）Browicz	LC	
2174. 台湾林檎	*Malus doumeri*（Bois）A. Chev.	LC	
2175. 光萼林檎	*Malus leiocalyca* S. Z. Huang	VU	A2c
2176. 三叶海棠	*Malus sieboldii*（Regel）Rehder	LC	
2177. 中华绣线梅	*Neillia sinensis* Oliv.	LC	
2178. 圆叶小石积	*Osteomeles subrotunda* K. Koch	NT	
2179. 无毛圆叶小石积★	*Osteomeles subrotunda* var. *glabrata* T. T. Yu	LC	
2180. 橉木	*Padus buergeriana*（Miq.）T. T. Yu & T. C. Ku	NT	
2181. 灰叶稠李	*Padus grayana*（Maxim.）C. K. Schneid.	LC	
2182. 绢毛稠李	*Padus wilsonii* C. K. Schneid.	LC	
2183. 中华石楠	*Photinia beauverdiana* C. K. Schneid.	LC	
2184. 闽粤石楠	*Photinia benthamiana* Hance	LC	
2185. 倒卵叶闽粤石楠	*Photinia benthamiana* var. *obovata* H. L. Li	LC	
2186. 贵州石楠	*Photinia bodinieri* H. Lév.	LC	
2187. 厚齿石楠	*Photinia callosa* Chun ex T. T. Yü & K. C. Kuan	NT	
2188. 福建石楠	*Photinia fokienensis*（Finet & Franch.）Franch.	LC	
2189. 光叶石楠	*Photinia glabra*（Thunb.）Maxim.	LC	
2190. 褐毛石楠	*Photinia hirsuta* Hand.-Mazz.	NT	
2191. 陷脉石楠	*Photinia impressivena* Hayata	LC	

中文名	拉丁学名	等级	等级注解
2192. 倒卵叶石楠	*Photinia lasiogyna*（Franch.）C. K. Schneid.	NT	
2193. 脱毛石楠	*Photinia lasiogyna* var. *glabrescens* L. T. Lu & C. L. Li	LC	
2194. 小叶石楠	*Photinia parvifolia*（E. Pritz.）C. K. Schneid.	LC	
2195. 桃叶石楠	*Photinia prunifolia*（Hook. & Arn.）Lindl.	LC	
2196. 饶平石楠	*Photinia raupingensis* K. C. Kuan	LC	
2197. 绒毛石楠	*Photinia schneideriana* Rehder & E. H. Wilson	LC	
2198. 石楠	*Photinia serratifolia*（Desf.）Kalkman	LC	
2199. 无毛毛叶石楠	*Photinia villosa*（Thunb.）DC. var. *sinica* Rehder & E. H. Wilson	NT	
2200. 委陵菜	*Potentilla chinensis* Ser.	DD	
2201. 翻白草	*Potentilla discolor* Bunge.	LC	
2202. 三叶委陵菜	*Potentilla freyniana* Bornm.	LC	
2203. 蛇含委陵菜	*Potentilla kleiniana* Wight & Arn.	LC	
2204. 朝天委陵菜	*Potentilla supina* L.	LC	
2205. 三叶朝天委陵菜	*Potentilla supina* var. *ternata* Peterm.	LC	
2206. 杏李	*Prunus simonii* Carrière	VU	A2c
2207. 疏花臀果木	*Pygeum laxiflorum* Merr. ex H. L. Li	DD	
2208. 臀果木	*Pygeum topengii* Merr.	LC	
2209. 全缘火棘	*Pyracantha atalantioides*（Hance）Stapf	LC	
2210. 细圆齿火棘	*Pyracantha crenulata*（D. Don）M. Roem.	LC	
2211. 豆梨	*Pyrus calleryana* Decne.	LC	
2212. 楔叶豆梨	*Pyrus calleryana* var. *koehnei*（C. K. Schneid.）T. T.Yu	LC	
2213. 麻梨	*Pyrus serrulata* Rehder	LC	
2214. 锈毛石斑木	*Rhaphiolepis ferruginea* F. P. Metcalf	LC	
2215. 齿叶锈毛石斑木	*Rhaphiolepis ferruginea* var. *serrata* F. P. Metcalf	LC	
2216. 石斑木	*Rhaphiolepis indica*（L.）Lindl. ex Ker Gawl.	LC	
2217. 细叶石斑木	*Rhaphiolepis lanceolata* Hu	LC	
2218. 大叶石斑木	*Rhaphiolepis major* Cardot	LC	
2219. 柳叶石斑木	*Rhaphiolepis salicifolia* Lindl.	LC	
2220. 厚叶石斑木	*Rhaphiolepis umbellata*（Thunb.）Makino	NT	

中文名	拉丁学名	等级	等级注解
2221. 小果蔷薇	*Rosa cymosa* Tratt.	LC	
2222. 毛叶山木香	*Rosa cymosa* var. *puberula* T. T. Yu & T. C. Ku	LC	
2223. 软条七蔷薇	*Rosa henryi* Boulenger	LC	
2224. 广东蔷薇	*Rosa kwangtungensis* T. T. Yu & H. T. Tsai	NT	
2225. 毛叶广东蔷薇	*Rosa kwangtungensis* var. *mollis* F. P. Metcalf	LC	
2226. 金樱子	*Rosa laevigata* Michx.	LC	
2227. 光叶蔷薇	*Rosa luciae* Franch. & Roch.	LC	
2228. 亮叶月季	*Rosa lucidissima* H. Lév.	DD	
2229. 野蔷薇	*Rosa multiflora* Thunb.	LC	
2230. 粉团蔷薇	*Rosa multiflora* var. *cathayensis* Rehder & E. H. Wilson	LC	
2231. 悬钩子蔷薇	*Rosa rubus* H. Lév. & Vaniot	LC	
2232. 腺毛莓	*Rubus adenophorus* Rolfe	LC	
2233. 粗叶悬钩子	*Rubus alceifolius* Poir.	LC	
2234. 周毛悬钩子	*Rubus amphidasys* Focke	LC	
2235. 寒莓	*Rubus buergeri* Miq.	LC	
2236. 掌叶覆盆子	*Rubus chingii* Hu	LC	
2237. 甜茶	*Rubus chingii* var. *suavissimus* (S. Lee) L. T. Lu	NT	
2238. 毛萼莓	*Rubus chroosepalus* Focke	LC	
2239. 蛇藨筋	*Rubus cochinchinensis* Tratt.	LC	
2240. 小柱悬钩子	*Rubus columellaris* Tutcher	LC	
2241. 柔毛小柱悬钩子★	*Rubus columellaris* var. *villosus* T. T. Yu & L. T. Lu	LC	
2242. 山莓	*Rubus corchorifolius* L. f.	LC	
2243. 插田藨	*Rubus coreanus* Miq.	LC	
2244. 厚叶悬钩子	*Rubus crassifolius* T. T. Yu & L. T. Lu	LC	
2245. 闽粤悬钩子	*Rubus dunnii* F. P. Metcalf	LC	
2246. 台湾悬钩子	*Rubus formosensis* Kuntze	LC	
2247. 光果悬钩子	*Rubus glabricarpus* W. C. Cheng	LC	
2248. 中南悬钩子	*Rubus grayanus* Maxim.	LC	
2249. 江西悬钩子	*Rubus gressittii* F. P. Metcalf	LC	
2250. 华南悬钩子	*Rubus hanceanus* Kuntze	LC	
2251. 戟叶悬钩子	*Rubus hastifolius* H. Lév. & Vaniot	LC	

中文名	拉丁学名	等级	等级注解
2252. 蓬蘽	*Rubus hirsutus* Thunb.	LC	
2253. 湖南悬钩子	*Rubus hunanensis* Hand.-Mazz.	LC	
2254. 宜昌悬钩子	*Rubus ichangensis* Hemsl. & Kuntze	LC	
2255. 陷脉悬钩子	*Rubus impressinervus* F. P. Metcalf	DD	
2256. 白叶莓	*Rubus innominatus* S. Moore	LC	
2257. 密腺白叶莓	*Rubus innominatus* var. *aralioides*（Hance）T. T. Yu & L. T. Lu	LC	
2258. 无腺白叶莓	*Rubus innominatus* var. *kuntzeanus*（Hemsl.）L. H.Bailey	LC	
2259. 灰毛泡	*Rubus irenaeus* Focke	LC	
2260. 蒲桃叶悬钩子	*Rubus jambosoides* Hance	LC	
2261. 广西悬钩子	*Rubus kwangsiensis* H. L. Li	LC	
2262. 高粱泡	*Rubus lambertianus* Ser.	LC	
2263. 白花悬钩子	*Rubus leucanthus* Hance	LC	
2264. 五裂悬钩子	*Rubus lobatus* T. T. Yu & L. T. Lu	LC	
2265. 角裂悬钩子	*Rubus lobophyllus* Y. K. Shih ex F. P. Metcalf	LC	
2266. 罗浮山悬钩子 ★	*Rubus lohfauensis* F. P. Metcalf	DD	
2267. 棠叶悬钩子	*Rubus malifolius* Focke	LC	
2268. 太平莓	*Rubus pacificus* Hance	LC	
2269. 琴叶悬钩子	*Rubus panduratus* Hand.-Mazz.	LC	
2270. 脱毛琴叶悬钩子	*Rubus panduratus* var. *etomentosus* Hand.-Mazz.	LC	
2271. 茅莓	*Rubus parvifolius* L.	LC	
2272. 少齿悬钩子	*Rubus paucidentatus* T. T. Yu & L. T. Lu	LC	
2273. 大乌泡	*Rubus pluribracteatus* L. T. Lu & Boufford	LC	
2274. 梨叶悬钩子	*Rubus pyrifolius* Sm.	LC	
2275. 柔毛梨叶悬钩子	*Rubus pyrifolius* var. *permollis* Merr.	LC	
2276. 饶平悬钩子	*Rubus raopingensis* T. T. Yu & L. T. Lu	LC	
2277. 锈毛莓	*Rubus reflexus* Ker Gawl.	LC	
2278. 浅裂锈毛莓	*Rubus reflexus* var. *hui*（Diels ex Hu）F. P. Metcalf	LC	
2279. 深裂锈毛莓	*Rubus reflexus* var. *lanceolobus* F. P. Metcalf	LC	

续表

中文名	拉丁学名	等级	等级注解
2280. 大叶锈毛莓	*Rubus reflexus* var. *macrophyllus* T. T. Yu & L. T. Lu	LC	
2281. 空心泡	*Rubus rosifolius* Sm.	LC	
2282. 棕红悬钩子	*Rubus rufus* Focke	LC	
2283. 红腺悬钩子	*Rubus sumatranus* Miq.	LC	
2284. 木莓	*Rubus swinhoei* Hance	LC	
2285. 灰白毛莓	*Rubus tephrodes* Hance	LC	
2286. 无腺灰白毛莓	*Rubus tephrodes* var. *ampliflorus* (H. Lév. & Vaniot) Hand.-Mazz.	LC	
2287. 长腺灰白毛莓	*Rubus tephrodes* var. *setosissimus* Hand.-Mazz.	DD	
2288. 三花悬钩子	*Rubus trianthus* Focke	LC	
2289. 光滑悬钩子	*Rubus tsangii* Merr.	LC	
2290. 东南悬钩子	*Rubus tsangiorum* Hand.-Mazz.	LC	
2291. 大苞悬钩子	*Rubus wangii* F. P. Metcalf	DD	
2292. 黄脉莓	*Rubus xanthoneurus* Focke	LC	
2293. 地榆	*Sanguisorba officinalis* L.	LC	
2294. 长叶地榆	*Sanguisorba officinalis* var. *longifolia* (Bertol.) T. T. Yu & C. L. Li	LC	
2295. 水榆花楸	*Sorbus alnifolia* (Siebold & Zucc.) K. Koch	LC	
2296. 美脉花楸	*Sorbus caloneura* (Stapf) Rehder	LC	
2297. 广东美脉花楸 ★	*Sorbus caloneura* var. *kwangtungensis* T. T. Yu	NT	
2298. 疣果花楸	*Sorbus corymbifera* (Miq.) Khep & Yakovlev	LC	
2299. 石灰花楸	*Sorbus folgneri* (C. K. Schneid.) Rehder	LC	
2300. 江南花楸	*Sorbus hemsleyi* (C. K. Schneid.) Rehder	NT	
2301. 绣球绣线菊	*Spiraea blumei* G. Don	LC	
2302. 宽瓣绣球绣线菊	*Spiraea blumei* var. *latipetala* Hemsl.	LC	
2303. 麻叶绣线菊	*Spiraea cantoniensis* Lour.	LC	
2304. 中华绣线菊	*Spiraea chinensis* Maxim.	LC	
2305. 渐尖绣线菊	*Spiraea japonica* L. f. var. *acuminata* Franch.	LC	
2306. 光叶粉花绣线菊	*Spiraea japonica* var. *fortunei* (Planch.) Rehder	DD	

中文名	拉丁学名	等级	等级注解
2307. 华空木	*Stephanandra chinensis* Hance	LC	
2308. 波叶红果树	*Stranvaesia davidiana* Dcene. var. *undulata*（Dcne.）Rehder & E. H. Wilson	NT	
胡颓子科 Elaeagnaceae			
2309. 长叶胡颓子	*Elaeagnus bockii* Diels	LC	
2310. 密花胡颓子	*Elaeagnus conferta* Roxb.	LC	
2311. 巴东胡颓子	*Elaeagnus difficilis* Servett.	LC	
2312. 蔓胡颓子	*Elaeagnus glabra* Thunb.	LC	
2313. 角花胡颓子	*Elaeagnus gonyanthes* Benth.	LC	
2314. 宜昌胡颓子	*Elaeagnus henryi* Warburg ex Diels	DD	
2315. 披针叶胡颓子	*Elaeagnus lanceolata* Warb	LC	
2316. 鸡柏紫藤	*Elaeagnus loureiroi* Champ. ex Benth.	LC	
2317. 银果牛奶子	*Elaeagnus magna*（Serv.）Rehder	LC	
2318. 长萼木半夏	*Elaeagnus multiflora* Thunb. var. *siphonantha*（Nakai）C. Y. Chang	NT	
2319. 福建胡颓子	*Elaeagnus oldhami* Maxim.	LC	
2320. 胡颓子	*Elaeagnus pungens* Thunb.	LC	
2321. 香港胡颓子	*Elaeagnus tutcheri* Dunn	NT	
鼠李科 Rhamnaceae			
2322. 越南勾儿茶	*Berchemia annamensis* Pit.	LC	
2323. 多花勾儿茶	*Berchemia floribunda*（Wall.）Brongn.	LC	
2324. 牯岭勾儿茶	*Berchemia kulingensis* C. K. Schneid.	LC	
2325. 铁包金	*Berchemia lineata*（L.）DC.	LC	
2326. 光枝勾儿茶	*Berchemia polyphylla* Wall. ex M. A. Lawson var. *leioclada* Hand.-Mazz.	LC	
2327. 蛇藤	*Colubrina asiatica*（L.）Brongn.	NT	
2328. 封怀木★	*Fenghwaia gardeniicarpa* G. T. Wang & R. J. Wang	NT	
2329. 长叶冻绿	*Frangula crenata*（Siebold & Zucc.）Miq.	LC	
2330. 长柄鼠李	*Frangula longipes*（Merr. & Chun）Grubov	LC	
2331. 杜鹃叶鼠李	*Frangula rhododendriphylla*（Y. L. Chen & P. K. Chou）H. Yu, H. G. Ye & N. H. Xia	DD	
2332. 毛咀签	*Gouania javanica* Miq.	NT	

续表

中文名	拉丁学名	等级	等级注解
2333. 枳椇	*Hovenia acerba* Lindl.	LC	
2334. 毛果枳椇	*Hovenia trichocarpa* Chun & Tsiang	LC	
2335. 光叶毛果枳椇	*Hovenia trichocarpa* var. *robusta*（Nakai & Y. Kimuna）Y. L. Chen & P. K. Chou	LC	
2336. 铜钱树	*Paliurus hemsleyanus* Rehder	LC	
2337. 硬毛马甲子	*Paliurus hirsutus* Hemsl.	NT	
2338. 马甲子	*Paliurus ramosissimus*（Lour.）Poir.	LC	
2339. 尾叶猫乳★	*Rhamnella caudata* Merr. & Chun	NT	
2340. 多脉猫乳	*Rhamnella martinii*（H. Lév.）C. K. Schneid.	NT	
2341. 山绿柴	*Rhamnus brachypoda* C. Y. Wu ex Y. L. Chen & P. K.Chou	LC	
2342. 革叶鼠李	*Rhamnus coriophylla* Hand.-Mazz.	LC	
2343. 黄鼠李	*Rhamnus fulvotincta* F. P. Metcalf	NT	
2344. 钩齿鼠李	*Rhamnus lamprophylla* C. K. Schneid.	LC	
2345. 薄叶鼠李	*Rhamnus leptophylla* C. K. Schneid.	LC	
2346. 尼泊尔鼠李	*Rhamnus napalensis*（Wall.）M. A. Lawson	LC	
2347. 皱叶鼠李	*Rhamnus rugulosa* Hemsl.	LC	
2348. 冻绿	*Rhamnus utilis* Decne.	LC	
2349. 山鼠李	*Rhamnus wilsonii* C. K. Schneid.	LC	
2350. 钩刺雀梅藤	*Sageretia hamosa*（Wall.）Brongn.	LC	
2351. 梗花雀梅藤	*Sageretia henryi* J. R. Drumm. & Sprague	LC	
2352. 亮叶雀梅藤	*Sageretia lucida* Merr.	LC	
2353. 刺藤子	*Sageretia melliana* Hand.-Mazz.	LC	
2354. 皱叶雀梅藤	*Sageretia rugosa* Hance	LC	
2355. 尾叶雀梅藤	*Sageretia subcaudata* C. K. Schneid.	LC	
2356. 雀梅藤	*Sageretia thea*（Osbeck）M. C. Johnst.	LC	
2357. 毛叶雀梅藤	*Sageretia thea* var. *tomentosa*（C. K. Schneid.）Y. L. Chen & P. K. Chou	LC	
2358. 翼核果	*Ventilago leiocarpa* Benth.	LC	
榆科 Ulmaceae			
2359. 多脉榆	*Ulmus castaneifolia* Hemsl.	NT	
2360. 榔榆	*Ulmus parvifolia* Jacq.	LC	
2361. 大叶榉树	*Zelkova schneideriana* Hand.-Mazz.	NT	

中文名	拉丁学名	等级	等级注解
2362. 榉树	*Zelkova serrata*（Thunb.）Makino	NT	
大麻科 Cannabaceae			
2363. 糙叶树	*Aphananthe aspera*（Thunb.）Planch.	LC	
2364. 滇糙叶树	*Aphananthe cuspidata*（Blume）Planch.	LC	
2365. 紫弹树	*Celtis biondii* Pamp.	LC	
2366. 珊瑚朴	*Celtis julianae* C. K. Schneid.	LC	
2367. 朴树	*Celtis sinensis* Pers.	LC	
2368. 假玉桂	*Celtis timorensis* Span.	LC	
2369. 西川朴	*Celtis vandervoetiana* C. K. Schneid.	LC	
2370. 白颜树	*Gironniera subaequalis* Planch.	LC	
2371. 葎草	*Humulus scandens*（Lour.）Merr.	LC	
2372. 青檀	*Pteroceltis tatarinowii* Maxim.	VU	A2c
2373. 狭叶山黄麻	*Trema angustifolia*（Planch.）Blume	LC	
2374. 光叶山黄麻	*Trema cannabina* Lour.	LC	
2375. 山油麻	*Trema cannabina* var. *dielsiana*（Hand.-Mazz.）C. J.Chen	LC	
2376. 异色山黄麻	*Trema orientalis*（L.）Blume	LC	
2377. 山黄麻	*Trema tomentosa*（Roxb.）H. Hara	LC	
桑科 Moraceae			
2378. 见血封喉	*Antiaris toxicaria* Lesch.	VU	A2c
2379. 白桂木	*Artocarpus hypargyreus* Hance ex Benth.	NT	
2380. 桂木	*Artocarpus nitidus* Trécul subsp. *lingnanensis*（Merr.）F. M. Jarrett	LC	
2381. 二色波罗蜜	*Artocarpus styracifolius* Pierre	LC	
2382. 胭脂	*Artocarpus tonkinensis* A. Chev.	LC	
2383. 葡蟠	*Broussonetia kazinoki* Siebold & Zucc.	LC	
2384. 楮	*Broussonetia monoica* Hance	LC	
2385. 构	*Broussonetia papyrifera*（L.）L'Hér. ex Vent.	LC	
2386. 细齿水蛇麻	*Fatoua pilosa* Gaudich	LC	
2387. 水蛇麻	*Fatoua villosa*（Thunb.）Nakai	LC	
2388. 石榕树	*Ficus abelii* Miq.	LC	
2389. 高山榕	*Ficus altissima* Blume	LC	
2390. 大果榕	*Ficus auriculata* Lour.	LC	

中文名	拉丁学名	等级	等级注解
2391. 垂叶榕	*Ficus benjamina* L.	LC	
2392. 纸叶榕	*Ficus chartacea* Wall. ex King	LC	
2393. 无柄纸叶榕	*Ficus chartacea* var. *torulosa* King	LC	
2394. 雅榕	*Ficus concinna*（Miq.）Miq.	LC	
2395. 矮小天仙果	*Ficus erecta* Thunb.	LC	
2396. 黄毛榕	*Ficus esquiroliana* H. Lév.	LC	
2397. 水同木	*Ficus fistulosa* Reinw ex Blume	LC	
2398. 台湾榕	*Ficus formosana* Maxim.	LC	
2399. 冠毛榕	*Ficus gasparriniana* Miq.	DD	
2400. 长叶冠毛榕	*Ficus gasparriniana* var. *esquirolii*（H. Lév. & Vaniot）Corner	LC	
2401. 大叶水榕	*Ficus glaberrima* Blume	LC	
2402. 藤榕	*Ficus hederacea* Roxb.	LC	
2403. 异叶榕	*Ficus heteromorpha* Hemsl.	LC	
2404. 山榕	*Ficus heterophylla* L. f.	NT	
2405. 粗叶榕	*Ficus hirta* Vahl	LC	
2406. 对叶榕	*Ficus hispida* L. f.	LC	
2407. 青藤公	*Ficus langkokensis* Drake	LC	
2408. 榕树	*Ficus microcarpa* L. f.	LC	
2409. 九丁榕	*Ficus nervosa* Heyne ex Roth	LC	
2410. 琴叶榕	*Ficus pandurata* Hance	LC	
2411. 褐叶榕	*Ficus pubigera*（Wall. ex Miq.）Kurz	LC	
2412. 球果山榕	*Ficus pubilimba* Merr.	DD	
2413. 薜荔	*Ficus pumila* L.	LC	
2414. 舶梨榕	*Ficus pyriformis* Hook. & Arn.	LC	
2415. 乳源榕	*Ficus ruyuanensis* S. S. Chang	NT	
2416. 羊乳榕	*Ficus sagittata* Vahl	LC	
2417. 珍珠莲	*Ficus sarmentosa* Buch.-Ham. ex J. E. Sm. var. *henryi*（King ex D. Oliv.）Corner	LC	
2418. 爬藤榕	*Ficus sarmentosa* var. *impressa*（Champ. ex Benth.）Corner	LC	
2419. 尾尖爬藤榕	*Ficus sarmentosa* var. *lacrymans*（H. Lév.）Corner	LC	
2420. 长柄爬藤榕	*Ficus sarmentosa* var. *luducca*（Roxb.）Corner	LC	
2421. 白背爬藤榕	*Ficus sarmentosa* var. *nipponica*（Fr. & Sav.）Corner	LC	

中文名	拉丁学名	等级	等级注解
2422. 极简榕	*Ficus simplicissima* Lour.	DD	
2423. 缘毛榕★	*Ficus sinociliata* Z. K. Zhou & M. G. Gilbert	DD	
2424. 竹叶榕	*Ficus stenophylla* Hemsl.	LC	
2425. 笔管榕	*Ficus subpisocarpa* Gagnep.	LC	
2426. 假斜叶榕	*Ficus subulata* Blume	LC	
2427. 斜叶榕	*Ficus tinctoria* G. Forst. subsp. *gibbosa*（Blume）Corner	LC	
2428. 楔叶榕	*Ficus trivia* Corner	DD	
2429. 波缘榕★	*Ficus undulata* S. S. Chang	DD	
2430. 杂色榕	*Ficus variegata* Blume	LC	
2431. 变叶榕	*Ficus variolosa* Lindl. ex Benth.	LC	
2432. 白肉榕	*Ficus vasculosa* Wall. ex Miq.	LC	
2433. 构棘	*Maclura cochinchinensis*（Lour.）Corner	LC	
2434. 毛柘藤	*Maclura pubescens*（Trécul）Z. K. Zhou & M. G.Gillbert	LC	
2435. 柘	*Maclura tricuspidata* Carrière	VU	A2cd；B1b（iii,iv）
2436. 牛筋藤	*Malaisia scandens*（Lour.）Planch.	LC	
2437. 桑	*Morus alba* L.	LC	
2438. 鸡桑	*Morus australis* Poir.	LC	
2439. 华桑	*Morus cathayana* Hemsl.	LC	
2440. 长穗桑	*Morus wittiorum* Hand.-Hazz.	NT	
2441. 鹊肾树	*Streblus asper* Lour.	NT	
2442. 假鹊肾树	*Streblus indicus*（Bureau）Corner	DD	
荨麻科 Urticaceae			
2443. 舌柱麻	*Archiboehmeria atrata*（Gagnep.）C. J. Chen	NT	
2444. 序叶苎麻	*Boehmeria clidemioides* Miq. var. *diffusa*（Wedd.）Hand.-Mazz.	LC	
2445. 密花苎麻	*Boehmeria densiflora* Hook. & Arn.	LC	
2446. 密球苎麻	*Boehmeria densiglomerata* W. T. Wang	LC	
2447. 柔毛苎麻	*Boehmeria dolichostachya* var. *mollis*（W. T. Wang）W. T. Wang & C. J. Chen	LC	
2448. 长序苎麻	*Boehmeria dolichostachya* W. T. Wang	LC	
2449. 海岛苎麻	*Boehmeria formosana* Hayata	LC	
2450. 福州苎麻	*Boehmeria formosana* var. *stricta*（C. H. Wright）C. J.Chen	DD	

续表

中文名	拉丁学名	等级	等级注解
2451. 野线麻	*Boehmeria japonica*（L. f.）Miq.	LC	
2452. 琼海苎麻	*Boehmeria lohuiensis* S. S. Chien	NT	
2453. 水苎麻	*Boehmeria macrophylla* Hornem.	LC	
2454. 糙叶水苎麻	*Boehmeria macrophylla* var. *scabrella*（Roxb.）Long	LC	
2455. 苎麻	*Boehmeria nivea*（L.）Gaudich.	LC	
2456. 青叶苎麻	*Boehmeria nivea* var. *tenacissima*（Gaudich.）Miq.	LC	
2457. 小赤麻	*Boehmeria spicata*（Thunb.）Thunb.	LC	
2458. 八角麻	*Boehmeria tricuspis*（Hance）Makino	LC	
2459. 微柱麻	*Chamabainia cuspidata* Wight.	LC	
2460. 长叶水麻	*Debregeasia longifolia*（Burm. f.）Wedd.	DD	
2461. 水麻	*Debregeasia orientalis* C. J. Chen	NT	
2462. 鳞片水麻	*Debregeasia squamata* King ex Hook. f.	LC	
2463. 全缘火麻树	*Dendrocnide sinuata*（Blume）Chew	NT	
2464. 渐尖楼梯草	*Elatostema acuminatum*（Poir.）Brongn.	LC	
2465. 华南楼梯草	*Elatostema balansae* Gagenp.	LC	
2466. 锐齿楼梯草	*Elatostema cyrtandrifolium*（Zoll. & Mor.）Miq.	LC	
2467. 盘托楼梯草	*Elatostema dissectum* Wedd.	LC	
2468. 楼梯草	*Elatostema involucratum* Franch. & Sav.	LC	
2469. 光叶楼梯草	*Elatostema laevissimum* W. T. Wang	LC	
2470. 狭叶楼梯草	*Elatostema lineolatum* Wight	LC	
2471. 多序楼梯草	*Elatostema macintyrei* Dunn	LC	
2472. 异叶楼梯草	*Elatostema monandrum*（D. Don）Hara	LC	
2473. 托叶楼梯草	*Elatostema nasutum* Hook. f.	DD	
2474. 短毛楼梯草	*Elatostema nasutum* var. *puberulum*（W. T. Wang）W.T. Wang	LC	
2475. 三齿钝叶楼梯草	*Elatostema obtusum* Wedd. var. *trilobulatum*（Hayata）W. T. Wang	NT	
2476. 小叶楼梯草	*Elatostema parvum*（Blume）Miq.	LC	
2477. 曲毛楼梯草	*Elatostema retrohirtum* Dunn	LC	
2478. 歧序楼梯草	*Elatostema subtrichotomum* W. T. Wang	LC	
2479. 糯米团	*Gonostegia hirta*（Blume ex Hassk.）Miq.	LC	
2480. 五蕊糯米团	*Gonostegia pentandra*（Roxb.）Miq.	LC	
2481. 珠芽艾麻	*Laportea bulbifera*（Siebold & Zucc.）Wedd.	LC	

中文名	拉丁学名	等级	等级注解
2482. 假楼梯草	*Lecanthus peduncularis*（Wall. ex Royle）Wedd.	LC	
2483. 毛花点草	*Nanocnide lobata* Wedd.	LC	
2484. 紫麻	*Oreocnide frutescens*（Thunb.）Miq.	LC	
2485. 细梗紫麻	*Oreocnide frutescens* subsp. *insignis* C. J. Chen	LC	
2486. 倒卵叶紫麻	*Oreocnide obovata*（C. H. Wright）Merr.	LC	
2487. 宽叶紫麻	*Oreocnide tonkinensis*（Gagnep.）Merr. & Chun	LC	
2488. 短叶赤车	*Pellionia brevifolia* Benth.	LC	
2489. 华南赤车	*Pellionia grijsii* Hance	LC	
2490. 异被赤车	*Pellionia heteroloba* Wedd.	LC	
2491. 羽脉赤车	*Pellionia incisoserrata*（H. Schröter）W. T. Wang	LC	
2492. 长柄赤车	*Pellionia latifolia*（Blume）Boerl.	LC	
2493. 赤车	*Pellionia radicans*（Siebold & Zucc.）Wedd.	LC	
2494. 蔓赤车	*Pellionia scabra* Benth.	LC	
2495. 细尖赤车 ★	*Pellionia tenuicuspis* W. T. Wang，Y. G. Wei & F. Wen	NT	
2496. 圆瓣冷水花	*Pilea angulata*（Blume）Blume	LC	
2497. 长柄冷水花	*Pilea angulata* var. *petiolaris*（Siebold & Zucc.）C.J. Chen	NT	
2498. 湿生冷水花	*Pilea aquarum* Dunn	LC	
2499. 锐齿湿生冷水花	*Pilea aquarum* subsp. *acutidentata* C. J. Chen	NT	
2500. 短角湿生冷水花	*Pilea aquarum* subsp. *brevicornuta*（Hayata）C. J. Chen	LC	
2501. 五萼冷水花	*Pilea boniana* Gagnep.	LC	
2502. 波缘冷水花	*Pilea cavaleriei* H. Lév.	NT	
2503. 纸质冷水花	*Pilea chartacea* C. J. Chen	LC	
2504. 心托冷水花	*Pilea cordistipulata* C. J. Chen	LC	
2505. 点乳冷水花	*Pilea glaberrima*（Blume）Blume	LC	
2506. 山冷水花	*Pilea japonica*（Maxim.）Hand.-Mazz.	LC	
2507. 隆脉冷水花	*Pilea lomatogramma* Hand.-Mazz.	LC	
2508. 大叶冷水花	*Pilea martinii*（H. Lév.）Hand.-Mazz.	LC	
2509. 长序冷水花	*Pilea melastomoides*（Poir.）Wedd.	LC	
2510. 冷水花	*Pilea notata* C. H. Wright	LC	
2511. 盾叶冷水花	*Pilea peltata* Hance	LC	

中文名	拉丁学名	等级	等级注解
2512. 卵叶盾叶冷水花 ★	*Pilea peltata* var. *ovatifolia* C. J. Chen	LC	
2513. 矮冷水花	*Pilea peploides*（Gaudich.）Hook. & Arn.	LC	
2514. 透茎冷水花	*Pilea pumila*（L.）A. Gray	LC	
2515. 厚叶冷水花	*Pilea sinocrassifolia* C. J. Chen	LC	
2516. 粗齿冷水花	*Pilea sinofasciata* C. J. Chen	LC	
2517. 刺果冷水花	*Pilea spinulosa* C. J. Chen	LC	
2518. 三角形冷水花	*Pilea swinglei* Merr.	LC	
2519. 疣果冷水花	*Pilea verrucosa* Hand.-Mazz.	LC	
2520. 生根冷水花	*Pilea wightii* Wedd.	LC	
2521. 雾水葛	*Pouzolzia zeylanica*（L.）Benn. & R. Br.	LC	
2522. 狭叶雾水葛	*Pouzolzia zeylanica* var. *angustifolia* C. J. Chen	LC	
2523. 多枝雾水葛	*Pouzolzia zeylanica* var. *microphylla*（Wedd.）W. T.Wang	LC	
2524. 藤麻	*Procris crenata* C. B. Rob.	LC	
壳斗科 Fagaceae			
2525. 锥栗	*Castanea henryi*（Skan）Rrhder & E. H. Wilson	LC	
2526. 茅栗	*Castanea seguinii* Dode	LC	
2527. 榄壳锥	*Castanopsis boisii* Hickel & A. Camus	DD	
2528. 米槠	*Castanopsis carlesii*（Hemsl.）Hayata	LC	
2529. 短刺米槠	*Castanopsis carlesii* var. *spinulosa* W. C. Cheng & C. S.Chao	LC	
2530. 锥	*Castanopsis chinensis*（Spreng.）Hance	LC	
2531. 厚皮锥	*Castanopsis chunii* W. C. Cheng	LC	
2532. 华南锥	*Castanopsis concinna*（Champ. ex Benth.）A. DC.	VU	C2a（ii）
2533. 高山锥	*Castanopsis delavayi* Franch.	NT	
2534. 甜槠	*Castanopsis eyrei*（Champ. ex Benth.）Tutcher	LC	
2535. 罗浮锥	*Castanopsis faberi* Hance	LC	
2536. 栲	*Castanopsis fargesii* Franch.	LC	
2537. 黧蒴锥	*Castanopsis fissa*（Champ. ex Benth.）Rehder & E.H. Wilson	LC	
2538. 毛锥	*Castanopsis fordii* Hance	LC	
2539. 红锥	*Castanopsis hystrix* Hook. f. & Thomson ex A. DC.	LC	
2540. 印度锥	*Castanopsis indica*（J. Roxb. ex Lindl.）A. DC.	NT	
2541. 秀丽锥	*Castanopsis jucunda* Hance	LC	

中文名	拉丁学名	等级	等级注解
2542. 吊皮锥	*Castanopsis kawakamii* Hayata	NT	
2543. 鹿角锥	*Castanopsis lamontii* Hance	LC	
2544. 乐东锥	*Castanopsis ledongensis* C. C. Huang & Y. T. Chang	DD	
2545. 黑叶锥	*Castanopsis nigrescens* Chun & C. C. Huang	LC	
2546. 苦槠	*Castanopsis sclerophylla* (Lindl.) Schottky	LC	
2547. 钩锥	*Castanopsis tibetana* Hance	LC	
2548. 公孙锥	*Castanopsis tonkinensis* Seemen	LC	
2549. 淋漓锥	*Castanopsis uraiana* (Hayata) Kaneh. & Hatus.	LC	
2550. 贵州青冈	*Cyclobalanopsis argyrotricha* (A. Camus) Chun & Y. T. Chang ex Y. C. Hsu & H. Wei Jen	DD	
2551. 槟榔青冈	*Cyclobalanopsis bella* (Chun & Tsiang) Chun ex Y. C. Hsu & H. Wei Jen	LC	
2552. 栎子青冈	*Cyclobalanopsis blakei* (Skan) Schottky	LC	
2553. 岭南青冈	*Cyclobalanopsis championii* (Benth.) Oerst.	LC	
2554. 黑果青冈	*Cyclobalanopsis chevalieri* (Hickel & A. Camus) Y. C. Hsu & H. Wei Jen	DD	
2555. 福建青冈	*Cyclobalanopsis chungii* (F. P. Metcalf) Y. C. Hsu & H. W. Jen ex Q. F. Zhang	LC	
2556. 上思青冈	*Cyclobalanopsis delicatula* (Chun & Tsiang) Y. C. Hsu & H. Wei Jen	VU	B1ab(iv)
2557. 鼎湖青冈★	*Cyclobalanopsis dinghuensis* (C. C. Huang) Y. C. Hsu & H. Wei Jen	CR	A2c+3c
2558. 碟斗青冈	*Cyclobalanopsis disciformis* (Chun & Tsiang) Y. C. Hsu & H. Wei Jen	NT	
2559. 华南青冈	*Cyclobalanopsis edithiae* (Skan) Schotty	NT	
2560. 饭甑青冈	*Cyclobalanopsis fleuryi* (Hickel & A. Camus) Chun ex Q. F. Zheng	LC	
2561. 赤皮青冈	*Cyclobalanopsis gilva* (Blume) Oerst.	NT	
2562. 青冈	*Cyclobalanopsis glauca* (Thunb.) Oerst.	LC	
2563. 细叶青冈	*Cyclobalanopsis gracilis* (Rehder & E. H. Wilson) W. C. Cheng & T. Hong	LC	
2564. 毛枝青冈	*Cyclobalanopsis helferiana* (A. DC.) Oerst.	LC	
2565. 雷公青冈	*Cyclobalanopsis hui* (Chun) Chun ex Y. C. Hsu & H. Wei Jen	LC	

中文名	拉丁学名	等级	等级注解
2566. 大叶青冈	*Cyclobalanopsis jenseniana*（Hand.-Mazz.）W. C. Cheng & T. Hong ex Q. F. Zheng	LC	
2567. 广西青冈	*Cyclobalanopsis kouangsiensis*（A. Camus）Y. C. Hsu & H. Wei Jen	DD	
2568. 木姜叶青冈	*Cyclobalanopsis litseoides*（Dunn）Schottky	LC	
2569. 小叶青冈	*Cyclobalanopsis myrsinifolia*（Blume）Oerst.	LC	
2570. 竹叶青冈	*Cyclobalanopsis neglecta* Schottky	LC	
2571. 倒卵叶青冈	*Cyclobalanopsis obovatifolia*（C. C. Huang）Q. F. Zheng	DD	
2572. 曼青冈	*Cyclobalanopsis oxyodon*（Miq.）Oerst.	DD	
2573. 毛果青冈	*Cyclobalanopsis pachyloma*（Seemen）Schottky	LC	
2574. 托盘青冈	*Cyclobalanopsis patelliformis*（Chun）Y. C. Hsu & H. Wei Jen	NT	
2575. 云山青冈	*Cyclobalanopsis sessilifolia*（Blume）Schottky	LC	
2576. 褐叶青冈	*Cyclobalanopsis stewardiana*（A. Camus）Y. C. Hsu & H. Wei Jen	LC	
2577. 水青冈	*Fagus longipetiolata* Seemen	LC	
2578. 光叶水青冈	*Fagus lucida* Rehder & E. H. Wilson	NT	
2579. 愉柯	*Lithocarpus amoenus* Chun & C. C. Huang	VU	C2a（ii）
2580. 杏叶柯	*Lithocarpus amygdalifolius*（Skan）Hayata	LC	
2581. 尖叶柯	*Lithocarpus attenuatus*（Skan）Rehder	NT	
2582. 短穗柯	*Lithocarpus brachystachyus* Chun	LC	
2583. 短尾柯	*Lithocarpus brevicaudatus*（Skan）Hayata	NT	
2584. 美叶柯	*Lithocarpus calophyllus* Chun ex C. C. Huang & Y. T.Chang	LC	
2585. 尾叶柯	*Lithocarpus caudatilimbus*（Merr.）A. Camus	NT	
2586. 粤北柯	*Lithocarpus chifui* Chun & Tsiang	VU	C2a（ii）
2587. 金毛柯	*Lithocarpus chrysocomus* Chun & Tsiang	LC	
2588. 烟斗柯	*Lithocarpus corneus*（Lour.）Rehder	LC	
2589. 海南烟斗柯	*Lithocarpus corneus* var. *hainanensis*（Merr.）C. C. Huang & Y. T. Chang	LC	
2590. 环鳞烟斗柯	*Lithocarpus corneus* var. *zonatus* C. C. Huang & Y. T.Chang	DD	
2591. 风兜柯	*Lithocarpus cucullatus* C. C. Huang & Y. T. Chang	VU	A2c+3c
2592. 鱼蓝柯	*Lithocarpus cyrtocarpus*（Drake）A. Camus	LC	
2593. 厚斗柯	*Lithocarpus elizabethae*（Tutcher）Rehder	LC	

中文名	拉丁学名	等级	等级注解
2594. 泥柯	*Lithocarpus fenestratus*（Roxb.）Rehder	LC	
2595. 卷毛柯	*Lithocarpus floccosus* C. C. Huang & Y. T. Chang	DD	
2596. 柯	*Lithocarpus glaber*（Thunb.）Nakai	LC	
2597. 粉绿柯 ★	*Lithocarpus glaucus* Chun & C. C. Huang ex H. G. Ye	LC	
2598. 假鱼蓝柯	*Lithocarpus gymnocarpus* A. Camus	LC	
2599. 庵耳柯	*Lithocarpus haipinii* Chun	LC	
2600. 硬壳柯	*Lithocarpus hancei*（Benth.）Rehder	LC	
2601. 港柯	*Lithocarpus harlandii*（Hance ex Walp.）Rehder	LC	
2602. 梨果柯	*Lithocarpus howii* Chun	DD	
2603. 广南柯	*Lithocarpus irwinii*（Hance）Rehder	LC	
2604. 鼠刺叶柯	*Lithocarpus iteaphyllus*（Hance）Rehder	LC	
2605. 挺叶柯 ★	*Lithocarpus ithyphyllus* Chun ex Hung T. Chang	LC	
2606. 油叶柯	*Lithocarpus konishii*（Hayata）Hayata	VU	A2c+3c
2607. 木姜叶柯	*Lithocarpus litseifolius*（Hance）Chun	LC	
2608. 龙眼柯	*Lithocarpus longanoides* C. C. Huang & Y. T. Chang	LC	
2609. 粉叶柯	*Lithocarpus macilentus* Chun & C. C. Huang	VU	A2c+3c；C2a（ii）
2610. 黑柯	*Lithocarpus melanochromus* Chun & Tsiang	NT	
2611. 水仙柯	*Lithocarpus naiadarum*（Hance）Chun	NT	
2612. 榄叶柯	*Lithocarpus oleifolius* A. Camus	LC	
2613. 大叶苦柯	*Lithocarpus paihengii* Chun & Tsiang	LC	
2614. 圆锥柯	*Lithocarpus paniculatus* Hand.-Mazz.	LC	
2615. 毛果柯	*Lithocarpus pseudovestitus* A. Camus	DD	
2616. 栎叶柯	*Lithocarpus quercifolius* C. C. Huang & Y. T. Chang	NT	
2617. 南川柯	*Lithocarpus rosthornii*（Schottky）Barnett	LC	
2618. 犁耙柯	*Lithocarpus silvicolarum*（Hance）Chun	NT	
2619. 滑皮柯	*Lithocarpus skanianus*（Dunn）Rehder	LC	
2620. 菱果柯	*Lithocarpus taitoensis*（Hayata）Hayata	LC	
2621. 薄叶柯	*Lithocarpus tenuilimbus* Hung T. Chang	LC	
2622. 紫玉盘柯	*Lithocarpus uvariifolius*（Hance）Rehder	LC	
2623. 卵叶玉盘柯	*Lithocarpus uvariifolius* var. *ellipticus*（F. P. Metcalf）C. C. Huang & Y. T. Chang	LC	
2624. 阳春柯 ★	*Lithocarpus yangchunensis* H. G. Ye & F. G. Wang	EN	C2a（ii）

中文名	拉丁学名	等级	等级注解
2625. 麻栎	*Quercus acutissima* Carruth.	LC	
2626. 槲栎	*Quercus aliena* Blume	LC	
2627. 锐齿槲栎	*Quercus aliena* var. *acutiserrata* Maxim.	LC	
2628. 巴东栎	*Quercus engleriana* Seemen	LC	
2629. 白栎	*Quercus fabrei* Hance	LC	
2630. 乌冈栎	*Quercus phillyraeoides* A. Gray	LC	
2631. 枹栎	*Quercus serrata* Thunb.	LC	
2632. 富宁栎	*Quercus setulosa* Hick. & A. Camus	DD	
2633. 刺叶高山栎	*Quercus spinosa* David ex Franch.	LC	
2634. 栓皮栎	*Quercus variabilis* Blume	LC	
2635. 云南波罗栎	*Quercus yunnanensis* Franch.	DD	
杨梅科 Myricaceae			
2636. 青杨梅	*Myrica adenophora* Hance	VU	B1ab(iii)
2637. 毛杨梅	*Myrica esculenta* Buch.-Ham. ex D. Don	LC	
2638. 杨梅	*Myrica rubra* (Lour.) Siebold & Zucc.	LC	
胡桃科 Juglandaceae			
2639. 青钱柳	*Cyclocarya paliurus* (Batalin) Iljinsk.	LC	
2640. 黄杞	*Engelhardia roxburghiana* Wall.	LC	
2641. 毛叶黄杞	*Engelhardia spicata* Lesch. ex Blume var. *colebrookeana* (Lindl. ex Wall.) Koord. & Valeton	LC	
2642. 化香树	*Platycarya strobilacea* Siebold & Zucc.	LC	
2643. 华西枫杨	*Pterocarya macroptera* Batalin var. *insignis* (Rehder & E. H. Wilson) W. E. Manning	LC	
2644. 枫杨	*Pterocarya stenoptera* C. DC.	LC	
桦木科 Betulaceae			
2645. 日本桤木	*Alnus japonica* (Thunb.) Steud.	LC	
2646. 江南桤木	*Alnus trabeculosa* Hand.-Mazz.	LC	
2647. 华南桦	*Betula austrosinensis* Chun ex P. C. Li	LC	
2648. 亮叶桦	*Betula luminifera* H. Winkl.	LC	
2649. 粤北鹅耳枥	*Carpinus chuniana* Hu	LC	
2650. 川鄂鹅耳枥	*Carpinus henryana* (H. J. P. Winkl.) H. J. P. Winkl.	LC	
2651. 短尾鹅耳枥	*Carpinus londoniana* H. Winkl.	LC	

中文名	拉丁学名	等级	等级注解
2652. 多脉鹅耳枥	*Carpinus polyneura* Franch.	LC	
2653. 云贵鹅耳枥	*Carpinus pubescens* Burkill	LC	
2654. 雷公鹅耳枥	*Carpinus viminea* Lindl.	LC	
葫芦科 Cucurbitaceae			
2655. 盒子草	*Actinostemma tenerum* Griff.	LC	
2656. 红瓜	*Coccinia grandis*（L.）Voigt	LC	
2657. 毒瓜	*Diplocyclos palmatus*（L.）C. Jeffrey	LC	
2658. 金瓜	*Gymnopetalum chinense*（Lour.）Merr.	LC	
2659. 凤瓜	*Gymnopetalum scabrum*（Lour.）W. J. de Wilde & Duyfjes	LC	
2660. 光叶绞股蓝	*Gynostemma laxum*（Wall.）Cogn.	NT	
2661. 绞股蓝	*Gynostemma pentaphyllum*（Thunb.）Makino	LC	
2662. 马铜铃	*Hemsleya graciliflora*（Harms）Cogn.	NT	
2663. 蛇莲	*Hemsleya sphaerocarpa* Kuang & A. M. Lu	NT	
2664. 木鳖子	*Momordica cochinchinensis*（Lour.）Spreng.	LC	
2665. 凹萼木鳖	*Momordica subangulata* Blume	LC	
2666. 爪哇帽儿瓜	*Mukia javanica*（Miq.）C. Jeffrey	LC	
2667. 帽儿瓜	*Mukia maderaspatana*（L.）M. Roem.	LC	
2668. 藏棒锤瓜	*Neoalsomitra claviger*a（Wall.）Hutch.	DD	
2669. 白兼果	*Sinobaijiania decipiens* C. Jeffrey & W. J. de Wild.	DD	
2670. 茅瓜	*Solena heterophylla* Lour.	LC	
2671. 大苞赤瓟	*Thladiantha cordifolia*（Blume）Cogn.	LC	
2672. 异叶赤瓟	*Thladiantha hookeri* C. B. Clarke	LC	
2673. 长叶赤瓟	*Thladiantha longifolia* Cogn. ex Oliv.	LC	
2674. 南赤瓟	*Thladiantha nudiflora* Hemsl.	LC	
2675. 王瓜	*Trichosanthes cucumeroides*（Ser.）Maxim.	LC	
2676. 海南栝楼	*Trichosanthes cucumeroides* var. *hainanensis*（Hayata）S. K. Chen	LC	
2677. 长萼栝楼	*Trichosanthes laceribractea* Hayata	LC	
2678. 趾叶栝楼	*Trichosanthes pedata* Merr. & Chun	LC	
2679. 全缘栝楼	*Trichosanthes pilosa* Lour.	LC	
2680. 两广栝楼	*Trichosanthes reticulinervis* C. Y. Wu ex S. K. Chen	LC	
2681. 中华栝楼	*Trichosanthes rosthornii* Harms	LC	

中文名	拉丁学名	等级	等级注解
2682. 多卷须栝楼	*Trichosanthes rosthornii* var. *multicirrata*（C. Y. Cheng & C. H. Yueh）S. K. Chen	LC	
2683. 红花栝楼	*Trichosanthes rubriflos* Thorel ex Cayla	LC	
2684. 截叶栝楼	*Trichosanthes truncata* C. B. Clarke	DD	
2685. 钮子瓜	*Zehneria bodinieri*（H. Lév.）W. J. de Wilde & Duyfjes	LC	
2686. 马㼎儿	*Zehneria japonica*（Thunb.）H. Y. Liu	LC	
2687. 台湾马㼎儿	*Zehneria mucronata*（Blume）Miq.	DD	
秋海棠科 Begoniaceae			
2688. 周裂秋海棠	*Begonia circumlobata* Hance	LC	
2689. 阳春秋海棠★	*Begonia coptidifolia* H. G. Ye，F. G. Wang，Y. S. Ye & C. I. Peng	CR	A1acd；B1a+2a
2690. 丹霞秋海棠	*Begonia danxiaensis* D. K. Tian & X. L. Yu	DD	
2691. 食用秋海棠	*Begonia edulis* H. Lév.	LC	
2692. 紫背天葵	*Begonia fimbristipula* Hance	VU	A2cd+3cd
2693. 西江秋海棠★	*Begonia fordii* Irmsch.	DD	
2694. 香花秋海棠	*Begonia handelii* Irmsch.	LC	
2695. 铺地秋海棠	*Begonia handelii* var. *prostrata*（Irmsch.）Tebbitt	NT	
2696. 癞叶秋海棠	*Begonia leprosa* Hance	LC	
2697. 粗喙秋海棠	*Begonia longifolia* Blume	LC	
2698. 裂叶秋海棠	*Begonia palmata* D. Don	LC	
2699. 红孩儿	*Begonia palmata* var. *bowringiana*（Champ. ex Benth.）J. Golding & C. Kareg.	LC	
2700. 掌裂叶秋海棠	*Begonia pedatifida* H. Lév.	LC	
2701. 深圳秋海棠	*Begonia shenzhenensis* D. K. Tian & X. Yun Wang	CR	D
卫矛科 Celastraceae			
2702. 过山枫	*Celastrus aculeatus* Merr.	LC	
2703. 苦皮藤	*Celastrus angulatus* Maxim.	LC	
2704. 大芽南蛇藤	*Celastrus gemmatus* Loes.	LC	
2705. 青江藤	*Celastrus hindsii* Benth.	LC	
2706. 滇边南蛇藤	*Celastrus hookeri* Prain	LC	
2707. 薄叶南蛇藤	*Celastrus hypoleucoides* P. L. Chiu	LC	
2708. 粉背南蛇藤	*Celastrus hypoleucus*（Oliv.）Warb. ex loes	LC	

中文名	拉丁学名	等级	等级注解
2709. 圆叶南蛇藤	*Celastrus kusanoi* Hayata	LC	
2710. 独子藤	*Celastrus monospermus* Roxb.	LC	
2711. 窄叶南蛇藤	*Celastrus oblanceifolius* Chen H. Wang & P. C. Tsoong	NT	
2712. 灯油藤	*Celastrus paniculatus* Willd.	LC	
2713. 短梗南蛇藤	*Celastrus rosthornianus* Loes.	LC	
2714. 毛脉显柱南蛇藤	*Celastrus stylosus* var. *puberulus*（Hsu）C. Y. Cheng & T. C. Kao	DD	
2715. 显柱南蛇藤	*Celastrus stylosus* Wall.	LC	
2716. 长序南蛇藤	*Celastrus vaniotii*（H. Lév.）Rehder	NT	
2717. 刺果卫矛	*Euonymus acanthocarpus* Franch.	LC	
2718. 星刺卫矛	*Euonymus actinocarpus* Loes.	NT	
2719. 软刺卫矛	*Euonymus aculeatus* Hemsl.	LC	
2720. 卫矛	*Euonymus alatus*（Thunb.）Siebold	LC	
2721. 肉花卫矛	*Euonymus carnosus* Hemsl.	NT	
2722. 百齿卫矛	*Euonymus centidens* H. Lév.	LC	
2723. 静容卫矛	*Euonymus chengii* J. S. Ma	NT	
2724. 裂果卫矛	*Euonymus dielsianus* Loes.	LC	
2725. 棘刺卫矛	*Euonymus echinatus* Wall.	LC	
2726. 鸦椿卫矛	*Euonymus euscaphis* Hand.-Mazz.	LC	
2727. 扶芳藤	*Euonymus fortunei*（Turcz.）Hand.-Mazz.	LC	
2728. 流苏卫矛	*Euonymus gibber* Hance	LC	
2729. 纤细卫矛	*Euonymus gracillimus* Hemsl.	LC	
2730. 西南卫矛	*Euonymus hamiltonianus* Wall.	LC	
2731. 湖广卫矛	*Euonymus hukuangensis* C. Y. Cheng ex J. S. Ma	LC	
2732. 湖北卫矛	*Euonymus hupehensis*（Loes.）Loes.	LC	
2733. 稀序卫矛	*Euonymus laxicymosus* C. Y. Cheng ex J. S. Ma	LC	
2734. 疏花卫矛	*Euonymus laxiflorus* Champ. ex Benth.	LC	
2735. 庐山卫矛	*Euonymus lushanensis* F. H. Chen & M. C. Wang	LC	
2736. 大果卫矛	*Euonymus myrianthus* Hemsl.	LC	
2737. 中华卫矛	*Euonymus nitidus* Benth.	LC	
2738. 海桐卫矛	*Euonymus pittosporoides* C. Y. Cheng ex J. S. Ma	DD	
2739. 疏刺卫矛	*Euonymus spraguei* Hayata	DD	

中文名	拉丁学名	等级	等级注解
2740. 北部湾卫矛	*Euonymus tonkinensis*（Loes.）Loes.	DD	
2741. 狭叶卫矛	*Euonymus tsoi* Merr.	LC	
2742. 游藤卫矛	*Euonymus vagans* Wall.	DD	
2743. 白树沟瓣	*Glyptopetalum geloniifolium*（Chun & How）C. Y.Cheng	DD	
2744. 长梗沟瓣	*Glyptopetalum longipedicellatum*（Merr. & Chun）C. Y.Cheng	VU	A2c+3c
2745. 变叶裸实	*Gymnosporia diversifolia* Maxim.	NT	
2746. 程香仔树	*Loeseneriella concinna* A. C. Sm.	LC	
2747. 双花假卫矛★	*Microtropis biflora* Merr. & F. L. Freem.	LC	
2748. 福建假卫矛	*Microtropis fokienensis* Dunn	LC	
2749. 密花假卫矛	*Microtropis gracilipes* Merr. & F. P. Metcalf	LC	
2750. 斜脉假卫矛	*Microtropis obliquinervia* Merr. & F. L. Freeman	LC	
2751. 木樨假卫矛	*Microtropis osmanthoides*（Hand.-Mazz.）Hand.-Mazz.	DD	
2752. 少脉假卫矛	*Microtropis paucinervia* Merr. & Chun ex Merr. & F. L.Freeman	LC	
2753. 广序假卫矛	*Microtropis petelotii* Merr. & F. L. Freeman	LC	
2754. 网脉假卫矛	*Microtropis reticulata* Dunn	LC	
2755. 深圳假卫矛★	*Microtropis shenzhenensis* L. Chen & F. W. Xing	NT	
2756. 灵香假卫矛	*Microtropis submembranacea* Merr. & F. L. Freeman	NT	
2757. 梅花草	*Parnassia palustris* L.	DD	
2758. 鸡肫梅花草	*Parnassia wightiana* Wall. ex Wight & Arn.	LC	
2759. 扁蒴藤	*Pristimera indica* A. C. Sm.	NT	
2760. 五层龙	*Salacia chinensis* L.	NT	
2761. 无柄五层龙	*Salacia sessiliflora* Hand.-Mazz.	LC	
2762. 雷公藤	*Tripterygium wilfordii* Hook. f.	LC	
牛栓藤科 Connaraceae			
2763. 长尾红叶藤	*Rourea caudata* Planch.	NT	
2764. 小叶红叶藤	*Rourea microphylla*（Hook. & Arn.）Planch.	LC	
2765. 红叶藤	*Rourea minor*（Gaertn.）Alston	LC	
酢浆草科 Oxalidaceae			
2766. 分枝感应草	*Biophytum fruticosum* Blume	DD	
2767. 酢浆草	*Oxalis corniculata* L.	LC	
2768. 山酢浆草	*Oxalis griffithii* Edgew. & Hook. f.	NT	

续表

中文名	拉丁学名	等级	等级注解
杜英科 Elaeocarpaceae			
2769. 黑腺杜英	*Elaeocarpus atropunctatus* Hung T. Chang	EN	A2c+3c；B1ab（iii）
2770. 中华杜英	*Elaeocarpus chinensis*（Gardner & Champ.）Hook. f. ex Benth.	LC	
2771. 杜英	*Elaeocarpus decipiens* Hemsl.	LC	
2772. 显脉杜英	*Elaeocarpus dubius* Aug. DC.	LC	
2773. 褐毛杜英	*Elaeocarpus duclouxii* Gagnep.	LC	
2774. 秃瓣杜英	*Elaeocarpus glabripetalus* Merr.	LC	
2775. 秃蕊杜英	*Elaeocarpus gymnogynus* Hung T. Chang	NT	
2776. 锈毛杜英	*Elaeocarpus howii* Merrill & Chun	NT	
2777. 日本杜英	*Elaeocarpus japonicus* Siebold & Zucc.	LC	
2778. 披针叶杜英	*Elaeocarpus lanceifolius* Roxb.	LC	
2779. 小花杜英★	*Elaeocarpus limitaneoides* Y. Tang	DD	
2780. 灰毛杜英	*Elaeocarpus limitaneus* Hand.-Mazz.	LC	
2781. 绢毛杜英	*Elaeocarpus nitentifolius* Merr. & Chun	LC	
2782. 长柄杜英	*Elaeocarpus petiolatus*（Jack）Wall.	LC	
2783. 滇越杜英	*Elaeocarpus poilanei* Gagnep.	DD	
2784. 山杜英	*Elaeocarpus sylvestris*（Lour.）Poir.	LC	
2785. 美脉杜英	*Elaeocarpus varunua* Buch.-Ham.	LC	
2786. 全缘叶猴欢喜	*Sloanea integrifolia* Chun & F. C. How	DD	
2787. 薄果猴欢喜	*Sloanea leptocarpa* Diels	LC	
2788. 猴欢喜	*Sloanea sinensis*（Hance）Hemsl.	LC	
小盘木科 Pandaceae			
2789. 小盘木	*Microdesmis casearifolia* Planch. ex Hook. f.	LC	
红树科 Rhizophoraceae			
2790. 木榄	*Bruguiera gymnorhiza*（L.）Savigny	LC	
2791. 竹节树	*Carallia brachiata*（Lour.）Merr.	LC	
2792. 锯叶竹节树	*Carallia diplopetala* Hand.-Mazz.	EN	A2c；C1
2793. 旁杞木	*Carallia pectinifolia* W. C. Ko	LC	
2794. 角果木	*Ceriops tagal*（Perr.）C. B. Rob.	NT	
2795. 秋茄树	*Kandelia obovata* Sheue，H. Y. Liu & J. Yong	LC	
2796. 红茄苳	*Rhizophora mucronata* Lam.	VU	A2c；B1ab（iii，v）

中文名	拉丁学名	等级	等级注解
2797. 红海兰	*Rhizophora stylosa* Griff.	VU	B1ab（iii,v）
古柯科 Erythroxylaceae			
2798. 东方古柯	*Erythroxylum sinense* C. Y. Wu	LC	
金莲木科 Ochnaceae			
2799. 金莲木	*Ochna integerrima*（Lour.）Merr.	NT	
2800. 合柱金莲木	*Sauvagesia rhodoleuca*（Diels）M. C. E. Amaral	VU	A2bc；D1
藤黄科 Clusiaceae			
2801. 木竹子	*Garcinia multiflora* Champ. ex Benth.	LC	
2802. 岭南山竹子	*Garcinia oblongifolia* Champ. ex Benth.	LC	
胡桐科 Calophyllaceae			
2803. 薄叶红厚壳	*Calophyllum membranaceum* Gardner & Champ.	LC	
川薹草科 Podostemaceae			
2804. 华南飞瀑草	*Cladopus austrosinensis* Mak. Kato & Y. Kita	CR	B1ab（iii）
2805. 川苔草	*Cladopus chinensis*（H. C. Chao）H. C. Chao	EN	D
2806. 飞瀑草	*Cladopus nymanii* H. Möller	EN	A2c
金丝桃科 Hypericaceae			
2807. 黄牛木	*Cratoxylum cochinchinense*（Lour.）Blume	LC	
2808. 黄海棠	*Hypericum ascyron* L.	LC	
2809. 赶山鞭	*Hypericum attenuatum* Fish. ex Choisy	LC	
2810. 挺茎遍地金	*Hypericum elodeoides* Choisy	LC	
2811. 小连翘	*Hypericum erectum* Thunb.	LC	
2812. 扬子小连翘	*Hypericum faber* R. Keller	DD	
2813. 衡山金丝桃	*Hypericum hengshanense* W. T. Wang	LC	
2814. 地耳草	*Hypericum japonicum* Thunb.	LC	
2815. 金丝桃	*Hypericum monogynum* L.	LC	
2816. 云南小连翘	*Hypericum petiolulatum* Hook. f. & Thomson ex Dyer subsp. *yunnanense*（Franch.）N. Robson	LC	
2817. 元宝草	*Hypericum sampsonii* Hance	LC	
2818. 密腺小连翘	*Hypericum seniawinii* Maxim.	LC	
2819. 台粤小连翘	*Hypericum taihezanense* Sasaki ex S. Suzuki	DD	
2820. 三腺金丝桃	*Triadenum breviflorum*（Wall. ex Dyer）Y. Kimura	LC	

中文名	拉丁学名	等级	等级注解
假黄杨科 Putranjivaceae			
2821. 拱网核果木	*Drypetes arcuatinervia* Merr. & Chun	LC	
2822. 密花核果木	*Drypetes congestiflora* Chun & T. C. Chen	DD	
2823. 青枣核果木	*Drypetes cumingii*（Baill.）Pax & K. Hoffm.	DD	
2824. 核果木	*Drypetes indica*（Müll. Arg.）Pax & K. Hoffm.	NT	
2825. 全缘叶核果木	*Drypetes integrifolia* Merr. & Chun	DD	
2826. 广东核果木★	*Drypetes kwangtungensis* F. W. Xing，X. S. Qin & H. F.Chen	DD	
2827. 钝叶核果木	*Drypetes obtusa* Merr. & Chun	LC	
2828. 网脉核果木	*Drypetes perreticulata* Gagnep.	NT	
2829. 台湾假黄杨	*Putranjiva formosana* Kaneh. & Sasaki ex Shimada	EN	A2c+3c
沟繁缕科 Elatinaceae			
2830. 田繁缕	*Bergia ammannioides* Roxb.	LC	
2831. 大叶田繁缕	*Bergia capensis* L.	DD	
2832. 倍蕊田繁缕	*Bergia serrata* Blanco	DD	
2833. 三蕊沟繁缕	*Elatine triandra* Schkuhr	NT	
金虎尾科 Malpighiaceae			
2834. 贵州盾翅藤	*Aspidopterys cavaleriei* H. Lév.	LC	
2835. 盾翅藤	*Aspidopterys glabriuscula* A. Juss.	DD	
2836. 风筝果	*Hiptage benghalensis*（L.）Kurz	LC	
毒鼠子科 Dichapetalaceae			
2837. 海南毒鼠子	*Dichapetalum longipetalum*（Turcz.）Engl.	VU	A2c
堇菜科 Violaceae			
2838. 鼠鞭草	*Hybanthus enneaspermus*（L.）F. Muell.	NT	
2839. 如意草	*Viola arcuata* Blume	LC	
2840. 华南堇菜	*Viola austrosinensis* Y. S. Chen & Q. E. Yang	LC	
2841. 戟叶堇菜	*Viola betonicifolia* Sm.	LC	
2842. 张氏堇菜★	*Viola changii* J. S. Zhou & F. W. Xing	DD	
2843. 深圆齿堇菜	*Viola davidii* Franch.	LC	
2844. 七星莲	*Viola diffusa* Ging.	LC	
2845. 柔毛堇菜	*Viola fargesii* H. Boissieu	LC	
2846. 紫花堇菜	*Viola grypoceras* A. Gray	LC	

中文名	拉丁学名	等级	等级注解
2847. 广州堇菜★	*Viola guangzhouensis* A. Q. Dong, J. S. Zhou & F. W. Xing	DD	
2848. 鼠鞭堇状堇菜★	*Viola hybanthoides* W. B. Liao & Q. Fan	VU	A2c+3c
2849. 长萼堇菜	*Viola inconspicua* Blume	LC	
2850. 福建堇菜	*Viola kosanensis* Hayata	LC	
2851. 广东堇菜	*Viola kwangtungensis* Melch.	DD	
2852. 亮毛堇菜	*Viola lucens* W. Becker	LC	
2853. 犁头叶堇菜	*Viola magnifica* C. J. Wang ex X. D. Wang	LC	
2854. 萱	*Viola moupinensis* Franch.	LC	
2855. 南岭堇菜★	*Viola nanlingensis* J. S. Zhou & F. W. Xing	LC	
2856. 紫花地丁	*Viola philippica* Cav.	LC	
2857. 庐山堇菜	*Viola stewardiana* W. Becker	LC	
2858. 三角叶堇菜	*Viola triangulifolia* W. Becker	LC	
2859. 心叶堇菜	*Viola yunnanfuensis* W. Becker	LC	
西番莲科 Passifloraceae			
2860. 异叶蒴莲	*Adenia heterophylla* (Blume) Koord.	LC	
2861. 蛇王藤	*Passiflora cochinchinensis* Spreng.	LC	
2862. 杯叶西番莲	*Passiflora cupiformis* Mast.	LC	
2863. 尖峰西番莲	*Passiflora jianfengensis* S. M. Hwang & Q. Huang	VU	A2c+3c
2864. 广东西番莲	*Passiflora kwangtungensis* Merr.	EN	A2c+3c；B1ab（i，ii，iii，iv）+2ab（i，ii，ii，iv）
杨柳科 Salicaceae			
2865. 山桂花	*Bennettiodendron leprosipes* (Clos) Merr.	NT	
2866. 贵州嘉丽树	*Carrierea dunniana* H. Lév.	NT	
2867. 球花脚骨脆	*Casearia glomerata* Roxb.	LC	
2868. 膜叶嘉赐树	*Casearia membranacea* Hance	LC	
2869. 爪哇脚骨脆	*Casearia velutina* Blume	LC	
2870. 刺篱木	*Flacourtia indica* (Burm. f.) Merr.	NT	
2871. 大叶刺篱木	*Flacourtia rukam* Zoll. & Moritzi	NT	
2872. 短穗天料木	*Homalium breviracemosum* F. C. How & W. C. Ko	NT	
2873. 天料木	*Homalium cochinchinense* (Lour.) Druce	LC	

中文名	拉丁学名	等级	等级注解
2874. 阔瓣天料木	*Homalium kainantense* Masam.	VU	B1ab(ⅰ,ⅲ,ⅴ)
2875. 毛天料木	*Homalium mollissimum* Merr.	NT	
2876. 广南天料木	*Homalium paniculiflorum* F. C. How & W. C. Ko	NT	
2877. 显脉天料木	*Homalium phanerophlebium* F. C. How & W. C. Ko	LC	
2878. 山桐子	*Idesia polycarpa* Maxim.	LC	
2879. 毛叶山桐子	*Idesia polycarpa* var. *vestita* Diels	DD	
2880. 栀子皮	*Itoa orientalis* Hemsl.	NT	
2881. 山拐枣	*Poliothyrsis sinensis* Oliv.	NT	
2882. 响叶杨	*Populus adenopoda* Maxim.	NT	
2883. 山杨	*Populus davidiana* Dode	DD	
2884. 腺柳	*Salix chaenomeloides* Kimura	LC	
2885. 长梗柳	*Salix dunnii* C. K. Schneid.	LC	
2886. 粤柳	*Salix mesnyi* Hance	NT	
2887. 四子柳	*Salix tetrasperma* Roxb.	DD	
2888. 箣柊	*Scolopia chinensis*（Lour.）Clos	LC	
2889. 广东箣柊	*Scolopia saeva*（Hance）Hance	LC	
2890. 柞木	*Xylosma congesta*（Lour.）Merr.	LC	
2891. 南岭柞木	*Xylosma controversa* Clos	LC	
2892. 毛叶南岭柞木	*Xylosma controversa* var. *pubescens* Q. E. Yang	LC	
2893. 长叶柞木	*Xylosma longifolia* Clos	LC	
大戟科 Euphorbiaceae			
2894. 铁苋菜	*Acalypha australis* L.	LC	
2895. 热带铁苋菜	*Acalypha indica* L.	LC	
2896. 裂苞铁苋菜	*Acalypha supera* Forssk.	LC	
2897. 印禅铁苋菜	*Acalypha wui* H. S. Kiu	NT	
2898. 山麻杆	*Alchornea davidii* Franch.	LC	
2899. 羽脉山麻杆	*Alchornea rugosa*（Lour.）Müll. Arg.	LC	
2900. 海南山麻杆	*Alchornea rugosa* var. *pubescens*（Pax & K. Hoffm.）H. S. Kiu	LC	
2901. 椴叶山麻杆	*Alchornea tiliifolia*（Benth.）Müll. Arg.	LC	
2902. 红背山麻杆	*Alchornea trewioides*（Benth.）Müll. Arg.	LC	
2903. 大果留萼木	*Blachia andamanica*（Kurz）Hook. f.	NT	

续表

中文名	拉丁学名	等级	等级注解
2904. 留萼木	*Blachia pentzii*（Müll. Arg.）Benth.	LC	
2905. 海南白桐树	*Claoxylon hainanense* Pax & K. Hoffm.	LC	
2906. 白桐树	*Claoxylon indicum*（Reinw. ex Blume）Hassk.	LC	
2907. 棒柄花	*Cleidion brevipetiolatum* Pax & K. Hoffm.	LC	
2908. 海南粗毛藤	*Cnesmone hainanensis*（Merr. & Chun）Croizat	NT	
2909. 灰岩粗毛藤	*Cnesmone tonkinensis*（Gagnep.）Croizat	NT	
2910. 银叶巴豆	*Croton cascarilloides* Raeusch.	LC	
2911. 鸡骨香	*Croton crassifolius* Geiseler	LC	
2912. 鼎湖巴豆★	*Croton dinghuensis* H. S. Kiu	VU	A2c+3c
2913. 石山巴豆	*Croton euryphyllus* W. W. Sm.	LC	
2914. 香港巴豆	*Croton hancei* Benth.	VU	B1ab（i,iii）
2915. 毛果巴豆	*Croton lachnocarpus* Benth.	LC	
2916. 榄绿巴豆	*Croton lauioides* Radcl.-Sm. & Govaerts	VU	B1ab（i,iii,iv）
2917. 淡紫毛巴豆★	*Croton purpurascens* Y. T. Chang	LC	
2918. 巴豆	*Croton tiglium* L.	LC	
2919. 毛丹麻秆	*Discocleidion rufescens*（Franch.）Pax & K. Hoffm.	LC	
2920. 丹麻秆	*Discocleidion ulmifolium*（Müll. Arg.）Pax & K.Hoffm.	LC	
2921. 黄桐	*Endospermum chinense* Benth.	LC	
2922. 海滨大戟	*Euphorbia atoto* G. Forst.	LC	
2923. 细齿大戟	*Euphorbia bifida* Hook. & Arn.	LC	
2924. 乳浆大戟	*Euphorbia esula* L.	LC	
2925. 禾叶大戟	*Euphorbia graminea* Jacq.	LC	
2926. 地锦	*Euphorbia humifusa* Willd.	LC	
2927. 湖北大戟	*Euphorbia hylonoma* Hand.-Mazz.	LC	
2928. 南亚大戟	*Euphorbia indica* L.	LC	
2929. 大戟	*Euphorbia pekinensis* Rupr.	LC	
2930. 钩腺大戟	*Euphorbia sieboldiana* C. Morren & Decne.	LC	
2931. 千根草	*Euphorbia thymifolia* L.	LC	
2932. 海漆	*Excoecaria agallocha* L.	LC	
2933. 绿背桂	*Excoecaria cochinchinensis* Lour. var. *formosana*（Hayata）Hurus.	NT	
2934. 粗毛野桐	*Hancea hookeriana* Seem.	LC	

中文名	拉丁学名	等级	等级注解
2935. 轮苞血桐	*Macaranga andamanica* Kurz	LC	
2936. 印度血桐	*Macaranga indica* Wight	LC	
2937. 刺果血桐	*Macaranga lowii* King ex Hook. f.	LC	
2938. 鼎湖血桐	*Macaranga sampsonii* Hance	LC	
2939. 血桐	*Macaranga tanarius*（L.）Müll. Arg. var. *tomentosa*（Blume）Müll. Arg.	LC	
2940. 白背叶	*Mallotus apelta*（Lour.）Müll. Arg.	LC	
2941. 广西白背叶	*Mallotus apelta* var. *kwangsiensis* F. P. Metcalf	LC	
2942. 毛桐	*Mallotus barbatus*（Wall.）Müll. Arg.	LC	
2943. 长梗野桐	*Mallotus barbatus* var. *pedicellaris* Croizat	DD	
2944. 南平野桐	*Mallotus dunnii* F. P. Metcalf	LC	
2945. 野桐	*Mallotus japonicus*（Spreng.）Müll. Arg. var. *floccosus*（Müll. Arg.）S. M. Hwang	LC	
2946. 东南野桐	*Mallotus lianus* Croizat	LC	
2947. 罗定野桐	*Mallotus lotingensis* F. P. Metcalf	LC	
2948. 小果野桐	*Mallotus microcarpus* Pax & K. Hoffm.	LC	
2949. 贵州野桐	*Mallotus millietii* H. Lév.	LC	
2950. 山地野桐	*Mallotus oreophilus* Müll. Arg.	LC	
2951. 白楸	*Mallotus paniculatus*（Lam.）Müll. Arg.	LC	
2952. 山苦茶	*Mallotus peltatus*（Geis.）Müll. Arg.	LC	
2953. 粗糠柴	*Mallotus philippensis*（Lam.）Müll. Arg.	LC	
2954. 网脉粗糠柴	*Mallotus philippensis* var. *reticulatus*（Dunn）F. P.Metcalf	LC	
2955. 石岩枫	*Mallotus repandus*（Rottler）Müll. Arg.	LC	
2956. 杠香藤	*Mallotus repandus* var. *chrysocarpus*（Pamp.）S. M.Hwang	LC	
2957. 卵叶石岩枫	*Mallotus repandus* var. *scabrifolius*（A. Juss.）Müll.Arg.	DD	
2958. 乐昌野桐	*Mallotus tenuifolius* Pax var. *castanopsis*（F. P. Metcalf）H. S. Kiu	DD	
2959. 红叶野桐	*Mallotus tenuifolius* var. *paxii*（Pamp.）H. S. Kiu	LC	
2960. 黄背野桐	*Mallotus tenuifolius* var. *subjaponicus* Croizat	DD	
2961. 山靛	*Mercurialis leiocarpa* Siebold & Zucc.	LC	
2962. 地杨桃	*Microstachys chamaelea*（L.）Müll. Arg.	LC	

中文名	拉丁学名	等级	等级注解
2963. 斑子乌桕	*Neoshirakia atrobadiomaculata*（F. P. Metcalf）Esser & P. T. Li	LC	
2964. 白木乌桕	*Neoshirakia japonica*（Siebold & Zucc.）Esser	LC	
2965. 广东地构叶	*Speranskia cantonensis*（Hance）Pax & K. Hoffm.	LC	
2966. 海厚托桐	*Stillingia lineata*（Lam.）Müll. Arg. subsp. *pacifica*（Müll. Arg.）Steenis	EN	D
2967. 白树	*Suregada multiflora*（Juss.）Baill.	LC	
2968. 山乌桕	*Triadica cochinchinensis* Lour.	LC	
2969. 圆叶乌桕	*Triadica rotundifolia*（Hemsl.）Esser	LC	
2970. 乌桕	*Triadica sebifera*（L.）Dum. Cours.	LC	
2971. 三宝木	*Trigonostemon chinensis* Merr.	NT	
亚麻科 Linaceae			
2972. 野亚麻	*Linum stelleroides* Planch.	DD	
粘木科 Ixonanthaceae			
2973. 粘木	*Ixonanthes reticulata* Jack	NT	
叶下珠科 Phyllanthaceae			
2974. 喜光花	*Actephila merrilliana* Chun	LC	
2975. 五月茶	*Antidesma bunius*（L.）Spreng.	LC	
2976. 黄毛五月茶	*Antidesma fordii* Hemsl.	LC	
2977. 方叶五月茶	*Antidesma ghaesembilla* Gaertn.	LC	
2978. 日本五月茶	*Antidesma japonicum* Siebold & Zucc.	LC	
2979. 山地五月茶	*Antidesma montanum* Blume	LC	
2980. 小叶五月茶	*Antidesma montanum* var. *microphyllum*（Hemsl.）Petra Hoffm.	LC	
2981. 大果五月茶	*Antidesma nienkui* Merr. & Chun	DD	
2982. 多脉五月茶	*Antidesma venosum* E. Mey. ex Tul.	LC	
2983. 银柴	*Aporosa dioica*（Roxb.）Müll. Arg.	LC	
2984. 毛银柴	*Aporosa villosa*（Lindl.）Baill.	LC	
2985. 云南大沙叶	*Aporosa yunnanensis*（Pax & Hoffm.）F. P. Metcalf	LC	
2986. 木奶果	*Baccaurea ramiflora* Lour.	LC	
2987. 秋枫	*Bischofia javanica* Blume	LC	
2988. 重阳木	*Bischofia polycarpa*（H. Lév.）Airy Shaw	LC	

续表

中文名	拉丁学名	等级	等级注解
2989. 黑面神	*Breynia fruticosa*（L.）Hook. f.	LC	
2990. 喙果黑面神	*Breynia rostrata* Merr.	LC	
2991. 小叶黑面神	*Breynia vitis-idaea*（Burm. f.）C. E. C. Fisch.	LC	
2992. 禾串树	*Bridelia balansae* Tutcher	LC	
2993. 膜叶土蜜树	*Bridelia glauca* Blume	LC	
2994. 大叶土蜜树	*Bridelia retusa*（L.）A. Juss.	LC	
2995. 土蜜藤	*Bridelia stipularis*（L.）Blume	LC	
2996. 土蜜树	*Bridelia tomentosa* Blume	LC	
2997. 闭花木	*Cleistanthus sumatranus*（Miq.）Müll. Arg	NT	
2998. 锈毛闭花木	*Cleistanthus tomentosus* Hance	DD	
2999. 馒头果	*Cleistanthus tonkinensis* Jabl.	NT	
3000. 一叶萩	*Flueggea suffruticosa*（Pall.）Baill.	LC	
3001. 白饭树	*Flueggea virosa*（Roxb. ex Willd.）Royle	LC	
3002. 红算盘子	*Glochidion coccineum*（Buch.-Ham.）Müll. Arg.	LC	
3003. 革叶算盘子	*Glochidion daltonii*（Müll. Arg.）Kurz	LC	
3004. 四裂算盘子	*Glochidion ellipticum* Wight	LC	
3005. 毛果算盘子	*Glochidion eriocarpum* Champ. ex Benth.	LC	
3006. 厚叶算盘子	*Glochidion hirsutum*（Roxb.）Voigt	LC	
3007. 艾胶算盘子	*Glochidion lanceolarium*（Roxb.）Voigt.	LC	
3008. 山漆茎	*Glochidion lutescens* Blume	LC	
3009. 宽果算盘子	*Glochidion oblatum* Hook. f.	LC	
3010. 倒卵叶算盘子	*Glochidion obovatum* Siebold & Zucc.	DD	
3011. 甜叶算盘子	*Glochidion philippicum*（Cav.）C. B. Robinson	LC	
3012. 算盘子	*Glochidion puberum*（L.）Hutch.	LC	
3013. 圆果算盘子	*Glochidion sphaerogynum*（Müll. Arg.）Kurz	DD	
3014. 里白算盘子	*Glochidion triandrum*（Blanco）C. B. Rob.	LC	
3015. 湖北算盘子	*Glochidion wilsonii* Hutch.	LC	
3016. 白背算盘子	*Glochidion wrightii* Benth.	LC	
3017. 香港算盘子	*Glochidion zeylanicum*（Gaertn.）A. Juss.	LC	
3018. 珠子木	*Phyllanthodendron anthopotamicus*（Hand.-Mazz.）Croizat	LC	
3019. 龙州珠子木	*Phyllanthodendron breynioides* P. T. Li	LC	

中文名	拉丁学名	等级	等级注解
3020. 沙地叶下珠	*Phyllanthus arenarius* Beille	DD	
3021. 浙江叶下珠	*Phyllanthus chekiangensis* Croizat & F. P. Metcalf	LC	
3022. 滇藏叶下珠	*Phyllanthus clarkei* Hook. f.	LC	
3023. 越南叶下珠	*Phyllanthus cochinchinensis*（Lour.）Spreng.	LC	
3024. 余甘子	*Phyllanthus emblica* L.	LC	
3025. 落萼叶下珠	*Phyllanthus flexuosus*（Siebold & Zucc.）Müll. Arg.	LC	
3026. 青灰叶下珠	*Phyllanthus glaucus* Wall. ex Müll. Arg.	LC	
3027. 隐脉叶下珠	*Phyllanthus guangdongensis* P. T. Li	LC	
3028. 细枝叶下珠	*Phyllanthus leptoclados* Benth.	LC	
3029. 小果叶下珠	*Phyllanthus reticulatus* Poir.	LC	
3030. 水油甘	*Phyllanthus rheophyticus* M. G. Gilbert & P. T. Li	LC	
3031. 红叶下珠	*Phyllanthus tsiangii* P. T. Li	LC	
3032. 叶下珠	*Phyllanthus urinaria* L.	LC	
3033. 蜜甘草	*Phyllanthus ussuriensis* Rupr. ex Maxim.	LC	
3034. 黄珠子草	*Phyllanthus virgatus* G. Forst.	LC	
3035. 艾堇	*Sauropus bacciformis*（L.）Airy Shaw	LC	
3036. 苍叶守宫木	*Sauropus garrettii* Craib	LC	
3037. 长梗守宫木	*Sauropus macranthus* Hassk.	DD	
3038. 方枝守宫木	*Sauropus quadrangularis*（Willd.）Müll. Arg.	DD	
牻牛儿苗科 Geraniaceae			
3039. 中日老鹳草	*Geranium nepalense* Sweet var. *thunbergii*（Siebold ex Lindl. & Paxton）Kudô	LC	
使君子科 Combretaceae			
3040. 风车子	*Combretum alfredii* Hance	LC	
3041. 阔叶风车子	*Combretum latifolium* Blume	NT	
3042. 盾鳞风车子	*Combretum punctatum* Blume	LC	
3043. 水密花	*Combretum punctatum* var. *squamosum*（Roxb. ex G. Don）M. Gangop. & Chakrab.	LC	
3044. 榄李	*Lumnitzera racemosa* Willd.	NT	
3045. 榄仁树	*Terminalia catappa* L.	LC	
千屈菜科 Lythraceae			
3046. 耳基水苋	*Ammannia arenaria* Kunth	LC	

中文名	拉丁学名	等级	等级注解
3047. 水苋菜	*Ammannia baccifera* L.	LC	
3048. 多花水苋菜	*Ammannia multiflora* Roxb.	LC	
3049. 尾叶紫薇	*Lagerstroemia caudata* Chun & How ex S. K. Lee & L.Lau	VU	B1ab（iii）
3050. 广东紫薇	*Lagerstroemia fordii* Oliv. & Koehne	NT	
3051. 光紫薇	*Lagerstroemia glabra*（Koehne）Koehne	NT	
3052. 紫薇	*Lagerstroemia indica* L.	LC	
3053. 福建紫薇	*Lagerstroemia limii* Merr.	NT	
3054. 南紫薇	*Lagerstroemia subcostata* Koehne	LC	
3055. 异叶节节菜	*Rotala cordata* Koehne	LC	
3056. 密花节节菜	*Rotala densiflora*（Roth.）Koehne	LC	
3057. 节节菜	*Rotala indica*（Willd.）Koehne	LC	
3058. 五蕊节节菜	*Rotala rosea*（Poir.）C. D. K. Cook ex H. Hara	LC	
3059. 圆叶节节菜	*Rotala rotundifolia*（Buch.-Ham. ex Roxb.）Koehne	LC	
3060. 瓦氏节节菜	*Rotala wallichii*（Hook. f.）Koehne	LC	
3061. 细果野菱	*Trapa incisa* Siebold & Zucc.	RE	
3062. 欧菱	*Trapa natans* L.	EN	A2cde
柳叶菜科 Onagraceae			
3063. 谷蓼	*Circaea erubescens* Franch. & Sav.	LC	
3064. 南方露珠草	*Circaea mollis* Siebold & Zucc.	LC	
3065. 光滑柳叶菜	*Epilobium amurense* Hausskn. subsp. *cephalostigma*（Hausskn.）C. J. Chen	LC	
3066. 腺茎柳叶菜	*Epilobium brevifolium* D. Don subsp. *trichoneurum*（Hausskn.）Raven	LC	
3067. 柳叶菜	*Epilobium hirsutum* L.	LC	
3068. 长籽柳叶菜	*Epilobium pyrricholophum* Franch. & Sav.	LC	
3069. 水龙	*Ludwigia adscendens*（L.）H. Hara	LC	
3070. 假柳叶菜	*Ludwigia epilobioides* Maxim.	LC	
3071. 卵叶丁香蓼	*Ludwigia ovalis* Miq.	DD	
3072. 黄花水龙	*Ludwigia peploides*（Kunth）P. H. Raven subsp. *stipulacea*（Ohwi）P. H. Raven	LC	
3073. 细花丁香蓼	*Ludwigia perennis* L.	LC	
3074. 台湾水龙	*Ludwigia × taiwanensis* C. I. Peng	NT	

中文名	拉丁学名	等级	等级注解
桃金娘科 Myrtaceae			
3075. 岗松	*Baeckea frutescens* L.	LC	
3076. 子楝树	*Decaspermum gracilentum*（Hance）Merr. & L. M.Perry	LC	
3077. 五瓣子楝树	*Decaspermum parviflorum*（Lam.）A. J. Scott	DD	
3078. 桃金娘	*Rhodomyrtus tomentosa*（Aiton）Hassk.	LC	
3079. 肖蒲桃	*Syzygium acuminatissimum*（Blume）DC.	LC	
3080. 华南蒲桃	*Syzygium austrosinense*（Merr. & L. M. Perry）Hung T. Chang & R. H. Miao	LC	
3081. 黑嘴蒲桃	*Syzygium bullockii*（Hance）Merr. & L. M. Perry	LC	
3082. 赤楠	*Syzygium buxifolium* Hook. & Arn.	LC	
3083. 子凌蒲桃	*Syzygium championii*（Benth.）Merr. & L. M. Perry	LC	
3084. 乌墨	*Syzygium cumini*（L.）Skeels	LC	
3085. 卫矛叶蒲桃	*Syzygium euonymifolium*（F. P. Metcalf）Merr. & L. M.Perry	LC	
3086. 水竹蒲桃	*Syzygium fluviatile*（Hemsl.）Merr. & L. M. Perry	LC	
3087. 轮叶蒲桃	*Syzygium grijsii*（Hance）Merr. & L. M. Perry	LC	
3088. 红鳞蒲桃	*Syzygium hancei* Merr. & L. M. Perry	LC	
3089. 贵州蒲桃	*Syzygium handelii* Merr. & L. M. Perry	LC	
3090. 广东蒲桃	*Syzygium kwangtungense*（Merr.）Merr. & L. M. Perry	LC	
3091. 粗叶木蒲桃	*Syzygium lasianthifolium* Hung T. Chang & R. H. Miao	EN	B1ab（i,iii）
3092. 山蒲桃	*Syzygium levinei*（Merr.）Merr. & L. M. Perry	LC	
3093. 水翁蒲桃	*Syzygium nervosum* DC.	LC	
3094. 香蒲桃	*Syzygium odoratum*（Lour.）DC.	NT	
3095. 红枝蒲桃	*Syzygium rehderianum* Merr. & L. M. Perry	LC	
3096. 四角蒲桃	*Syzygium tetragonum*（Wight）Wall. ex Walp.	NT	
3097. 狭叶蒲桃	*Syzygium tsoongii*（Merr.）Merr. & L. M. Perry	LC	
3098. 锡兰蒲桃	*Syzygium zeylanicum*（L.）DC.	LC	
野牡丹科 Melastomataceae			
3099. 异形木	*Allomorphia balansae* Cogn.	LC	
3100. 棱果花	*Barthea barthei*（Hance ex Benth.）Krasser	VU	A2cd；B2ab（i,iii,v）
3101. 南亚柏拉木	*Blastus borneensis* Cogn. ex Boerl.	LC	
3102. 柏拉木	*Blastus cochinchinensis* Lour.	LC	

中文名	拉丁学名	等级	等级注解
3103. 少花柏拉木	*Blastus pauciflorus*（Benth.）Guillaumin	LC	
3104. 刺毛柏拉木	*Blastus setulosus* Diels	LC	
3105. 叶底红	*Bredia fordii*（Hance）Diels	LC	
3106. 长萼野海棠	*Bredia longiloba*（Hand.-Mazz.）Diels	DD	
3107. 小叶野海棠	*Bredia microphylla* H. L. Li	DD	
3108. 过路惊	*Bredia quadrangularis* Cogn.	LC	
3109. 短柄野海棠	*Bredia sessilifolia* H. L. Li	LC	
3110. 鸭脚茶	*Bredia sinensis*（Diels）H. L. Li	LC	
3111. 短茎异药花	*Fordiophyton brevicaule* C. Chen	LC	
3112. 陈氏异药花★	*Fordiophyton chenii* S. Jin Zeng & X. Y. Zhuang	NT	
3113. 惠州异药花★	*Fordiophyton huizhouense* S. Jin Zeng & X. Y. Zhuang	NT	
3114. 庄氏异药花★	*Fordiophyton zhuangiae* S. Jin Zeng & G. D. Tang	NT	
3115. 短葶无距花	*Fordiophyton breviscapum*（C. Chen）Y. F. Deng & T.L. Wu	LC	
3116. 心叶异药花	*Fordiophyton cordifolium* C. Y. Wu ex C. Chen	NT	
3117. 败蕊无距花	*Fordiophyton degeneratum*（C. Chen）Y. F. Deng & T.L. Wu	DD	
3118. 异药花	*Fordiophyton faberi* Stapf	LC	
3119. 无距花★	*Fordiophyton peperomiifolium*（Oliv.）C. Hansen	NT	
3120. 顶花酸脚杆	*Medinilla assamica*（C. B. Clarke）C. Chen	DD	
3121. 北酸脚杆	*Medinilla septentrionalis*（W. W. Sm.）H. L. Li	LC	
3122. 野牡丹	*Melastoma candidum* D. Don	LC	
3123. 地菍	*Melastoma dodecandrum* Lour.	LC	
3124. 细叶野牡丹	*Melastoma intermedium* Dunn	LC	
3125. 印度野牡丹	*Melastoma malabathricum* L.	LC	
3126. 展毛野牡丹	*Melastoma normale* D. Don	LC	
3127. 毛菍	*Melastoma sanguineum* Sims	LC	
3128. 谷木	*Memecylon ligustrifolium* Champ. ex Benth.	LC	
3129. 黑叶谷木	*Memecylon nigrescens* Hook. & Arn.	LC	
3130. 棱果谷木	*Memecylon octocostatum* Merr. & Chun	LC	
3131. 少花谷木	*Memecylon pauciflorum* Blume	LC	
3132. 细叶谷木	*Memecylon scutellatum*（Lour.）Hook. & Arn.	LC	
3133. 金锦香	*Osbeckia chinensis* L.	LC	

中文名	拉丁学名	等级	等级注解
3134. 星毛金锦香	*Osbeckia stellata* Buch.-Ham. ex Ker Gawl.	LC	
3135. 锦香草	*Phyllagathis cavaleriei*（H. Lév. & Vaniot）Guillaum	LC	
3136. 红敷地发	*Phyllagathis elattandra* Diels	LC	
3137. 密毛锦香草	*Phyllagathis hispidissima*（C. Chen）C. Chen	DD	
3138. 毛柄锦香草	*Phyllagathis oligotricha* Merr.	LC	
3139. 刺蕊锦香草	*Phyllagathis setotheca* H. L. Li	LC	
3140. 三瓣锦香草★	*Phyllagathis ternata* C. Chen	LC	
3141. 楮头红	*Sarcopyramis napalensis* Wall.	LC	
3142. 蜂斗草	*Sonerila cantonensis* Stapf	LC	
3143. 直立蜂斗草	*Sonerila erecta* Jack	LC	
3144. 溪边桑勒草	*Sonerila maculata* Roxb.	LC	
3145. 海棠叶蜂斗草	*Sonerila plagiocardia* Diels	LC	
3146. 惠州虎颜花★	*Tigridiopalma exalata* S. Jin Zeng, Y. C. Xu & D. F. Cui	EN	B2ab（iii，v）
3147. 虎颜花★	*Tigridiopalma magnifica* C. Chen	EN	B1ab（i，iii）；C1
省沽油科 Staphyleaceae			
3148. 野鸦椿	*Euscaphis japonica*（Thunb. ex Roem. & Schult.）Kanitz	LC	
3149. 膀胱果	*Staphylea holocarpa* Hemsl.	LC	
3150. 锐尖山香圆	*Turpinia arguta*（Lindl.）Seem.	LC	
3151. 绒毛锐尖山香圆	*Turpinia arguta* var. *pubescens* T. Z. Hsu	LC	
3152. 越南山香圆	*Turpinia cochinchinensis*（Lour.）Merr.	LC	
3153. 山香圆	*Turpinia montana*（Blume）Kurz	LC	
3154. 亮叶山香圆	*Turpinia simplicifolia* Merr.	LC	
旌节花科 Stachyuraceae			
3155. 中国旌节花	*Stachyurus chinensis* Franch.	LC	
3156. 西域旌节花	*Stachyurus himalaicus* Hook. f. & Thomson	LC	
瘿椒花科 Tapisciaceae			
3157. 云南瘿椒树	*Tapiscia yunnanensis* W. C. Cheng & C. D. Chu	EN	B2 c（iv）
橄榄科 Burseraceae			
3158. 多花白头树	*Garuga floribunda* Decne. var. *gamblei*（King ex W. W.Sm.）Kalkman	DD	

中文名	拉丁学名	等级	等级注解
漆树科 Anacardiaceae			
3159. 南酸枣	*Choerospondias axillaris*（Roxb.）B. L. Burtt & A. W.Hill	LC	
3160. 厚皮树	*Lannea coromandelica*（Houtt.）Merr.	LC	
3161. 利黄藤	*Pegia sarmentosa*（Lecomte）Hand.-Mazz.	LC	
3162. 黄连木	*Pistacia chinensis* Bunge	NT	
3163. 盐肤木	*Rhus chinensis* Mill.	LC	
3164. 滨盐肤木	*Rhus chinensis* var. *roxburghii*（DC.）Rehder	LC	
3165. 白背麸杨	*Rhus hypoleuca* Champ. ex Benth.	LC	
3166. 岭南酸枣	*Spondias lakonensis* Pierre	NT	
3167. 野漆	*Toxicodendron succedaneum*（L.）O. Kuntze	LC	
3168. 木蜡树	*Toxicodendron sylvestre*（Siebold & Zucc.）Kuntze	LC	
3169. 漆	*Toxicodendron vernicifluum*（Stokes）F. A. Barkley	LC	
无患子科 Sapindaceae			
3170. 三角槭	*Acer buergerianum* Miq.	LC	
3171. 乳源槭	*Acer chunii* W. P. Fang	EN	A2c；B1ab（i，iii）
3172. 密叶槭	*Acer confertifolium* Merr. & F. P. Metcalf	VU	A2c
3173. 紫果槭	*Acer cordatum* Pax	LC	
3174. 两型叶紫果枫	*Acer cordatum* var. *dimorphifolium*（F. P. Metcalf）Y.S. Chen	NT	
3175. 樟叶槭	*Acer coriaceifolium* H. Lév.	LC	
3176. 青榨槭	*Acer davidii* Franch.	LC	
3177. 罗浮槭	*Acer fabri* Hance	LC	
3178. 光叶槭	*Acer laevigatum* Wallich	LC	
3179. 亮叶槭	*Acer lucidum* F. P. Metcalf	LC	
3180. 南岭槭	*Acer metcalfii* Rehder	LC	
3181. 飞蛾槭	*Acer oblongum* Wall. ex DC.	LC	
3182. 五裂槭	*Acer oliverianum* Pax	LC	
3183. 稀花槭	*Acer pauciflorum* W. P. Fang	VU	A2c；B1ab（i，iii）
3184. 毛脉槭	*Acer pubinerve* Rehder	LC	
3185. 深圳槭	*Acer shenzhenensis* R. H. Miao，X. M. Wang & J. S.Liang	DD	
3186. 中华槭	*Acer sinense* Pax	LC	
3187. 滨海槭	*Acer sino-oblongum* F. P. Metcalf	NT	

中文名	拉丁学名	等级	等级注解
3188. 岭南槭	*Acer tutcheri* Duthie	LC	
3189. 三峡槭	*Acer wilsonii* Rehder	LC	
3190. 天师栗	*Aesculus chinensis* Bunge var. *wilsonii* (Rehder) Turland & N. H. Xia	NT	
3191. 异木患	*Allophylus viridis* Radlk.	LC	
3192. 滨木患	*Arytera littoralis* Blume	LC	
3193. 黄梨木	*Boniodendron minus* (Hemsl.) T. C. Chen	NT	
3194. 龙荔	*Dimocarpus confinis* (F. C. How & C. N. Ho) H. S. Lo	NT	
3195. 车桑子	*Dodonaea viscosa* (L.) Jacq.	LC	
3196. 伞花木	*Eurycorymbus cavaleriei* (H. Lév.) Rehder & Hand.-Mazz.	VU	A2c+3c; B1ab (iii , iv)
3197. 假山萝	*Harpullia cupanioides* Roxb.	NT	
3198. 赤才	*Lepisanthes rubiginosa* (Roxb.) Leenh.	LC	
3199. 褐叶柄果木	*Mischocarpus pentapetalus* (Roxb.) Radlk.	LC	
3200. 韶子	*Nephelium chryseum* Blume	NT	
芸香科 Rutaceae			
3201. 山油柑	*Acronychia pedunculata* (L.) Miq.	LC	
3202. 酒饼簕	*Atalantia buxifolia* (Poir.) Oliv.	LC	
3203. 封开酒饼簕★	*Atalantia fongkaica* C. C. Huang	DD	
3204. 广东酒饼簕	*Atalantia kwangtungensis* Merr.	NT	
3205. 臭节草	*Boenninghausenia albiflora* (Hook.) Rchb. ex Meisn.	LC	
3206. 山橘	*Fortunella hindsii* (Champ. ex Benth.) Swingle	LC	
3207. 枳	*Citrus trifoliata* L.	LC	
3208. 齿叶黄皮	*Clausena dunniana* H. Lév.	NT	
3209. 假黄皮	*Clausena excavata* Burm. f.	LC	
3210. 光滑黄皮	*Clausena lenis* Drake	DD	
3211. 山橘树	*Glycosmis cochinchinensis* (Lour.) Pierre	LC	
3212. 小花山小橘	*Glycosmis parviflora* (Sims) Little	LC	
3213. 牛筋果	*Harrisonia perforata* (Blanco) Merr.	LC	
3214. 贡甲	*Maclurodendron oligophlebium* (Merr.) T. G. Hartley	LC	
3215. 三桠苦	*Melicope pteleifolia* (Champ. ex Benth.) T. G. Hartley	LC	
3216. 大管	*Micromelum falcatum* (Lour.) Tanaka	LC	

续表

中文名	拉丁学名	等级	等级注解
3217. 小芸木	*Micromelum integerrimum* （Buch.-Ham. ex DC.）Wight & Arn. ex M. Roem.	LC	
3218. 翼叶九里香	*Murraya alata* Drake	LC	
3219. 豆叶九里香	*Murraya euchrestifolia* Hayata	LC	
3220. 九里香	*Murraya exotica* L.	LC	
3221. 小叶九里香	*Murraya microphylla* （Merr. & Chun）Swingle	NT	
3222. 单叶藤橘	*Paramignya confertifolia* Swingle	DD	
3223. 秃叶黄檗	*Phellodendron chinense* C. K. Schneid. var. *glabriusculum* C. K. Schneid.	LC	
3224. 乔木茵芋	*Skimmia arborescens* T. Anderson ex Gamble	LC	
3225. 茵芋	*Skimmia reevesiana* （Fortune）Fortune	LC	
3226. 华南吴萸	*Tetradium austrosinense* （Hand.-Mazz.）T. G. Hartley	LC	
3227. 楝叶吴萸	*Tetradium glabrifolium* （Champ. ex Benth.）T. G.Hartley	LC	
3228. 吴茱萸	*Tetradium ruticarpum* （A. Juss.）T. G. Hartley	LC	
3229. 牛科吴萸	*Tetradium trichotomum* Lour	LC	
3230. 飞龙掌血	*Toddalia asiatica* （L.）Lam.	LC	
3231. 椿叶花椒	*Zanthoxylum ailanthoides* Siebold & Zucc.	LC	
3232. 竹叶花椒	*Zanthoxylum armatum* DC.	LC	
3233. 毛竹叶花椒	*Zanthoxylum armatum* var. *ferrugineum* （Rehder & E. H. Wilson）C. C. Huang	LC	
3234. 岭南花椒	*Zanthoxylum austro-sinense* C. C. Huang	LC	
3235. 簕欓花椒	*Zanthoxylum avicennae* （Lam.）DC.	LC	
3236. 异叶花椒	*Zanthoxylum dimorphophyllum* Hemsl.	LC	
3237. 蚬壳花椒	*Zanthoxylum dissitum* Hemsl.	LC	
3238. 刺壳花椒	*Zanthoxylum echinocarpum* Hemsl.	LC	
3239. 拟蚬壳花椒	*Zanthoxylum laetum* Drake	LC	
3240. 大叶臭花椒	*Zanthoxylum myriacanthum* Wall. ex Hook. f.	LC	
3241. 两面针	*Zanthoxylum nitidum* （Roxb.）DC.	LC	
3242. 花椒簕	*Zanthoxylum scandens* Blume	LC	
3243. 青花椒	*Zanthoxylum schinifolium* Siebold & Zucc.	LC	
3244. 梗花椒	*Zanthoxylum stipitatum* C. C. Huang	LC	

中文名	拉丁学名	等级	等级注解
苦木科 Simaroubaceae			
3245. 臭椿	*Ailanthus altissima*（Mill.）Swingle	LC	
3246. 常绿臭椿	*Ailanthus fordii* Noot.	LC	
3247. 岭南臭椿	*Ailanthus triphysa*（Dennst.）Alston	LC	
3248. 鸦胆子	*Brucea javanica*（L.）Merr.	LC	
3249. 苦树	*Picrasma quassioides*（D. Don）Benn.	LC	
楝科 Meliaceae			
3250. 米仔兰	*Aglaia odorata* Lour.	LC	
3251. 山楝	*Aphanamixis polystachya*（Wall.）R. N. Parker	LC	
3252. 麻楝	*Chukrasia tabularis* A. Juss.	LC	
3253. 多脉樫木	*Dysoxylum grande* Hiern	LC	
3254. 香港樫木	*Dysoxylum hongkongense*（Tutcher）Merr.	LC	
3255. 海南樫木	*Dysoxylum mollissimum* Blume	NT	
3256. 鹧鸪花	*Heynea trijuga* Roxb.	LC	
3257. 楝	*Melia azedarach* L.	LC	
3258. 羽状地黄连	*Munronia pinnata*（Wall.）W. Theob.	NT	
3259. 红椿	*Toona ciliata* M. Roem.	NT	
3260. 香椿	*Toona sinensis*（A. Juss.）M. Roem.	LC	
3261. 杜楝	*Turraea pubescens* Hell.	LC	
锦葵科 Malvaceae			
3262. 刚毛黄蜀葵	*Abelmoschus manihot*（L.）Medicus var. *pungens*（Roxb.）Hochr.	LC	
3263. 箭叶秋葵	*Abelmoschus sagittifolius*（Kurz）Merr.	LC	
3264. 磨盘草	*Abutilon indicum*（L.）Sweet	LC	
3265. 昂天莲	*Ambroma augustum*（L.）L. f.	LC	
3266. 刺果藤	*Byttneria grandifolia* DC.	LC	
3267. 山麻树	*Commersonia bartramia*（L.）Merr.	LC	
3268. 田麻	*Corchoropsis crenata* Siebold & Zucc.	LC	
3269. 甜麻	*Corchorus aestuans* L.	LC	
3270. 中越十裂葵	*Decaschistia mourettii* Gagnep.	DD	
3271. 丹霞梧桐★	*Firmiana danxiaensis* H. H. Hsue & H. S. Kiu	EN	D
3272. 扁担杆	*Grewia biloba* G. Don	LC	

中文名	拉丁学名	等级	等级注解
3273. 小花扁担杆	*Grewia biloba* var. *parviflora*（Bunge）Hand.-Mazz.	LC	
3274. 朴叶扁担杆	*Grewia celtidifolia* Juss.	DD	
3275. 黄麻叶扁担杆	*Grewia henryi* Burret	LC	
3276. 粗毛扁担杆	*Grewia hirsuta* Vahl	DD	
3277. 广东扁担杆★	*Grewia kwangtungensis* Hung T. Chang	LC	
3278. 长瓣扁担杆	*Grewia macropetala* Burret	NT	
3279. 寡蕊扁担杆	*Grewia oligandra* Pierre	LC	
3280. 海岸扁担杆	*Grewia piscatorum* Hance	DD	
3281. 无柄扁担杆	*Grewia sessiliflora* Gagnep.	LC	
3282. 山芝麻	*Helicteres angustifolia* L.	LC	
3283. 雁婆麻	*Helicteres hirsuta* Lour.	LC	
3284. 剑叶山芝麻	*Helicteres lanceolata* DC.	LC	
3285. 银叶树	*Heritiera littoralis* Aiton	NT	
3286. 美丽芙蓉	*Hibiscus indicus*（Burm. f.）Hochr.	LC	
3287. 木芙蓉	*Hibiscus mutabilis* L.	LC	
3288. 黄槿	*Hibiscus tiliaceus* L.	LC	
3289. 野葵	*Malva verticillata* L.	LC	
3290. 中华野葵	*Malva verticillata* var. *rafiqii* Abedin	DD	
3291. 马松子	*Melochia corchorifolia* L.	LC	
3292. 破布叶	*Microcos paniculata* L.	LC	
3293. 翻白叶树	*Pterospermum heterophyllum* Hance	LC	
3294. 窄叶半枫荷	*Pterospermum lanceifolium* Roxb.	LC	
3295. 瑶山梭罗	*Reevesia glaucophylla* H. H. Hsue	NT	
3296. 罗浮梭罗	*Reevesia lofouensis* Chun & H. H. Hsue	EN	A2c+3c；B1ab（ii,v）；C1
3297. 长柄梭罗	*Reevesia longipetiolata* Merr. & Chun	LC	
3298. 两广梭罗	*Reevesia thyrsoidea* Lindl.	LC	
3299. 绒果梭罗	*Reevesia tomentosa* H. L. Li	NT	
3300. 桤叶黄花稔	*Sida alnifolia* L.	LC	
3301. 小叶黄花稔	*Sida alnifolia* var. *microphylla*（Cav.）S. Y. Hu	LC	
3302. 倒卵叶黄花稔	*Sida alnifolia* var. *obovata*（Wall. ex Mast.）S. Y. Hu	LC	
3303. 圆叶黄花稔★	*Sida alnifolia* var. *orbiculata* S. Y. Hu	LC	

续表

中文名	拉丁学名	等级	等级注解
3304. 长梗黄花稔	*Sida cordata*（Burm. f.）Boiss. Waalk.	LC	
3305. 心叶黄花稔	*Sida cordifolia* L.	LC	
3306. 黏毛黄花稔	*Sida mysorensis* Wight & Arn.	LC	
3307. 白背黄花稔	*Sida rhombifolia* L.	LC	
3308. 榛叶黄花稔	*Sida subcordata* Span.	LC	
3309. 拔毒散	*Sida szechuensis* Matsuda	LC	
3310. 云南黄花稔	*Sida yunnanensis* S. Y. Hu	LC	
3311. 假苹婆	*Sterculia lanceolata* Cav.	LC	
3312. 罗浮苹婆	*Sterculia subnobilis* H. H. Hsue	NT	
3313. 信宜苹婆	*Sterculia subracemosa* Chun & H. H. Hsue	VU	B1ab(ii,v)
3314. 白脚桐棉	*Thespesia lampas*（Cav.）Dalzell & A. Gilson.	LC	
3315. 桐棉	*Thespesia populnea*（L.）Sol. ex Corrêa	LC	
3316. 白毛椴	*Tilia endochrysea* Hand.-Mazz.	LC	
3317. 南京椴	*Tilia miqueliana* Maxim.	NT	
3318. 椴树	*Tilia tuan* Szyszyl.	LC	
3319. 单毛刺蒴麻	*Triumfetta annua* L.	LC	
3320. 毛刺蒴麻	*Triumfetta cana* Blume	LC	
3321. 粗齿刺蒴麻	*Triumfetta grandidens* Hance	LC	
3322. 长勾刺蒴麻	*Triumfetta pilosa* Roth.	LC	
3323. 刺蒴麻	*Triumfetta rhomboidea* Jacq.	LC	
3324. 地桃花	*Urena lobata* L.	LC	
3325. 中华地桃花	*Urena lobata* var. *chinensis*（Osbeck）S. Y. Hu	LC	
3326. 粗叶地桃花	*Urena lobata* var. *glauca*（Blume）Borss. Waalk.	LC	
3327. 梵天花	*Urena procumbens* L.	LC	
瑞香科 Thymelaeaceae			
3328. 土沉香	*Aquilaria sinensis*（Lour.）Spreng.	VU	A2ac；B1ab(i,iii,iv)
3329. 长柱瑞香	*Daphne championii* Benth.	LC	
3330. 毛瑞香	*Daphne kiusiana* Miq. var. *atrocaulis*（Rehder）F.Maek.	LC	
3331. 白瑞香	*Daphne papyracea* Wall. ex G. Don	LC	
3332. 了哥王	*Wikstroemia indica*（L.）C. A. Mey.	LC	
3333. 小黄构	*Wikstroemia micrantha* Hemsl.	LC	

中文名	拉丁学名	等级	等级注解
3334. 北江荛花	*Wikstroemia monnula* Hance	LC	
3335. 细轴荛花	*Wikstroemia nutans* Champ. ex Benth.	LC	
3336. 粗轴荛花	*Wikstroemia pachyrachis* S. L. Tsai	LC	
3337. 多毛荛花	*Wikstroemia pilosa* W. C. Cheng	LC	
3338. 白花荛花	*Wikstroemia trichotoma*（Thunb.）Makino	LC	
叠珠树科 Akaniaceae			
3339. 伯乐树	*Bretschneidera sinensis* Hemsl.	NT	
刺茉莉科 Salvadoraceae			
3340. 刺茉莉	*Azima sarmentosa*（Blume）Benth. & Hook. f.	LC	
木犀草科 Resedaceae			
3341. 斑果藤	*Stixis suaveolens*（Roxb.）Pierre	DD	
山柑科 Capparaceae			
3342. 独行千里	*Capparis acutifolia* Sweet	LC	
3343. 广州山柑	*Capparis cantoniensis* Lour.	LC	
3344. 台湾山柑	*Capparis formosana* Hemsl.	DD	
3345. 马槟榔	*Capparis masakai* H. Lév.	VU	A2cd；B1ab（i, iii, iv）
3346. 雷公橘	*Capparis membranifolia* Kurz	LC	
3347. 小刺山柑	*Capparis micracantha* DC.	LC	
3348. 毛蕊山柑	*Capparis pubiflora* DC.	LC	
3349. 青皮刺	*Capparis sepiaria* L.	LC	
3350. 屈头鸡	*Capparis versicolor* Griff.	LC	
3351. 牛眼睛	*Capparis zeylanica* L.	LC	
3352. 台湾鱼木	*Crateva formosensis*（Jacobs）B. S. Sun	DD	
3353. 刺籽鱼木	*Crateva magna*（Lour.）DC.	LC	
3354. 钝叶鱼木	*Crateva trifoliata*（Roxb.）B. S. Sun	NT	
3355. 树头菜	*Crateva unilocularis* Buch.-Ham.	NT	
白花菜科 Cleomaceae			
3356. 黄花草	*Arivela viscosa*（L.）Raf.	LC	
3357. 无毛黄花草	*Arivela viscosa* var. *deglabrata*（Backer）M. L. Zhang & G. C. Tucker	LC	

中文名	拉丁学名	等级	等级注解
十字花科 Brassicaceae			
3358. 驴蹄碎米荠	*Cardamine calthifolia* H. Lév.	DD	
3359. 露珠碎米荠	*Cardamine circaeoides* Hook. f. & Thomson	LC	
3360. 莓叶碎米荠	*Cardamine fragariifolia* O. E. Schulz	LC	
3361. 碎米荠	*Cardamine hirsuta* L.	LC	
3362. 壶瓶碎米荠	*Cardamine hupingshanensis* K. M. Liu, L. B. Chen, H. F. Bai & L. H. Liu	LC	
3363. 圆齿碎米荠	*Cardamine scutata* Thunb.	LC	
3364. 单叶臭荠	*Coronopus integrifolius*（DC.）Spreng.	DD	
3365. 播娘蒿	*Descurainia sophia*（L.）Webb. ex Prantl	LC	
3366. 独行菜	*Lepidium apetalum* Willd.	LC	
3367. 广州蔊菜	*Rorippa cantoniensis*（Lour.）Ohwi	LC	
3368. 无瓣蔊菜	*Rorippa dubia*（Pers.）H. Hara	LC	
3369. 风花菜	*Rorippa globosa*（Turcz. ex Fisch. & C. A. Mey.）Hayek	LC	
3370. 蔊菜	*Rorippa indica*（L.）Hiern	LC	
3371. 紫堇叶阴山荠	*Yinshania fumarioides*（Dunn）Y. Z. Zhao	DD	
3372. 利川阴山荠	*Yinshania lichuanensis*（Y. H. Zhang）Al-Shehbaz, G. Yang, L. L. Lu & T. Y. Cheo	LC	
3373. 卵叶阴山荠	*Yinshania paradoxa*（Hance）Y. Z. Zhao	LC	
3374. 河岸阴山荠	*Yinshania rivulorum*（Dunn）Al-Shehbaz, G. Yang, L. L. Lu & T. Y. Cheo	NT	
3375. 弯缺阴山荠	*Yinshania sinuata*（K. C. Kuan）Al-Shehbaz, G. Yang, L. L. Lu & T. Y. Cheo	DD	
铁青树科 Olacaceae			
3376. 赤苍藤	*Erythropalum scandens* Blume	LC	
山柚子科 Opiliaceae			
3377. 山柑藤	*Cansjera rheedei* J. F. Gmel.	LC	
蛇菰科 Balanophoraceae			
3378. 短穗蛇菰	*Balanophora abbreviata* Blume	LC	
3379. 红冬蛇菰	*Balanophora harlandii* Hook. f.	LC	
3380. 疏花蛇菰	*Balanophora laxiflora* Hemsl.	LC	
3381. 多蕊蛇菰	*Balanophora polyandra* Griff.	LC	

中文名	拉丁学名	等级	等级注解
3382. 杯茎蛇菰	*Balanophora subcupularis* P. C. Tam	LC	
3383. 鸟黐蛇菰	*Balanophora tobiracola* Makino	NT	
檀香科 Santalaceae			
3384. 寄生藤	*Dendrotrophe varians*（Blume）Miq.	LC	
3385. 硬序重寄生	*Phacellaria rigidula* Benth.	NT	
3386. 长序重寄生	*Phacellaria tonkinensis* Lecomte	NT	
3387. 檀梨	*Pyrularia edulis*（Wall.）A. DC.	VU	B2ab（v）
3388. 硬核	*Scleropyrum wallichianum*（Wight & Arn.）Arn.	DD	
3389. 百蕊草	*Thesium chinense* Turcz.	LC	
3390. 长梗百蕊草	*Thesium chinense* var. *longipedunculatum* Y. C. Chu	DD	
3391. 白云百蕊草	*Thesium psilotoides* Hance	VU	D1
青皮木科 Schoepfiaceae			
3392. 华南青皮木	*Schoepfia chinensis* Gardner & Champ.	LC	
3393. 青皮木	*Schoepfia jasminodora* Siebold & Zucc.	LC	
桑寄生科 Loranthaceae			
3394. 五蕊寄生	*Dendrophthoe pentandra*（L.）Miq.	LC	
3395. 离瓣寄生	*Helixanthera parasitica* Lour.	LC	
3396. 油茶离瓣寄生	*Helixanthera sampsoni*（Hance）Danser	LC	
3397. 栗寄生	*Korthalsella japonica*（Thunb.）Engl.	LC	
3398. 椆树桑寄生	*Loranthus delavayi* Tiegh.	LC	
3399. 南桑寄生	*Loranthus guizhouensis* H. X. Qiu	LC	
3400. 双花鞘花	*Macrosolen bibracteolatus*（Hance）Danser	LC	
3401. 鞘花	*Macrosolen cochinchinensis*（Lour.）Tiegh.	LC	
3402. 三色鞘花	*Macrosolen tricolor*（Lecomte）Danser	NT	
3403. 小叶梨果寄生	*Scurrula notothixoides*（Hance）Danser	LC	
3404. 红花寄生	*Scurrula parasitica* L.	LC	
3405. 小红花寄生	*Scurrula parasitica* var. *graciliflora*（Roxb. ex Schult. & Schult. f.）H. S. Kiu	LC	
3406. 松柏钝果寄生	*Taxillus caloreas*（Diels）Danser	LC	
3407. 广寄生	*Taxillus chinensis*（DC.）Danser	LC	
3408. 锈毛钝果寄生	*Taxillus levinei*（Merr.）H. S. Kiu	LC	
3409. 木兰寄生	*Taxillus limprichtii*（Grüning）H. S. Kiu	LC	

中文名	拉丁学名	等级	等级注解
3410. 枫香钝果寄生	*Taxillus liquidambaricola*（Hayata）Hosok.	DD	
3411. 狭叶果寄生	*Taxillus liquidambaricola* var. *neriifolius* H. S. Kiu	DD	
3412. 桑寄生	*Taxillus sutchuenensis*（Lecomte）Danser	LC	
3413. 大苞寄生	*Tolypanthus maclurei*（Merr.）Danser	LC	
3414. 扁枝槲寄生	*Viscum articulatum* Burm. f.	LC	
3415. 槲寄生	*Viscum coloratum*（Kom.）Nakai	LC	
3416. 棱枝槲寄生	*Viscum diospyrosicola* Hayata	LC	
3417. 枫香槲寄生	*Viscum liquidambaricola* Hayata	LC	
3418. 柄果槲寄生	*Viscum multinerve*（Hayata）Hayata	LC	
3419. 瘤果槲寄生	*Viscum ovalifolium* DC.	LC	
柽柳科 Tamaricaceae			
3420. 疏花水柏枝	*Myricaria laxiflora*（Franch.）P. Y. Zhang & Y. J.Zhang	DD	
白花丹科 Plumbaginaceae			
3421. 补血草	*Limonium sinense*（Girard）Kuntze	LC	
3422. 白花丹	*Plumbago zeylanica* L.	LC	
蓼科 Polygonaceae			
3423. 金线草	*Antenoron filiforme*（Thunb.）Roberty & Vautier	LC	
3424. 短毛金线草	*Antenoron filiforme* var. *neofiliforme*（Nakai）A. J. Li	LC	
3425. 金荞麦	*Fagopyrum dibotrys*（D. Don）Hara	LC	
3426. 华蔓首乌	*Fallopia forbesii*（Hance）Yonekura & H. Ohashi	DD	
3427. 何首乌	*Fallopia multiflora*（Thunb.）Haraldon.	LC	
3428. 烂柯山蓼	*Persicaria lankeshanensis* T. J. Liang & B. Li	DD	
3429. 毛蓼	*Persicaria barbata*（L.）H. Hara	LC	
3430. 头花蓼	*Persicaria capitata*（Buch.-Ham. ex D. Don）H. Gross	LC	
3431. 火炭母	*Persicaria chinensis*（L.）H. Gross	LC	
3432. 蓼子草	*Persicaria criopolitana*（Hance）Migo	LC	
3433. 二歧蓼	*Persicaria dichotoma*（Blume）Masam.	LC	
3434. 光蓼	*Persicaria glabra*（Willd.）M. Gómez	LC	
3435. 长箭叶蓼	*Persicaria hastatosagittata*（Makino）Nakai ex T. Mori	LC	
3436. 华南蓼★	*Persicaria huananensis*（A. J. Li）Bo Li	LC	
3437. 水蓼	*Persicaria hydropiper*（L.）Spach	LC	

中文名	拉丁学名	等级	等级注解
3438. 蚕茧蓼	*Persicaria japonica*（Meisn.）Nakai	LC	
3439. 愉悦蓼	*Persicaria jucunda*（Meisn.）Migo	LC	
3440. 柔茎蓼	*Persicaria kawagoeana*（Makino）Nakai	LC	
3441. 酸模叶蓼	*Persicaria lapathifolia*（L.）S. F. Gray	LC	
3442. 密毛酸模叶蓼	*Persicaria lapathifolia* var. *lanata*（Roxb.）H. Hara	DD	
3443. 污泥蓼	*Persicaria limicola*（Sam.）Yonek. & H. Ohashi	DD	
3444. 长鬃蓼	*Persicaria longiseta*（Bruijn）Moldenke	LC	
3445. 圆基长鬃蓼	*Persicaria longiseta* var. *rotundata*（A. J. Li）B. Li	DD	
3446. 长戟叶蓼	*Persicaria maackiana*（Regel）Nakai ex Mori	NT	
3447. 小蓼	*Persicaria minor*（Huds.）Opiz	LC	
3448. 小蓼花	*Persicaria muricata*（Meisn.）Nemoto	LC	
3449. 尼泊尔蓼	*Persicaria nepalensis*（Meisn.）H. Gross	LC	
3450. 红蓼	*Persicaria orientalis*（L.）Spach	LC	
3451. 掌叶蓼	*Persicaria palmata*（Dunn.）Yonekura & H. Ohashi	LC	
3452. 杠板归	*Persicaria perfoliata*（L.）H. Gross	LC	
3453. 丛枝蓼	*Persicaria posumbu*（Buch.-Ham. ex D. Don）H. Gross	LC	
3454. 疏蓼	*Persicaria praetermissa*（Hook. f.）H. Hara	DD	
3455. 伏毛蓼	*Persicaria pubescens*（Blume）H. Hara	LC	
3456. 丽蓼	*Persicaria pulchra*（Blume）Soják	LC	
3457. 刺蓼	*Persicaria senticosa*（Meisn.）H. Gross ex Nakai	LC	
3458. 大箭叶蓼	*Persicaria senticosa* var. *sagittifolia*（H. Lév. & Vaniot）Yonek. & H. Ohashi	LC	
3459. 糙毛蓼	*Persicaria strigosa*（R. Br.）Naka	LC	
3460. 细叶蓼	*Persicaria taquetii*（H. Lév.）Koidz.	LC	
3461. 戟叶蓼	*Persicaria thunbergii*（Siebold & Zucc.）H. Gross	LC	
3462. 香蓼	*Persicaria viscosa*（Buch.-Ham. ex D. Don）H. Gross ex Nakai	LC	
3463. 萹蓄	*Polygonum aviculare* L.	LC	
3464. 习见萹蓄	*Polygonum plebeium* R. Br.	LC	
3465. 虎杖	*Reynoutria japonica* Houtt.	LC	
3466. 酸模	*Rumex acetosa* L.	LC	
3467. 齿果酸模	*Rumex dentatus* L.	LC	
3468. 羊蹄	*Rumex japonicus* Houtt.	LC	

中文名	拉丁学名	等级	等级注解
3469. 小果酸模	*Rumex microcarpus* Campd.	LC	
3470. 长刺酸模	*Rumex trisetifer* Stokes	LC	
茅膏菜科 Droseraceae			
3471. 锦地罗	*Drosera burmannii* Vahl	LC	
3472. 长叶茅膏菜	*Drosera indica* L.	LC	
3473. 长柱茅膏菜	*Drosera oblanceolata* Y. Z. Ruan	NT	
3474. 茅膏菜	*Drosera peltata* Thunb.	LC	
3475. 圆叶茅膏菜	*Drosera rotundifolia* L.	LC	
3476. 匙叶茅膏菜	*Drosera spatulata* Labill.	LC	
猪笼草科 Nepenthaceae			
3477. 猪笼草	*Nepenthes mirabilis*（Lour.）Druce	VU	A2c+3c
石竹科 Caryophyllaceae			
3478. 无心菜	*Arenaria serpyllifolia* L.	LC	
3479. 喜泉卷耳	*Cerastium fontanum* Baumg.	LC	
3480. 簇生卷耳	*Cerastium fontanum* subsp. *vulgare*（Hartm.）Greuter & Burdet	LC	
3481. 长萼瞿麦	*Dianthus longicalyx* Miq.	LC	
3482. 荷莲豆草	*Drymaria cordata*（L.）Willd. ex Schult.	LC	
3483. 剪红纱花	*Lychnis senno* Siebold & Zucc.	NT	
3484. 白鼓钉	*Polycarpaea corymbosa*（L.）Lam.	LC	
3485. 大花白鼓钉	*Polycarpaea gaudichaudii* Gagnep.	LC	
3486. 多荚草	*Polycarpon prostratum*（Forssk.）Asch. & Schweinf. ex Asch.	LC	
3487. 漆姑草	*Sagina japonica*（Swartz）Ohwi	LC	
3488. 坚硬女娄菜	*Silene firma* Siebold & Zucc.	LC	
3489. 雀舌草	*Stellaria alsine* Grinum	LC	
3490. 繁缕	*Stellaria media*（L.）Vill.	LC	
3491. 独子繁缕	*Stellaria monosperma* Buch.-Ham. ex D. Don	LC	
3492. 皱叶繁缕	*Stellaria monosperma* var. *japonica* Maxim.	DD	
3493. 巫山繁缕	*Stellaria wushanensis* F. N. Williams	LC	
苋科 Amaranthaceae			
3494. 钝叶土牛膝	*Achyranthes aspera* L. var. *indica* L.	LC	
3495. 牛膝	*Achyranthes bidentata* Blume	LC	

续表

中文名	拉丁学名	等级	等级注解
3496. 柳叶牛膝	*Achyranthes longifolia*（Makino）Makino	LC	
3497. 少毛白花苋	*Aerva glabrata* Hook.	LC	
3498. 白花苋	*Aerva sanguinolenta*（L. f.）Blume var. *minor*（Hance）H. S. Kiu	LC	
3499. 节藜	*Arthrocnemum indicum*（Willd.）Moq.	LC	
3500. 海滨藜	*Atriplex maximowicziana* Makino	DD	
3501. 匍匐滨藜	*Atriplex repens* Roth	LC	
3502. 狭叶尖头藜	*Chenopodium acuminatum* Willd. subsp. *virgatum*（Thunb.）Kitam.	LC	
3503. 细穗藜	*Chenopodium gracilispicum* H. W. Kung	LC	
3504. 南方碱蓬	*Suaeda australis*（R. Br.）Moq.	LC	
番杏科 Aizoaceae			
3505. 海马齿	*Sesuvium portulacastrum*（L.）L.	LC	
3506. 假海马齿	*Trianthema portulacastrum* L.	LC	
商陆科 Phytolaccaceae			
3507. 商陆	*Phytolacca acinosa* Roxb.	LC	
3508. 日本商陆	*Phytolacca japonica* Makino	LC	
3509. 多雄蕊商陆	*Phytolacca polyandra* Batalin	DD	
紫茉莉科 Nyctaginaceae			
3510. 黄细心	*Boerhavia diffusa* L.	LC	
3511. 直立黄细心	*Boerhavia erecta* L.	LC	
3512. 匍匐黄细心	*Boerhavia repens* L.	DD	
3513. 腺果藤	*Pisonia aculeata* L.	LC	
粟米草科 Molluginaceae			
3514. 长梗星粟草	*Glinus oppositifolius*（L.）Aug. DC.	LC	
3515. 无茎粟米草	*Mollugo nudicaulis* Lam.	LC	
3516. 粟米草	*Mollugo stricta* L.	LC	
3517. 种棱粟米草	*Mollugo verticillata* L.	LC	
马齿苋科 Portulacaceae			
3518. 马齿苋	*Portulaca oleracea* L.	LC	
蓝果树科 Nyssaceae			
3519. 喜树	*Camptotheca acuminata* Decne.	VU	D1

中文名	拉丁学名	等级	等级注解
3520. 洛氏喜树	*Camptotheca lowreyana* S. Y. Li	LC	
3521. 马蹄参	*Diplopanax stachyanthus* Hand.-Mazz.	VU	A2cd
3522. 蓝果树	*Nyssa sinensis* Oliv.	LC	
绣球花科 Hydrangeaceae			
3523. 四川溲疏	*Deutzia setchuenensis* Franch.	LC	
3524. 常山	*Dichroa febrifuga* Lour.	LC	
3525. 广东常山★	*Dichroa fistulosa* G. H. Huang & G. Hao	LC	
3526. 罗蒙常山	*Dichroa yaoshanensis* Y. C. Wu	LC	
3527. 冠盖绣球	*Hydrangea anomala* D. Don	LC	
3528. 中国绣球	*Hydrangea chinensis* Maxim.	LC	
3529. 酥醪绣球	*Hydrangea coenobialis* Chun	LC	
3530. 粤西绣球	*Hydrangea kwangsiensis* Hu	LC	
3531. 广东绣球	*Hydrangea kwangtungensis* Merr.	LC	
3532. 狭叶绣球	*Hydrangea lingii* C. Ho	LC	
3533. 莽山绣球	*Hydrangea mangshanensis* C. F. Wei	DD	
3534. 圆锥绣球	*Hydrangea paniculata* Siebold	LC	
3535. 粗枝绣球	*Hydrangea robusta* Hook. f. & Thomson	DD	
3536. 柳叶绣球	*Hydrangea stenophylla* Merr. & Chun	LC	
3537. 蜡莲绣球	*Hydrangea strigosa* Rehder	LC	
3538. 星毛冠盖藤	*Pileostegia tomentella* Hand.-Mazz.	LC	
3539. 冠盖藤	*Pileostegia viburnoides* Hook. f. & Thomson	LC	
3540. 白背钻地风	*Schizophragma hypoglaucum* Rehder	LC	
3541. 钻地风	*Schizophragma integrifolium* Oliv.	LC	
3542. 粉绿钻地风	*Schizophragma integrifolium* var. *glaucescens* Rehder	LC	
3543. 柔毛钻地风	*Schizophragma molle*（Rehder）Chun	LC	
山茱萸科 Cornaceae			
3544. 髯毛八角枫	*Alangium barbatum* Baill. ex Kuntze	LC	
3545. 八角枫	*Alangium chinense*（Lour.）Harms	LC	
3546. 小花八角枫	*Alangium faberi* Oliv.	LC	
3547. 阔叶八角枫	*Alangium faberi* var. *platyphyllum* Chun & F. C. How	LC	
3548. 毛八角枫	*Alangium kurzii* Craib	LC	

中文名	拉丁学名	等级	等级注解
3549. 云山八角枫	*Alangium kurzii* var. *handelii*（Schnarf）W. P. Fang	LC	
3550. 广西八角枫	*Alangium kwangsiense* Melch.	LC	
3551. 土坛树	*Alangium salviifolium*（L. f.）Wangerin	LC	
3552. 华南梾木	*Cornus austrosinensis* W. P. Fang & W. K. Hu	NT	
3553. 头状四照花	*Cornus capitata* Wall.	LC	
3554. 川鄂山茱萸	*Cornus chinensis* Wanger.	LC	
3555. 灯台树	*Cornus controversa* Hemsl.	LC	
3556. 尖叶四照花	*Cornus elliptica*（Pojark.）Q. Y. Xiang & Boufford	LC	
3557. 香港四照花	*Cornus hongkongensis* Hemsl.	LC	
3558. 秀丽四照花	*Cornus hongkongensis* subsp. *elegans*（W. P. Fang & Y. T. Hsieh）Q. Y. Xiang	LC	
3559. 褐毛四照花	*Cornus hongkongensis* subsp. *ferruginea*（Y. C. Wu）Q. Y. Xiang	LC	
3560. 梾木	*Cornus macrophylla* Wall.	NT	
3561. 毛梾	*Cornus walteria* Wanger.	LC	
3562. 光皮梾木	*Cornus wilsoniana* Wanger.	LC	
凤仙花科 Balsaminaceae			
3563. 大叶凤仙花	*Impatiens apalophylla* Hook. f.	LC	
3564. 睫毛萼凤仙花	*Impatiens blepharosepala* E. Pritz.	LC	
3565. 华凤仙	*Impatiens chinensis* L.	LC	
3566. 绿萼凤仙花	*Impatiens chlorosepala* Hand.-Mazz.	LC	
3567. 棒凤仙花	*Impatiens claviger* Hook. f.	LC	
3568. 鸭跖草状凤仙花	*Impatiens commelinoides* Hand.-Mazz.	LC	
3569. 牯岭凤仙花	*Impatiens davidii* Franch.	LC	
3570. 滇南凤仙花	*Impatiens duclouxii* Hook. f.	LC	
3571. 香港凤仙花	*Impatiens hongkongensis* Grey-Wilson	NT	
3572. 湖南凤仙花	*Impatiens hunanensis* Y. L. Chen	LC	
3573. 南岭凤仙花★	*Impatiens nanlingensis* A. Q. Dong & F. W. Xing	NT	
3574. 水金凤	*Impatiens noli-tangere* L.	LC	
3575. 丰满凤仙花	*Impatiens obesa* Hook. f.	LC	

中文名	拉丁学名	等级	等级注解
3576. 黄金凤	*Impatiens siculifer* Hook. f.	LC	
3577. 管茎凤仙花	*Impatiens tubulosa* Hemsl.	LC	
3578. 永善凤仙花	*Impatiens yongshanensis* A. Q. Dong & F. W. Xing	NT	
五列木科 Pentaphylaceae			
3579. 尖叶川杨桐	*Adinandra bockiana* E. Pritz. var. *acutifolia*（Hand.-Mazz.）Kobuski	LC	
3580. 长梗杨桐★	*Adinandra elegans* F. C. How & W. C. Ko ex Hung T. Chang	NT	
3581. 两广杨桐	*Adinandra glischroloma* Hand.-Mazz.	LC	
3582. 长毛杨桐	*Adinandra glischroloma* var. *jubata*（H. L. Li）Kobuski	LC	
3583. 大萼杨桐	*Adinandra glischroloma* var. *macrosepala*（F. P.Metcalf）Kobuski	LC	
3584. 海南杨桐	*Adinandra hainanensis* Hayata	LC	
3585. 粗毛杨桐	*Adinandra hirta* Gagnep.	LC	
3586. 杨桐	*Adinandra millettii*（Hook. & Arn.）Benth. & Hook. f. ex Hance	LC	
3587. 亮叶杨桐	*Adinandra nitida* Merr. ex H. L. Li	LC	
3588. 茶梨	*Anneslea fragrans* Wall.	NT	
3589. 锐尖肖柃	*Cleyera cuspidata* Hung T. Chang & S. H. Shi	NT	
3590. 凹脉红淡比	*Cleyera incornuta* Y. C. Wu	LC	
3591. 红淡比	*Cleyera japonica* Thunb.	LC	
3592. 厚叶红淡比	*Cleyera pachyphylla* Chun ex Hung T. Chang	LC	
3593. 小叶红淡比★	*Cleyera parvifolia*（Kobuski）Hu ex L. K. Ling	LC	
3594. 阳春红淡比★	*Cleyera yangchunensis* L. K. Ling	VU	B1ab（i,iii）
3595. 尖叶毛柃	*Eurya acuminatissima* Merr. & Chun	LC	
3596. 尖萼毛柃	*Eurya acutisepala* Hu & L. K. Ling	LC	
3597. 翅柃	*Eurya alata* Kobuski	LC	
3598. 穿心柃	*Eurya amplexifolia* Dunn	LC	
3599. 耳叶柃	*Eurya auriformis* Hung T. Chang	LC	
3600. 短柱柃	*Eurya brevistyla* Kobuski	LC	
3601. 米碎花	*Eurya chinensis* R. Br.	LC	
3602. 光枝米碎花	*Eurya chinensis* var. *glabra*Hu & L. K. Ling	LC	
3603. 华南毛柃	*Eurya ciliata* Merr.	LC	
3604. 秃小耳柃★	*Eurya disticha* Chun	NT	

中文名	拉丁学名	等级	等级注解
3605. 二列叶柃	*Eurya distichophylla* Hemsl.	LC	
3606. 腺柃	*Eurya glandulosa* Merr.	LC	
3607. 楔基腺柃★	*Eurya glandulosa* var. *cuneiformis* Hung T. Chang	LC	
3608. 粗枝腺柃	*Eurya glandulosa* var. *dasyclados*（Kobuski）Hung T.Chang	LC	
3609. 岗柃	*Eurya groffii* Merr.	LC	
3610. 海南柃	*Eurya hainanensis*（Kobuski）Hung T. Chang	DD	
3611. 微毛柃	*Eurya hebeclados* Y. Ling	LC	
3612. 凹脉柃	*Eurya impressinervis* Kobuski	LC	
3613. 柃木	*Eurya japonica* Thunb.	LC	
3614. 细枝柃	*Eurya loquaiana* Dunn	LC	
3615. 金叶细枝柃	*Eurya loquaiana* var. *aureopunctata* Hung T. Chang	LC	
3616. 黑柃	*Eurya macartneyi* Champ.	LC	
3617. 从化柃	*Eurya metcalfiana* Kobuski	LC	
3618. 格药柃	*Eurya muricata* Dunn	LC	
3619. 细齿叶柃	*Eurya nitida* Korth.	LC	
3620. 金叶柃	*Eurya obtusifolia* Hung T. Chang var. *aurea*（H. Lév.）T. L. Ming	LC	
3621. 长毛柃	*Eurya patentipila* Chun	LC	
3622. 多脉柃	*Eurya polyneura* Chun	LC	
3623. 红褐柃	*Eurya rubiginosa* Hung T. Chang	LC	
3624. 窄基红褐柃	*Eurya rubiginosa* var. *attenuata* Hung T. Chang	LC	
3625. 岩柃	*Eurya saxicola* Hung T. Chang	NT	
3626. 窄叶柃	*Eurya stenophylla* Merr.	LC	
3627. 长尾窄叶柃	*Eurya stenophylla* var. *caudata* Hung T. Chang	DD	
3628. 毛窄叶柃	*Eurya stenophylla* var. *pubescens*（Hung T. Chang）T.L. Ming	LC	
3629. 假杨桐	*Eurya subintegra* Kobuski	LC	
3630. 四角柃	*Eurya tetragonoclada* Merr. & Chun	LC	
3631. 毛果柃	*Eurya trichocarpa* Korth.	LC	
3632. 信宜毛柃★	*Eurya velutina* Chun	LC	
3633. 单耳柃	*Eurya weissiae* Chun	LC	
3634. 五列木	*Pentaphylax euryoides* Gardner & Champ.	LC	
3635. 锥果厚皮香	*Ternstroemia conicocarpa* L. K. Ling	NT	

中文名	拉丁学名	等级	等级注解
3636. 异色厚皮香★	*Ternstroemia discolor* Hung T. Chang & S. H. Shi	DD	
3637. 厚皮香	*Ternstroemia gymnanthera* (Wight & Arn.) Bedd.	LC	
3638. 阔叶厚皮香	*Ternstroemia gymnanthera* var. *wightii* (Choisy) Hand.-Mazz.	DD	
3639. 日本厚皮香	*Ternstroemia japonica* (Thunb.) Thunb.	LC	
3640. 厚叶厚皮香	*Ternstroemia kwangtungensis* Merr.	LC	
3641. 尖萼厚皮香	*Ternstroemia luteoflora* L. K. Ling	LC	
3642. 小叶厚皮香	*Ternstroemia microphylla* Merr.	NT	
3643. 亮叶厚皮香	*Ternstroemia nitida* Merr.	LC	
山榄科 Sapotaceae			
3644. 金叶树	*Chrysophyllum lanceolatum* (Blume) A. DC. var. *stellatocarpon* P. Royen	NT	
3645. 锈毛梭子果	*Eberhardtia aurata* (Pierre ex Dubard) Lecomte	DD	
3646. 紫荆木	*Madhuca pasquieri* (Dubard) H. J. Lam	VU	A2c+3c
3647. 铁线子	*Manilkara hexandra* (Roxb.) Dubard	LC	
3648. 桃榄	*Pouteria annamensis* (Pierre ex Dubard) Baehni	LC	
3649. 肉实树	*Sarcosperma laurinum* (Benth.) Hook. f.	LC	
3650. 华南肉实树	*Sarcosperma pedunculatum* Hemsl.	LC	
3651. 铁榄	*Sinosideroxylon pedunculatum* (Hemsl.) H. Chuang	LC	
3652. 革叶铁榄	*Sinosideroxylon wightianum* (Hook. & Arn.) Aubrév.	LC	
3653. 琼刺榄	*Xantolis longispinosa* (Merr.) H. S. Lo	NT	
柿科 Ebenaceae			
3654. 崖柿	*Diospyros chunii* F. P. Metcalf & L. Chen	LC	
3655. 丹霞柿★	*Diospyros danxiaensis* (R. H. Miao & W. Q. Liu) Y. H. Tong & N. H. Xia	NT	
3656. 乌材	*Diospyros eriantha* Champ. ex Benth.	LC	
3657. 山柿	*Diospyros japonica* Siebold & Zucc.	LC	
3658. 柿	*Diospyros kaki* Thunb.	LC	
3659. 野柿	*Diospyros kaki* var. *silvestris* Makino	LC	
3660. 君迁子	*Diospyros lotus* L.	LC	
3661. 罗浮柿	*Diospyros morrisiana* Hance	LC	
3662. 油柿	*Diospyros oleifera* W. C. Cheng & Y. Ling	NT	
3663. 石生柿★	*Diospyros saxicola* Hung T. Chang ex R. H. Miao	NT	

中文名	拉丁学名	等级	等级注解
3664. 毛柿	*Diospyros strigosa* Hemsl.	LC	
3665. 信宜柿	*Diospyros sunyiensis* Chun & L. Chen	LC	
3666. 延平柿	*Diospyros tsangii* Merr.	LC	
3667. 岭南柿	*Diospyros tutcheri* Dunn	LC	
3668. 小果柿	*Diospyros vaccinioides* Lindl.	NT	
报春花科 Primulaceae			
3669. 蜡烛果	*Aegiceras corniculatum*（L.）Blanco	LC	
3670. 琉璃繁缕	*Anagallis arvensis* L.	LC	
3671. 点地梅	*Androsace umbellata*（Lour.）Merr.	LC	
3672. 少年红	*Ardisia alyxiifolia* Tsiang ex C. Chen	LC	
3673. 五花紫金牛	*Ardisia argenticaulis* Y. P. Yang	LC	
3674. 九管血	*Ardisia brevicaulis* Diels	LC	
3675. 凹脉紫金牛	*Ardisia brunnescens* E. Walker	LC	
3676. 尾叶紫金牛	*Ardisia caudata* Hemsl.	LC	
3677. 小紫金牛	*Ardisia chinensis* Benth.	LC	
3678. 朱砂根	*Ardisia crenata* Sims	LC	
3679. 百两金	*Ardisia crispa*（Thunb.）A. DC.	LC	
3680. 月月红	*Ardisia faberi* Hemsl.	LC	
3681. 狭叶紫金牛	*Ardisia filiformis* Walker	DD	
3682. 灰色紫金牛	*Ardisia fordii* Hemsl.	LC	
3683. 走马胎	*Ardisia kteniophylla* Aug. DC.	EN	A2cd+3cd；C2a（i）
3684. 大罗伞树	*Ardisia hanceana* Mez	LC	
3685. 矮紫金牛	*Ardisia humilis* Vahl	LC	
3686. 紫金牛	*Ardisia japonica*（Thunb）Blume	LC	
3687. 山血丹	*Ardisia lindleyana* D. Dietr.	LC	
3688. 狭叶山血丹★	*Ardisia lindleyana* var. *angustifolia* C. M. Hu & X. J. Ma	LC	
3689. 心叶紫金牛	*Ardisia maclurei* Merr.	LC	
3690. 虎舌红	*Ardisia mamillata* Hance	LC	
3691. 铜盆花	*Ardisia obtusa* Mez	LC	
3692. 光萼紫金牛	*Ardisia omissa* C. M. Hu	LC	
3693. 花脉紫金牛	*Ardisia perreticulata* C. Chen	LC	

中文名	拉丁学名	等级	等级注解
3694. 纽子果	*Ardisia polysticta* Miq.	LC	
3695. 莲座紫金牛	*Ardisia primulifolia* Gardner & Champ.	LC	
3696. 九节龙	*Ardisia pusilla* A. DC.	LC	
3697. 罗伞树	*Ardisia quinquegona* Blume	LC	
3698. 多枝紫金牛	*Ardisia sieboldii* Miq.	LC	
3699. 细罗伞	*Ardisia sinoaustralis* C. Chen	LC	
3700. 雪下红	*Ardisia villosa* Roxb.	LC	
3701. 越南紫金牛	*Ardisia waitakii* C. M. Hu	DD	
3702. 酸藤子	*Embelia laeta*（L.）Mez	LC	
3703. 当归藤	*Embelia parviflora* Wall. ex A. DC.	LC	
3704. 白花酸藤果	*Embelia ribes* Burm. f.	LC	
3705. 厚叶白花酸藤果	*Embelia ribes* subsp. *pachyphylla*（Chun ex C. Y. Wu & C. Chen）Pipoly & C. Chen	LC	
3706. 瘤皮孔酸藤子	*Embelia scandens*（Lour.）Mez	LC	
3707. 平叶酸藤子	*Embelia undulata*（Wall.）Mez	LC	
3708. 密齿酸藤子	*Embelia vestita* Roxb.	LC	
3709. 广西过路黄	*Lysimachia alfredii* Hance	LC	
3710. 香港过路黄	*Lysimachia alpestris* Champ. ex Benth.	EN	B1ab（i,iii）；C2a（i）
3711. 泽珍珠菜	*Lysimachia candida* Lindl.	LC	
3712. 细梗香草	*Lysimachia capillipes* Hemsl.	LC	
3713. 石山细梗香草	*Lysimachia capillipes* var. *cavaleriei*（H. Lév.）Hand.-Mazz.	LC	
3714. 过路黄	*Lysimachia christiniae* Hance	LC	
3715. 矮桃	*Lysimachia clethroides* Duby	LC	
3716. 临时救	*Lysimachia congestiflora* Hemsl.	LC	
3717. 大桥珍珠菜★	*Lysimachia daqiaoensis* G. D. Tang & R. Z. Huang	CR	B1ab（iii）
3718. 延叶珍珠菜	*Lysimachia decurrens* G. Forst.	LC	
3719. 五岭管茎过路黄	*Lysimachia fistulosa* Hand.-Mazz. var. *wulingensis* F. H. Chen & C. M. Hu	LC	
3720. 灵香草	*Lysimachia foenum-graecum* Hance	NT	
3721. 大叶过路黄	*Lysimachia fordiana* Oliv.	LC	
3722. 红根草	*Lysimachia fortunei* Maxim.	LC	

中文名	拉丁学名	等级	等级注解
3723. 福建过路黄	*Lysimachia fukienensis* Hand.-Mazz.	LC	
3724. 黑腺珍珠菜	*Lysimachia heterogenea* Klatt	LC	
3725. 白花过路黄	*Lysimachia huitsunae* S. S. Chien	VU	A2c+3c；B2b(i,ii,iii)；C1
3726. 广东临时救	*Lysimachia kwangtungensis* (Hand.-Mazz.) C. M. Hu	LC	
3727. 滨海珍珠菜	*Lysimachia mauritiana* Lam.	LC	
3728. 南平过路黄	*Lysimachia nanpingensis* F. H. Chen & C. M. Hu	NT	
3729. 狭叶落地梅	*Lysimachia paridiformis* Franch. var. *stenophylla* Franch.	LC	
3730. 巴东过路黄	*Lysimachia patungensis* Hand.-Mazz.	LC	
3731. 光叶巴东过路黄	*Lysimachia patungensis* var. *glabrifolia* Chen & C. M. Hu	LC	
3732. 阔叶假排草	*Lysimachia petelotii* Merr.	LC	
3733. 疏头过路黄	*Lysimachia pseudohenryi* Pamp.	LC	
3734. 英德过路黄★	*Lysimachia yingdeensis* F. H. Chen & C. M. Hu	NT	
3735. 毛穗杜茎山	*Maesa insignis* Chun	LC	
3736. 杜茎山	*Maesa japonica* (Thunb.) Moritzi ex Zoll.	LC	
3737. 金珠柳	*Maesa montana* A. DC.	LC	
3738. 小叶杜茎山	*Maesa parvifolia* A. DC.	LC	
3739. 鲫鱼胆	*Maesa perlaria* (Lour.) Merr.	LC	
3740. 柳叶杜茎山★	*Maesa salicifolia* E. Walker	LC	
3741. 软弱杜茎山★	*Maesa tenera* Mez	LC	
3742. 平叶密花树	*Myrsine faberi* (Mez) Pipoly & C. Chen	LC	
3743. 打铁树	*Myrsine linearis* (Lour.) Poir.	LC	
3744. 密花树	*Myrsine seguinii* H. Lév.	LC	
3745. 针齿铁仔	*Myrsine semiserrata* Wall.	LC	
3746. 光叶铁仔	*Myrsine stolonifera* (Koidz.) Walker	LC	
3747. 广东报春	*Primula kwangtungensis* W. W. Sm.	CR	A2abc + 3abc；B2b(ii,iii,iv)c(ii,iii,iv)；C1+C2a(i)；D
3748. 鄂报春	*Primula obconica* Hance	LC	
3749. 水茴草	*Samolus valerandi* L.	NT	
3750. 假婆婆纳	*Stimpsonia chamaedryoides* C. Wright ex A. Gray	LC	

中文名	拉丁学名	等级	等级注解
山茶科 Theaceae			
3751. 圆籽荷	*Apterosperma oblata* Hung T. Chang	VU	B2ab(ii)
3752. 大萼毛蕊茶	*Camellia assimiloides* Sealy	LC	
3753. 杜鹃红山茶★	*Camellia azalea* C. F. Wei	CR	A2ac；B1ab(i,iii,iv)
3754. 短柱茶	*Camellia brevistyla* (Hayata) Cohen-Stuart	LC	
3755. 长尾毛蕊茶	*Camellia caudata* Wall.	LC	
3756. 小长尾毛蕊茶	*Camellia caudata* var. *gracilis* (Hemsl.) Yamam. ex H. Keng	DD	
3757. 心叶毛蕊茶	*Camellia cordifolia* (F. P. Metcalf) Nakai	LC	
3758. 突肋茶	*Camellia costata* Hu & S. Ye Liang ex Hung T. Chang	NT	
3759. 贵州连蕊茶	*Camellia costei* H. Lév.	LC	
3760. 尖连蕊茶	*Camellia cuspidata* (Kochs) H. J. Veitch.	LC	
3761. 浙江连蕊茶	*Camellia cuspidata* var. *chekiangensis* Sealy	LC	
3762. 大花尖连蕊茶	*Camellia cuspidata* var. *grandiflora* Sealy	LC	
3763. 越南油茶	*Camellia drupifera* Lour.	NT	
3764. 尖萼红山茶	*Camellia edithae* Hance	LC	
3765. 柃叶连蕊茶	*Camellia euryoides* Lindl.	LC	
3766. 窄叶短柱茶	*Camellia fluviatilis* Hand.-Mazz.	NT	
3767. 毛柄连蕊茶	*Camellia fraterna* Hance	LC	
3768. 糙果茶	*Camellia furfuracea* (Merr.) Cohen-Stuart	LC	
3769. 阔柄糙果茶	*Camellia furfuracea* var. *latipetiolata* (C. W. Chi) T. L. Ming	NT	
3770. 大苞白山茶★	*Camellia granthamiana* Sealy	EN	A2c；B1b(i,iii)
3771. 长瓣短柱茶	*Camellia grijsii* Hance	NT	
3772. 秃房茶	*Camellia gymnogyna* Hung T. Chang	LC	
3773. 香港红山茶★	*Camellia hongkongensis* Seem.	LC	
3774. 落瓣短柱茶	*Camellia kissi* Wall.	LC	
3775. 微花连蕊茶	*Camellia lutchuensis* T. Itô var. *minutiflora* (Hung T. Chang) T. L. Ming	NT	
3776. 石果毛蕊山茶	*Camellia mairei* (H. Lév.) Melch. var. *lapidea* (Y. C. Wu) Sealy	LC	
3777. 广东毛蕊茶	*Camellia melliana* Hand.-Mazz.	NT	
3778. 油茶	*Camellia oleifera* Abel	LC	

中文名	拉丁学名	等级	等级注解
3779. 长尾多齿山茶	*Camellia polyodonta* F. C. How ex Hu var. *longicaudata* (Hung T. Chang & S. Y. Liang) T. L. Ming	LC	
3780. 亮果红山茶★	*Camellia psilocarpa* X. G. Shi & C. X. Ye	EN	D
3781. 毛叶茶	*Camellia ptilophylla* Hung T. Chang	VU	D2
3782. 柳叶毛蕊茶	*Camellia salicifolia* Champ. ex Benth.	LC	
3783. 南山茶	*Camellia semiserrata* C. W. Chi	NT	
3784. 茶	*Camellia sinensis* (L.) Kuntze	LC	
3785. 大叶茶	*Camellia sinensis* var. assamica (Choisy) Kitam.	LC	
3786. 白毛茶	*Camellia sinensis* var. *pubilimba* Hung T. Chang	NT	
3787. 全缘红山茶	*Camellia subintegra* P. C. Huang ex Hung T. Chang	NT	
3788. 毛枝连蕊茶	*Camellia trichoclada* (Rehder) S. S. Chien	NT	
3789. 猪血木	*Euryodendron excelsum* Hung T. Chang	CR	D
3790. 大头茶	*Polyspora axillaris* (Roxb. ex Ker Gawl.) Sweet ex G. Don	LC	
3791. 粗毛核果茶	*Pyrenaria hirta* (Hand.-Mazz.) H. Keng	NT	
3792. 心叶核果茶	*Pyrenaria hirta* var. *cordatula* (H. L. Li) S. X. Yang & T. L. Ming	LC	
3793. 小果核果茶	*Pyrenaria microcarpa* (Dunn) H. Keng	LC	
3794. 卵叶核果茶	*Pyrenaria microcarpa* var. *ovalifolia* (H. L. Li) T. L. Ming & S. X. Yang	NT	
3795. 大果核果茶	*Pyrenaria spectabilis* (Champ. ex Benth.) C. Y. Wu & S. X. Yang	LC	
3796. 长柱核果茶	*Pyrenaria spectabilis* var. *greeniae* (Chun) S. X. Yang	LC	
3797. 长萼核果茶	*Pyrenaria wuana* (Hung T. Chang) S. X. Yang	DD	
3798. 短梗木荷	*Schima brevipedicellata* Hung T. Chang	LC	
3799. 钝齿木荷	*Schima crenata* Korth.	LC	
3800. 疏齿木荷	*Schima remotiserrata* Hung T. Chang	LC	
3801. 木荷	*Schima superba* Gardner & Champ.	LC	
3802. 厚叶紫茎	*Stewartia crassifolia* (S. Z. Yan) J. Li & T. L. Ming	VU	B1ab(i,iii)
3803. 小花紫茎	*Stewartia micrantha* (Chun) Sealy	NT	
3804. 钝叶紫茎	*Stewartia obovata* (Chun & Hung T. Chang) J. Li & T. L. Ming	NT	
3805. 红皮紫茎	*Stewartia rubiginosa* Hung T. Chang	NT	
3806. 黄毛紫茎	*Stewartia sinii* (Y. C. Wu) Sealy	VU	B1ab(i,iii)

中文名	拉丁学名	等级	等级注解
3807. 柔毛紫茎	*Stewartia villosa* Merr.	LC	
3808. 广东柔毛紫茎	*Stewartia villosa* var. *kwangtungensis* (Chun) J. Li & T. L. Ming	LC	
山矾科 Symplocaceae			
3809. 腺叶山矾	*Symplocos adenophylla* Wall.	LC	
3810. 腺柄山矾	*Symplocos adenopus* Hance	LC	
3811. 薄叶山矾	*Symplocos anomala* Brand	LC	
3812. 南国山矾	*Symplocos austrosinensis* Hand.-Mazz.	LC	
3813. 越南山矾	*Symplocos cochinchinensis* (Lour.) S. Moore	LC	
3814. 黄牛奶树	*Symplocos cochinchinensis* var. *laurina* Nooteb.	LC	
3815. 密花山矾	*Symplocos congesta* Benth.	LC	
3816. 长毛山矾	*Symplocos dolichotricha* Merr.	LC	
3817. 三裂山矾★	*Symplocos fordii* Hance	LC	
3818. 羊舌树	*Symplocos glauca* (Thunb.) Koidz.	LC	
3819. 团花山矾	*Symplocos glomerata* King ex C. B. Clarke	LC	
3820. 毛山矾	*Symplocos groffii* Merr.	LC	
3821. 海南山矾	*Symplocos hainanensis* Merrill & Chun ex H. L. Li	DD	
3822. 海桐山矾	*Symplocos heishanensis* Hayata	LC	
3823. 光叶山矾	*Symplocos lancifolia* Siebold & Zucc.	LC	
3824. 光亮山矾	*Symplocos lucida* (Thunb.) Siebold & Zucc.	LC	
3825. 白檀	*Symplocos paniculata* Miq.	LC	
3826. 南岭山矾	*Symplocos pendula* Wight var. *hirtistylis* (C. B. Clarke) Noot.	LC	
3827. 丛花山矾	*Symplocos poilanei* Guill.	LC	
3828. 铁山矾	*Symplocos pseudobarberina* Gontsch.	LC	
3829. 珠仔树	*Symplocos racemosa* Roxb.	LC	
3830. 多花山矾	*Symplocos ramosissima* Wall. ex G. Don	LC	
3831. 老鼠矢	*Symplocos stellaris* Brand	LC	
3832. 山矾	*Symplocos sumuntia* Buch.-Ham. ex D. Don	LC	
3833. 卷毛山矾	*Symplocos ulotricha* Y. Ling	LC	
3834. 乌饭树叶山矾★	*Symplocos vacciniifolia* H. S. Chen & H. G. Ye	LC	
3835. 绿枝山矾	*Symplocos viridissima* Brand	LC	

中文名	拉丁学名	等级	等级注解
3836. 微毛山矾	*Symplocos wikstroemiifolia* Hayata	LC	
3837. 阳春山矾 ★	*Symplocos yangchunensis* H. G. Ye & F. W. Xing	VU	D1+2
安息香科 Styracaceae			
3838. 赤杨叶	*Alniphyllum fortunei* (Hemsl.) Makino	LC	
3839. 银钟花	*Halesia macgregorii* Chun	VU	C2a(ii)
3840. 岭南山茉莉	*Huodendron biaristatum* (W. W. Sm.) Rehder var. *parviflorum* (Merr.) Rehder	LC	
3841. 陀螺果	*Melliodendron xylocarpum* Hand.-Mazz.	LC	
3842. 小叶白辛树	*Pterostyrax corymbosus* Siebold & Zucc.	LC	
3843. 白辛树	*Pterostyrax psilophyllus* Diels ex Perkins.	NT	
3844. 广东木瓜红	*Rehderodendron kwangtungense* Chun	VU	A2cd;B2ab(i,ii,)
3845. 贵州木瓜红	*Rehderodendron kweichowense* Hu	NT	
3846. 木瓜红	*Rehderodendron macrocarpum* Hu	NT	
3847. 棱果秤锤树	*Sinojackia henryi* (Dümmer) Merr.	NT	
3848. 狭果秤锤树	*Sinojackia rehderiana* Hu	NT	
3849. 喙果安息香	*Styrax agrestis* (Lour.) G. Don	LC	
3850. 赛山梅	*Styrax confusus* Hemsl.	LC	
3851. 华丽赛山梅 ★	*Styrax confusus* var. *superbus* (Chun) S. M. Hwang	DD	
3852. 白花龙	*Styrax faberi* Perkins	LC	
3853. 台湾安息香	*Styrax formosanus* Matsum.	LC	
3854. 大花野茉莉	*Styrax grandiflorus* Griff.	LC	
3855. 野茉莉	*Styrax japonicus* Siebold & Zucc.	LC	
3856. 大果安息香	*Styrax macrocarpus* W. C. Cheng	NT	
3857. 芬芳安息香	*Styrax odoratissimus* Champ. ex Benth.	LC	
3858. 齿叶安息香	*Styrax serrulatus* Roxb.	LC	
3859. 栓叶安息香	*Styrax suberifolius* Hook. & Arn.	LC	
3860. 裂叶安息香	*Styrax supaii* Chun & F. Chun	NT	
3861. 越南安息香	*Styrax tonkinensis* (Pierre) Craib ex Hartwich	LC	
猕猴桃科 Actinidiaceae			
3862. 硬齿猕猴桃	*Actinidia callosa* Lindl.	LC	
3863. 异色猕猴桃	*Actinidia callosa* var. *discolor* C. F. Liang	LC	
3864. 京梨猕猴桃	*Actinidia callosa* var. *henryi* Maxim.	LC	

中文名	拉丁学名	等级	等级注解
3865. 中华猕猴桃	*Actinidia chinensis* Planch.	VU	B2ab(i,ii,)
3866. 金花猕猴桃	*Actinidia chrysantha* C. F. Liang	VU	A2c
3867. 毛花猕猴桃	*Actinidia eriantha* Benth.	LC	
3868. 条叶猕猴桃	*Actinidia fortunatii* Finet & Gagnep.	NT	
3869. 黄毛猕猴桃	*Actinidia fulvicoma* Hance	LC	
3870. 灰毛猕猴桃	*Actinidia fulvicoma* var. *cinerascens*（C. F. Liang）J. Q. Li & Soejarto	LC	
3871. 糙毛猕猴桃	*Actinidia fulvicoma* var. *hirsuta* Finet & Gagnep.	LC	
3872. 厚叶猕猴桃	*Actinidia fulvicoma* var. *pachyphylla*（Dunn）H. L. Li	LC	
3873. 蒙自猕猴桃	*Actinidia henryi* Dunn	LC	
3874. 中越猕猴桃	*Actinidia indochinensis* Merr.	NT	
3875. 小叶猕猴桃	*Actinidia lanceolata* Dunn	LC	
3876. 阔叶猕猴桃	*Actinidia latifolia*（Gardner & Champ.）Merr.	LC	
3877. 两广猕猴桃	*Actinidia liangguangensis* C. F. Liang	NT	
3878. 大籽猕猴桃	*Actinidia macrosperma* C. F. Liang	DD	
3879. 美丽猕猴桃	*Actinidia melliana* Hand.-Mazz.	LC	
3880. 革叶猕猴桃	*Actinidia rubricaulis* Dunn var. *coriacea*（Finet & Gagnep.）C. F. Liang	LC	
3881. 对萼猕猴桃	*Actinidia valvata* Dunn	NT	
3882. 水东哥	*Saurauia tristyla* DC.	LC	
桤叶树科 Clethraceae			
3883. 单毛桤叶树	*Clethra bodinieri* H. Lév.	NT	
3884. 云南桤叶树	*Clethra delavayi* Franch.	LC	
3885. 华南桤叶树	*Clethra faberi* Hance	LC	
3886. 贵州桤叶树	*Clethra kaipoensis* H. Lév.	LC	
杜鹃花科 Ericaceae			
3887. 广东金叶子	*Craibiodendron scleranthum*（Dop）Judd var. *kwangtungense*（S. Y. Hu）Judd	LC	
3888. 金叶子	*Craibiodendron stellatum*（Pierre）W. W. Sm.	LC	
3889. 灯笼树	*Enkianthus chinensis* Franch.	LC	
3890. 吊钟花	*Enkianthus quinqueflorus* Lour.	LC	
3891. 齿缘吊钟花	*Enkianthus serrulatus*（E. H. Wilson）C. K. Schneid.	LC	

中文名	拉丁学名	等级	等级注解
3892. 白珠树	*Gaultheria leucocarpa* Blume var. *cumingiana*（Vidal）T. Z. Hsu	LC	
3893. 滇白珠	*Gaultheria leucocarpa* var. *yunnanensis*（Franch.）T. Z.Hsu & R. C. Fang	LC	
3894. 珍珠花	*Lyonia ovalifolia*（Wall.）Drude	LC	
3895. 毛果珍珠花	*Lyonia ovalifolia* var. *hebecarpa*（Franch. ex Forbes & Hemsl.）Chun	LC	
3896. 狭叶珍珠花	*Lyonia ovalifolia* var. *lanceolata*（Wall.）Hand.-Mazz.	LC	
3897. 水晶兰	*Monotropa uniflora* L.	NT	
3898. 球果假沙晶兰	*Monotropastrum humile*（D. Don）H. Hara	DD	
3899. 美丽马醉木	*Pieris formosa*（Wall.）D. Don	LC	
3900. 长蕚马醉木	*Pieris swinhoei* Hemsl.	LC	
3901. 普通鹿蹄草	*Pyrola decorata* Andres	LC	
3902. 长叶鹿蹄草	*Pyrola elegantula* Andres	LC	
3903. 短脉杜鹃	*Rhododendron brevinerve* Chun & W. P. Fang	LC	
3904. 多花杜鹃	*Rhododendron cavaleriei* H. Lév.	LC	
3905. 刺毛杜鹃	*Rhododendron championiae* Hook.	LC	
3906. 潮安杜鹃	*Rhododendron chaoanense* T. C. Wu & Tam	DD	
3907. 龙山杜鹃	*Rhododendron chunii* W. P. Fang	LC	
3908. 白枝杜鹃	*Rhododendron cretaceum* P. C. Tam	NT	
3909. 大田顶杜鹃★	*Rhododendron datiandingense* Z. J. Feng	DD	
3910. 大云锦杜鹃	*Rhododendron faithiae* Chun	NT	
3911. 丁香杜鹃	*Rhododendron farrerae* Sweet	LC	
3912. 龙岩杜鹃	*Rhododendron florulentum* P. C. Tam	LC	
3913. 云锦杜鹃	*Rhododendron fortunei* Lindl.	LC	
3914. 贵定杜鹃	*Rhododendron fuchsiifolium* H. Lév.	LC	
3915. 海南杜鹃	*Rhododendron hainanensis* Merr.	LC	
3916. 光枝杜鹃	*Rhododendron haofui* Chun & W. P. Fang	LC	
3917. 弯蒴杜鹃	*Rhododendron henryi* Hance	LC	
3918. 秃房杜鹃	*Rhododendron henryi* var. *dunnii*（E. H. Wilson）M. Y.He	LC	
3919. 白马银花★	*Rhododendron hongkongense* Hutch.	NT	
3920. 大鳞杜鹃	*Rhododendron huguangense* P. C. Tam	DD	

中文名	拉丁学名	等级	等级注解
3921. 广东杜鹃	*Rhododendron kwangtungense* Merr. & Chun	LC	
3922. 鹿角杜鹃	*Rhododendron latoucheae* Franch.	LC	
3923. 南岭杜鹃	*Rhododendron levinei* Merr.	LC	
3924. 荔叶杜鹃	*Rhododendron litchiifolium* T. C. Wu & P. C. Tam	LC	
3925. 岭南杜鹃	*Rhododendron mariae* Hance	LC	
3926. 满山红	*Rhododendron mariesii* Hemsl. & E. H. Wilson	LC	
3927. 小花杜鹃	*Rhododendron minutiflorum* Hu	DD	
3928. 头巾马银花	*Rhododendron mitriforme* P. C. Tam	DD	
3929. 羊踯躅	*Rhododendron molle*（Blume）G. Don	LC	
3930. 毛棉杜鹃	*Rhododendron moulmainense* Hook.	LC	
3931. 南昆杜鹃	*Rhododendron naamkwanense* Merr.	NT	
3932. 马银花	*Rhododendron ovatum*（Lindl.）Planch. ex Maxim.	LC	
3933. 千针叶杜鹃	*Rhododendron polyraphidoideum* P. C. Tam	LC	
3934. 岭上杜鹃	*Rhododendron polyraphidoideum* var. *montanum* P. C.Tam	LC	
3935. 乳源杜鹃	*Rhododendron rhuyuenense* Chun ex P. C. Tam	LC	
3936. 溪畔杜鹃	*Rhododendron rivulare* Hand.-Mazz.	LC	
3937. 岩谷杜鹃	*Rhododendron rupivalleculatum* P. C. Tam	NT	
3938. 猴头杜鹃	*Rhododendron simiarum* Hance	LC	
3939. 杜鹃	*Rhododendron simsii* Planch.	LC	
3940. 蜡黄杜鹃★	*Rhododendron subcerinum* P. C. Tam	DD	
3941. 单花无柄杜鹃★	*Rhododendron subestipitatum* Chun ex P. C. Tam	DD	
3942. 长蕊杜鹃	*Rhododendron stamineum* Franch.	LC	
3943. 大埔杜鹃	*Rhododendron taipaoense* T. C. Wu & P. C. Tam	LC	
3944. 鼎湖杜鹃	*Rhododendron tingwuense* P. C. Tam	LC	
3945. 两广杜鹃	*Rhododendron tsoi* Merr.	LC	
3946. 凯里杜鹃	*Rhododendron westlandii* Hemsl.	LC	
3947. 南烛	*Vaccinium bracteatum* Thunb.	LC	
3948. 小叶南烛	*Vaccinium bracteatum* var. *chinense*（Lodd.）Chun ex Sleumer	LC	
3949. 倒卵叶南烛★	*Vaccinium bracteatum* var. *obovatum* C. Y. Wu & R. C Fang	DD	
3950. 短尾越橘	*Vaccinium carlesii* Dunn	LC	
3951. 蓝果越橘	*Vaccinium chunii* Merr. ex Sleumer	VU	D2

中文名	拉丁学名	等级	等级注解
3952. 流苏萼越桔	*Vaccinium fimbricalyx* Chun & W. P. Fang	DD	
3953. 广东乌饭★	*Vaccinium guangdongense* W. P. Fang & Z. H. Pan	LC	
3954. 黄背越橘	*Vaccinium iteophyllum* Hance	LC	
3955. 日本扁枝越橘	*Vaccinium japonicum* Miq.	DD	
3956. 扁枝越橘	*Vaccinium japonicum* var. *sinicum*（Nakai）Rehder	LC	
3957. 亮叶越橘	*Vaccinium lamprophyllum* C. Y. Wu & R. C. Fang	DD	
3958. 长尾乌饭	*Vaccinium longicaudatum* Chun ex W. P. Fang & Z. H.Pan	LC	
3959. 江南越橘	*Vaccinium mandarinorum* Diels	LC	
3960. 草地越橘★	*Vaccinium pratense* P. C. Tam ex C. Y. Wu & R. C. Fang	DD	
3961. 椭圆叶越橘	*Vaccinium pseudorobustum* Sleumer	LC	
3962. 峦大越橘	*Vaccinium randaiense* Hayata	LC	
3963. 石生乌饭树	*Vaccinium saxicolum* Chun ex Sleumer	DD	
3964. 广西越橘	*Vaccinium sinicum* Sleumer	DD	
3965. 米饭花	*Vaccinium sprengelii*（G. Don）Sleumer	LC	
3966. 镰叶越橘	*Vaccinium subfalcatum* Merr. ex Sleumer	LC	
3967. 刺毛越橘	*Vaccinium trichocladum* Merr. & F. P. Metcalf	LC	
3968. 平萼乌饭	*Vaccinium truncatocalyx* Chun ex W. P. Fang & Z. H.Pan	DD	
3969. 瑶山越橘	*Vaccinium yaoshanicum* Sleumer	DD	
帽蕊草科 Mitrastemonaceae			
3970. 帽蕊草	*Mitrastemon yamamotoi* Makino	VU	A2c；B1ab（i，iii）
茶茱萸科 Icacinaceae			
3971. 小果微花藤	*Iodes vitiginea*（Hance）Hemsl.	LC	
3972. 定心藤	*Mappianthus iodoides* Hand.-Mazz.	LC	
3973. 马比木	*Nothapodytes pittosporoides*（Oliv.）Sleumer	NT	
丝缨花科 Garryaceae			
3974. 桃叶珊瑚	*Aucuba chinensis* Benth.	LC	
3975. 喜马拉雅珊瑚	*Aucuba himalaica* Hook. f. & Thomson	LC	
3976. 长叶珊瑚	*Aucuba himalaica* var. *dolichophylla* W. P. Fang & T. P.Soong	LC	
3977. 倒心叶珊瑚	*Aucuba obcordata*（Rehder）Fu ex W. K. Hu & T. P.Soong	NT	
茜草科 Rubiaceae			
3978. 水团花	*Adina pilulifera*（Lam.）Franch. ex Drake	LC	

中文名	拉丁学名	等级	等级注解
3979. 细叶水团花	*Adina rubella* Hance	LC	
3980. 香楠	*Aidia canthioides* (Champ. ex Benth.) Masam.	LC	
3981. 茜树	*Aidia cochinchinensis* Lour.	LC	
3982. 亨氏香楠	*Aidia henryi* (E. Pritz.) T. Yamaz.	DD	
3983. 尖萼茜树	*Aidia oxyodonta* (Drake) T. Yamaz.	LC	
3984. 多毛茜草树	*Aidia pycnantha* (Drake) Tirveng.	LC	
3985. 白果香楠	*Alleizettella leucocarpa* (Champ. ex Benth.) Tirveng.	LC	
3986. 毛茶	*Antirhea chinensis* (Champ. ex Benth.) Benth. & Hook. f. ex F. B. Forbes & Hemsl.	LC	
3987. 岩雪花	*Argostemma saxatile* Chun & F. C. How ex W. C. Ko	LC	
3988. 浓子茉莉	*Benkara scandens* (Thunb.) Ridsdale	LC	
3989. 鸡爪簕	*Benkara sinensis* (Lour.) Ridsdale	LC	
3990. 穴果木	*Caelospermum truncatum* (Wall.) Baill. ex K. Schum.	LC	
3991. 猪肚木	*Canthium horridum* Blume	LC	
3992. 大叶鱼骨木	*Canthium simile* Merr. & Chun	LC	
3993. 山石榴	*Catunaregam spinosa* (Thunb.) Tirveng.	LC	
3994. 风箱树	*Cephalanthus tetrandrus* (Roxb.) Ridsdale & Bakh. f.	LC	
3995. 弯管花	*Chassalia curviflora* (Wall.) Thwaites	NT	
3996. 尖叶弯管花	*Chassalia curviflora* var. *longifolia* Hook. f.	DD	
3997. 岩上珠	*Clarkella nana* (Endgew.) Hook. f.	LC	
3998. 流苏子	*Coptosapelta diffusa* (Champ. ex Benth.) Steenis	LC	
3999. 短刺虎刺	*Damnacanthus giganteus* (Makino) Nakai	LC	
4000. 虎刺	*Damnacanthus indicus* C. F. Gaertn.	LC	
4001. 柳叶虎刺	*Damnacanthus labordei* (H. Lév.) H. S. Lo	LC	
4002. 浙皖虎刺	*Damnacanthus macrophyllus* Siebold ex Miq.	DD	
4003. 大卵叶虎刺	*Damnacanthus major* Siebold & Zucc.	LC	
4004. 小牙草	*Dentella repens* (L.) J. R. Forst. & G. Forst.	LC	
4005. 狗骨柴	*Diplospora dubia* (Lindl.) Masam	LC	
4006. 毛狗骨柴	*Diplospora fruticosa* Hemsl.	LC	
4007. 绣球茜★	*Dunnia sinensis* Tutcher	NT	
4008. 香果树	*Emmenopterys henryi* Oliv.	VU	A2c；C2a(ii)
4009. 宽昭木	*Foonchewia coriacea* (Dunn) Z. Q. Song	LC	

续表

中文名	拉丁学名	等级	等级注解
4010. 四叶葎	*Galium bungei* Steud.	LC	
4011. 阔叶四叶葎	*Galium bungei* var. *trachyspermum* （A. Gray）Cufod.	LC	
4012. 小猪殃殃	*Galium innocuum* Miq.	LC	
4013. 蓬子菜	*Galium verum* L.	LC	
4014. 栀子	*Gardenia jasminoides* J. Ellis	LC	
4015. 狭叶栀子	*Gardenia stenophylla* Merr.	LC	
4016. 爱地草	*Geophila repens* （L.）I. M. Johnst.	LC	
4017. 金草	*Hedyotis acutangula* Champ. ex Benth.	LC	
4018. 蓝花耳草★	*Hedyotis affinis* Roem. & Schult.	LC	
4019. 耳草	*Hedyotis auricularia* L.	LC	
4020. 细叶亚婆潮	*Hedyotis auricularia* var. *mina* W. C. Ko	LC	
4021. 华南耳草	*Hedyotis austrosinica* L. Wu & L. H. Yang	LC	
4022. 大帽山耳草	*Hedyotis bodinieri* H. Lév.	LC	
4023. 大苞耳草	*Hedyotis bracteosa* Hance	LC	
4024. 广州耳草★	*Hedyotis cantoniensis* F. C. How ex W. C. Ko	LC	
4025. 败酱耳草	*Hedyotis capituligera* Hance	LC	
4026. 剑叶耳草	*Hedyotis caudatifolia* Merr. & F. P. Metcalf	LC	
4027. 金毛耳草	*Hedyotis chrysotricha* （Palib.）Merr.	LC	
4028. 拟金草	*Hedyotis consanguinea* Hance	LC	
4029. 鼎湖耳草	*Hedyotis effusa* Hance	LC	
4030. 牛白藤	*Hedyotis hedyotidea* （DC.）Merr.	LC	
4031. 丹草	*Hedyotis herbacea* L.	LC	
4032. 连山耳草	*Hedyotis lianshaniensis* W. C. Ko	LC	
4033. 粤港耳草	*Hedyotis loganioides* Benth.	LC	
4034. 长瓣耳草	*Hedyotis longipetala* Merr.	LC	
4035. 疏花耳草	*Hedyotis matthewii* Dunn	LC	
4036. 南昆山耳草★	*Hedyotis nankunshanensis* R. J. Wang & S. J. Deng	LC	
4037. 南岭耳草★	*Hedyotis nanlingensis* R. J. Wang	LC	
4038. 阔托叶耳草	*Hedyotis platystipula* Merr.	LC	
4039. 绒叶耳草★	*Hedyotis puberulifolia* Y. D. Xu & R. J. Wang	LC	
4040. 毛花轴耳草★	*Hedyotis pubirachis* Y. D. Xu & R. J. Wang	LC	

中文名	拉丁学名	等级	等级注解
4041. 艳丽耳草★	*Hedyotis pulcherrima* Dunn	LC	
4042. 深圳耳草★	*Hedyotis shenzhenensis* Tao Chen	NT	
4043. 肉叶耳草	*Hedyotis strigulosa*（Bartl. ex DC.）Fosberg	DD	
4044. 台山耳草★	*Hedyotis taishanensis* G. T. Wang & R. J. Wang	LC	
4045. 纤花耳草	*Hedyotis tenelliflora* Blume	LC	
4046. 细梗耳草	*Hedyotis tenuipes* Hemsl.	LC	
4047. 方茎耳草	*Hedyotis tetrangularis*（Korth.）Walp.	DD	
4048. 长节耳草	*Hedyotis uncinella* Hook. & Arn.	LC	
4049. 脉耳草	*Hedyotis vestita* R. Br. ex G. Don	LC	
4050. 黄叶耳草★	*Hedyotis xanthochroa* Hance	NT	
4051. 信宜耳草★	*Hedyotis xinyiensis* X. Guo & R. J. Wang	LC	
4052. 阳春耳草★	*Hedyotis yangchunensis* W. C. Ko & G. C. Zhang	LC	
4053. 龙船花	*Ixora chinensis* Lam.	LC	
4054. 薄叶龙船花	*Ixora finlaysoniana* Wall. ex G. Don	LC	
4055. 海南龙船花	*Ixora hainanensis* Merr.	LC	
4056. 白花龙船花	*Ixora henryi* H. Lév.	LC	
4057. 泡叶龙船花	*Ixora nienkui* Merr. & Chun	LC	
4058. 红大戟	*Knoxia roxburghii*（Spreng.）M. A. Rau	VU	A2cd+3cd；B1ab（i）
4059. 红芽大戟	*Knoxia sumatrensis*（Retz.）DC.	LC	
4060. 斜基粗叶木	*Lasianthus attenuatus* Jack	LC	
4061. 华南粗叶木	*Lasianthus austrosinensis* H. S. Lo	NT	
4062. 粗叶木	*Lasianthus chinensis*（Champ. ex Benth.）Benth.	LC	
4063. 焕镛粗叶木	*Lasianthus chunii* H. S. Lo	LC	
4064. 广东粗叶木	*Lasianthus curtisii* King & Gamble	LC	
4065. 长梗粗叶木	*Lasianthus filipes* Chun ex H. S. Lo	LC	
4066. 罗浮粗叶木	*Lasianthus fordii* Hance	LC	
4067. 毛枝粗叶木	*Lasianthus fordii* var. *trichocladus* H. S. Lo	LC	
4068. 台湾粗叶木	*Lasianthus formosensis* Matsum.	LC	
4069. 西南粗叶木	*Lasianthus henryi* Hutch.	LC	
4070. 鸡屎树	*Lasianthus hirsutus*（Roxb.）Merr.	LC	
4071. 文山粗叶木	*Lasianthus hispidulus*（Drake）Pit.	DD	

中文名	拉丁学名	等级	等级注解
4072. 日本粗叶木	*Lasianthus japonicus* Miq.	LC	
4073. 美脉粗叶木	*Lasianthus lancifolius* Hook. f.	LC	
4074. 小花粗叶木	*Lasianthus micranthus* Hook. f.	LC	
4075. 锡金粗叶木	*Lasianthus sikkimensis* Hook. f.	LC	
4076. 钟萼粗叶木	*Lasianthus trichophlebus* Hemsl.	LC	
4077. 斜脉粗叶木	*Lasianthus verticillatus*（Lour.）Merr.	LC	
4078. 卵叶野丁香★	*Leptodermis ovata* H. J. P. Winkl.	LC	
4079. 广东野丁香	*Leptodermis vestita* Hemsl.	VU	B1ab(i,iii)
4080. 黄棉木	*Metadina trichotoma*（Zoll. & Moritzi）Bakh. f.	LC	
4081. 栗色巴戟	*Morinda badia* Y. Z. Ruan	LC	
4082. 金叶巴戟	*Morinda citrina* Y. Z. Ruan	LC	
4083. 大果巴戟	*Morinda cochinchinensis* DC.	LC	
4084. 糠藤	*Morinda howiana* S. Y. Hu	LC	
4085. 南岭鸡眼藤	*Morinda nanlingensis* Y. Z. Ruan	LC	
4086. 巴戟天	*Morinda officinalis* F. C. How	EN	A2cd+3cd
4087. 鸡眼藤	*Morinda parvifolia* Bartl. ex DC.	LC	
4088. 细毛巴戟	*Morinda pubiofficinalis* Y. Z. Ruan	LC	
4089. 假巴戟★	*Morinda shuanghuaensis* C. Y. Chen & M. S. Huang	LC	
4090. 印度羊角藤	*Morinda umbellata* L.	LC	
4091. 羊角藤	*Morinda umbellata* subsp. *obovata* Y. Z. Ruan	LC	
4092. 广东牡丽草	*Mouretia inaequalis*（H. S. Lo）Tange	LC	
4093. 展枝玉叶金花	*Mussaenda divaricata* Hutch.	NT	
4094. 楠藤	*Mussaenda erosa* Champ. ex Benth.	LC	
4095. 粗毛玉叶金花	*Mussaenda hirsutula* Miq.	LC	
4096. 广东玉叶金花	*Mussaenda kwangtungensis* H. L. Li	LC	
4097. 大叶玉叶金花	*Mussaenda macrophylla* Wall.	LC	
4098. 小玉叶金花	*Mussaenda parviflora* Miq.	LC	
4099. 玉叶金花	*Mussaenda pubescens* W. T. Aiton	LC	
4100. 白花玉叶金花	*Mussaenda pubescens* var. *alba* X. F. Deng & D. X. Zhang	LC	
4101. 大叶白纸扇	*Mussaenda shikokiana* Makino	LC	
4102. 华腺萼木	*Mycetia sinensis*（Hemsl.）Craib	LC	

中文名	拉丁学名	等级	等级注解
4103. 越南密脉木	*Myrioneuron tonkinensis* Pit.	LC	
4104. 乌檀	*Nauclea officinalis*（Pierre ex Pit.）Merr. & Chun	EN	A2cd+3cd
4105. 卷毛新耳草	*Neanotis boerhaavioides*（Hance）W. H. Lewis	LC	
4106. 薄叶新耳草	*Neanotis hirsuta*（L. f.）W. H. Lewis	LC	
4107. 广东新耳草	*Neanotis kwangtungensis*（Merr. & F. P. Metcalf）W.H. Lewis	LC	
4108. 新耳草	*Neanotis thwaitesiana*（Hance）W. H. Lewis	LC	
4109. 薄柱草	*Nertera sinensis* Hemsl.	LC	
4110. 水线草	*Oldenlandia corymbosa* L.	LC	
4111. 圆茎耳草	*Oldenlandia corymbosa* var. *tereticaulis*（W. C. Ko）R.J. Wang	LC	
4112. 广州蛇根草	*Ophiorrhiza cantonensis* Hance	LC	
4113. 中华蛇根草	*Ophiorrhiza chinensis* H. S. Lo	LC	
4114. 密脉蛇根草	*Ophiorrhiza densa* H. S. Lo	LC	
4115. 大桥蛇根草★	*Ophiorrhiza filibracteolata* H. S. Lo	LC	
4116. 日本蛇根草	*Ophiorrhiza japonica* Blume	LC	
4117. 两广蛇根草	*Ophiorrhiza liangkwangensis* H. S. Lo	LC	
4118. 东南蛇根草	*Ophiorrhiza mitchelloides*（Masam.）H. S. Lo	LC	
4119. 短小蛇根草	*Ophiorrhiza pumila* Champ. & Benth.	LC	
4120. 耳叶鸡矢藤	*Paederia cavaleriei* H. Lév.	LC	
4121. 鸡矢藤	*Paederia foetida* L.	LC	
4122. 白毛鸡矢藤	*Paederia pertomentosa* Merr. ex H. L. Li	LC	
4123. 狭序鸡矢藤	*Paederia stenobotrya* Merr.	LC	
4124. 光萼大沙叶	*Pavetta arenosa* Lour.	LC	
4125. 香港大沙叶	*Pavetta hongkongensis* Bremek.	LC	
4126. 多花大沙叶	*Pavetta polyantha*（Hook. f.）R. Br. ex Bremek.	LC	
4127. 汕头大沙叶★	*Pavetta swatowica* Bremek.	DD	
4128. 海南槽裂木	*Pertusadina metacalfii*（Merr. ex H. L. Li）Y. F. Deng & C. M. Hu	LC	
4129. 南山花	*Prismatomeris tetrandra*（Roxb.）K. Schum.	LC	
4130. 九节	*Psychotria asiatica* L.	LC	
4131. 溪边九节	*Psychotria fluviatilis* Chun ex W. C. Chen	LC	
4132. 驳骨九节	*Psychotria prainii* H. Lév.	LC	
4133. 蔓九节	*Psychotria serpens* L.	LC	

中文名	拉丁学名	等级	等级注解
4134. 黄脉九节	*Psychotria straminea* Hutch.	LC	
4135. 假九节	*Psychotria tutcheri* Dunn	LC	
4136. 假鱼骨木	*Psydrax dicocca* Gaertn.	LC	
4137. 金剑草	*Rubia alata* Wall.	LC	
4138. 东南茜草	*Rubia argyi*（H. Lév. & Vaniot）H. Hara ex Lauener & D. K. Ferguson	LC	
4139. 柳叶茜草	*Rubia salicifolia* H. S. Lo	LC	
4140. 林生茜草	*Rubia sylvatica*（Maxim.）Nakai	LC	
4141. 多花茜草	*Rubia wallichiana* Decne.	LC	
4142. 纤叶耳草	*Scleromitrion angustifolium*（Cham. & Schltdl.）Benth.	LC	
4143. 白花蛇舌草	*Scleromitrion diffusum*（Willd.）R. J. Wang	LC	
4144. 蕴璋耳草	*Scleromitrion koanum*（R. J. Wang）R. J. Wang	VU	A2c
4145. 松叶耳草	*Scleromitrion pinifolium*（Wall. ex G. Don）R. J. Wang	LC	
4146. 粗叶耳草	*Scleromitrion verticillatum*（L.）R. J. Wang	LC	
4147. 六月雪	*Serissa japonica*（Thunb.）Thunb.	LC	
4148. 白马骨	*Serissa serissoides*（DC.）Druce	LC	
4149. 鸡仔木	*Sinoadina racemosa*（Siebold & Zucc.）Ridsdale	LC	
4150. 长管糙叶丰花草	*Spermacoce articularis* L. f.	LC	
4151. 丹霞螺序草★	*Spiradiclis danxiashanensis* R. J. Wang	LC	
4152. 两广螺序草	*Spiradiclis fusca* H. S. Lo	LC	
4153. 腺叶螺序草	*Spiradiclis glandulosa* L. Wu & Q. R. Liu	NT	
4154. 广东螺序草	*Spiradiclis guangdongensis* H. S. Lo	VU	A2c+3c
4155. 石生螺序草★	*Spiradiclis petrophila* H. S. Lo	NT	
4156. 伞花螺序草	*Spiradiclis umbelliformis* H. S. Lo	NT	
4157. 阳春螺序草★	*Spiradiclis yangchunensis* R. J. Wang	VU	B2ab（i, iii, iv）; D
4158. 尖萼乌口树	*Tarenna acutisepala* F. C. How ex W. C. Chen	LC	
4159. 假桂乌口树	*Tarenna attenuata*（Hook. f.）Hutch.	LC	
4160. 华南乌口树	*Tarenna austrosinensis* Chun & F. C. How ex W. C. Chen	LC	
4161. 白皮乌口树	*Tarenna depauperata* Hutch.	LC	
4162. 白花苦灯笼	*Tarenna mollissima*（Hook. & Arn.）B. L. Rob.	LC	
4163. 多籽乌口树★	*Tarenna polysperma* Chun & How ex W. C. Chen	LC	

续表

中文名	拉丁学名	等级	等级注解
4164. 海南乌口树	*Tarenna tsangii* Merr.	LC	
4165. 岭罗麦	*Tarennoidea wallichii*（Hook. f.）Tirveng. & Sastre	LC	
4166. 双花耳草	*Thecagonum biflorum*（L.）Babu	LC	
4167. 翅果耳草	*Thecagonum pteritum*（Blume）Babu	LC	
4168. 毛钩藤	*Uncaria hirsuta* Havil.	LC	
4169. 北越钩藤	*Uncaria homomalla* Miq.	LC	
4170. 大叶钩藤	*Uncaria macrophylla* Wall.	LC	
4171. 钩藤	*Uncaria rhynchophylla*（Miq.）Miq. ex Havil.	LC	
4172. 侯钩藤	*Uncaria rhynchophylloides* F. C. How	LC	
4173. 攀茎钩藤	*Uncaria scandens*（Sm.）Hutch.	LC	
4174. 白钩藤	*Uncaria sessilifructus* Roxb.	LC	
4175. 尖叶木	*Urophyllum chinense* Merr. & Chun	LC	
4176. 短筒水锦树	*Wendlandia brevituba* Chun & F. C. How ex W. C. Chen	LC	
4177. 短花水金京	*Wendlandia formosana* Cowan subsp. *breviflora* F. C. How	LC	
4178. 广东水锦树	*Wendlandia guangdongensis* W. C. Chen	LC	
4179. 水锦树	*Wendlandia uvariifolia* Hance	LC	
4180. 中华水锦树	*Wendlandia uvariifolia* subsp. *chinensis*（Merr.）Cowan	LC	
龙胆科 Gentianaceae			
4181. 罗星草	*Canscora andrographioides* Griff. ex C. B. Clarke	LC	
4182. 美丽百金花	*Centaurium pulchellum*（Sw.）Druce	NT	
4183. 百金花	*Centaurium pulchellum* var. *altaicum*（Griseb.）Kitag. & H. Hara	NT	
4184. 福建蔓龙胆	*Crawfurdia pricei*（C. Marquand）Harry Sm.	LC	
4185. 杯药草	*Cotylanthera paucisquama* C. B. Clarke	EN	B2ab（iii）；C2a（ii）
4186. 藻百年	*Exacum tetragonum* Roxb.	LC	
4187. 五岭龙胆	*Gentiana davidii* Franch.	LC	
4188. 台湾龙胆	*Gentiana davidii* var. *formosana*（Hayata）T. N. Ho	DD	
4189. 广西龙胆	*Gentiana kwangsiensis* T. N. Ho	LC	
4190. 华南龙胆	*Gentiana loureiroi*（G. Don）Griseb.	LC	
4191. 条叶龙胆	*Gentiana manshurica* Kitag.	DD	
4192. 龙胆	*Gentiana scabra* Bunge	LC	

续表

中文名	拉丁学名	等级	等级注解
4193. 丛生龙胆	*Gentiana thunbergii*（G. Don）Griseb.	LC	
4194. 灰绿龙胆	*Gentiana yokusai* Burkill	LC	
4195. 匙叶草	*Latouchea fokienensis* Franch.	LC	
4196. 狭叶獐牙菜	*Swertia angustifolia* Buch.-Ham. ex D. Don	LC	
4197. 美丽獐牙菜	*Swertia angustifolia* var. *pulchella*（D. Don）Burkill	LC	
4198. 獐牙菜	*Swertia bimaculata*（Siebold & Zucc.）Hook. f. & Thomson ex C. B. Clarke	LC	
4199. 南方双蝴蝶	*Tripterospermum australe* J. Murata	DD	
4200. 香港双蝴蝶	*Tripterospermum nienkui*（C. Marquand）C. J. Wu	LC	
马钱科 Loganiaceae			
4201. 柳叶蓬莱葛	*Gardneria lanceolata* Rehder & E. H. Wilson	LC	
4202. 蓬莱葛	*Gardneria multiflora* Makino	LC	
4203. 水田白	*Mitrasacme pygmaea* R. Br.	LC	
4204. 密叶水田白	*Mitrasacme pygmaea* var. *confertifolia* Tirel	DD	
4205. 大叶度量草	*Mitreola pedicellata* Benth.	LC	
4206. 阳春度量草★	*Mitreola yangchunensis* Q. X. Ma，H. G. Ye & F. W.Xing	VU	B1ab（i，iii）
4207. 牛眼马钱	*Strychnos angustiflora* Benth.	LC	
4208. 华马钱	*Strychnos cathayensis* Merr.	LC	
4209. 刺马钱★	*Strychnos cathayensis* var. *spinata* P. T. Li	DD	
4210. 吕宋果	*Strychnos ignatii* P. J. Bergius	DD	
4211. 密花马钱	*Strychnos ovata* A. W. Hill	NT	
4212. 伞花马钱	*Strychnos umbellata*（Lour.）Merr.	LC	
钩吻科 Gelsemiaceae			
4213. 钩吻	*Gelsemium elegans*（Gardner & Champ.）Benth.	LC	
夹竹桃科 Apocynaceae			
4214. 香花藤	*Aganosma marginata*（Roxb.）G. Don	NT	
4215. 长序链珠藤	*Alyxia siamensis* Craib	LC	
4216. 海南链珠藤	*Alyxia odorata* Wall. ex G. Don	LC	
4217. 长花链珠藤	*Alyxia reinwardtii* Blume	DD	
4218. 链珠藤	*Alyxia sinensis* Champ. ex Benth.	LC	
4219. 鳝藤	*Anodendron affine*（Hook. & Arn.）Druce	LC	
4220. 牛角瓜	*Calotropis gigantea*（L.）W. T. Aiton	LC	

续表

中文名	拉丁学名	等级	等级注解
4221. 海杧果	*Cerbera manghas* L.	LC	
4222. 吊灯花	*Ceropegia trichantha* Hemsl.	LC	
4223. 大叶鹿角藤	*Chonemorpha fragrans*（Moon）Alston	DD	
4224. 尖子藤	*Chonemorpha verrucosa*（Blume）D. J. Middleton	NT	
4225. 白叶藤	*Cryptolepis sinensis*（Lour.）Merr.	LC	
4226. 白薇	*Cynanchum atratum* Bunge	NT	
4227. 折冠牛皮消	*Cynanchum boudieri* H. Lév. & Vaniot	LC	
4228. 蔓剪草	*Cynanchum chekiangense* M. Cheng	LC	
4229. 刺瓜	*Cynanchum corymbosum* Wight	LC	
4230. 山白前	*Cynanchum fordii* Hemsl.	LC	
4231. 白前	*Cynanchum glaucescens*（Decne.）Hand.-Mazz.	LC	
4232. 海南杯冠藤	*Cynanchum insulanum*（Hance）Hemsl.	VU	A3ac；B1b（i，iii）
4233. 线叶杯冠藤	*Cynanchum insulanum* var. *lineare*（Tsiang & H. D. Zhang）Tsiang & H. D. Zhang	LC	
4234. 毛白前	*Cynanchum mooreanum* Hemsl.	LC	
4235. 徐长卿	*Cynanchum paniculatum*（Bunge）Kitag.	LC	
4236. 柳叶白前	*Cynanchum stauntonii*（Decne.）Schltr. ex H. Lév.	LC	
4237. 肉珊瑚	*Cynanchum viminale*（L.）L.	NT	
4238. 马兰藤	*Dischidanthus urceolatus*（Decne.）Tsiang	LC	
4239. 眼树莲	*Dischidia chinensis* Champ. ex Benth.	LC	
4240. 圆叶眼树莲	*Dischidia nummularia* R. Br.	LC	
4241. 南山藤	*Dregea volubilis*（L. f.）Benth. ex Hook. f.	LC	
4242. 纤冠藤	*Gongronema napalense*（Wall.）Decne.	LC	
4243. 天星藤	*Graphistemma pictum*（Champ. ex Benth.）Benth. & Hook. f. ex Maxim.	LC	
4244. 海岛藤	*Gymnanthera oblonga*（Burm. f.）P. S. Green	LC	
4245. 广东匙羹藤	*Gymnema inodorum*（Lour.）Decne.	LC	
4246. 宽叶匙羹藤	*Gymnema latifolium* Wall. ex Wight	DD	
4247. 匙羹藤	*Gymnema sylvestre*（Retz.）R. Br. ex Schult.	LC	
4248. 台湾醉魂藤	*Heterostemma brownii* Hayata	LC	
4249. 催乳藤	*Heterostemma oblongifolium* Costantin	LC	
4250. 铰剪藤	*Holostemma ada-kodien* Schult.	NT	

续表

中文名	拉丁学名	等级	等级注解
4251. 球兰	*Hoya carnosa*（L. f.）R. Br.	LC	
4252. 护耳草	*Hoya fungii* Merr.	LC	
4253. 荷秋藤	*Hoya griffithii* Hook. f.	LC	
4254. 铁草鞋	*Hoya pottsii* J. Traill	LC	
4255. 匙叶球兰	*Hoya radicalis* Tsiang & P. T. Li	DD	
4256. 腰骨藤	*Ichnocarpus frutescens*（L.）W. T. Aiton	LC	
4257. 少花腰骨藤	*Ichnocarpus jacquetii*（Pierre）D. J. Middleton	LC	
4258. 小花藤	*Ichnocarpus polyanthus*（Blume）P. I. Forst.	DD	
4259. 假木通	*Jasminanthes chunii*（Tsiang）W. D. Stevens & P. T. Li	LC	
4260. 黑鳗藤	*Jasminanthes mucronata*（Blanco）W. D. Stevens & P.T. Li	LC	
4261. 蕊木	*Kopsia arborea* Blume	LC	
4262. 折冠藤	*Lygisma inflexum*（Constantin）Kerr	LC	
4263. 光叶蓝叶藤	*Marsdenia glabra* Costantin	DD	
4264. 大叶牛奶菜	*Marsdenia koi* Tsiang	LC	
4265. 牛奶菜	*Marsdenia sinensis* Hemsl.	LC	
4266. 蓝叶藤	*Marsdenia tinctoria* R. Br.	LC	
4267. 思茅山橙	*Melodinus cochinchinensis*（Lour.）Merr.	LC	
4268. 尖山橙	*Melodinus fusiformis* Champ. ex Benth.	LC	
4269. 驼峰藤	*Merrillanthus hainanensis* Chun & Tsiang	EN	A2c;B1ab（i,iii）
4270. 尖槐藤	*Oxystelma esculentum*（L. f.）Sm.	LC	
4271. 海南同心结	*Parsonsia alboflavescens*（Dennst.）Mabb.	LC	
4272. 石萝藦	*Pentasachme caudatum* Wall. ex Wight	LC	
4273. 大花帘子藤	*Pottsia grandiflora* Markgr.	LC	
4274. 帘子藤	*Pottsia laxiflora*（Blume）Kuntze	LC	
4275. 蛇根木	*Rauvolfia serpentina*（L.）Benth. ex Kurz	VU	D2
4276. 萝芙木	*Rauvolfia verticillata*（Lour.）Baill.	LC	
4277. 鲫鱼藤	*Secamone elliptica* R. Br.	LC	
4278. 锈毛鲫鱼藤	*Secamone ferruginea* Pierre ex Costantin	LC	
4279. 吊山桃	*Secamone sinica* Hand.-Mazz.	LC	
4280. 羊角拗	*Strophanthus divaricatus*（Lour.）Hook. & Arn.	LC	
4281. 尖蕾狗牙花	*Tabernaemontana bufalina* Lour.	DD	

中文名	拉丁学名	等级	等级注解
4282. 平脉狗牙花	*Tabernaemontana pandacaqui* Lam.	LC	
4283. 卧茎夜来香	*Telosma procumbens*（Blanco）Merr.	LC	
4284. 锈毛弓果藤	*Toxocarpus fuscus* Tsiang	DD	
4285. 弓果藤	*Toxocarpus wightianus* Hook. & Arn.	LC	
4286. 亚洲络石	*Trachelospermum asiaticum*（Siebold & Zucc.）Nakai	LC	
4287. 紫花络石	*Trachelospermum axillare* Hook. f.	LC	
4288. 贵州络石	*Trachelospermum bodinieri*（H. Lév.）Woodson	LC	
4289. 短柱络石	*Trachelospermum brevistylum* Hand.-Mazz.	LC	
4290. 络石	*Trachelospermum jasminoides*（Lindl.）Lem.	LC	
4291. 光叶娃儿藤	*Tylophora brownii* Hayata	LC	
4292. 小叶娃儿藤	*Tylophora flexuosa* R. Br.	LC	
4293. 七层楼	*Tylophora floribunda* Miq.	LC	
4294. 长梗娃儿藤	*Tylophora glabra* Costantin	LC	
4295. 人参娃儿藤	*Tylophora kerrii* Craib	LC	
4296. 通天连	*Tylophora koi* Merr.	LC	
4297. 广花娃儿藤	*Tylophora leptantha* Tsiang	NT	
4298. 娃儿藤	*Tylophora ovata*（Lindl.）Hook. ex Steud.	LC	
4299. 贵州娃儿藤	*Tylophora silvestris* Tsiang	LC	
4300. 毛杜仲藤	*Urceola huaitingii*（Chun & Tsiang）D. J. Middleton	LC	
4301. 杜仲藤	*Urceola micrantha*（Wall. ex G. Don）D. J. Middleton	LC	
4302. 华南水壶藤	*Urceola napeensis*（Quintaret）D. J. Middleton	LC	
4303. 华南杜仲藤	*Urceola quintaretii*（Pierre）D. J. Middleton	LC	
4304. 酸叶胶藤	*Urceola rosea*（Hook. & Arn.）D. J. Middleton	LC	
4305. 蓝树	*Wrightia laevis* Hook. f.	LC	
4306. 倒吊笔	*Wrightia pubescens* R. Br.	LC	
4307. 无冠倒吊笔	*Wrightia religiosa*（Teijsm. & Binn.）Benth.	DD	
紫草科 Boraginaceae			
4308. 柔弱斑种草	*Bothriospermum zeylanicum*（J. Jacq.）Druce	LC	
4309. 基及树	*Carmona microphylla*（Lam.）G. Don	LC	
4310. 破布木	*Cordia dichotoma* G. Forst.	LC	
4311. 琉璃草	*Cynoglossum furcatum* Wall.	LC	

中文名	拉丁学名	等级	等级注解
4312. 小花琉璃草	*Cynoglossum lanceolatum* Forssk.	LC	
4313. 厚壳树	*Ehretia acuminata* R. Br.	LC	
4314. 粗糠树	*Ehretia dicksonii* Hance	LC	
4315. 长花厚壳树	*Ehretia longiflora* Champ. ex Benth.	LC	
4316. 大尾摇	*Heliotropium indicum* L.	LC	
4317. 细叶天芥菜	*Heliotropium strigosum* Willd.	LC	
4318. 弯齿盾果草	*Thyrocarpus glochidiatus* Maxim.	LC	
4319. 盾果草	*Thyrocarpus sampsonii* Hance	LC	
4320. 瘤果附地菜	*Trigonotis macrophylla* Vaniot var. *verrucosa* I. M.Johnst.	LC	
4321. 南丹附地菜	*Trigonotis nandanensis* C. J. Wang	LC	
4322. 附地菜	*Trigonotis peduncularis*（Trevir.）Benth. ex Baker & S. Moore	LC	
旋花科 Convolvulaceae			
4323. 白鹤藤	*Argyreia acuta* Lour.	LC	
4324. 银背藤	*Argyreia mollis*（Burm. f.）Choisy	LC	
4325. 打碗花	*Calystegia hederacea* Wall.	LC	
4326. 南方菟丝子	*Cuscuta australis* R. Br.	LC	
4327. 菟丝子	*Cuscuta chinensis* Lam.	LC	
4328. 金灯藤	*Cuscuta japonica* Choisy	LC	
4329. 马蹄金	*Dichondra micrantha* Urb.	LC	
4330. 飞蛾藤	*Dinetus racemosus*（Wall.）Buch.-Ham. ex Sweet	LC	
4331. 毛果飞蛾藤	*Dinetus truncatus*（Kurz）Staples	NT	
4332. 九来龙	*Erycibe elliptilimba* Merr. & Chun	LC	
4333. 毛叶丁公藤	*Erycibe hainanensis* Merr.	DD	
4334. 多花丁公藤	*Erycibe myriantha* Merr.	LC	
4335. 丁公藤	*Erycibe obtusifolia* Benth.	LC	
4336. 土丁桂	*Evolvulus alsinoides*（L.）L.	LC	
4337. 银丝草	*Evolvulus alsinoides* var. *decumbens*（R. Br.）Ooststr.	LC	
4338. 猪菜藤	*Hewittia malabarica*（L.）Suresh	LC	
4339. 毛牵牛	*Ipomoea biflora*（L.）Pers.	LC	
4340. 齿萼薯	*Ipomoea fimbriosepala* Choisy	LC	
4341. 假厚藤	*Ipomoea imperati*（Vahl）Griseb.	LC	

中文名	拉丁学名	等级	等级注解
4342. 厚藤	*Ipomoea pes-caprae*（L.）R. Br.	LC	
4343. 虎掌藤	*Ipomoea pes-tigridis* L.	LC	
4344. 帽苞薯藤	*Ipomoea pileata* Roxb.	LC	
4345. 管花薯	*Ipomoea violacea* L.	LC	
4346. 小牵牛	*Jacquemontia paniculata*（Burm. f.）Hallier f.	LC	
4347. 裂叶鳞蕊藤	*Lepistemon lobatum* Pilg.	LC	
4348. 多裂鱼黄草	*Merremia dissecta*（Jacq.）Hallier f.	LC	
4349. 肾叶山猪菜	*Merremia emarginata*（Burm. f.）Hallier f.	DD	
4350. 篱栏网	*Merremia hederacea*（Burm. f.）Hallier f.	LC	
4351. 毛山猪菜	*Merremia hirta*（L.）Merr.	LC	
4352. 山猪菜	*Merremia umbellata*（L.）Hallier f. subsp. *orientalis*（Hallier f.）Ooststr.	LC	
4353. 掌叶鱼黄草	*Merremia vitifolia*（Burm. f.）Hallier f.	LC	
4354. 盒果藤	*Operculina turpethum*（L.）Silva Manso	LC	
4355. 大花三翅藤	*Tridynamia megalantha*（Merr.）Staples	LC	
4356. 大果三翅藤	*Tridynamia sinensis*（Hemsl.）Staples	LC	
4357. 地旋花	*Xenostegia tridentata*（L.）D. F. Austin & Staples	LC	
茄科 Solanaceae			
4358. 酸浆	*Alkekengi officinarum* Moench	LC	
4359. 挂金灯	*Alkekengi officinarum* var. *francheti*（Mast.）R. J. Wang	DD	
4360. 红丝线	*Lycianthes biflora*（Lour.）Bitter	LC	
4361. 鄂红丝线	*Lycianthes hupehensis*（Bitter）C. Y. Wu & S. C. Huang	LC	
4362. 单花红丝线	*Lycianthes lysimachioides*（Wall.）Bitter	LC	
4363. 茎根红丝线	*Lycianthes lysimachioides* var. *caulorhiza*（Dunal）Bitter	LC	
4364. 中华红丝线	*Lycianthes lysimachioides* var. *sinensis* Bitter	LC	
4365. 截齿红丝线	*Lycianthes neesiana*（Wall. ex Nees）D'Arcy & Z. Y. Zhang	LC	
4366. 野海茄	*Solanum japonense* Nakai	LC	
4367. 毛茄	*Solanum lasiocarpum* Dunal	LC	
4368. 白英	*Solanum lyratum* Thunb. ex Murray	LC	
4369. 山茄	*Solanum macaonense* Dunal	LC	
4370. 光枝木龙葵	*Solanum merrillianum* Liou	LC	
4371. 龙葵	*Solanum nigrum* L.	LC	

中文名	拉丁学名	等级	等级注解
4372. 海桐叶白英	*Solanum pittosporifolium* Hemsl.	LC	
4373. 海南茄	*Solanum procumbens* Lour.	LC	
4374. 木龙葵	*Solanum scabrum* Mill.	LC	
4375. 野茄	*Solanum undatum* Lam.	LC	
4376. 刺天茄	*Solanum violaceum* Ortega	LC	
4377. 毛果茄	*Solanum virginianum* L.	LC	
4378. 龙珠	*Tubocapsicum anomalum*（Franch. & Sav.）Makino	LC	
楔瓣花科 Sphenocleaceae			
4379. 楔瓣花	*Sphenoclea zeylanica* Gaertn.	LC	
田基麻科 Hydroleaceae			
4380. 田基麻	*Hydrolea zeylanica*（L.）Vahl	LC	
木犀科 Oleaceae			
4381. 枝花李榄	*Chionanthus ramiflorus* Roxb.	LC	
4382. 流苏树	*Chionanthus retusus* Lindl. & Paxton	LC	
4383. 白蜡树	*Fraxinus chinensis* Roxb.	LC	
4384. 多花梣	*Fraxinus floribunda* Wall.	LC	
4385. 光蜡树	*Fraxinus griffithii* C. B. Clarke	LC	
4386. 苦枥木	*Fraxinus insularis* Hemsl.	LC	
4387. 尖萼梣	*Fraxinus odontocalyx* Hand.-Mazz. ex E. Peter	LC	
4388. 扭肚藤	*Jasminum elongatum*（Bergius）Willd.	LC	
4389. 清香藤	*Jasminum lanceolarium* Roxb.	LC	
4390. 小萼素馨	*Jasminum microcalyx* Hance	DD	
4391. 青藤仔	*Jasminum nervosum* Lour.	LC	
4392. 厚叶素馨	*Jasminum pentaneurum* Hand.-Mazz.	LC	
4393. 华素馨	*Jasminum sinense* Hemsl.	LC	
4394. 川素馨	*Jasminum urophyllum* Hemsl.	LC	
4395. 广东女贞★	*Ligustrum guangdongensis* R. J. Wang & H. Z. Wen	VU	B2ab（i,iii）;D
4396. 华女贞	*Ligustrum lianum* P. S. Hsu	LC	
4397. 女贞	*Ligustrum lucidum* W. T. Aiton	LC	
4398. 倒卵叶女贞★	*Ligustrum obovatilimbum* B. M. Miao	LC	
4399. 粗壮女贞	*Ligustrum robustum*（Roxb.）Blume	DD	

中文名	拉丁学名	等级	等级注解
4400. 小蜡	*Ligustrum sinense* Lour.	LC	
4401. 罗甸小蜡	*Ligustrum sinense* var. *luodianense* M. C. Chang	DD	
4402. 光萼小蜡	*Ligustrum sinense* var. *myrianthum*（Diels）Hoefker	LC	
4403. 滨木犀榄	*Olea brachiata*（Lour.）Merr.	LC	
4404. 广西木犀榄	*Olea guangxiensis* B. M. Miao	LC	
4405. 海南木犀榄	*Olea hainanensis* H. L. Li	LC	
4406. 云南木犀榄	*Olea tsoongii*（Merr.）P. S. Green	LC	
4407. 石山桂花	*Osmanthus fordii* Hemsl.	NT	
4408. 细脉木犀	*Osmanthus gracilinervis* L. C. Chia ex R. L. Lu	LC	
4409. 厚边木犀	*Osmanthus marginatus*（Champ. ex Benth.）Hemsl.	LC	
4410. 牛矢果	*Osmanthus matsumuranus* Hayata	LC	
4411. 小叶月桂	*Osmanthus minor* P. S. Green	LC	
4412. 毛柄木犀 ★	*Osmanthus pubipedicellatus* L. C. Chia ex Hung T. Chang	CR	A2cd+3c; B1ab（iii）
4413. 网脉木犀	*Osmanthus reticulatus* P. S. Green	NT	
苦苣苔科 Gesneriaceae			
4414. 芒毛苣苔	*Aeschynanthus acuminatus* Wall. ex A. DC.	LC	
4415. 红花芒毛苣苔	*Aeschynanthus moningeriae*（Merr.）Chun	DD	
4416. 旋蒴苣苔	*Boea hygrometrica*（Bunge）R. Br.	LC	
4417. 地胆旋蒴苣苔	*Boea philippensis* C. B. Clarke	DD	
4418. 匍茎短筒苣苔	*Boeica stolonifera* K. Y. Pan	VU	A3c; B1ab（i, iii, iv）
4419. 四数苣苔	*Bournea sinensis* Oliv.	LC	
4420. 闽赣长蒴苣苔	*Didymocarpus heucherifolius* Hand.-Mazz.	LC	
4421. 双片苣苔	*Didymostigma obtusum*（C. B. Clarke）W. T. Wang	LC	
4422. 毛药双片苣苔 ★	*Didymostigma trichanthera* C. X. Ye & X. G. Shi	DD	
4423. 盾座苣苔	*Epithema carnosum*（G. Don）Benth.	LC	
4424. 圆唇苣苔	*Gyrocheilos chorisepalum* W. T. Wang	NT	
4425. 北流圆唇苣苔	*Gyrocheilos chorisepalum* var. *synsepalum* W. T. Wang	LC	
4426. 微毛圆唇苣苔 ★	*Gyrocheilos microtrichum* W. T. Wang	NT	

中文名	拉丁学名	等级	等级注解
4427. 折毛圆唇苣苔	*Gyrocheilos retrotrichum* W. T. Wang	LC	
4428. 稀裂圆唇苣苔	*Gyrocheilos retrotrichum* var. *oligolobum* W. T. Wang	LC	
4429. 台山圆唇苣苔 ★	*Gyrocheilos taishanense* G. T. Wang, Yu Q. Chen & R. J. Wang	LC	
4430. 贵州半蒴苣苔	*Hemiboea cavaleriei* H. Lév.	LC	
4431. 华南半蒴苣苔	*Hemiboea follicularis* C. B. Clarke	LC	
4432. 粉花半蒴苣苔 ★	*Hemiboea roseoalba* S. B. Zhou, X. Hong & F. Wen	VU	B1ab(i,iii,iv)
4433. 腺毛半蒴苣苔	*Hemiboea strigosa* Chun ex W. T. Wang	LC	
4434. 短茎半蒴苣苔	*Hemiboea subacaulis* Hand.-Mazz.	LC	
4435. 半蒴苣苔	*Hemiboea subcapitata* C. B. Clarke	LC	
4436. 光萼唇柱苣苔	*Henckelia anachoreta* (Hance) D. J. Middleton & Mich. Möller	LC	
4437. 吊石苣苔	*Lysionotus pauciflorus* Maxim.	LC	
4438. 小花后蕊苣苔 ★	*Oreocharis acaulis* (Merr.) Mich. Möller & A. Weber	NT	
4439. 紫花马铃苣苔	*Oreocharis argyreia* Chun ex K. Y. Pan	LC	
4440. 长瓣马铃苣苔	*Oreocharis auricula* (S. Moore) C. B. Clarke	LC	
4441. 大叶石上莲	*Oreocharis benthamii* C. B. Clarke	LC	
4442. 石上莲	*Oreocharis benthamii* var. *reticulata* Dunn	LC	
4443. 龙南后蕊苣苔	*Oreocharis burttii* (W. T. Wang) Mich. Möller & A. Weber	LC	
4444. 汕头后蕊苣苔	*Oreocharis dalzielii* (W. W. Sm.) Mich. Möller & A. Weber	LC	
4445. 鼎湖后蕊苣苔 ★	*Oreocharis dinghushanensis* (W. T. Wang) Mich. Möller & A. Weber	VU	A2cd
4446. 佳氏马铃苣苔	*Oreocharis guileana* (B. L. Burtt) Li H. Yang & F. Wen	NT	
4447. 江西全唇苣苔	*Oreocharis jiangxiensis* (W. T. Wang) Mich. Möller & A. Weber	NT	
4448. 大齿马铃苣苔	*Oreocharis magnidens* Chun ex K. Y. Pan	NT	
4449. 大花石上莲	*Oreocharis maximowiczii* C. B. Clarke	LC	
4450. 绵毛马铃苣苔 ★	*Oreocharis nemoralis* Chun var. *lanata* Y. L. Zheng & N.H. Xia	LC	
4451. 卵圆叶马铃苣苔 ★	*Oreocharis ovata* L. H. Yang, L. X. Zhou & M. Kang	DD	

中文名	拉丁学名	等级	等级注解
4452. 毛梗马铃苣苔 ★	*Oreocharis pilosopetiolata* L. H. Yang & M. Kang	LC	
4453. 毡毛后蕊苣苔	*Oreocharis sinohenryi*（Chun）Mich. Möller & A. Weber	NT	
4454. 单花马铃苣苔 ★	*Oreocharis uniflora* Li H. Yang & M. Kang	VU	A2c+3c；B1ab（iii）
4455. 网脉蛛毛苣苔	*Paraboea dictyoneura*（Hance）B. L. Burtt	LC	
4456. 丝梗蛛毛苣苔 ★	*Paraboea filipes*（Hance）B. L. Burtt	CR	D
4457. 锈色蛛毛苣苔	*Paraboea rufescens*（Franch.）B. L. Burtt	LC	
4458. 四苞蛛毛苣苔 ★	*Paraboea tetrabracteata* F. Wen，Xing Hong &Y. G. Wei	VU	B1ab（i,iii,iv）
4459. 云浮蛛毛苣苔 ★	*Paraboea yunfuensis* F. Wen & Y. G. Wei	EN	A2c+3c；B1ab（i,iii,iv）
4460. 密花石山苣苔 ★	*Petrocodon confertiflorus* H. Q. Li & Y. Q. Wang	EN	A2c+3c；B1ab（iii）
4461. 石山苣苔	*Petrocodon dealbatus* Hance	LC	
4462. 东南长蒴苣苔	*Petrocodon hancei*（Hemsl.）A. Weber & Mich. Möller	LC	
4463. 银叶报春苣苔 ★	*Primulina argentea* Xing Hong，F. Wen & S. B. Zhou	CR	A2c+3c；B1ab（iii）
4464. 齿苞报春苣苔 ★	*Primulina beiliuensis* B. Pan & S. X. Huang var. *fimbribracteata* F. Wen & B. D. Lai	EN	A2c+3c；B1ab（iii）
4465. 二色报春苣苔 ★	*Primulina bicolor*（W. T. Wang）Mich. Möller & A.Weber	VU	A2c+3c；B1ab（iii）
4466. 密小花苣苔 ★	*Primulina confertiflora*（W. T. Wang）Mich. Möller & A. Weber	NT	
4467. 心柱报春苣苔 ★	*Primulina cordistigma* F. Wen，B. D. Lai & B. M. Wang	EN	A2c+3c；B1ab（iii）
4468. 丹霞小花苣苔	*Primulina danxiaensis*（W. B. Liao, S. S. Lin & R. J. Shen）W. B. Liao & K. F. Chung	EN	A2c+3c；B1ab（i,iii,v）
4469. 巨柱报春苣苔 ★	*Primulina demissa*（Hance）Mich. Möller & A. Weber	DD	
4470. 短序报春苣苔 ★	*Primulina depressa*（Hook. f.）Mich. Möller & A. Weber	DD	
4471. 东莞报春苣苔 ★	*Primulina dongguanica* F. Wen，Y. G. Wei & R. Q. Luo	CR	A2c+3c；C2a（i）

中文名	拉丁学名	等级	等级注解
4472. 中华报春苣苔	*Primulina dryas*（Dunn）Mich. Möller & A. Weber	LC	
4473. 牛耳朵	*Primulina eburnea*（Hance）Yin Z. Wang	LC	
4474. 封开报春苣苔 ★	*Primulina fengkaiensis* Z. L. Ning & M. Kang	LC	
4475. 蚂蝗七	*Primulina fimbrisepala*（Hand.-Mazz.）Yin Z. Wang	LC	
4476. 桂粤报春苣苔	*Primulina fordii*（Hemsl.）Yin Z. Wang	LC	
4477. 鼎湖报春苣苔 ★	*Primulina fordii* var. *dolichotricha*（W. T. Wang）Mich. Möller & A. Weber	NT	
4478. 桂林报春苣苔	*Primulina gueilinensis*（W. T. Wang）Yin Z. Wang & Yan Liu	LC	
4479. 怀集报春苣苔 ★	*Primulina huaijiensis* Z. L. Ning & J. Wang	CR	C2a（i）
4480. 黄进报春苣苔 ★	*Primulina huangjiniana* W. B. Liao，Q. Fan & C. Y.Huang	CR	B2a
4481. 大齿报春苣苔	*Primulina juliae*（Hance）Mich. Möller & A. Weber	LC	
4482. 乐昌报春苣苔 ★	*Primulina lechangensis* X. Hong，F. Wen & S. B. Zhou	EN	A2c+3c
4483. 连平报春苣苔 ★	*Primulina lianpingensis* L. H. Yang，H. H. Kong & M.Kang	NT	
4484. 连县报春苣苔 ★	*Primulina lienxienensis* （W. T. Wang） Mich. Möller & A. Weber	DD	
4485. 漓江报春苣苔	*Primulina lijiangensis*（B. Pan & W. B. Xu）W. B. Xu & K. F. Chung	DD	
4486. 浅裂小花苣苔 ★	*Primulina lobulata*（W. T. Wang）Mich. Möller & A.Weber	LC	
4487. 黄花牛耳朵	*Primulina lutea*（Yan Liu & Y. G. Wei）Mich. Möller & A. Weber	NT	
4488. 淡黄报春苣苔	*Primulina lutescens* B. Pan & H. S. Ma	LC	
4489. 粤西报春苣苔 ★	*Primulina lutvittata* F. Wen & Y. G. Wei	VU	A2c+3c
4490. 马坝报春苣苔 ★	*Primulina mabaensis* K. F. Chung & W. B. Xu	VU	A2c+3c；C2a（i）
4491. 广东报春苣苔	*Primulina maciejewskii* F. Wen，R. L. Zhang & A. Q.Dong	NT	
4492. 花叶牛耳朵	*Primulina maculata* W. B. Xu & J. Guo	NT	
4493. 莫氏报春苣苔 ★	*Primulina moi* F. Wen & Y. G. Wei	CR	A2c + 3c；B1ab（iii）；C2a（i）

中文名	拉丁学名	等级	等级注解
4494. 直蕊报春苣苔 ★	*Primulina orthandra*（W. T. Wang）Mich. Möller & A.Weber	LC	
4495. 彭氏报春苣苔 ★	*Primulina pengii* W. B. Xu & K. F. Chung	CR	A2c + 3c；B1ab（iii）；C2a（i）
4496. 羽裂报春苣苔	*Primulina pinnatifida*（Hand.-Mazz.）Yin Z. Wang	LC	
4497. 多莛报春苣苔 ★	*Primulina polycephala*（Chun）Mich. Möller & A. Weber	LC	
4498. 假烟叶报春苣苔	*Primulina pseudoheterotricha*（T. J. Zhou, B. Pan & W. B. Xu）Mich. Möller & A. Weber	LC	
4499. 清远报春苣苔 ★	*Primulina qingyuanensis* Z. L. Ning & M. Kang	NT	
4500. 卵圆报春苣苔 ★	*Primulina rotundifolia*（Hemsl.）Mich. Möller & A.Weber	NT	
4501. 钻丝小花苣苔 ★	*Primulina subulata*（W. T. Wang）Mich. Möller & A.Weber	CR	B1ab(iii)；C2a(i)
4502. 阳春小花苣苔 ★	*Primulina subulata* var. *yangchunensis*（W. T. Wang）Mich. Möller & A. Weber	LC	
4503. 遂川报春苣苔	*Primulina suichuanensis* X. L. Yu & J. J. Zhou	LC	
4504. 钟冠报春苣苔	*Primulina swinglei*（Merr.）Mich. Möller & A. Weber	LC	
4505. 报春苣苔	*Primulina tabacum* Hance	EN	A2c+3c
4506. 多色报春苣苔 ★	*Primulina versicolor* F. Wen, B. Pan & B. M. Wang	CR	A2c + 3c；B1ab（iii）；C2a(i)
4507. 英德报春苣苔 ★	*Primulina yingdeensis* Z. L. Ning, M. Kang & X. Y.Zhuang	LC	
4508. 阳山报春苣苔 ★	*Primulina yangshanensis* W. B. Xu & B. Pan	NT	
4509. 长毛报春苣苔 ★	*Primulina villosissima*（W. T. Wang）Mich. Möller & A. Weber	LC	
4510. 阳春报春苣苔 ★	*Primulina yangchunensis* Y. L. Zheng & Y. F. Deng	LC	
4511. 异序报春苣苔	*Primulina anisocymosa* F. Wen, Xin Hong & Z. J. Qiu	DD	
4512. 长筒漏斗苣苔	*Raphiocarpus macrosiphon*（Hance）B. L. Burtt	LC	
4513. 异色线柱苣苔	*Rhynchotechum discolor*（Maxim.）B. L. Burtt	LC	
4514. 线柱苣苔	*Rhynchotechum ellipticum*（Wall. ex D. Dietr.）A. DC.	LC	
4515. 冠萼线柱苣苔	*Rhynchotechum formosanum* Hatus.	LC	

中文名	拉丁学名	等级	等级注解
车前科 Plantaginaceae			
4516. 毛麝香	*Adenosma glutinosum*（L.）Druce	LC	
4517. 球花毛麝香	*Adenosma indianum*（Lour.）Merr.	LC	
4518. 麦花草	*Bacopa floribunda*（R. Br.）Wettst.	DD	
4519. 假马齿苋	*Bacopa monnieri*（L.）Wettst.	LC	
4520. 水马齿	*Callitriche palustris* L.	LC	
4521. 广东水马齿	*Callitriche palustris* var. *oryzetorum*（Petrov）Lansdown	LC	
4522. 泽番椒	*Deinostema violacea*（Maxim.）T. Yamaz.	LC	
4523. 虻眼	*Dopatrium junceum*（Roxb.）Buch.-Ham. ex Benth.	LC	
4524. 黄花水八角	*Gratiola griffithii* Hook. f.	LC	
4525. 紫苏草	*Limnophila aromatica*（Lam.）Merr.	LC	
4526. 中华石龙尾	*Limnophila chinensis*（Osbeck）Merr.	LC	
4527. 抱茎石龙尾	*Limnophila connata*（Buch.-Ham. ex D. Don）Hand.-Mazz.	LC	
4528. 直立石龙尾	*Limnophila erecta* Benth.	DD	
4529. 异叶石龙尾	*Limnophila heterophylla*（Roxb.）Benth.	DD	
4530. 有梗石龙尾	*Limnophila indica*（L.）Druce	DD	
4531. 匍匐石龙尾	*Limnophila repens*（Benth.）Benth.	LC	
4532. 大叶石龙尾	*Limnophila rugosa*（Roth）Merr.	LC	
4533. 石龙尾	*Limnophila sessiliflora*（Vahl）Blume	LC	
4534. 小果草	*Microcarpaea minima*（Retz.）Merr.	LC	
4535. 苦玄参	*Picria felterrae* Lour.	LC	
4536. 车前	*Plantago asiatica* L.	LC	
4537. 疏花车前	*Plantago asiatica* subsp. *erosa*（Wall.）Z. Yu Li	LC	
4538. 大车前	*Plantago major* L.	LC	
4539. 水蔓菁	*Pseudolysimachion linariifolium*（Pall. ex Link）Holub subsp. *dilatatum*（Nakai & Kitag.）D. Y. Hong	DD	
4540. 多枝婆婆纳	*Veronica javanica* Blume	LC	
4541. 婆婆纳	*Veronica polita* Fries	LC	
4542. 水苦荬	*Veronica undulata* Wall. ex Jack	LC	
4543. 爬岩红	*Veronicastrum axillare*（Siebold & Zucc.）T. Yamaz.	LC	
4544. 四方麻	*Veronicastrum caulopterum*（Hance）T. Yamaz.	LC	
4545. 长穗腹水草	*Veronicastrum longispicatum*（Merr.）T. Yamaz.	LC	

中文名	拉丁学名	等级	等级注解
4546. 腹水草	*Veronicastrum stenostachyum*（Hemsl.）T. Yamaz. subsp. *plukenetii*（T. Yamaz.）D. Y. Hong	LC	
玄参科 Scrophulariaceae			
4547. 白背枫	*Buddleja asiatica* Lour.	LC	
4548. 醉鱼草	*Buddleja lindleyana* Fortune	LC	
4549. 酒药花醉鱼草	*Buddleja myriantha* Diels	DD	
4550. 苦槛蓝	*Pentacoelium bontioides* Siebold & Zucc.	LC	
4551. 玄参	*Scrophularia ningpoensis* Hemsl.	LC	
4552. 琴叶毛蕊花	*Verbascum chinense*（L.）Santapau	LC	
母草科 Linderniaceae			
4553. 三翅萼	*Legazpia polygonoides*（Benth.）T. Yamaz.	LC	
4554. 长蒴母草	*Lindernia anagallis*（Burm. f.）Pennell	LC	
4555. 泥花草	*Lindernia antipoda*（L.）Alston	LC	
4556. 刺齿泥花草	*Lindernia ciliata*（Colsm.）Pennell	LC	
4557. 母草	*Lindernia crustacea*（L.）F. Muell.	LC	
4558. 荨麻母草	*Lindernia elata*（Benth.）Wettst.	LC	
4559. 尖果母草	*Lindernia hyssopoides*（L.）Haines	LC	
4560. 长序母草 ★	*Lindernia macrobotrys* P. C. Tsoong	DD	
4561. 大叶母草	*Lindernia megaphylla* P. C. Tsoong	DD	
4562. 狭叶母草	*Lindernia micrantha* D. Don	LC	
4563. 红骨母草	*Lindernia mollis*（Benth.）Wettst.	LC	
4564. 棱萼母草	*Lindernia oblonga*（Benth.）Merr. & Chun	LC	
4565. 陌上菜	*Lindernia procumbens*（Krock.）Borbás	LC	
4566. 细茎母草	*Lindernia pusilla*（Willd.）Bold.	LC	
4567. 旱田草	*Lindernia ruellioides*（Colsm.）Pennell	LC	
4568. 刺毛母草	*Lindernia setulosa*（Maxim.）Tuyama ex H. Hara	LC	
4569. 细叶母草	*Lindernia tenuifolia*（Colsm.）Alston	LC	
4570. 粘毛母草	*Lindernia viscosa*（Hornem.）Bold.	LC	
4571. 长叶蝴蝶草	*Torenia asiatica* L.	LC	
4572. 毛叶蝴蝶草	*Torenia benthamiana* Hance	LC	
4573. 二花蝴蝶草	*Torenia biniflora* T. L. Chin & D. Y. Hong	LC	
4574. 单色蝴蝶草	*Torenia concolor* Lindl.	LC	

续表

中文名	拉丁学名	等级	等级注解
4575. 黄花蝴蝶草	*Torenia flava* Buch.-Ham. ex Benth.	LC	
4576. 紫斑蝴蝶草	*Torenia fordii* Hook. f.	LC	
4577. 紫萼蝴蝶草	*Torenia violacea*（Azaola ex Blanco）Pennell	LC	
胡麻科 Pedaliaceae			
4578. 茶菱	*Trapella sinensis* Oliv.	NT	
爵床科 Acanthaceae			
4579. 小花老鼠簕	*Acanthus ebracteatus* Vahl	NT	
4580. 老鼠簕	*Acanthus ilicifolius* L.	LC	
4581. 疏花穿心莲	*Andrographis laxiflora*（Blume）Lindau	LC	
4582. 宽叶十万错	*Asystasia gangetica*（L.）T. Anderson	LC	
4583. 白接骨	*Asystasia neesiana*（Wall.）Nees	LC	
4584. 海榄雌	*Avicennia marina*（Forssk.）Vierh.	LC	
4585. 假杜鹃	*Barleria cristata* L.	LC	
4586. 钟花草	*Codonacanthus pauciflorus*（Nees）Nees	LC	
4587. 狗肝菜	*Dicliptera chinensis*（L.）Juss.	LC	
4588. 龙州恋岩花	*Echinacanthus longzhouensis* H. S. Lo	CR	A2c+3c
4589. 华南可爱花	*Eranthemum austrosinense* H. S. Lo	LC	
4590. 小叶水蓑衣	*Hygrophila erecta*（Burm. f.）Hochr.	LC	
4591. 毛水蓑衣	*Hygrophila phlomoides* Nees	LC	
4592. 小狮子草	*Hygrophila polysperma*（Roxb.）T. Anderson	LC	
4593. 水蓑衣	*Hygrophila ringens*（L.）R. Br. ex Spreng.	LC	
4594. 枪刀药	*Hypoestes purpurea*（L.）R. Br.	LC	
4595. 叉序草	*Isoglossa collina*（T. Anderson）B. Hansen	LC	
4596. 华南爵床	*Justicia austrosinensis* H. S. Lo & D. Fang	LC	
4597. 圆苞杜根藤	*Justicia championii* T. Anderson	LC	
4598. 小叶散爵床	*Justicia diffusa* Willd.	LC	
4599. 海南爵床	*Justicia hainanensis*（C. Y. Wu & H. S. Lo）N. H. Xia & Y. F. Deng	DD	
4600. 广西爵床	*Justicia kwangsiensis*（H. S. Lo）H. S. Lo	LC	
4601. 南岭爵床	*Justicia leptostachya* Hemsl.	LC	
4602. 广东爵床	*Justicia lianshanica*（H. S. Lo）H. S. Lo	NT	
4603. 线叶爵床	*Justicia neolinearifolia* N. H. Xia & Y. F. Deng	NT	

中文名	拉丁学名	等级	等级注解
4604. 爵床	*Justicia procumbens* L.	LC	
4605. 杜根藤	*Justicia quadrifaria*（Nees）T. Anderson	LC	
4606. 台湾鳞花草	*Lepidagathis formosensis* C. B. Clarke ex Hayata	LC	
4607. 鳞花草	*Lepidagathis incurva* Buch.-Ham. ex D. Don	LC	
4608. 纤穗爵床	*Leptostachya wallichii* Nees	LC	
4609. 观音草	*Peristrophe bivalvis*（L.）Merr.	LC	
4610. 海南山蓝	*Peristrophe floribunda*（Hemsl.）C. Y. Wu & H. S. Lo	LC	
4611. 九头狮子草	*Peristrophe japonica*（Thunb.）Bremek.	LC	
4612. 海康钩粉草	*Pseuderanthemum haikangense* C. Y. Wu & H. S. Lo	LC	
4613. 山壳骨	*Pseuderanthemum latifolium*（Vahl）B. Hansen	LC	
4614. 楠草	*Ruellia repens* L.	LC	
4615. 飞来蓝	*Ruellia venusta* Hance	LC	
4616. 中华孩儿草	*Rungia chinensis* Benth.	LC	
4617. 密花孩儿草	*Rungia densiflora* H. S. Lo	LC	
4618. 孩儿草	*Rungia pectinata*（L.）Nees	LC	
4619. 弯花叉柱花	*Staurogyne chapaensis* Benoist	LC	
4620. 叉柱花	*Staurogyne concinnula*（Hance）Kuntze	LC	
4621. 大花叉柱花	*Staurogyne sesamoides*（Hand.-Mazz.）B. L. Burtt	LC	
4622. 中华叉柱花	*Staurogyne sinica* C. Y. Wu & H. S. Lo	LC	
4623. 山一笼鸡	*Strobilanthes apricus*（Hance）T. Andr.	LC	
4624. 翅柄马蓝	*Strobilanthes atropurpurea* Nees	NT	
4625. 华南马蓝	*Strobilanthes austrosinensis* Y. F. Deng & J. R. I. Wood	LC	
4626. 湖南马蓝	*Strobilanthes biocullata* Y. F. Deng & J. R. I. Wood	LC	
4627. 黄球花	*Strobilanthes chinensis*（Nees）J. R. I. Wood & Y.F.Deng	LC	
4628. 曲枝马蓝	*Strobilanthes dalzielii*（W. W. Sm.）Benoist	LC	
4629. 球花马蓝	*Strobilanthes dimorphotricha* Hance	LC	
4630. 长苞马蓝	*Strobilanthes echinata* Nees	LC	
4631. 薄叶马蓝	*Strobilanthes labordei* H. Lév.	LC	
4632. 少花马蓝	*Strobilanthes oliganthus* Miq.	LC	
4633. 四子马蓝	*Strobilanthes tetrasperma*（Champ. ex Benth.）Druce	LC	

续表

中文名	拉丁学名	等级	等级注解
紫葳科 Bignoniaceae			
4634. 灰楸	*Catalpa fargesii* Bureau	NT	
4635. 西南猫尾木	*Markhamia stipulata*（Wall.）Seem. ex K. Schum.	LC	
4636. 毛叶猫尾木	*Markhamia stipulata* var. *kerrii* Sprague	LC	
4637. 木蝴蝶	*Oroxylum indicum*（L.）Kurz	LC	
4638. 美叶菜豆树	*Radermachera frondosa* Chun & F. C. How	LC	
4639. 广西菜豆树	*Radermachera glandulosa*（Blume）Miq.	DD	
4640. 海南菜豆树	*Radermachera hainanensis* Merr.	LC	
4641. 菜豆树	*Radermachera sinica*（Hance）Hemsl.	LC	
狸藻科 Lentibulariaceae			
4642. 黄花狸藻	*Utricularia aurea* Lour.	LC	
4643. 南方狸藻	*Utricularia australis* R. Br.	LC	
4644. 挖耳草	*Utricularia bifida* L.	LC	
4645. 短梗挖耳草	*Utricularia caerulea* L.	LC	
4646. 少花狸藻	*Utricularia gibba* L.	LC	
4647. 禾叶挖耳草	*Utricularia graminifolia* Vahl	LC	
4648. 长梗挖耳草	*Utricularia limosa* R. Br.	LC	
4649. 斜果挖耳草	*Utricularia minutissima* Vahl	DD	
4650. 尖萼挖耳草	*Utricularia scandens* Benj. subsp. *firmula*（Oliv.）Z. Y.Li	LC	
4651. 圆叶挖耳草	*Utricularia striatula* Sm.	LC	
4652. 齿萼挖耳草	*Utricularia uliginosa* Vahl	LC	
马鞭草科 Verbenaceae			
4653. 过江藤	*Phyla nodiflora*（L.）Greene	LC	
4654. 马鞭草	*Verbena officinalis* L.	LC	
唇形科 Lamiaceae			
4655. 金疮小草	*Ajuga decumbens* Thunb.	LC	
4656. 网果筋骨草	*Ajuga dictyocarpa* Hayata	LC	
4657. 大籽筋骨草	*Ajuga macrosperma* Wall. ex Benth.	LC	
4658. 紫背金盘	*Ajuga nipponensis* Makino	LC	
4659. 广防风	*Anisomeles indica*（L.）Kuntze	LC	
4660. 尖叶紫珠	*Callicarpa acutifolia* Hung T. Chang	LC	

中文名	拉丁学名	等级	等级注解
4661. 紫珠	*Callicarpa bodinieri* H. Lév.	LC	
4662. 短柄紫珠	*Callicarpa brevipes*（Benth.）Hance	LC	
4663. 倒卵叶短柄紫珠	*Callicarpa brevipes* var. *obovata* Hung T. Chang	LC	
4664. 白毛紫珠	*Callicarpa candicans*（Burm. f.）Hochr.	LC	
4665. 华紫珠	*Callicarpa cathayana* Hung T. Chang	LC	
4666. 丘陵紫珠	*Callicarpa collina* Diels	LC	
4667. 多齿紫珠★	*Callicarpa dentosa*（Hung T. Chang）W. Z. Fang	LC	
4668. 白棠子树	*Callicarpa dichotoma*（Lour.）K. Koch	LC	
4669. 老鸦糊	*Callicarpa giraldii* Hesse ex Rehder	LC	
4670. 毛叶老鸦糊	*Callicarpa giraldii* var. *subcanescens* Rehder	LC	
4671. 厚萼紫珠★	*Callicarpa hungtaii* C. Pei & S. L. Chen	CR	A2c+3c
4672. 全缘叶紫珠	*Callicarpa integerrima* Champ. ex Benth.	LC	
4673. 藤紫珠	*Callicarpa integerrima* var. *chinensis*（C. Pei）S. L.Chen	LC	
4674. 枇杷叶紫珠	*Callicarpa kochiana* Makino	LC	
4675. 广东紫珠	*Callicarpa kwangtungensis* Chun	LC	
4676. 尖萼紫珠	*Callicarpa loboapiculata* F. P. Metcalf	LC	
4677. 长苞紫珠	*Callicarpa longibracteata* Hung T. Chang	CR	A2c+3c；C1+2a（i）
4678. 长叶紫珠	*Callicarpa longifolia* Lam.	LC	
4679. 长柄紫珠	*Callicarpa longipes* Dunn	LC	
4680. 尖尾枫	*Callicarpa longissima*（Hemsl.）Merr.	LC	
4681. 大叶紫珠	*Callicarpa macrophylla* Vahl	LC	
4682. 窄叶紫珠	*Callicarpa membranacea* Hung T. Chang	EN	A2cd+3cd
4683. 裸花紫珠	*Callicarpa nudiflora* Hook. & Arn.	LC	
4684. 罗浮紫珠★	*Callicarpa oligantha* Merr.	EX	
4685. 少花紫珠	*Callicarpa pauciflora* Chun ex Hung T. Chang	LC	
4686. 杜虹花	*Callicarpa pedunculata* R. Br.	LC	
4687. 钩毛紫珠	*Callicarpa peichieniana* Chun & S. L. Chen ex H. Ma & W. B. Yu	LC	
4688. 拟红紫珠★	*Callicarpa pseudorubella* Hung T. Chang	LC	
4689. 红紫珠	*Callicarpa rubella* Lindl.	LC	
4690. 裂叶紫珠★	*Callicarpa ruptofoliata* R. H. Miao	DD	

中文名	拉丁学名	等级	等级注解
4691. 鼎湖紫珠★	*Callicarpa tingwuensis* Hung T. Chang	LC	
4692. 潮州莸★	*Caryopteris alternifolia* Y. S. Chen & C. L. Xiang	EN	D
4693. 兰香草	*Caryopteris incana*（Thunb. ex Houtt.）Miq.	LC	
4694. 短梗浙江铃子香★	*Chelonopsis chekiangensis* C. Y. Wu var. *brevipes* C. Y. Wu & H. W. Li	LC	
4695. 毛药花	*Chelonopsis deflexa*（Benth.）Diels	LC	
4696. 灰毛大青	*Clerodendrum canescens* Wall. ex Walp.	LC	
4697. 腺茉莉	*Clerodendrum colebrookianum* Walp.	DD	
4698. 大青	*Clerodendrum cyrtophyllum* Turcz.	LC	
4699. 白花灯笼	*Clerodendrum fortunatum* L.	LC	
4700. 长管大青	*Clerodendrum indicum*（L.）Kuntze	LC	
4701. 赪桐	*Clerodendrum japonicum*（Thunb.）Sweet	LC	
4702. 广东大青	*Clerodendrum kwangtungense* Hand.-Mazz.	LC	
4703. 尖齿臭茉莉	*Clerodendrum lindleyi* Decne. ex Planch.	LC	
4704. 海通	*Clerodendrum mandarinorum* Diels	LC	
4705. 圆锥大青	*Clerodendrum paniculatum* L.	LC	
4706. 风轮菜	*Clinopodium chinense*（Benth.）Kuntze	LC	
4707. 邻近风轮菜	*Clinopodium confine*（Hance）Kuntze	LC	
4708. 细风轮菜	*Clinopodium gracile*（Benth.）Matsum.	LC	
4709. 肉叶鞘蕊花	*Coleus carnosifolius*（Hemsl.）Dunn	LC	
4710. 天人草	*Comanthosphace japonica*（Miq.）S. Moore	LC	
4711. 紫花香薷	*Elsholtzia argyi* H. Lév.	LC	
4712. 香薷	*Elsholtzia ciliata*（Thunb.）Hyl.	LC	
4713. 水香薷	*Elsholtzia kachinensis* Prain	LC	
4714. 海州香薷	*Elsholtzia splendens* Nakai ex F. Maekawa	LC	
4715. 穗状香薷	*Elsholtzia stachyodes*（Link）C. Y. Wu	LC	
4716. 日本活血丹	*Glechoma grandis*（A. Gray）Kuprian.	LC	
4717. 活血丹	*Glechoma longituba*（Nakai）Kuprian.	LC	
4718. 亚洲石梓	*Gmelina asiatica* L.	LC	
4719. 石梓	*Gmelina chinensis* Benth.	LC	
4720. 苦梓	*Gmelina hainanensis* Oliv.	LC	
4721. 中华锥花	*Gomphostemma chinense* Oliv.	LC	

中文名	拉丁学名	等级	等级注解
4722. 宽叶锥花	*Gomphostemma latifolium* C. Y. Wu	DD	
4723. 光泽锥花	*Gomphostemma lucidum* Wall. ex Benth.	LC	
4724. 出蕊四轮香	*Hanceola exserta* Y. Z. Sun	LC	
4725. 香茶菜	*Isodon amethystoides*（Benth.）H. Hara	LC	
4726. 短距香茶菜★	*Isodon brevicalcarata*（C. Y. Wu & H. W. Li）H. Hara	LC	
4727. 细锥香茶菜	*Isodon coetsa*（Buch.-Ham. ex D. Don）Kudô	LC	
4728. 线纹香茶菜	*Isodon lophanthoides*（Buch.-Ham. ex D. Don）H.Hara	LC	
4729. 细花线纹香茶菜	*Isodon lophanthoides* var. *graciliflorus*（Benth.）H.Hara	LC	
4730. 大萼香茶菜	*Isodon macrocalyx*（Dunn）Kudô	LC	
4731. 显脉香茶菜	*Isodon nervosus*（Hemsl.）Kudô	LC	
4732. 溪黄草	*Isodon serra*（Maxim.）Kudô	LC	
4733. 牛尾草	*Isodon ternifolius*（D. Don）Kudô	LC	
4734. 长叶香茶菜	*Isodon walkeri*（Arn.）H. Hara	LC	
4735. 南方香简草	*Keiskea australis* C. Y. Wu & H. W. Li	LC	
4736. 香薷状香简草	*Keiskea elsholtzioides* Merr.	LC	
4737. 宝盖草	*Lamium amplexicaule* L.	LC	
4738. 益母草	*Leonurus japonicus* Houttuyn	LC	
4739. 蜂巢草	*Leucas aspera*（Willd.）Link	LC	
4740. 滨海白绒草	*Leucas chinensis*（Retz.）R. Br.	LC	
4741. 线叶白绒草	*Leucas lavandulifolia* Sm.	LC	
4742. 疏毛白绒草	*Leucas mollissima* Wall. ex Benth. var. *chinensis* Benth.	LC	
4743. 绉面草	*Leucas zeylanica*（L.）R. Br.	LC	
4744. 硬毛地笋	*Lycopus lucidus* Turcz. ex Benth. var. *hirtus* Regel	LC	
4745. 小野芝麻	*Matsumurella chinense*（Benth.）Bendiksby	LC	
4746. 广东小野芝麻★	*Matsumurella kwangtungensis*（C. Y. Wu）Bendiksby	LC	
4747. 块根小野芝麻	*Matsumurella tuberifera*（Makino）Makino	LC	
4748. 华西龙头草	*Meehania fargesii*（H. Lév.）C. Y. Wu var. *radicans*（Vaniot）C. Y. Wu	LC	
4749. 蜜蜂花	*Melissa axillaris*（Benth.）Bakh. f.	LC	
4750. 皱叶留兰香	*Mentha crispata* Schrad. ex Willd.	LC	

中文名	拉丁学名	等级	等级注解
4751. 冠唇花	*Microtoena insuavis*（Hance）Prain ex Briq.	LC	
4752. 滇南冠唇花	*Microtoena patchoulii*（C. B. Clarke ex Hook. f.）C. Y. Wu & S. J. Hsuan	LC	
4753. 小花荠苧	*Mosla cavaleriei* H. Lév.	LC	
4754. 石香薷	*Mosla chinensis* Maxim.	LC	
4755. 小鱼仙草	*Mosla dianthera*（Buch.-Ham.）Maxim.	LC	
4756. 杭州石荠苧	*Mosla hangchowensis* Matsuda	DD	
4757. 石荠苧	*Mosla scabra*（Thunb.）C. Y. Wu & H. W. Li	LC	
4758. 心叶荆芥	*Nepeta fordii* Hemsl.	LC	
4759. 龙船草	*Nosema cochinchinensis*（Lour.）Merr.	LC	
4760. 疏柔毛罗勒	*Ocimum basilicum* L. var. *pilosum*（Willd.）Benth.	LC	
4761. 圣罗勒	*Ocimum sanctum* L.	LC	
4762. 牛至	*Origanum vulgare* L.	NT	
4763. 石生鸡脚参	*Orthosiphon marmoritis*（Hance）Dunn	LC	
4764. 白毛假糙苏	*Paraphlomis albida* Hand.-Mazz.	LC	
4765. 短齿假糙苏	*Paraphlomis albida* var. *brevidens* Hand.-Mazz.	LC	
4766. 曲茎假糙苏	*Paraphlomis foliata*（Dunn）C. Y. Wu & H. W. Li	LC	
4767. 罗甸纤细假糙苏	*Paraphlomis gracilis*（Hemsl.）Kudô var. *lutienensis*（Y. Z. Sun）C. Y. Wu	LC	
4768. 假糙苏	*Paraphlomis javanica*（Blume）Prain	LC	
4769. 狭叶假糙苏	*Paraphlomis javanica* var. *angustifolia* C. Y. Wu & H. W. Li ex C. L. Xiang, E. D. Liu & H. Peng	LC	
4770. 小叶假糙苏	*Paraphlomis javanica* var. *coronata*（Vaniot）C. Y. Wu & H. W. Li	LC	
4771. 八角花★	*Paraphlomis kwangtungensis* C. Y. Wu & H. W. Li	LC	
4772. 长叶假糙苏	*Paraphlomis lanceolata* Hand.-Mazz.	LC	
4773. 展毛假糙苏	*Paraphlomis patentisetulosa* C. Y. Wu	NT	
4774. 近革叶假糙苏★	*Paraphlomis subcoriacea* C. Y. Wu	LC	
4775. 野生紫苏	*Perilla frutescens*（L.）Britton var. *purpurascens*（Hayata）H. W. Li	LC	
4776. 糙苏	*Phlomis umbrosa* Turcz.	LC	
4777. 尖头花	*Platostoma hispidum*（L.）A. J. Paton	LC	

续表

中文名	拉丁学名	等级	等级注解
4778. 水珍珠菜	*Pogostemon auricularius*（L.）Hassk.	LC	
4779. 短穗刺蕊草	*Pogostemon championii* Prain	VU	A2c+3c
4780. 长苞刺蕊草	*Pogostemon chinensis* C. Y. Wu & Y. C. Huang	LC	
4781. 齿叶水蜡烛	*Pogostemon sampsonii*（Hance）Press	LC	
4782. 北刺蕊草	*Pogostemon septentrionalis* C. Y. Wu & Y. C. Huang	DD	
4783. 水虎尾	*Pogostemon stellatus*（Lour.）Kuntze	LC	
4784. 黄药	*Premna cavaleriei* H. Lév.	LC	
4785. 淡黄豆腐柴	*Premna flavescens* Buch.-Ham. ex C. B. Clarke	NT	
4786. 长序臭黄荆	*Premna fordii* Dunn & Tutcher	LC	
4787. 千解草	*Premna herbacea* Roxb.	LC	
4788. 臭黄荆	*Premna ligustroides* Hemsl.	LC	
4789. 弯毛臭黄荆	*Premna maclurei* Merr.	VU	A2c+3c
4790. 豆腐柴	*Premna microphylla* Turcz.	LC	
4791. 狐臭柴	*Premna puberula* Pamp.	LC	
4792. 塔序豆腐柴	*Premna pyramidata* Wall. ex Schauer	DD	
4793. 伞序臭黄荆	*Premna serratifolia* L.	LC	
4794. 塘虱角★	*Premna sunyiensis* C. Pei	LC	
4795. 夏枯草	*Prunella vulgaris* L.	LC	
4796. 铁线鼠尾草	*Salvia adiantifolia* E. Peter	DD	
4797. 附片鼠尾草★	*Salvia appendiculata* E. Peter	LC	
4798. 南丹参	*Salvia bowleyana* Dunn	LC	
4799. 贵州鼠尾草	*Salvia cavaleriei* H. Lév.	LC	
4800. 血盆草	*Salvia cavaleriei* var. *simplicifolia* E. Peter	LC	
4801. 华鼠尾草	*Salvia chinensis* Benth.	LC	
4802. 蕨叶鼠尾草	*Salvia filicifolia* Merr.	LC	
4803. 鼠尾草	*Salvia japonica* Thunb.	LC	
4804. 朱砂草	*Salvia japonica* var. *multifoliolata* E. Peter	LC	
4805. 荔枝草	*Salvia plebeia* R. Br.	LC	
4806. 红根草	*Salvia prionitis* Hance	LC	
4807. 地埂鼠尾草	*Salvia scapiformis* Hance	LC	
4808. 钟萼鼠尾草	*Salvia scapiformis* var. *carphocalyx* E. Peter	DD	

中文名	拉丁学名	等级	等级注解
4809. 白补药	*Salvia scapiformis* var. *hirsuta* E. Peter	LC	
4810. 裂叶荆芥	*Schizonepeta tenuifolia* Benth.	NT	
4811. 单花莸	*Schnabelia nepetifolia*（Benth.）P. D. Cantino	LC	
4812. 四棱草	*Schnabelia oligophylla* Hand.-Mazz.	LC	
4813. 半枝莲	*Scutellaria barbata* D. Don	LC	
4814. 蓝花黄芩	*Scutellaria formosana* N. E. Br.	LC	
4815. 粗齿黄芩★	*Scutellaria grossecrenata* Merr. & Chun ex H. W. Li	LC	
4816. 韩信草	*Scutellaria indica* L.	LC	
4817. 长毛韩信草	*Scutellaria indica* var. *elliptica* Sun ex C. H. Hu	LC	
4818. 小叶韩信草	*Scutellaria indica* var. *parvifolia* Makino	LC	
4819. 缩茎韩信草	*Scutellaria indica* var. *subacaulis*（Sun ex C. H. Hu）C. Y. Wu & C. Chen	LC	
4820. 永泰黄芩	*Scutellaria inghokensis* F. P. Metcalf	DD	
4821. 爪哇黄芩	*Scutellaria javanica* Jungh.	LC	
4822. 黑心黄芩★	*Scutellaria nigrocardia* C. Y. Wu & H. W. Li	VU	A2c+3c
4823. 少脉黄芩★	*Scutellaria oligophlebia* Merr. & Chun ex H. W. Li	LC	
4824. 紫茎京黄芩	*Scutellaria pekinensis* Maxim. var. *purpureicaulis*（Migo）C. Y. Wu & H. W. Li	LC	
4825. 显脉黄芩	*Scutellaria reticulata* C. Y. Wu & W. T. Wang	LC	
4826. 狭管黄芩★	*Scutellaria stenosiphon* Hemsl.	LC	
4827. 两广黄芩	*Scutellaria subintegra* C. Y. Wu & H. W. Li	LC	
4828. 偏花黄芩	*Scutellaria tayloriana* Dunn	LC	
4829. 南粤黄芩★	*Scutellaria wongkei* Dunn	NT	
4830. 英德黄芩	*Scutellaria yingtakensis* Y. Z. Sun	LC	
4831. 光柄筒冠花	*Siphocranion nudipes*（Hemsl.）Kudô	LC	
4832. 多花楔翅藤	*Sphenodesme floribunda* Chun & F. C. How	DD	
4833. 爪楔翅藤	*Sphenodesme involucrata*（C. Presl）B. L. Rob.	DD	
4834. 山白藤	*Sphenodesme pentandra*（Roxb.）Jack var. *wallichiana*（Schauer）Munir	DD	
4835. 田野水苏	*Stachys arvensis* L.	DD	
4836. 地蚕	*Stachys geobombycis* C. Y. Wu	LC	
4837. 白花地蚕	*Stachys geobombycis* var. *alba* C. Y. Wu & H. W. Li	LC	

中文名	拉丁学名	等级	等级注解
4838. 针筒菜	*Stachys oblongifolia* Wall. ex Benth.	LC	
4839. 细柄针筒菜	*Stachys oblongifolia* var. *leptopoda* (Hayata) C. Y. Wu	LC	
4840. 甘露子	*Stachys sieboldi* Miq.	LC	
4841. 二齿香科科	*Teucrium bidentatum* Hemsl.	LC	
4842. 穗花香科科	*Teucrium japonicum* Willd.	LC	
4843. 庐山香科科	*Teucrium pernyi* Franch.	LC	
4844. 铁轴草	*Teucrium quadrifarium* Buch.-Ham. ex D. Don	LC	
4845. 香科科	*Teucrium simplex* Vaniot	LC	
4846. 血见愁	*Teucrium viscidum* Blume	LC	
4847. 假紫珠	*Tsoongia axillariflora* Merr.	LC	
4848. 灰毛牡荆	*Vitex canescens* Kurz	LC	
4849. 黄荆	*Vitex negundo* L.	LC	
4850. 牡荆	*Vitex negundo* var. *cannabifolia* (Siebold & Zucc.) Hand.-Mazz.	LC	
4851. 拟黄荆	*Vitex negundo* var. *thyrsoides* C. Pei & S. L. Liou	LC	
4852. 山牡荆	*Vitex quinata* (Lour.) F. N. Williams	LC	
4853. 单叶蔓荆	*Vitex rotundifolia* L. f.	LC	
4854. 广东牡荆	*Vitex sampsoni* Hance	EN	A2c+3c
4855. 蔓荆	*Vitex trifolia* L.	LC	
4856. 异叶蔓荆	*Vitex trifolia* var. *subtrisecta* (Kuntze) Moldenke	LC	
4857. 越南牡荆	*Vitex tripinnata* (Lour.) Merr.	NT	
4858. 苦郎树	*Volkameria inermis* L.	LC	
通泉草科 Mazaceae			
4859. 通泉草	*Mazus pumilus* (Burm. f.) Steenis	LC	
4860. 大萼通泉草	*Mazus pumilus* var. *macrocalyx* (Bonati) T. Yamaz.	LC	
4861. 林地通泉草	*Mazus saltuarius* Hand.-Mazz.	LC	
4862. 弹刀子菜	*Mazus stachydifolius* (Turcz.) Maxim.	LC	
泡桐科 Paulowniaceae			
4863. 来江藤	*Brandisia hancei* Hook. f.	LC	
4864. 岭南来江藤	*Brandisia swinglei* Merr.	LC	
4865. 白花泡桐	*Paulownia fortunei* (Seem.) Hemsl.	LC	
4866. 台湾泡桐	*Paulownia kawakamii* T. Itô	LC	

中文名	拉丁学名	等级	等级注解
4867. 南方泡桐	*Paulownia taiwaniana* T. W. Hu & H. J. Chang	LC	
列当科 Orobanchaceae			
4868. 野菰	*Aeginetia indica* L.	LC	
4869. 黑蒴	*Alectra avensis*（Benth.）Merr.	NT	
4870. 胡麻草	*Centranthera cochinchinensis*（Lour.）Merr.	DD	
4871. 中南胡麻草	*Centranthera cochinchinensis* var. *lutea*（Hara）H. Hara	DD	
4872. 矮胡麻草	*Centranthera tranquebarica*（Spreng.）Merr.	LC	
4873. 假野菰	*Christisonia hookeri* C. B. Clarke	NT	
4874. 齿鳞草	*Lathraea japonica* Miq.	DD	
4875. 封开钟萼草★	*Lindenbergia fengkaiensis* R. H. Miao & Q. Y. Cen	DD	
4876. 野地钟萼草	*Lindenbergia muraria*（Roxb. ex D. Don）Brühl	LC	
4877. 钟萼草	*Lindenbergia philippensis*（Cham. & Schltdl.）Benth.	LC	
4878. 钝叶山罗花	*Melampyrum roseum* Maxim. var. *obtusifolium*（Bonati）D. Y. Hong	LC	
4879. 白毛鹿茸草	*Monochasma savatieri* Franch. ex Maxim.	LC	
4880. 江南马先蒿	*Pedicularis henryi* Maxim.	LC	
4881. 松蒿	*Phtheirospermum japonicum*（Thunb.）Kanitz	LC	
4882. 阴行草	*Siphonostegia chinensis* Benth.	LC	
4883. 腺毛阴行草	*Siphonostegia laeta* S. Moore	LC	
4884. 毛果短冠草	*Sopubia matsumurae*（T. Yamaz.）C. Y. Wu	DD	
4885. 短冠草	*Sopubia trifida* Buch.-Ham. ex D. Don	LC	
4886. 独脚金	*Striga asiatica*（L.）Kuntze	LC	
4887. 大独脚金	*Striga masuria*（Buch.-Ham. ex Benth.）Benth.	LC	
4888. 广东假野菰★	*Christisonia kwangtungensis*（Hu）G. D. Tang, J. F. Liu & W. B. Yu	NT	
金檀木科 Stemonuraceae			
4889. 粗丝木	*Gomphandra tetrandra*（Wall.）Sleumer	NT	
青荚叶科 Helwingiaceae			
4890. 钝齿青荚叶	*Helwingia chinensis* Batalin var. *crenata*（Lingelsh. ex Limpr.）W. P. Fang	NT	
4891. 西域青荚叶	*Helwingia himalaica* Hook. f. & Thomson ex C. B. Clarke	LC	
4892. 青荚叶	*Helwingia japonica*（Thunb.）F. Dietr.	NT	

中文名	拉丁学名	等级	等级注解
冬青科 Aquifoliaceae			
4893. 满树星	*Ilex aculeolata* Nakai	LC	
4894. 秤星树	*Ilex asprella* (Hook. & Arn.) Champ. ex Benth.	LC	
4895. 大埔秤星树★	*Ilex asprella* var. *tapuensis* S. Y. Hu	LC	
4896. 两广冬青	*Ilex austrosinensis* C. J. Tseng	LC	
4897. 短梗冬青	*Ilex buergeri* Miq.	LC	
4898. 黄杨冬青	*Ilex buxoides* S. Y. Hu	LC	
4899. 凹叶冬青	*Ilex championii* Loes.	LC	
4900. 沙坝冬青	*Ilex chapaensis* Merr.	LC	
4901. 冬青	*Ilex chinensis* Sims	LC	
4902. 巨果冬青★	*Ilex chingiana* Hu & Tang var. *megacarpa* (H. G. Ye & H. S. Chen) L. G. Lei	CR	A2c+3c;B1ab(v); C1+2a(ii);D
4903. 铁仔冬青	*Ilex chuniana* S. Y. Hu	NT	
4904. 灰冬青	*Ilex cinerea* Champ. ex Benth.	NT	
4905. 越南冬青	*Ilex cochinchinensis* (Lour.) Loes.	LC	
4906. 密花冬青	*Ilex confertiflora* Merr.	LC	
4907. 广西密花冬青	*Ilex confertiflora* var. *kwangsiensis* S. Y. Hu	NT	
4908. 齿叶冬青	*Ilex crenata* Thunb.	LC	
4909. 弯尾冬青	*Ilex cyrtura* Merr.	LC	
4910. 黄毛冬青	*Ilex dasyphylla* Merr.	LC	
4911. 显脉冬青	*Ilex editicostata* Hu & Tang	LC	
4912. 厚叶冬青	*Ilex elmerrilliana* S. Y. Hu	LC	
4913. 硬叶冬青	*Ilex ficifolia* C. J. Tseng	LC	
4914. 榕叶冬青	*Ilex ficoidea* Hemsl.	LC	
4915. 台湾冬青	*Ilex formosana* Maxim.	LC	
4916. 大核台湾冬青	*Ilex formosana* var. *macropyrena* S. Y. Hu	LC	
4917. 团花冬青	*Ilex glomerata* King	LC	
4918. 海岛冬青	*Ilex goshiensis* Hayata	LC	
4919. 纤花冬青	*Ilex graciliflora* Champ. ex Benth.	VU	A2c+3c
4920. 海南冬青	*Ilex hainanensis* Merr.	LC	
4921. 青茶香	*Ilex hanceana* Maxim.	LC	
4922. 细刺冬青	*Ilex hylonoma* Hu & Tang	LC	

中文名	拉丁学名	等级	等级注解
4923. 光叶细刺冬青	*Ilex hylonoma* var. *glabra* S. Y. Hu	LC	
4924. 蕉岭冬青★	*Ilex jiaolingensis* C. J. Tseng & H. H. Liu	DD	
4925. 扣树	*Ilex kaushue* S. Y. Hu	NT	
4926. 皱柄冬青	*Ilex kengii* S. Y. Hu	LC	
4927. 江西满树星	*Ilex kiangsiensis*（S. Y. Hu）C. J. Tseng & B. W. Liu	LC	
4928. 凸脉冬青	*Ilex kobuskiana* S. Y. Hu	LC	
4929. 广东冬青	*Ilex kwangtungensis* Merr.	LC	
4930. 剑叶冬青	*Ilex lancilimba* Merr.	LC	
4931. 大叶冬青	*Ilex latifolia* Thunb.	NT	
4932. 阔叶冬青	*Ilex latifrons* Chun	LC	
4933. 汝昌冬青	*Ilex linii* C. J. Tseng	LC	
4934. 木姜冬青	*Ilex litseifolia* Hu & T. Tang	LC	
4935. 矮冬青	*Ilex lohfauensis* Merr.	LC	
4936. 长圆叶冬青	*Ilex maclurei* Merr.	DD	
4937. 大果冬青	*Ilex macrocarpa* Oliv.	LC	
4938. 黑叶冬青	*Ilex melanophylla* Hung T. Chang	LC	
4939. 谷木叶冬青	*Ilex memecylifolia* Champ. ex Benth.	LC	
4940. 小果冬青	*Ilex micrococca* Maxim.	LC	
4941. 南宁冬青	*Ilex nanningensis* Hand.-Mazz.	DD	
4942. 粤桂冬青	*Ilex occulta* C. J. Tseng	VU	A2c+3c
4943. 疏齿冬青	*Ilex oligodonta* Merr. & Chun	LC	
4944. 平南冬青	*Ilex pingnanensis* S. Y. Hu	LC	
4945. 毛冬青	*Ilex pubescens* Hook. & Arn.	LC	
4946. 粗脉冬青★	*Ilex robustinervosa* C. J. Tseng ex S. K. Chen & Y. X.Feng	LC	
4947. 铁冬青	*Ilex rotunda* Thunb.	LC	
4948. 华南冬青	*Ilex sterrophylla* Merr. & Chun	LC	
4949. 黔桂冬青	*Ilex stewardii* S. Y. Hu	LC	
4950. 粗毛冬青★	*Ilex strigillosa* T. R. Dudley	LC	
4951. 香冬青	*Ilex suaveolens*（H. Lév.）Loes.	LC	
4952. 拟榕叶冬青	*Ilex subficoidea* S. Y. Hu	LC	
4953. 蒲桃叶冬青★	*Ilex syzygiophylla* C. J. Tseng ex S. K. Chen & Y. X.Feng	NT	

中文名	拉丁学名	等级	等级注解
4954. 四川冬青	*Ilex szechwanensis* Loes.	LC	
4955. 卷边冬青	*Ilex tamii* T. R. Dudley	NT	
4956. 薄核冬青★	*Ilex tenuis* C. J. Tseng	LC	
4957. 三花冬青	*Ilex triflora* Blume	LC	
4958. 钝头冬青	*Ilex triflora* var. *kanehirai*（Yamamota）S. Y. Hu	LC	
4959. 细枝冬青	*Ilex tsangii* S. Y. Hu	LC	
4960. 紫果冬青	*Ilex tsoi* Merr. & Chun	LC	
4961. 罗浮冬青	*Ilex tutcheri* Merr.	LC	
4962. 湿生冬青	*Ilex verisimilis* C. J. Tseng ex S. K. Chen & Y. X. Feng	LC	
4963. 绿冬青	*Ilex viridis* Champ. ex Benth.	LC	
4964. 尾叶冬青	*Ilex wilsonii* Loes.	LC	
4965. 小金冬青★	*Ilex xiaojinensis* Y. Q. Wang & P. Y. Chen	NT	
4966. 阳春冬青★	*Ilex yangchunensis* C. J. Tseng	NT	
桔梗科 Campanulaceae			
4967. 杏叶沙参	*Adenophora petiolata* Pax & K. Hoffm. subsp. *hunanensis*（Nannf.）D. Y. Hong & S. Ge	LC	
4968. 中华沙参	*Adenophora sinensis* A. DC.	LC	
4969. 轮叶沙参	*Adenophora tetraphylla*（Thunb.）Fisch.	LC	
4970. 一年生风铃草	*Campanula dimorphantha* Schweinf.	LC	
4971. 金钱豹	*Codonopsis javanica*（Blume）Hook. f.	LC	
4972. 小花金钱豹	*Codonopsis javanica* subsp. *japonica*（Makino）Lammers	LC	
4973. 羊乳	*Codonopsis lanceolata*（Siebold & Zucc.）Trautv.	LC	
4974. 轮钟花	*Cyclocodon lancifolius*（Roxb.）Kurz	LC	
4975. 短柄半边莲	*Lobelia alsinoides* Lam.	LC	
4976. 假半边莲	*Lobelia alsinoides* subsp. *hancei*（H. Hara）Lammers	DD	
4977. 半边莲	*Lobelia chinensis* Lour.	LC	
4978. 江南山梗菜	*Lobelia davidii* Franch.	LC	
4979. 线萼山梗菜	*Lobelia melliana* E. Wimm.	LC	
4980. 铜锤玉带草	*Lobelia nummularia* Lam.	LC	
4981. 卵叶半边莲	*Lobelia zeylanica* L.	LC	
4982. 桔梗	*Platycodon grandiflorus*（Jacq.）A. DC.	LC	
4983. 蓝花参	*Wahlenbergia marginata*（Thunb.）A. DC.	LC	

中文名	拉丁学名	等级	等级注解
五膜草科 Pentaphragmataceae			
4984. 直序五膜草	*Pentaphragma spicatum* Merr.	LC	
花柱草科 Stylidiaceae			
4985. 狭叶花柱草	*Stylidium tenellum* Sw. ex Wild.	DD	
4986. 花柱草	*Stylidium uliginosum* Sw. ex Willd.	LC	
睡菜科 Menyanthaceae			
4987. 小荇菜	*Nymphoides coreana*（H. Lév.）H. Hara	EN	A2c；D1
4988. 水皮莲	*Nymphoides cristata*（Roxb.）Kuntze	VU	
4989. 刺种荇菜	*Nymphoides hydrophylla*（Lour.）Kuntze	DD	
4990. 金银莲花	*Nymphoides indica*（L.）Kuntze	LC	A2cd+3cd
4991. 荇菜	*Nymphoides peltata*（S. G. Geml.）Kuntze	NT	
草海桐科 Goodeniaceae			
4992. 离根香	*Goodenia pilosa*（R. Br.）Carolin subsp. *chinensis*（Benth.）D. G. Howarth & D. Y. Hong	VU	A2cd+3cd
4993. 小草海桐	*Scaevola hainanensis* Hance	LC	
4994. 草海桐	*Scaevola taccada*（Gaertn.）Roxb.	LC	
菊科 Asteraceae			
4995. 和尚菜	*Adenocaulon himalaicum* Edgew.	LC	
4996. 下田菊	*Adenostemma lavenia*（L.）Kuntze	LC	
4997. 宽叶下田菊	*Adenostemma lavenia* var. *latifolium*（D. Don）Hand.-Mazz.	LC	
4998. 细辛叶兔儿风 ★	*Ainsliaea asaroides* Y. S. Ye, Jun Wang & H. G. Ye	LC	
4999. 蓝兔儿风	*Ainsliaea caesia* Hand.-Mazz.	LC	
5000. 卡氏兔儿风	*Ainsliaea cavaleriei* H. Lév.	DD	
5001. 杏香兔儿风	*Ainsliaea fragrans* Champ. ex Benth.	LC	
5002. 四川兔儿风	*Ainsliaea glabra* Hemsl. var. *sutchuenensis*（Franch.）S. E. Freire	LC	
5003. 纤枝兔儿风	*Ainsliaea gracilis* Franch.	LC	
5004. 长穗兔儿风	*Ainsliaea henryi* Diels	LC	
5005. 灯台兔儿风	*Ainsliaea kawakamii* Hayata	LC	
5006. 阿里山兔儿风	*Ainsliaea macroclinidioides* Hayata	LC	
5007. 莲沱兔儿风	*Ainsliaea ramosa* Hemsl.	LC	

中文名	拉丁学名	等级	等级注解
5008. 细穗兔儿风	*Ainsliaea spicata* Vaniot	LC	
5009. 三脉兔儿风	*Ainsliaea trinervis* Y. Q. Tseng	LC	
5010. 华南兔儿风	*Ainsliaea walkeri* Hook. f.	LC	
5011. 黄腺香青	*Anaphalis aureopunctata* Lingelsh. & Borza	LC	
5012. 车前叶黄腺香青	*Anaphalis aureopunctata* var. *plantaginifolia* F. H. Chen	LC	
5013. 蛛毛香青	*Anaphalis busua*（Buch.-Ham.）DC.	LC	
5014. 珠光香青	*Anaphalis margaritacea*（L.）Benth. & Hook. f.	LC	
5015. 黄褐珠光香青	*Anaphalis margaritacea* var. *cinnamomea*（DC.）Herder ex Maxim.	LC	
5016. 香青	*Anaphalis sinica* Hance	LC	
5017. 山黄菊	*Anisopappus chinensis* Hook. & Arn.	LC	
5018. 牛蒡	*Arctium lappa* L.	LC	
5019. 黄花蒿	*Artemisia annua* L.	LC	
5020. 奇蒿	*Artemisia anomala* S. Moore	LC	
5021. 密毛奇蒿	*Artemisia anomala* var. *tomentella* Hand.-Mazz.	LC	
5022. 艾	*Artemisia argyi* H. Lév. ex Vaniot	LC	
5023. 暗绿蒿	*Artemisia atrovirens* Hand.-Mazz.	LC	
5024. 茵陈蒿	*Artemisia capillaris* Thunb.	LC	
5025. 青蒿	*Artemisia carvifolia* Buch.-Ham. ex Roxb.	LC	
5026. 大头青蒿	*Artemisia carvifolia* var. *schochii*（Mattf.）Pamp.	LC	
5027. 南毛蒿	*Artemisia chingii* Pamp.	LC	
5028. 白莲蒿	*Artemisia gmelinii* Weber ex Stechm.	LC	
5029. 灰莲蒿	*Artemisia gmelinii* var. *incana*（Besser）H. C. Fu	LC	
5030. 雷琼牡蒿	*Artemisia hancei*（Pamp.）Y. Ling & Y. R. Ling	LC	
5031. 五月艾	*Artemisia indica* Willd.	LC	
5032. 牡蒿	*Artemisia japonica* Thunb.	LC	
5033. 白苞蒿	*Artemisia lactiflora* Wall. ex DC.	LC	
5034. 矮蒿	*Artemisia lancea* Vaniot	LC	
5035. 野艾蒿	*Artemisia lavandulaefolia* DC.	LC	
5036. 蒙古蒿	*Artemisia mongolica*（Fisch. ex Besser）Nakai	LC	
5037. 魁蒿	*Artemisia princeps* Pamp.	LC	

续表

中文名	拉丁学名	等级	等级注解
5038. 猪毛蒿	*Artemisia scoparia* Waldst. & Kit.	LC	
5039. 蒌蒿	*Artemisia selengensis* Turcz. ex Besser	LC	
5040. 中南蒿	*Artemisia simulans* Pamp.	LC	
5041. 南艾蒿	*Artemisia verlotorum* Lamotte	LC	
5042. 狭叶三脉紫菀	*Aster ageratoides* Turcz. var. *gerlachii* (Hance) C. C. Chang ex Y. Ling	LC	
5043. 毛枝三脉紫菀	*Aster ageratoides* var. *lasiocladus* (Hayata) Hand.-Mazz.	LC	
5044. 宽伞三脉紫菀	*Aster ageratoides* var. *laticorymbus* (Vaniot) Hand.-Mazz.	LC	
5045. 微糙三脉紫菀	*Aster ageratoides* var. *scaberulus* (Miq.) Y. Ling	LC	
5046. 华南狗娃花	*Aster asagrayi* Makino	LC	
5047. 白舌紫菀	*Aster baccharoides* (Benth.) Steetz	LC	
5048. 马兰	*Aster indicus* L.	LC	
5049. 丘陵马兰	*Aster indicus* var. *collinus* (Hance) Soejima & Igari	LC	
5050. 狭苞马兰	*Aster indicus* var. *stenolepis* (Hand.-Mazz.) Soejima & Igari	LC	
5051. 莽山紫菀	*Aster mangshanensis* Y. Ling	LC	
5052. 短冠东风菜	*Aster marchandii* H. Lév.	LC	
5053. 卵叶紫菀	*Aster ovalifolius* Kitam.	LC	
5054. 琴叶紫菀	*Aster panduratus* Nees ex Walp.	LC	
5055. 全叶马兰	*Aster pekinensis* (Hance) F. H. Chen	LC	
5056. 短舌紫菀	*Aster sampsonii* (Hance) Hemsl.	LC	
5057. 等毛短舌紫菀	*Aster sampsonii* var. *isochaetus* C. C. Chang	LC	
5058. 东风菜	*Aster scaber* Thunb.	LC	
5059. 毡毛马兰	*Aster shimadai* (Kitam.) Nemoto	LC	
5060. 狭叶裸菀	*Aster sinoangustifolius* Brouillet, Semple & Y. L. Chen	LC	
5061. 香港紫菀	*Aster striatus* Champ. ex Benth.	LC	
5062. 三脉紫菀	*Aster trinervius* Roxb subsp. *ageratoides* (Turcz.) Grierson	LC	
5063. 婆婆针	*Bidens bipinnata* L.	LC	
5064. 金盏银盘	*Bidens biternata* (Lour.) Merr. & Sherff	LC	
5065. 狼杷草	*Bidens tripartita* L.	LC	
5066. 百能葳	*Blainvillea acmella* (L.) Philipson	LC	
5067. 馥芳艾纳香	*Blumea aromatica* DC.	LC	
5068. 柔毛艾纳香	*Blumea axillaris* (Lam.) DC.	LC	

中文名	拉丁学名	等级	等级注解
5069. 艾纳香	*Blumea balsamifera*（L.）DC.	LC	
5070. 七里明	*Blumea clarkei* Hook. f.	LC	
5071. 节节红	*Blumea fistulosa*（Roxb.）Kurz	LC	
5072. 拟艾纳香	*Blumea flava* DC.	LC	
5073. 台北艾纳香	*Blumea formosana* Kitam.	LC	
5074. 毛毡草	*Blumea hieraciifolia*（Spreng.）DC.	LC	
5075. 见霜黄	*Blumea lacera*（Burm. f.）DC.	LC	
5076. 千头艾纳香	*Blumea lanceolaria*（Roxb.）Druce	LC	
5077. 东风草	*Blumea megacephala*（Randeria）C. C. Chang & Y. Q.Tseng	LC	
5078. 长柄艾纳香	*Blumea membranacea* DC.	LC	
5079. 长圆叶艾纳香	*Blumea oblongifolia* Kitam.	LC	
5080. 假东风草	*Blumea riparia* DC.	LC	
5081. 拟毛毡草	*Blumea sericans*（Kurz）Hook. f.	LC	
5082. 无梗艾纳香	*Blumea sessiliflora* Decne.	LC	
5083. 六耳铃	*Blumea sinuata*（Lour.）Merr.	LC	
5084. 天名精	*Carpesium abrotanoides* L.	LC	
5085. 烟管头草	*Carpesium cernuum* L.	LC	
5086. 金挖耳	*Carpesium divaricatum* Siebold & Zucc.	LC	
5087. 石胡荽	*Centipeda minima*（L.）A. Br. & Asch.	LC	
5088. 野菊	*Chrysanthemum indicum* L.	LC	
5089. 刺儿菜	*Cirsium arvense*（L.）Scop. var. *integrifolium* Wimm. & Grab.	LC	
5090. 绿蓟	*Cirsium chinense* Gardner & Champ.	LC	
5091. 蓟	*Cirsium japonicum* DC.	LC	
5092. 覆瓦蓟	*Cirsium leducei*（Franch.）H. Lév.	LC	
5093. 线叶蓟	*Cirsium lineare*（Thunb.）Sch. Bip.	LC	
5094. 总序蓟	*Cirsium racemiforme* Y. Ling & C. Shih	LC	
5095. 牛口蓟	*Cirsium shansiense* Petr.	LC	
5096. 藤菊	*Cissampelopsis volubilis*（Blume）Miq.	LC	
5097. 芫荽菊	*Cotula anthemoides* L.	LC	
5098. 黄瓜假还阳参	*Crepidiastrum denticulatum*（Houtt.）Pak & Kawano	LC	
5099. 长叶假还阳参	*Crepidiastrum denticulatum* subsp. *longiflorum*（Stebbins）N. Kilian	DD	

中文名	拉丁学名	等级	等级注解
5100. 枝状假还阳参	*Crepidiastrum denticulatum* subsp. *ramosissimum*（Benth.）N. Kilian	DD	
5101. 尖裂假还阳参	*Crepidiastrum sonchifolium*（Maxim.）Pak & Kawano	LC	
5102. 绿茎还阳参	*Crepis lignea*（Vaniot）Babc.	LC	
5103. 杯菊	*Cyathocline purpurea*（Buch.-Ham. ex D. Don）Kuntze.	LC	
5104. 鱼眼草	*Dichrocephala integrifolia*（L. f.）Kuntze	LC	
5105. 羊耳菊	*Duhaldea cappa*（Buch.-Ham. ex D. Don）Pruski & Anderb.	LC	
5106. 华东蓝刺头	*Echinops grijsii* Hance	LC	
5107. 地胆草	*Elephantopus scaber* L.	LC	
5108. 小一点红	*Emilia prenanthoidea* DC.	LC	
5109. 沼菊	*Enydra fluctuans* Lour.	LC	
5110. 球菊	*Epaltes australis* Less.	LC	
5111. 堪察加飞蓬	*Erigeron acris* L. subsp. *kamtschaticus*（DC.）H. Hara	DD	
5112. 埃及白酒草	*Eschenbachia aegyptiaca*（L.）Brouillet	LC	
5113. 粘毛白酒草	*Eschenbachia leucantha*（D. Don）Brouillet	DD	
5114. 多须公	*Eupatorium chinense* L.	LC	
5115. 佩兰	*Eupatorium fortunei* Turcz.	LC	
5116. 白头婆	*Eupatorium japonicum* Thunb.	LC	
5117. 林泽兰	*Eupatorium lindleyanum* DC.	LC	
5118. 匙叶合冠鼠麴草	*Gamochaeta pensylvanica*（Willd.）Cabrera	LC	
5119. 鹿角草	*Glossocardia bidens*（Retz.）Veldkamp	LC	
5120. 细叶湿鼠麴草	*Gnaphalium japonicum* Thunb.	LC	
5121. 多茎湿鼠麴草	*Gnaphalium polycaulon* Pers.	LC	
5122. 田基黄	*Grangea maderaspatana*（L.）Poir.	LC	
5123. 红凤菜	*Gynura bicolor*（Roxb. ex Willd.）DC.	LC	
5124. 白子菜	*Gynura divaricata*（L.）DC.	LC	
5125. 菊三七	*Gynura japonica*（Thunb.）Juel	LC	
5126. 平卧菊三七	*Gynura procumbens*（Lour.）Merr.	LC	
5127. 狗头七	*Gynura pseudochina*（L.）DC.	LC	
5128. 泥胡菜	*Hemisteptia lyrata*（Bunge）Fisch. & C. A. Mey.	LC	
5129. 三角叶须弥菊	*Himalaiella deltoidea*（DC.）Raab-Straube	LC	

中文名	拉丁学名	等级	等级注解
5130. 旋覆花	*Inula japonica* Thunb.	LC	
5131. 线叶旋覆花	*Inula linariifolia* Turcz.	LC	
5132. 小苦荬	*Ixeridium dentatum*（Thunb.）Tzvelev	LC	
5133. 细叶小苦荬	*Ixeridium gracile*（DC.）Pak & Kawano	LC	
5134. 褐冠小苦荬	*Ixeridium laevigatum*（Blume）Pak & Kawano	LC	
5135. 中华苦荬菜	*Ixeris chinensis*（Thunb.）Kitag.	LC	
5136. 多色苦荬	*Ixeris chinensis* subsp. *versicolor*（Fisch. ex Link）Kitam.	LC	
5137. 剪刀股	*Ixeris japonica*（Burm. f.）Nakai	LC	
5138. 苦荬菜	*Ixeris polycephala* Cass. ex DC.	LC	
5139. 沙苦荬菜	*Ixeris repens*（L.）A. Gray	LC	
5140. 台湾翅果菊	*Lactuca formosana* Maxim.	LC	
5141. 翅果菊	*Lactuca indica* L.	LC	
5142. 毛脉翅果菊	*Lactuca raddeana* Maxim.	LC	
5143. 野莴苣	*Lactuca serriola* L.	LC	
5144. 山莴苣	*Lactuca sibirica*（L.）Benth. ex Maxim.	LC	
5145. 瓶头草	*Lagenophora stipitata*（Labill.）Druce	LC	
5146. 六棱菊	*Laggera alata*（D. Don）Sch. Bip. ex Oliv.	LC	
5147. 稻槎菜	*Lapsanastrum apogonoides*（Maxim.）Pak & K. Bremer	LC	
5148. 匍枝栓果菊	*Launaea sarmentosa*（Willd.）Kuntze	LC	
5149. 大丁草	*Leibnitzia anandria*（L.）Turcz.	LC	
5150. 大头橐吾	*Ligularia japonica*（Thunb.）Less.	LC	
5151. 糙叶大头橐吾	*Ligularia japonica* var. *scaberrrima*（Hayata）Hayata	LC	
5152. 窄头橐吾	*Ligularia stenocephala*（Maxim.）Matsum. & Kiodz.	LC	
5153. 卤地菊	*Melanthera prostrata*（Hemsl.）W. L. Wagner & H.Rob.	LC	
5154. 小舌菊	*Microglossa pyrifolia*（Lam.）Kuntze	LC	
5155. 假泽兰	*Mikania cordata*（Burm. f.）B. L. Rob.	LC	
5156. 圆舌粘冠草	*Myriactis nepalensis* Less.	LC	
5157. 光苞紫菊	*Notoseris macilenta*（Vaniot & H. Lév.）N. Kilian	LC	
5158. 黑花紫菊	*Paraprenanthes melanantha*（Franch.）Ze H. Wang	DD	
5159. 林生假福王草	*Paraprenanthes diversifolia*（Vant.）N. Kilian	LC	
5160. 假福王草	*Paraprenanthes sororia*（Miq.）C. Shih	LC	

续表

中文名	拉丁学名	等级	等级注解
5161. 珠芽蟹甲草	*Parasenecio bulbiferoides*（Hand.-Mazz.）Y. L. Chen	DD	
5162. 矢镞叶蟹甲草	*Parasenecio rubescens*（S. Moore）Y. L. Chen	LC	
5163. 聚头帚菊	*Pertya desmocephala* Diels	LC	
5164. 长花帚菊	*Pertya glabrescens* Sch. Bip.	EN	A2c+3c
5165. 腺叶帚菊	*Pertya pubescens* Y. Ling	LC	
5166. 尖苞帚菊	*Pertya pungens* Y. C. Tseng	LC	
5167. 兔耳一支箭	*Piloselloides hirsuta*（Forssk.）C. Jeffrey ex Cufod.	LC	
5168. 阔苞菊	*Pluchea indica*（L.）Less.	LC	
5169. 光梗阔苞菊	*Pluchea pteropoda* Hemsl. ex Forbes & Hemsl.	LC	
5170. 宽叶鼠麴草	*Pseudognaphalium adnatum*（DC.）Y. S. Chen	LC	
5171. 鼠麴草	*Pseudognaphalium affine*（D. Don）Anderb.	LC	
5172. 秋鼠麴草	*Pseudognaphalium hypoleucum*（DC.）Hilliard & B. L.Burtt	LC	
5173. 华漏芦	*Rhaponticum chinense*（S. Moore）L. Martins & Hidalgo	LC	
5174. 庐山风毛菊	*Saussurea bullockii* Dunn	LC	
5175. 风毛菊	*Saussurea japonica*（Thunb.）DC.	LC	
5176. 散生千里光	*Senecio exul* Hance	LC	
5177. 闽千里光	*Senecio fukienensis* Y. Ling ex C. Jeffrey & Y. L. Chen	LC	
5178. 千里光	*Senecio scandens* Buch.-Ham. ex D. Don	LC	
5179. 缺裂千里光	*Senecio scandens* var. *incisus* Franch.	LC	
5180. 闽粤千里光	*Senecio stauntonii* DC.	LC	
5181. 虾须草	*Sheareria nana* S. Moore	LC	
5182. 毛梗豨莶	*Sigesbeckia glabrescens*（Makino）Makino	LC	
5183. 豨莶	*Sigesbeckia orientalis* L.	LC	
5184. 腺梗豨莶	*Sigesbeckia pubescens*（Makino）Makino	LC	
5185. 白背蒲儿根	*Sinosenecio latouchei*（Jefferey）B. Nord.	LC	
5186. 蒲儿根	*Sinosenecio oldhamianus*（Maxim.）B. Nord.	LC	
5187. 盾叶蒲儿根★	*Sinosenecio peltatus* Ying Liu & Q. E. Yang	LC	
5188. 秃果蒲儿根★	*Sinosenecio phalacrocarpus*（Hance）B. Nord.	LC	
5189. 岩生蒲儿根	*Sinosenecio saxatilis* Y. L. Chen	NT	
5190. 一枝黄花	*Solidago decurrens* Lour.	LC	
5191. 长裂苦苣菜	*Sonchus brachyotus* DC.	LC	

中文名	拉丁学名	等级	等级注解
5192. 苣荬菜	*Sonchus wightianus* DC.	LC	
5193. 戴星草	*Sphaeranthus africanus* L.	LC	
5194. 绒毛戴星草	*Sphaeranthus indicus* L.	LC	
5195. 蟛蜞菊	*Sphagneticola calendulacea*（L.）Pruski	LC	
5196. 广东蟛蜞菊★	*Sphagneticola × guangdongensis* Q. Yuan	LC	
5197. 兔儿伞	*Syneilesis aconitifolia*（Bunge）Maxim.	LC	
5198. 褐柄合耳菊	*Synotis fulvipes*（Y. Ling）C. Jeffrey & Y. L. Chen	DD	
5199. 锯叶合耳菊	*Synotis nagensium*（C. B. Clarke）C. Jeffrey & Y. L.Chen	LC	
5200. 蒙古蒲公英	*Taraxacum mongolicum* Hand.-Mazz.	LC	
5201. 狗舌草	*Tephroseris kirilowii*（Turcz. ex DC.）Holub.	LC	
5202. 歧伞菊	*Thespis divaricata* DC.	LC	
5203. 糙叶斑鸠菊	*Vernonia aspera*（Roxb.）Buch.-Ham.	LC	
5204. 夜香牛	*Vernonia cinerea*（L.）Less.	LC	
5205. 岗斑鸠菊	*Vernonia clivorum* Hance	LC	
5206. 毒根斑鸠菊	*Vernonia cumingiana* Benth.	LC	
5207. 台湾斑鸠菊	*Vernonia gratiosa* Hance	LC	
5208. 滨海斑鸠菊	*Vernonia maritima* Merr.	DD	
5209. 咸虾花	*Vernonia patula*（Aiton）Merr.	LC	
5210. 柳叶斑鸠菊	*Vernonia saligna* DC.	LC	
5211. 茄叶斑鸠菊	*Vernonia solanifolia* Benth.	LC	
5212. 山蟛蜞菊	*Wollastonia montana*（Blume）DC.	LC	
5213. 孪花菊	*Wollastonia biflora*（L.）DC.	LC	
5214. 异叶黄鹌菜	*Youngia heterophylla*（Hemsl.）Babc. & Stebbins	LC	
5215. 黄鹌菜	*Youngia japonica*（L.）DC.	LC	
5216. 卵裂黄鹌菜	*Youngia japonica* subsp. *elstonii*（Hochr.）Babc. & Stebbins	LC	
5217. 长花黄鹌菜	*Youngia japonica* subsp. *longiflora* Babc. & Stebbins	LC	
5218. 多裂黄鹌菜	*Youngia rosthornii*（Diels）Babc. & Stebbins	LC	
南鼠刺科 Escalloniaceae			
5219. 多香木	*Polyosma cambodiana* Gagnep.	LC	
五福花科 Adoxaceae			
5220. 接骨草	*Sambucus javanica* Reinw. ex Blume	LC	

中文名	拉丁学名	等级	等级注解
5221. 接骨木	*Sambucus williamsii* Hance	NT	
5222. 短序荚蒾	*Viburnum brachybotryum* Hemsl.	LC	
5223. 金腺荚蒾	*Viburnum chunii* P. S. Hsu	LC	
5224. 樟叶荚蒾	*Viburnum cinnamomifolium* Rehder	LC	
5225. 伞房荚蒾	*Viburnum corymbiflorum* P. S. Hsu & S. C. Hsu	LC	
5226. 水红木	*Viburnum cylindricum* Buch.-Ham. ex D. Don	LC	
5227. 粤赣荚蒾	*Viburnum dalzielii* W. W. Sm.	LC	
5228. 荚蒾	*Viburnum dilatatum* Thunb.	LC	
5229. 宜昌荚蒾	*Viburnum erosum* Thunb.	LC	
5230. 直角荚蒾	*Viburnum foetidum* Wall. var. *rectangulatum* Rehder	LC	
5231. 南方荚蒾	*Viburnum fordiae* Hance	LC	
5232. 毛枝台中荚蒾	*Viburnum formosanum*（Hance）Hayata var. *pubigerum* P. S. Hsu	LC	
5233. 海南荚蒾	*Viburnum hainanense* Merr. & Chun	LC	
5234. 蝶花荚蒾	*Viburnum hanceanum* Maxim.	LC	
5235. 巴东荚蒾	*Viburnum henryi* Hemsl.	LC	
5236. 披针叶荚蒾	*Viburnum lancifolium* P. S. Hsu	LC	
5237. 淡黄荚蒾	*Viburnum lutescens* Blume	LC	
5238. 吕宋荚蒾	*Viburnum luzonicum* Rolfe	LC	
5239. 珊瑚树	*Viburnum odoratissimum* Ker Gawl.	LC	
5240. 粉团	*Viburnum plicatum* Thunb.	LC	
5241. 球核荚蒾	*Viburnum propinquum* Hemsl.	LC	
5242. 大果鳞斑荚蒾	*Viburnum punctatum* Buch.-Ham. ex D. Don var. *lepidotulum*（Merr. & Chun）P. S. Hsu	LC	
5243. 常绿荚蒾	*Viburnus sempervirens* K. Koch	LC	
5244. 具毛常绿荚蒾	*Viburnum sempervirens* var. *trichophorum* Hand.-Mazz.	LC	
5245. 茶荚蒾	*Viburnum setigerum* Hance	LC	
5246. 合轴荚蒾	*Viburnum sympodiale* Graebn.	LC	
5247. 壶花荚蒾	*Viburnum urceolatum* Siebold & Zucc.	LC	
忍冬科 Caprifoliaceae			
5248. 糯米条	*Abelia chinensis* R. Br.	LC	
5249. 刺续断	*Acanthocalyx nepalensis*（D. Don）M. J. Cannon	LC	

续表

中文名	拉丁学名	等级	等级注解
5250. 川续断	*Dipsacus asper* Wall. ex C. B. Clarke	LC	
5251. 淡红忍冬	*Lonicera acuminata* Wall.	LC	
5252. 华南忍冬	*Lonicera confusa* DC.	LC	
5253. 锈毛忍冬	*Lonicera ferruginea* Rehder	LC	
5254. 菰腺忍冬	*Lonicera hypoglauca* Miq.	LC	
5255. 忍冬	*Lonicera japonica* Thunb.	LC	
5256. 蕊帽忍冬	*Lonicera ligustrina* Wall. var. *pileata* (Oliv.) Franch.	LC	
5257. 长花忍冬	*Lonicera longiflora* (Lindl.) DC.	LC	
5258. 大花忍冬	*Lonicera macrantha* (D. Don) Spreng.	LC	
5259. 皱叶忍冬	*Lonicera reticulata* Champ. ex Benth.	LC	
5260. 细毡毛忍冬	*Lonicera similis* Hemsl.	LC	
5261. 少蕊败酱	*Patrinia monandra* C. B. Clarke	LC	
5262. 败酱	*Patrinia scabiosifolia* Link	LC	
5263. 攀倒甑	*Patrinia villosa* (Thunb.) Juss.	LC	
5264. 半边月	*Weigela japonica* Thunb.	LC	
海桐花科 Pittosporaceae			
5265. 聚花海桐	*Pittosporum balansae* Aug. DC.	LC	
5266. 窄叶聚花海桐	*Pittosporum balansae* var. *angustifolium* Gagnep.	LC	
5267. 短萼海桐	*Pittosporum brevicalyx* (Oliv.) Gagnep.	LC	
5268. 褐毛海桐★	*Pittosporum fulvipilosum* Hung T. Chang & S. Z. Yan	VU	A3cd
5269. 光叶海桐	*Pittosporum glabratum* Lindl.	LC	
5270. 狭叶海桐	*Pittosporum glabratum* var. *neriifolium* Rehder & E.H. Wilson	LC	
5271. 海金子	*Pittosporum illicioides* Makino	LC	
5272. 薄萼海桐	*Pittosporum leptosepalum* Gowda	LC	
5273. 少花海桐	*Pittosporum pauciflorum* Hook. & Arn.	LC	
5274. 长果海桐★	*Pittosporum pauciflorum* var. *oblongum* Hung T. Chang & S. Z. Yan	LC	
5275. 台琼海桐	*Pittosporum pentandrum* (Blanco) Merr. var. *formosanum* (Hayata) Zhi Y. Zhang & Turland	LC	
5276. 缝线海桐	*Pittosporum perryanum* Gowda	LC	
5277. 线叶柄果海桐	*Pittosporum podocarpum* Gagnep. var. *angustatum* Gowda	DD	
5278. 海桐	*Pittosporum tobira* (Thunb.) W. T. Aiton	LC	

中文名	拉丁学名	等级	等级注解
五加科 Araliaceae			
5279. 野楤头	*Aralia armata*（Wall.）Seem.	LC	
5280. 黄毛楤木	*Aralia chinensis* L.	LC	
5281. 头序楤木	*Aralia dasyphylla* Miq.	LC	
5282. 秀丽楤木	*Aralia debilis* J. Wen	NT	
5283. 台湾毛楤木	*Aralia decaisneana* Hance	LC	
5284. 棘茎楤木	*Aralia echinocaulis* Hand.-Mazz.	LC	
5285. 楤木	*Aralia elata*（Miq.）Seem.	LC	
5286. 虎刺楤木	*Aralia finlaysoniana*（Wall. ex G. Don）Seem.	LC	
5287. 长刺楤木	*Aralia spinifolia* Merr.	LC	
5288. 波缘楤木	*Aralia undulata* Hand.-Mazz.	NT	
5289. 锈毛罗伞	*Brassaiopsis ferruginea*（H. L. Li）C. N. Hoo	LC	
5290. 罗伞	*Brassaiopsis glomerulata*（Blume）Regel	LC	
5291. 茂名罗伞★	*Brassaiopsis moumingensis*（Y. R. Ling）C. B. Shang	DD	
5292. 三叶罗伞	*Brassaiopsis tripteris*（H. Lév.）Rehder	LC	
5293. 双室树参	*Dendropanax bilocularis* C. N. Ho	LC	
5294. 挤果树参	*Dendropanax confertus* H. L. Li	LC	
5295. 树参	*Dendropanax dentiger*（Harms）Merr.	LC	
5296. 海南树参	*Dendropanax hainanensis*（Merr. & Chun）Chun	LC	
5297. 广西树参	*Dendropanax kwangsiensis* H. L. Li	LC	
5298. 长萼树参★	*Dendropanax productus* H. L. Li	NT	
5299. 变叶树参	*Dendropanax proteus*（Champ. ex Benth.）Benth.	LC	
5300. 藤五加	*Eleutherococcus leucorrhizus* Oliv.	LC	
5301. 糙叶藤五加	*Eleutherococcus leucorrhizus* var. *fulvescens*（Harms & Rehder）Nakai	LC	
5302. 狭叶藤五加	*Eleutherococcus leucorrhizus* var. *scaberulus*（Harms & Rehder）Nakai	LC	
5303. 细柱五加	*Eleutherococcus nodiflorus*（Dunn）S. Y. Hu	LC	
5304. 刚毛白簕	*Eleutherococcus setosus*（H. L. Li）Y. R. Ling	LC	
5305. 白簕	*Eleutherococcus trifoliatus*（L.）S. Y. Hu	LC	
5306. 吴茱萸五加	*Gamblea ciliata* C. B. Clarke var. *evodiifolia*（Franch.）C. B. Shang，Lowry & Frodin	DD	

中文名	拉丁学名	等级	等级注解
5307. 常春藤	*Hedera nepalensi*s K. Koch var. *sinensis*（Tobler）Rehder	LC	
5308. 短梗幌伞枫	*Heteropanax brevipedicellatus* H. L. Li	LC	
5309. 幌伞枫	*Heteropanax fragrans*（Roxb.）Seem.	LC	
5310. 缅甸天胡荽	*Hydrocotyle hookeri*（C. B. Clarke）Craib	LC	
5311. 中华天胡荽	*Hydrocotyle hookeri* subsp. *chinensis*（Dunn ex R. H. Shan & S. L. Liou）M. F. Watson & M. L. Sheh	LC	
5312. 红马蹄草	*Hydrocotyle nepalensis* Hook.	LC	
5313. 天胡荽	*Hydrocotyle sibthorpioides* Lam.	LC	
5314. 破铜钱	*Hydrocotyle sibthorpioides* var. *batrachium*（Hance）Hand.-Mazz. ex R. H. Shan	LC	
5315. 肾叶天胡荽	*Hydrocotyle wilfordi* Maxim.	LC	
5316. 刺楸	*Kalopanax septemlobus*（Thunb.）Koidz.	LC	
5317. 短梗大参	*Macropanax rosthornii*（Harms）C. Y. Wu ex C. Ho	NT	
5318. 鹅掌藤	*Heptapleurum arboricola* Hayata	LC	
5319. 穗序鹅掌柴	*Heptapleurum delavayi* Franch.	LC	
5320. 鹅掌柴	*Heptapleurum heptaphyllum*（L.）Y. F. Deng	LC	
5321. 粉背鹅掌柴	*Heptapleurum insigne*（C. N. Ho）Lowry & G. M.Plunkett	LC	
5322. 星毛鸭脚木	*Heptapleurum minutistellatum*（Merr. ex H. L. Li）Y.F. Deng	LC	
5323. 球序鹅掌柴	*Heptapleurum pauciflorum*（R. Vig.）Y. F. Deng	LC	
5324. 通脱木	*Tetrapanax papyrifer*（Hook.）K. Koch	NT	
伞形科 Apiaceae			
5325. 重齿当归	*Angelica biserrata*（R. H. Shan & C. Q. Yuan）C. Q. Yuan & R. H. Shan	DD	
5326. 紫花前胡	*Angelica decursiva*（Miq.）Franch. & Sav.	LC	
5327. 竹叶柴胡	*Bupleurum marginatum* Wall. ex DC.	LC	
5328. 积雪草	*Centella asiatica*（L.）Urb.	LC	
5329. 蛇床	*Cnidium monnieri*（L.）Cusson	LC	
5330. 鸭儿芹	*Cryptotaenia japonica* Hassk.	LC	
5331. 珊瑚菜	*Glehnia littoralis* F. Schmidt ex Miq.	CR	A2c+3cd；C2a（ii）
5332. 白苞芹	*Nothosmyrnium japonicum* Miq.	LC	
5333. 川白苞芹	*Nothosmyrnium japonicum* var. *sutchuenense* H. Boissieu	DD	

中文名	拉丁学名	等级	等级注解
5334. 短辐水芹	*Oenanthe benghalensis*（Roxb.）Kurz	LC	
5335. 水芹	*Oenanthe javanica*（Blume）DC.	LC	
5336. 卵叶水芹	*Oenanthe javanica* subsp. *rosthornii*（Diels）F. T. Pu	LC	
5337. 线叶水芹	*Oenanthe linearis* Wall. ex DC.	LC	
5338. 多裂叶水芹	*Oenanthe thomsonii* C. B. Clarke	LC	
5339. 隔山香	*Ostericum citriodorum*（Hance）C. Q. Yuan & R. H.Shan	DD	
5340. 台湾前胡	*Peucedanum formosanum* Hayata	LC	
5341. 华中前胡	*Peucedanum medicum* Dunn	LC	
5342. 前胡	*Peucedanum praeruptorum* Dunn	LC	
5343. 杏叶茴芹	*Pimpinella candolleana* Wight & Arn.	LC	
5344. 异叶茴芹	*Pimpinella diversifolia* DC.	LC	
5345. 膜蕨囊瓣芹	*Pternopetalum trichomanifolium*（Franch.）Hand.-Mazz.	LC	
5346. 裸茎囊瓣芹	*Pternopetalum nudicaule*（H. Boissieu）Hand.-Mazz.	LC	
5347. 薄片变豆菜	*Sanicula lamelligera* Hance	LC	
5348. 直刺变豆菜	*Sanicula orthacantha* S. Moore	LC	
5349. 小窃衣	*Torilis japonica*（Houtt.）DC.	LC	
5350. 窃衣	*Torilis scabra*（Thunb.）DC.	LC	

附录 广东非本土野生维管植物名录

（注：■表示栽培种;▲表示归化或入侵种）

中文名	拉丁学名
石松类和蕨类植物	
槐叶蘋科 Salviniaceae	
1. 细叶满江红▲	*Azolla filiculoides* Lam.
2. 人厌槐叶蘋▲	*Salvinia molesta* D. S. Mitch.
桫椤科 Cyatheaceae	
3. 笔筒树■	*Sphaeropteris lepifera*（J. Sm. ex Hook.）R. M. Tryon
凤尾蕨科 Pteridaceae	
4. 粉叶蕨■	*Pityrogramma calomelanos*（L.）Link
水龙骨科 Polypodiaceae	
5. 二歧鹿角蕨■	*Platycerium bifurcatum*（Cav.）C. Chr.
裸子植物	
苏铁科 Cycadaceae	
6. 葫芦苏铁■	*Cycas changjiangensis* N. Liu
7. 德保苏铁■	*Cycas debaoensis* Y. C. Zhong & C. J. Chen
8. 闽粤苏铁■	*Cycas taiwaniana* Carruth.
9. 爪哇苏铁■	*Cycas javana*（Miq.）de Lanb.
10. 澳洲苏铁■	*Cycas media* R. Br.
11. 叉叶苏铁■	*Cycas micholitzii* Dyer
12. 篦齿苏铁■	*Cycas pectinata* Buch.-Ham.
13. 苏铁■	*Cycas revoluta* Thunb.
14. 南盘江苏铁■	*Cycas szechuanensis* W. C. Cheng & L. K. Fu
15. 刺叶非洲铁■	*Encephalartos ferox* Bertol. f.
16. 泽米苏铁■	*Zamia furfuracea* Aiton
17. 雪松■	*Cedrus deodara*（Roxb.）G. Don
18. 加勒比松■	*Pinus caribaea* Morelet
19. 巴哈马加勒比松■	*Pinus caribaea* var. *bahamensis*（Griseb.）W. H. G. Barrett & Golfari

续表

中文名	拉丁学名
20. 洪都拉斯加勒比松■	*Pinus caribaea* var. *hondurensis*（Sénécl.）W. H. G. Barrett & Golfari
21. 湿地松■	*Pinus elliotii* Engelm.
22. 日本五针松■	*Pinus parviflora* Siebold & Zucc.
23. 火炬松■	*Pinus taeda* L.
24. 热带松■	*Pinus tropicalis* Morelet
25. 金钱松■	*Pseudolarix amabilis*（J. Nelson）Rehder
26. 贝壳杉■	*Agathis dammara*（Lamb.）Rich. & A. Rich.
27. 大叶南洋杉■	*Araucaria bidwillii* Hook.
28. 南洋杉■	*Araucaria cunninghamii* Aiton ex D. Don
29. 异叶南洋杉■	*Araucaria heterophylla*（Salilsb.）Franco
罗汉松科 Podocarpaceae	
30. 陆均松■	*Dacrydium pectinatum* de Laub.
31. 柱冠罗汉松■	*Podocarpus macrophyllus*（Thunb.）Sweet var. *chingii* N. E. Gray
32. 小叶罗汉松■	*Podocarpus wangii* C. C. Chang
柏科 Cupressaceae	
33. 弯垂柏松■	*Callitris cupressiformis* D. Don ex Loudon
34. 柏松■	*Callitris robusta* R. Br. ex Mirb.
35. 台湾翠柏■	*Calocedrus macrolepis* Kurz var. *formosana*（Florin）W. C. Cheng & L. K. Fu
36. 日本扁柏■	*Chamaecyparis obtusa*（Siebold & Zucc.）Endl.
37. 日本花柏■	*Chamaecyparis pisifera*（Siebold & Zucc.）Endl.
38. 柳杉■	*Cryptomeria fortunei* Hooibr. ex Otto & Dietrich
39. 日本柳杉■	*Cryptomeria japonica*（Thunb. ex L. f.）D. Don
40. 圆柏■	*Juniperus chinensis* L.
41. 刺柏■	*Juniperus formosana* Hayata
42. 水杉■	*Metasequoia glyptostroboides* Hu & W. C. Cheng
43. 侧柏■	*Platycladus orientalis*（L.）Fracno
44. 落羽杉■	*Taxodium distichum*（L.）Rich.
45. 池杉■	*Taxodium distichum* var. *imbricatum*（Nutt.）Croom
被子植物	
莼菜科 Cabombaceae	
46. 竹节水松■	*Cabomba caroliniana* A. Gray

中文名	拉丁学名
47. 红水盾草▲	*Cabomba furcata* Schult. & Schult. f.
48. 芡实■	*Euryale ferox* Salib. ex K. D. Koenig & Sims
49. 萍蓬草■	*Nuphar pumila*（Timm.）DC.
50. 白睡莲■	*Nymphaea alba* L. var. *rubra* Lönnr.
51. 黄睡莲■	*Nymphaea mexicana* Zucc.
52. 蓝睡莲■	*Nymphaea nouchali* Burm. f.
53. 香睡莲■	*Nymphaea odorata* Aiton
54. 王莲■	*Victoria amazonica*（Poepp.）J. C. Sowerby
五味子科 Schisandraceae	
55. 厚皮香八角■	*Illicium ternstroemioides* A. C. Sm.
胡椒科 Piperaceae	
56. 西瓜皮■	*Peperomia argyreia*（Miq.）E. Morren
57. 钝叶豆瓣绿■	*Peperomia obtusifolia*（L.）A. Dietr.
58. 草胡椒▲	*Peperomia pellucida*（L.）Kunth
59. 蒌叶■▲	*Piper betle* L.
60. 荜拔■	*Piper longum* L.
61. 胡椒■	*Piper nigrum* L.
62. 假荜拔■	*Piper retrofractum* Vahl
马兜铃科 Aristolochiaceae	
63. 黄毛马兜铃■	*Aristolochia fulvicoma* Merr. & Chun
64. 杜衡■	*Asarum forbesii* Maxim.
肉豆蔻科 Myristicaceae	
65. 肉豆蔻■	*Myristica fragrans* Houtt.
66. 短梗肉豆蔻■	*Myristica guatteriaefolia* A. DC.
木兰科 Magnoliaceae	
67. 日本厚朴■	*Houpoëa obovata*（Thunb.）N. H. Xia & C. Y. Wu
68. 厚朴■	*Houpoëa officinalis*（Rehder & E. H. Wilson）N. H. Xia & C. Y. Wu
69. 夜香木兰■	*Lirianthe coco* N. H. Xia & C. Y. Wu
70. 大叶木兰■	*Lirianthe henryi*（Dunn）N. H. Xia & C. Y. Wu
71. 北美鹅掌楸■	*Liriodendron tulipifera* L.
72. 荷花木兰■	*Magnolia grandiflora* L.

续表

中文名	拉丁学名
73. 大叶木莲■	*Manglietia dandyi*（Gagnep.）Dandy
74. 海南木莲■	*Manglietia fordiana* Oliv. var. *hainanensis*（Dandy）N. H. Xia
75. 灰木莲■	*Manglietia glauca* Blume
76. 开甫木莲■	*Manglietia kaifui* Q. W. Zeng & X. M. Hu
77. 椭圆叶木莲■	*Manglietia oblonga* Y. W. Law，R. Z. Zhou & X. S. Qin
78. 白玉兰■	*Michelia* × *alba* DC.
79. 合果木■	*Michelia baillonii*（Pierre）Finet & Gagnep.
80. 黄兰■	*Michelia champaca* L.
81. 含笑■	*Michelia figo*（Lour.）Spreng.
82. 香子含笑■	*Michelia gioi*（A. Chev.）Sima & H. Yu
83. 石碌含笑■	*Michelia shiluensis* Chun & Y. F. Wu
84. 峨眉含笑■	*Michelia wilsonii* Finet & Gagnep.
85. 华盖木■	*Pachylarnax sinica*（Y. W. Law）N. H. Xia & C. Y. Wu
86. 云南拟单性木兰■	*Parakmeria yunnanensis* Hu
87. 二乔木兰■	*Yulania* × *soulangeana*（Soul.-Bod.）D. L. Fu
88. 紫玉兰■	*Yulania liliiflora*（Desr.）D. L. Fu
89. 宝华玉兰■	*Yulania zenii*（W. C. Cheng）D. L. Fu
番荔枝科 Annonaceae	
90. 毛叶番荔枝■	*Annona cherimolia* Mill.
91. 异叶番荔枝■	*Annona diversifolia* Saff.
92. 牛心果■	*Annona glabra* L.
93. 山地番荔枝■	*Annona montana* Macfad.
94. 刺果番荔枝■	*Annona muricata* L.
95. 牛心番荔枝■	*Annona reticulata* L.
96. 番荔枝■	*Annona squamosa* L.
97. 依兰■	*Cananga odorata*（Lamk.）Hook. f. & Thomson
98. 小依兰■	*Cananga odorata* var. *fruticosa*（Craib）J. Sinclair
99. 山蕉■	*Mitrephora macclurei* Weeras. & R. M. K. Saunders
100. 毛澄广花■	*Orophea hirsuta* King
101. 垂枝暗罗■	*Polyalthia longifolia*（Sonn.）Thwaites
102. 米糕娄林果■	*Rollinia mucosa*（Jacq.）Baill.

中文名	拉丁学名
103. 囊瓣亮花木■	*Wangia saccopetaloides*（W. T. Wang）X. Guo & R. M. K. Saunders
蜡梅科 Calycanthaceae	
104. 蜡梅■	*Chimonanthus praecox*（L.）Link
樟科 Lauraceae	
105. 油丹■	*Alseodaphne hainanensis* Merr.
106. 锡兰肉桂■	*Cinnamomum verum* J. Presl
107. 鳄梨■	*Persea americana* Mill.
天南星科 Araceae	
108. 广东万年青■	*Aglaonema modestum* Schott ex Engl.
109. 红掌■	*Anthurium andraeanum* Linden
110. 水晶花烛■	*Anthurium crystallinum* Linden & Andre
111. 掌叶花烛■	*Anthurium pedatoradiatum* Schott
112. 火鹤花■	*Anthurium scherzerianum* Schott
113. 深裂花烛■	*Anthurium variabile* Kunth
114. 五彩芋■	*Caladium bicolor*（Aiton）Vent.
115. 芋■	*Colocasia esculenta*（L.）Schott
116. 花叶万年青■	*Dieffenbachia picta*（Lodd.）Schott
117. 彩叶万年青■	*Dieffenbachia seguine*（Jacq.）Schott
118. 绿萝▲	*Epipremnum aureum*（Linden & André）G. S. Bunting
119. 龟背竹■	*Monstera deliciosa* Liebm.
120. 裂叶喜树蕉■	*Philodendron bipinnatifidum* Schott ex Endl.
121. 红苞喜林芋■	*Philodendron erubescens* C. Koch & Augustin
122. 心叶喜树蕉■	*Philodendron gloriosum* André
123. 琴叶喜树蕉■	*Philodendron panduraeforme* Kunth
124. 箭叶喜林芋■	*Philodendron sagittifolium* Liebm.
125. 鳞叶喜树蕉■	*Philodendron squamiferum* Poepp. & Endl.
126. 三裂喜林芋■	*Philodendron tripartitum*（Jacq.）Schott
127. 大藻■▲	*Pistia stratiotes* L.
128. 独角莲■	*Sauromatum giganteum*（Engl.）Cusimano & Hett.
129. 白鹤芋■	*Spathiphyllum floribundum* N. E. Br.
130. 长耳合果芋■	*Syngonium auritum*（L.）Schott

续表

中文名	拉丁学名
131. 合果芋▲	*Syngonium podophyllum* Schott
132. 无根萍■	*Wolffia globosa*（Roxb.）Hartog & Plas
133. 马蹄莲■	*Zantedeschia aethiopica*（L.）Spreng.
134. 黄花蔺■	*Limnocharis flava*（L.）Buchenau
水鳖科 Hydrocharitaceae	
135. 水蕴草■	*Egeria densa* Planch.
136. 茨藻叶水蕴草▲	*Egeria najas* Planch.
露兜树科 Pandanaceae	
137. 红刺露兜■	*Pandanus utilis* Bory
秋水仙科 Colchicaceae	
138. 春嘉兰■	*Gloriosa rothschildiana* O'Brien
139. 嘉兰■	*Gloriosa superba* L.
百合科 Liliaceae	
140. 糙茎百合■	*Lilium longiflorum* Thunb. var. *scabrum* Masam.
141. 郁金香■	*Tulipa gesneriana* L.
兰科 Orchidaceae	
142. 独占春■	*Cymbidium eburneum* Lindl.
143. 石斛■	*Dendrobium nobile* Lindl.
144. 天麻■	*Gastrodia elata* Blume
145. 卷萼兜兰■	*Paphiopedilum appletonianum*（Gower）Rolfe
146. 杏黄兜兰■	*Paphiopedilum armeniacum* S. C. Chen & F. Y. Liu
147. 同色兜兰■	*Paphiopedilum concolor*（Bateman）Pfitzer.
148. 带叶兜兰■	*Paphiopedilum hirsutissimum*（Lindl. ex Hook.）Stein
149. 硬叶兜兰■	*Paphiopedilum micranthum* Tang & F. T. Wang
150. 雪白兜兰■	*Paphiopedilum niveum*（Reichb. f.）Stein
151. 飘带兜兰■	*Paphiopedilum parishii*（Rchb. f.）Stein
152. 紫毛兜兰■	*Paphiopedilum villosum*（Lindl.）Stein
153. 火焰兰■	*Renanthera coccinea* Lour.
154. 大花万代兰■	*Vanda coerulea* Griff. ex Lindl.
鸢尾科 Iridaceae	
155. 雄黄兰■	*Crocosmia crocosmiflora*（Nichols.）N. E. Br.

中文名	拉丁学名
156. 番红花■	*Crocus sativus* L.
157. 香雪兰■	*Freesia refracta* Klatt
158. 唐菖蒲 ■	*Gladiolus* × *gandavensis* Van Houtte
159. 香根鸢尾■	*Iris pallida* Lam.
160. 黄菖蒲■	*Iris pseudacorus* L.
161. 变色鸢尾■	*Iris versicolor* L.
162. 肖鸢尾■	*Moraea iridioides* L.
163. 庭菖蒲■	*Sisyrinchium rosulatum* Bickn.
164. 南非鸢尾■	*Sparaxis grandiflora* Ker Gawl.
165. 虎皮花■	*Tigridia pavonia*（L. f.）DC.
日光兰科 Asphodelaceae	
166. 第可芦荟■	*Aloe descoingsii* Reynolds
167. 芦荟■	*Aloe vera*（L.）Burm. f.
168. 玉露■	*Haworthia obtusa* Haw.
石蒜科 Amaryllidaceae	
169. 百子莲■	*Agapanthus africanus*（L.）Hoffm.
170. 洋葱■	*Allium cepa* L.
171. 火葱■	*Allium cepa* var. *aggregatum* G. Don
172. 葱■	*Allium fistulosum* L.
173. 宽叶韭■	*Allium hookeri* Thwaites
174. 韭葱■	*Allium porrum* L.
175. 蒜■	*Allium sativum* L.
176. 韭■	*Allium tuberosum* Rottl. ex Spreng.
177. 君子兰■	*Clivia miniata* Regel
178. 垂笑君子兰■	*Clivia nobilis* Lindl.
179. 网球花■	*Haemanthus multiflorus* Martyn
180. 朱顶红■▲	*Hippeastrum rutilum*（Ker Gawl.）Herb.
181. 花朱顶红■	*Hippeastrum vittatum*（L'Hér.）Herb.
182. 水鬼蕉■	*Hymenocallis littoralis*（Jacq.）Salisb.
183. 夏雪片莲■	*Leucojum aestivum* L.
184. 水仙■	*Narcissus tazetta* L. var. *chinensis* M. Roem.

续表

中文名	拉丁学名
185. 全能花■	*Pancratium biflorum* Roxb.
186. 葱莲■▲	*Zephyranthes candida*（Lindl.）Herb.
187. 韭莲■	*Zephyranthes carinata* Herb.
天门冬科 Asparagaceae	
188. 龙舌兰■▲	*Agave americana* L.
189. 狭叶龙舌兰■	*Agave angustifolia* Haw.
190. 剑麻■	*Agave sisalana* Perrine ex Engelm.
191. 非洲天门冬■	*Asparagus densiflorus*（Kunth）Jessop
192. 文竹■	*Asparagus setaceus*（Kunth）Jessop
193. 吊兰■	*Chlorophytum comosum*（Thunb.）Jacques
194. 朱蕉■	*Cordyline fruticosa*（L.）A. Chev.
195. 长花龙血树■	*Dracaena angustifolia* Roxb.
196. 龙血树■	*Dracaena draco*（L.）L.
197. 巴西铁树■	*Dracaena fragrans*（L.）Ker Gawl.
198. 红边铁■	*Dracaena marginata* Lam.
199. 辛氏龙树■	*Dracaena sanderiana* Sander
200. 花叶沿阶草■	*Ophiopogon jaburan*（Siebold）Lodd.
201. 晚香玉■	*Polianthes tuberosa* L.
202. 假叶树■	*Ruscus aculeatus* L.
203. 圆柱虎尾兰■	*Sansevieria cylindrica* Bojer
204. 虎尾兰■	*Sansevieria trifasciata* Prain
205. 丝兰■	*Yucca flaccida* Haw.
206. 凤尾丝兰■▲	*Yucca gloriosa* L.
棕榈科 Arecaceae	
207. 香花棕■	*Allagoptera arenaria*（Gomes）Kuntze
208. 假槟榔■	*Archontophoenix alexandrae*（F. Muell.）H. Wendl. & Drude
209. 槟榔■	*Areca catechu* L.
210. 三药槟榔■	*Areca triandra* Roxb. ex Buch.-Ham.
211. 山棕■	*Arenga engleri* Becc.
212. 砂糖椰子■	*Arenga pinnata*（Wurmb）Merr.
213. 桄榔■	*Arenga westerhoutii* Griff.

中文名	拉丁学名
214. 糖棕■	*Borassus flabellifer* L.
215. 董棕■	*Caryota urens* L.
216. 琼棕■	*Chuniophoenix hainanensis* Burret
217. 散尾葵■	*Dypsis lutescens*（H. Wendl.）Beentje & J. Dransf.
218. 酒瓶椰子■	*Hyophorbe lagenicaulis*（L. H. Bailey）H. E. Moore
219. 雅致轴榈■	*Licuala pumila* Blume
220. 绵毛蒲葵■	*Livistona woodfordii* Ridl.
221. 霸王棕■	*Medemia nobilis*（Hildebrandt & H. Wendl.）Drude
222. 黑榈■	*Normanbya normanbyi*（W. Hill）L. H. Bailey
223. 无茎刺葵■	*Phoenix acaulis* Roxb.
224. 加那利刺葵■	*Phoenix canariensis* Chabaud
225. 海枣■	*Phoenix dactylifera* L. L
226. 软叶刺葵■	*Phoenix roebelenii* O'Brien
227. 银海枣■	*Phoenix sylvestris*（L.）Roxb.
228. 菜王棕■	*Roystonea oleracea*（Jacq.）O. F. Cook
229. 王棕■	*Roystonea regia*（Kunth）O. F. Cook
230. 小箬棕■	*Sabal minor*（Jacq.）Pers.
231. 箬棕■	*Sabal palmetto*（Walter）Lodd. ex Schult. & Schult. f.
232. 金山葵■	*Syagrus romanzoffiana*（Cham.）Glassm.
233. 毛华盛顿葵■	*Washingtonia filifera*（Linden ex André）H. Wendl. ex de Bary
234. 华盛顿棕■	*Washingtonia robusta* H. Wendl.
235. 狐尾椰子■	*Wodyetia bifurcata* A. K. Irvine
鸭跖草科 Commelinaceae	
236. 洋竹草■▲	*Callisia repens*（Jacq.）L.
237. 紫鸭蹠草■	*Setcreasea purpurea* Boom
238. 紫万年青■▲	*Tradescantia spathacea* Sw.
239. 吊竹梅■	*Tradescantia zebrina* Heynh. ex Bosse
花水藓科 Mayacaceae	
240. 花水藓▲	*Mayaca fluviatilis* Aubl.
雨久花科 Pontederiaceae	
241. 凤眼蓝■▲	*Eichhornia crassipes*（Mart.）Solms

续表

中文名	拉丁学名
鹤望兰科 Strelitziaceae	
242. 旅人蕉■	*Ravenala madagascariensis* Sonn.
243. 大鹤望兰■	*Strelitzia nicolai* Regel & Körn.
244. 鹤望兰■	*Strelitzia reginae* Aiton.
蝎尾蕉科 Heliconiaceae	
245. 艳红赫蕉■	*Heliconia bihai*（L.）L.
246. 红鸟蕉■	*Heliconia psittacorum* L. f.
247. 金鸟赫蕉■	*Heliconia rostrata* Ruiz & Pav.
248. 艳黄鸟赫蕉■	*Heliconia wagneriana* Petersen
芭蕉科 Musaceae	
249. 大蕉■	*Musa × paradisiaca* L.
250. 香蕉■	*Musa acuminata* Colla
251. 芭蕉■	*Musa basjoo* Siebold & Zucc. ex Iinuma
252. 红蕉■	*Musa coccinea* Andrews
253. 蕉麻■	*Musa textilis* Née
254. 地涌金莲■	*Musella lasiocarpa*（Franch.）C. Y. Wu ex H. W. Li
美人蕉科 Cannaceae	
255. 蕉芋■▲	*Canna edulis* Ker Gawl.
256. 柔瓣美人蕉■	*Canna flaccida* Salisb.
257. 粉美人蕉■	*Canna glauca* L.
258. 美人蕉■▲	*Canna indica* L.
259. 黄花美人蕉■	*Canna indica* var. *flava*（Roscoe）Roscoe ex Baker
260. 兰花美人蕉■	*Canna orchioides* L. H. Bailey
261. 紫叶美人蕉■	*Canna warscewiezii* A. Dietr.
竹芋科 Marantaceae	
262. 肖竹芋■	*Calathea ornata*（Lindl.）Körn.
263. 绒叶肖竹芋■	*Calathea zebrina*（Sims）Lindl.
264. 小叶紫背竹芋■	*Ctenanthe kummeria* Eichler
265. 竹芋■	*Maranta arundinacea* L.
266. 花叶竹芋■	*Maranta bicolor* Ker Gawl.
267. 红背竹芋■	*Stromanthe sanguinea* Sond.

续表

中文名	拉丁学名
268. 水竹芋■▲	*Thalia dealbata* Fraser ex Roscoe
闭鞘姜科 Costaceae	
269. 爪哇白豆蔻■	*Amomum compactum* Sol. ex Maton
270. 砂仁■	*Amomum villosum* Lour.
271. 姜黄■	*Curcuma longa* L.
272. 火炬姜■	*Etlingera elatior*（Jack）R. M. Sm.
273. 姜花■	*Hedychium coronarium* J. Koenig.
274. 山奈■	*Kaempferia galanga* L.
275. 花叶山奈■	*Kaempferia pulchra* Ridl.
276. 姜■	*Zingiber officinale* Roscoe
凤梨科 Bromeliaceae	
277. 菠萝■	*Ananas comosus*（L.）Merr.
278. 垂花水塔花■	*Billbergia nutans* H. Wendl. ex Regel
279. 水塔花■	*Billbergia pyramidalis*（Sims）Lindl.
莎草科 Cyperaceae	
280. 高秆莎草■	*Cyperus exaltatus* Retz.
281. 风车草■▲	*Cyperus involucratus* Rottb.
282. 断节莎▲	*Cyperus odoratus* L.
283. 纸莎草■▲	*Cyperus papyrus* L.
284. 香附子▲	*Cyperus rotundus* L.
285. 苏里南莎草■▲	*Cyperus surinamensis* Rottb.
禾本科 Poaceae	
286. 地毯草■▲	*Axonopus compressus*（Sw.）P. Beauv.
287. 花竹■	*Bambusa albolineata* L. C. Chia
288. 箣竹■	*Bambusa blumeana* Schult. & Schult. f.
289. 妈竹■	*Bambusa boniopsis* McClure
290. 破篾黄竹■	*Bambusa contracta* L. C. Chia & H. L. Fung
291. 东兴黄竹■	*Bambusa corniculata* L. C. Chia & H. L. Fung
292. 吊罗坭竹■	*Bambusa diaoluoshanensis* L. C. Chia & H. L. Fung
293. 白节箣竹■	*Bambusa dissimulator* McClure var. *albinodia* McClure
294. 毛箣竹■	*Bambusa dissimulator* var. *hispida* McClure

续表

中文名	拉丁学名
295. 料慈竹■	*Bambusa distegia*（Keng & Keng f.）L. C. Chia & H. L. Fung
296. 大眼竹■	*Bambusa eutuldoides* McClure
297. 银丝大眼竹■	*Bambusa eutuldoides* var. *basistriata* McClure
298. 青丝黄竹■	*Bambusa eutuldoides* var. *viridivittata*（W. T. Lin）L. C. Chia
299. 鱼肚腩竹■	*Bambusa gibboides* W. T. Lin
300. 花眉竹■	*Bambusa longispiculata* Gamble ex Brandis
301. 观音竹■	*Bambusa multiplex*（Lour.）Raeusch. ex Schult. & Schult. f. var. *riviereorum* R. Maire
302. 石角竹■	*Bambusa multiplex* var. *shimadae*（Hayata）Sasaki
303. 米筛竹■	*Bambusa pachinensis* Hayata
304. 长毛米筛竹■	*Bambusa pachinensis* var. *hirsutissima*（Odash.）W. C. Lin
305. 硬头黄竹■	*Bambusa rigida* Keng & Keng f.
306. 车筒竹■	*Bambusa sinospinosa* McClure
307. 锦竹■	*Bambusa subaequalis* H. L. Fung & C. Y. Sia
308. 青皮竹■	*Bambusa textilis* McClure
309. 光秆青皮竹■	*Bambusa textilis* var. *glabra* McClure
310. 崖州竹■	*Bambusa textilis* var. *gracilis* McClure
311. 吊丝箪竹■	*Bambusa variostriata*（W. T. Lin）L. C. Chia & H. L. Fung
312. 佛肚竹■	*Bambusa ventricosa* McClure
313. 龙头竹■	*Bambusa vulgaris* Schrader ex J. C. Wendl.
314. 黄金间碧竹■	*Bambusa vulgaris* f. *vittata*（Rivière & C. Rivière）T. P. Yi
315. 大佛肚竹■	*Bambusa vulgaris* f. *waminii* T. H. Wen
316. 格兰马草■	*Bouteloua gracilis*（Kunth）Lag. ex Grffiths
317. 巴拉草■▲	*Brachiaria mutica*（Forssk.）Stapf
318. 扁穗雀麦■▲	*Bromus catharticus* Vahl
319. 雀麦▲	*Bromus japonicus* Houtt.
320. 旱雀麦■	*Bromus tectorum* L.
321. 蒺藜草▲	*Cenchrus echinatus* L.
322. 光梗蒺藜草■	*Cenchrus incertus* M. A. Curtis
323. 非洲虎尾草■▲	*Chloris gayana* Kunth
324. 虎尾草▲	*Chloris virgata* Sw.
325. 香根草▲	*Chrysopogon zizanioides*（Linnaeus）Roberty

中文名	拉丁学名
326. 香茅■	*Cymbopogon citratus*（DC.）Stapf
327. 亚香茅■	*Cymbopogon nardus*（L.）Rendle
328. 高舌竹■	*Dendrocalamus asper*（Schult. & Schult. f.）Backer ex K. Heyne
329. 椅子竹■	*Dendrocalamus bambusoides* J. R. Xue & D. Z. Li
330. 小叶龙竹■	*Dendrocalamus barbatus* Hsueh & D. Z. Li
331. 毛脚龙竹■	*Dendrocalamus barbatus* var. *internodiradicatus* J. R. Xue & D. Z. Li
332. 勃氏甜龙竹■	*Dendrocalamus brandisii*（Munro）Kurz
333. 大叶慈■	*Dendrocalamus farinosus*（Keng & Keng f.）L. C. Chia & H. L. Fung
334. 黄竹■	*Dendrocalamus membranaceus* Munro
335. 船竹■	*Dendrocalamus ovatus* N. H. Xia & L. C. Chia
336. 粉麻竹■	*Dendrocalamus pulverulentus* L. C. Chia & P. But
337. 花吊丝竹■	*Dendrocalamus pulverulentus* var. *amoenus*（Q. H. Dai & C. F. Huang）N. H. Xia
338. 歪脚龙竹■	*Dendrocalamus sinicus* L. C. Chia & J. L. Sun
339. 牡竹■	*Dendrocalamus strictus*（Roxb.）Nees
340. 穇■	*Eleusine coracana*（L.）Gaertn.
341. 弯叶画眉草■	*Eragrostis curvula*（Schrad.）Nees
342. 类蜀黍▲	*Euchlaena mexicana* Schrad.
343. 苇状羊茅■	*Festuca arundinacea* Schreb.
344. 大麦■	*Hordeum vulgare* L.
345. 梨竹■	*Melocanna humilis* Kurz
346. 多花黑麦草■▲	*Lolium multiflorum* Lam.
347. 黑麦草■▲	*Lolium perenne* L.
348. 毒麦■▲	*Lolium temulentum* L.
349. 糖蜜草■▲	*Melinis minutiflora* P. Beauv.
350. 红毛草■▲	*Melinis repens*（Willd.）Zizka
351. 稻■	*Oryza sativa* L.
352. 洋野黍■	*Panicum dichotomiflorum* Michx.
353. 大黍■▲	*Panicum maximum* Jacq.
354. 稷■	*Panicum miliaceum* L.
355. 铺地黍■▲	*Panicum repens* L.
356. 两耳草■▲	*Paspalum conjugatum* P. J. Bergius.

续表

中文名	拉丁学名
357. 毛花雀稗■▲	*Paspalum dilatatum* Poir.
358. 双穗雀稗▲	*Paspalum distichum* L.
359. 百喜草▲	*Paspalum notatum* Flüggé
360. 丝毛雀稗■▲	*Paspalum urvillei* Steud.
361. 铺地狼尾草■▲	*Pennisetum clandestinum* Hochst. ex Chiov.
362. 牧地狼尾草■▲	*Pennisetum polystachion*（L.）Schult.
363. 象草■▲	*Pennisetum purpureum* Schumach.
364. 加那利虉草■	*Phalaris canariensis* L.
365. 丝带草■	*Phalaris canariensis* var. *picta* L.
366. 毛金竹■	*Phyllostachys nigra*（Lodd. ex Lindl.）Munro var. *henonis*（Mitford）Stapf ex Rendle
367. 红边竹■	*Phyllostachys rubromarginata* McClure
368. 大明竹■	*Pleioblastus gramineus*（Bean）Nakai
369. 单序草■	*Polytrias indica*（Hout.）Vedkamp
370. 甘蔗■	*Saccharum officinarum* L.
371. 竹蔗■	*Saccharum sinense* Roxb.
372. 粟■	*Setaria italica*（L.）P. Beauv.
373. 棕叶狗尾草■▲	*Setaria palmifolia*（J. Koenig）Stapf
374. 狗尾草▲	*Setaria viridis*（L.）P. Beauv
375. 高粱■	*Sorghum bicolor*（L.）Moench
376. 石茅■▲	*Sorghum halepense*（L.）Pers.
377. 苏丹草■	*Sorghum sudanense*（Piper）Stapf
378. 互花米草■▲	*Spartina alterniflora* Loisel.
379. 大米草■▲	*Spartina anglica* C. E. Hubb.
380. 光钝叶草■	*Stenotaphrum dimidiatum*（L.）Brongn.
381. 小麦■	*Triticum aestivum* L.
382. 信号草■	*Urochloa brizantha*（Hochst. ex A. Rich）R. D. Webster
383. 玉蜀黍■	*Zea mays* L.
罂粟科 Papaveraceae	
384. 蓟罂粟■▲	*Argemone mexicana* L.
385. 虞美人■	*Papaver rhoeas* L.

中文名	拉丁学名
防己科 Menispermaceae	
386. 波叶青牛胆■	*Tinospora crispa*（L.）Hook. f. & Thomson
小檗科 Berberidaceae	
387. 十大功劳■	*Mahonia fortunei*（Lindl.）Fedde
388. 台湾十大功劳■	*Mahonia japonica*（Thunb.）DC.
毛茛科 Ranunculaceae	
389. 重瓣铁线莲■	*Clematis florida* Thunb. var. *plena* D. Don
390. 飞燕草■▲	*Consolida ajacis*（L.）Schur
391. 芍药■	*Paeonia lactiflora* Pall.
392. 牡丹■	*Paeonia suffruticosa* Andrews
莲科 Nelumbonaceae	
393. 莲■	*Nelumbo nucifera* Gaertn.
悬铃木科 Platanaceae	
394. 悬铃木■	*Platanus × acerifolia*（Aiton）Willd
山龙眼科 Proteaceae	
395. 银桦■	*Grevillea robusta* A. Cunn. ex R. Br.
396. 澳洲坚果■	*Macadamia integrifolia* Maiden & Betche
397. 四叶澳洲坚果■	*Macadamia tetraphylla* L. A. S. Johnson
五桠果科 Dilleniaceae	
398. 五室第伦桃■	*Dillenia pentagyna* Roxb.
金缕梅科 Hamamelidaceae	
399. 红花檵木■	*Loropetalum chinense*（R. Br.）Oliv. var. *rubrum* Yieh
景天科 Crassulaceae	
400. 棒叶落地生根■▲	*Bryophyllum delagoense*（Eckl. & Zeyh.）Schinz
401. 落地生根■▲	*Bryophyllum pinnatum*（Lam.）Oken
402. 燕子掌■	*Crassula portulacea* Lam.
403. 月影■	*Echeveria elegans* Rose
404. 长寿花■	*Kalanchoe blossfeldiana* Poelln.
405. 大叶落地生根▲	*Kalanchoe daigremontiana* Raym.-Hamet & H. Perrier
406. 趣蝶莲■	*Kalanchoe synsepala* Baker
407. 八宝■	*Sedum erythrostictum* Miq.

续表

中文名	拉丁学名
408. 羊角景天■	*Sedum morganianum* Walth.
小二仙草科 Haloragidaceae	
409. 粉绿狐尾藻■	*Myriophyllum aquaticum*（Vell.）Verdc.
410. 异叶狐尾藻■	*Myriophyllum heterophyllum* Michaux
葡萄科 Vitaceae	
411. 翡翠阁■	*Cissus quadrangula* L.
412. 五叶地锦■▲	*Parthenocissus quinquefolia*（L.）Planch.
413. 秋葡萄■	*Vitis romaneti* Roman du Caill.
414. 葡萄■	*Vitis vinifera* L.
蒺藜科 Zygophyllaceae	
415. 蒺藜■	*Tribulus terrestris* L.
豆科 Fabaceae	
416. 大叶相思■	*Acacia auriculiformis* A. Cunn. ex Benth.
417. 儿茶■	*Acacia catechu*（L. f.）Willd.
418. 台湾相思■▲	*Acacia confusa* Merr.
419. 银荆■▲	*Acacia dealbata* Link
420. 线叶金合欢■▲	*Acacia decurrens* Willd.
421. 金合欢■▲	*Acacia farnesiana*（L.）Willd.
422. 灰合欢■	*Acacia glauca*（L.）Moench
423. 长叶相思树▲	*Acacia longifolia*（Andrews）Willd.
424. 马占相思■	*Acacia mangium* Willd.
425. 黑荆■	*Acacia mearnsii* De Wild.
426. 银叶金合欢■	*Acacia podalyriifolia* A. Cunn. ex G. Don
427. 美洲合萌■▲	*Aeschynomene americana* L.
428. 缅茄■	*Afzelia xylocarpa*（Kurz）Craib
429. 阔荚合欢▲	*Albizia lebbeck*（L.）Benth.
430. 紫穗槐■	*Amorpha fruticosa* L.
431. 蔓花生■	*Arachis duranensis* Krapov. & W. C. Greg.
432. 落花生■	*Arachis hypogaea* L.
433. 红花羊蹄甲■	*Bauhinia × blakeana* Dunn
434. 羊蹄甲■	*Bauhinia purpurea* L.

中文名	拉丁学名
435. 黄花羊蹄甲■	*Bauhinia tomentosa* L.
436. 洋紫荆■	*Bauhinia variegata* L.
437. 白花洋紫荆■	*Bauhinia variegata* var. *candida*（Aiton）Buch.-Ham.
438. 金凤花■▲	*Caesalpinia pulcherrima*（L.）Sw.
439. 木豆■▲	*Cajanus cajan*（L.）Huth
440. 朱缨花■	*Calliandra haematocephala* Hassk.
441. 小朱缨花■	*Calliandra riparia* Pittier
442. 毛蔓豆■▲	*Calopogonium mucunoides* Desv.
443. 直生刀豆■	*Canavalia ensiformis*（L.）DC.
444. 刀豆■	*Canavalia gladiata*（Jacq.）DC.
445. 腊肠树■▲	*Cassia fistula* L.
446. 节荚决明■	*Cassia javanica* L. subsp. *nodosa*（Buch.-Ham. ex Roxb.）K. Larsen & S. S. Larsen
447. 距瓣豆■▲	*Centrosema pubescens* Benth.
448. 长角豆■	*Ceratonia siliqua* L.
449. 紫荆■	*Cercis chinensis* Bunge
450. 黄山紫荆■	*Cercis chingii* Chun
451. 山扁豆■▲	*Chamaecrista mimosoides*（L.）E. Greene
452. 鹰嘴豆■	*Cicer arietinum* L.
453. 蝶豆▲	*Clitoria ternatea* L.
454. 圆叶猪屎豆▲	*Crotalaria incana* L.
455. 长果猪屎豆▲	*Crotalaria lanceolata* E. Mey.
456. 三尖叶猪屎豆■▲	*Crotalaria micans* Link
457. 狭叶猪屎豆▲	*Crotalaria ochroleuca* G. Don
458. 猪屎豆■	*Crotalaria pallida* Aiton
459. 吊裙草■	*Crotalaria retusa* L.
460. 光萼猪屎豆■▲	*Crotalaria trichotoma* Bojer
461. 降香黄檀■	*Dalbergia odorifera* T. C. Chen
462. 印度黄檀■	*Dalbergia sissoo* Roxb. ex DC.
463. 凤凰木■	*Delonix regia*（Bojer ex Hook.）Raf.
464. 合欢草■▲	*Desmanthus pernambucanus*（L.）Thell.
465. 南美山蚂蝗▲	*Desmodium tortuosum*（Sw.）DC.

续表

中文名	拉丁学名
466. 代儿茶■	*Dichrostachys cinerea*（L.）Wight & Arn
467. 象耳豆■	*Enterolobium cyclocarpum*（Jacq.）Grieseb.
468. 南非刺桐■	*Erythrina caffra* Thunb.
469. 龙牙花■▲	*Erythrina corallodendron* L.
470. 鸡冠刺桐■▲	*Erythrina crista-galli* L.
471. 纳塔尔刺桐■	*Erythrina humeana* Spreng.
472. 黑刺桐■	*Erythrina lysistemon* Hitch.
473. 塞内加尔刺桐■	*Erythrina senegalensis* DC.
474. 象牙花■	*Erythrina speciosa* Andrews
475. 刺桐■	*Erythrina variegata* L.
476. 洋楹■	*Falcataria moluccana*（Miq.）Barneby & J. W. Grimes
477. 美国皂荚■	*Gleditsia triacanthos* L.
478. 格力豆■	*Gliricidia sepium*（Jacq.）Kunth ex Walp.
479. 大豆■	*Glycine max*（L.）Merr.
480. 采木■	*Haematoxylum campechianum* L.
481. 李叶豆■	*Hymenaea courbaril* L.
482. 苏木蓝■	*Indigofera carlesii* Craib
483. 椭圆叶木蓝■	*Indigofera cassoides* Rottl. ex DC.
484. 野青树■▲	*Indigofera suffruticosa* Mill.
485. 木蓝■	*Indigofera tinctoria* L.
486. 白花印加豆■	*Inga alba*（Sw.）Willd.
487. 扁豆■▲	*Lablab purpureus*（L.）Sweet
488. 香豌豆■	*Lathyrus odoratus* L.
489. 银合欢■▲	*Leucaena leucocephala*（Lam.）de Wit
490. 罗顿豆■	*Lotononis bainesii* Baker
491. 鲁冰花■	*Lupinus polyphyllus* Lindl.
492. 紫花大翼豆■▲	*Macroptilium atropurpureum*（Moc. & Sessé ex DC.）Urb.
493. 大翼豆▲■	*Macroptilium lathyroides*（L.）Urb.
494. 褐斑苜蓿■	*Medicago arabica*（L.）Hudson
495. 南苜蓿■▲	*Medicago polymorpha* L.
496. 白花草木犀▲	*Melilotus albus* Medik.

中文名	拉丁学名
497. 印度草木犀▲	*Melilotus indicus*（L.）All.
498. 草木犀■▲	*Melilotus officinalis*（L.）Lam.
499. 光荚含羞草▲	*Mimosa bimucronata*（DC.）Kuntze
500. 巴西含羞草■▲	*Mimosa diplotricha* C. Wright ex Sauvalle
501. 无刺巴西含羞草■▲	*Mimosa diplotricha* var. *inermis*（Adelb.）Veldkamp
502. 含羞草■▲	*Mimosa pudica* L.
503. 黧豆■	*Mucuna pruriens*（L.）DC. var. *utilis*（Wall. ex Wight）Baker ex Burck
504. 假含羞草■	*Neptunia plena*（L.）Benth.
505. 链荚木■	*Ormocarpum cochinchinense*（Lour.）Merr.
506. 豆薯■	*Pachyrhizus erosus*（L.）Urb.
507. 毛鱼藤■▲	*Paraderris elliptica*（Wall.）Adema
508. 粉叶鱼藤■	*Paraderris glauca*（Merr. & Chun）T. C. Chen & Pedley
509. 异翅鱼藤■	*Paraderris malaccensis*（Benth.）Adema
510. 扁轴木■	*Parkinsonia aculeata* L.
511. 盾柱木■	*Peltophorum pterocarpum*（DC.）Backer ex K. Heyne
512. 棉豆■	*Phaseolus lunatus* L.
513. 菜豆■	*Phaseolus vulgaris* L.
514. 豌豆■	*Pisum sativum* L.
515. 牛蹄豆■	*Pithecellobium dulce*（Roxb.）Benth.
516. 牧豆树■	*Prosopis juliflora*（Sw.）DC.
517. 四棱豆■	*Psophocarpus tetragonolobus*（L.）DC.
518. 补骨脂■	*Psoralea corylifolia* L.
519. 紫檀■	*Pterocarpus indicus* Willd.
520. 刺槐■▲	*Robinia pseudoacacia* L.
521. 翅荚决明■▲	*Senna alata*（L.）Roxb.
522. 双荚决胡■	*Senna bicapsularis*（L.）Roxb.
523. 长穗决明■	*Senna didymobotrya*（Fresen.）H. S. Irwin & Barneby
524. 大叶决明■▲	*Senna fruticosa*（Mill.）H. S. Irwin & Barneby
525. 毛荚决明■▲	*Senna hirsuta*（L.）H. S. Irwin & Barneby
526. 密叶决明■	*Senna multijuga*（Rich.）H. S. Irwin & Barneby
527. 望江南■▲	*Senna occidentalis*（L.）Link

续表

中文名	拉丁学名
528. 光叶决明■▲	*Senna septemtrionalis*（Viviani）H. S. Irwin & Barneby
529. 铁刀木■	*Senna siamea*（Lam.）H. S. Irwin & Barneby
530. 槐叶决明■▲	*Senna sophera*（L.）Roxb.
531. 美丽决明■	*Senna spectabilis*（DC.）H. S. Irwin & Barneby
532. 粉叶决明■	*Senna sulfurea*（Colladon）H. S. Irwin & Barneby
533. 黄槐决明■▲	*Senna surattensis*（Burm. f.）H. S. Irwin & Barneby
534. 决明▲	*Senna tora*（L.）Roxb.
535. 田菁■▲	*Sesbania cannabina*（Retz.）Poir.
536. 刺田菁▲	*Sesbania bispinosa*（Jacq.）W. Wight
537. 大花田菁■▲	*Sesbania grandiflora*（L.）Pers.
538. 印度田菁■▲	*Sesbania sesban*（L.）Merr.
539. 东京油楠■	*Sindora tonkinensis* A. Chev. ex K. Larsen & S. S. Larsen
540. 苦参■	*Sophora flavescens* Aiton
541. 槐■	*Styphnolobium japonicum*（L.）Schott
542. 圭亚那笔花豆■▲	*Stylosanthes guianensis*（Aubl.）Sw.
543. 酸豆■▲	*Tamarindus indica* L.
544. 白灰毛豆■▲	*Tephrosia candida* DC.
545. 西非灰毛豆■	*Tephrosia vogelii* Hook. f.
546. 埃及车轴草■	*Trifolium alexandrinum* L.
547. 草原车轴草■	*Trifolium campestre* Schreb.
548. 绛车轴草■▲	*Trifolium incarnatum* L.
549. 红车轴草■	*Trifolium pratense* L.
550. 白车轴草■▲	*Trifolium repens* L.
551. 蚕豆■	*Vicia faba* L.
552. 救荒野豌豆■	*Vicia sativa* L.
553. 四籽野豌豆■	*Vicia tetrasperma*（L.）Schreb.
554. 长柔毛野豌豆▲	*Vicia villosa* Roth
555. 欧洲苕子■	*Vicia villosa* subsp. *varia*（Host）Corb.
556. 赤豆■	*Vigna angularis*（Willd.）Ohwi & H. Ohashi
557. 绿豆■	*Vigna radiata*（L.）R. Wilczek
558. 赤小豆■	*Vigna umbellata*（Thunb.）Ohwi & H. Ohashi

中文名	拉丁学名
559. 豇豆■	*Vigna unguiculata*（L.）Walp.
560. 短豇豆■	*Vigna unguiculata* subsp. *cylindrica*（L.）Verdc.
561. 长豇豆■	*Vigna unguiculata* subsp. *sesquipedalis*（L.）Verdc.
562. 紫藤■	*Wisteria sinensis*（Sims）Sweet
远志科 Polygalaceae	
563. 圆锥花远志■	*Polygala paniculata* L.
蔷薇科 Rosaceae	
564. 桃■	*Amygdalus persica* L.
565. 梅■	*Armeniaca mume* Siebold
566. 木瓜■	*Chaenomeles sinensis*（Thouin）Koehne
567. 枇杷■	*Eriobotrya japonica*（Thunb.）Lindl.
568. 草莓■	*Fragaria* × *ananassa* Duchesne ex Rozier
569. 杏■	*Prunus armeniaca* Lam.
570. 红叶李■	*Prunus cerasifera* Ehrh. f. *atropurpurea* Rehder
571. 李■	*Prunus salicina* Lindl.
572. 沙梨■	*Pyrus pyrifolia*（Burm. f.）Nakai
573. 百叶蔷薇■	*Rosa centifolia* L.
574. 月季花■	*Rosa chinensis* Jacq.
575. 重瓣广东蔷薇■	*Rosa kwangtungensis* T. T. Yu & H. T. Tsai var. *plena* T. T. Yu & T. C. Ku
576. 玫瑰■	*Rosa rugosa* Thunb.
577. 菱叶绣线菊■	*Spiraea* × *vanhouttei*（Briot）Carrière
578. 毛萼麻叶绣线菊■	*Spiraea cantoniensis* Lour. var. *pilosa* T. T. Yu
579. 李叶绣线菊■	*Spiraea prunifolia* Siebold & Zucc.
鼠李科 Rhamnaceae	
580. 麦珠子■	*Alphitonia incana*（Roxb.）Teijsm. & Binn. ex Kurz
581. 北枳椇■	*Hovenia dulcis* Thunb.
582. 苞叶木■	*Rhamnella rubrinervis*（H. Lév.）Rehder
583. 枣■	*Ziziphus jujuba* Mill.
大麻科 Cannabaceae	
584. 大麻■▲	*Cannabis sativa* L.

续表

中文名	拉丁学名
桑科 Moraceae	
585. 面包树■	*Artocarpus communis* J. R. & J. G. A. Foster
586. 波罗蜜■	*Artocarpus macrocarpus* Dancer
587. 硬皮榕■	*Ficus callosa* Willd.
588. 龙州榕■	*Ficus cardiophylla* Merr.
589. 无花果■	*Ficus carica* L.
590. 枕果榕■	*Ficus drupacea* Thunb.
591. 美丽枕果榕■	*Ficus drupacea* var. *glabrata* Corner
592. 毛果枕果榕■	*Ficus drupacea* var. *pubescens*（Roth）Corner
593. 印度胶树■	*Ficus elastica* Roxb. ex Hornem.
594. 厚叶榕■	*Ficus microcarpa* L. f. var. *crassifolia*（W. C. Shieh）J. C. Liao
595. 菩提树■	*Ficus religiosa* L.
596. 心叶榕■	*Ficus rumphii* Blume
597. 地果■	*Ficus tikoua* Bureau
598. 三角榕■	*Ficus triangularis* Warb.
599. 平塘榕■	*Ficus tuphapensis* Drake
600. 黄葛树■	*Ficus virens* Dryand.
601. 米扬■	*Streblus tonkinensis*（Dub. & Eherh.）Corner
荨麻科 Urticaceae	
602. 深裂叶号角树■	*Cecropia adenopus* Mast. ex Miq.
603. 号角树■	*Cecropia peltata* L.
604. 吐烟花■	*Pellionia repens*（Lour.）Merr.
605. 花叶冷水花■	*Pilea cadierei* Gagnep. & Guillaumin.
606. 小叶冷水花■▲	*Pilea microphylla*（L.）Liebm.
壳斗科 Fagaceae	
607. 板栗■	*Castanea mollissima* Blume
胡桃科 Juglandaceae	
608. 美国山核桃■	*Carya illinoiensis* K. Koch
609. 胡桃■	*Juglans regia* L.
木麻黄科 Casuarinaceae	
610. 细枝木麻黄■	*Casuarina cunninghamiana* Miq.

中文名	拉丁学名
611. 木麻黄■▲	*Casuarina equisetifolia* L.
612. 粗枝木麻黄■	*Casuarina glauca* Sieber ex Spreng.
613. 山地木麻黄■	*Casuarina junghuhniana* Miq.
葫芦科 Cucurbitaceae	
614. 冬瓜■	*Benincasa hispida*（Thunb.）Cogn.
615. 西瓜■	*Citrullus lanatus*（Thunb.）Matsum & Nakai
616. 甜瓜■	*Cucumis melo* L.
617. 菜瓜■	*Cucumis melo* subsp. *agrestis*（Naudin）Pangalo
618. 白瓜■	*Cucumis melo* var. *conomon*（Thunb.）Makino
619. 香瓜■	*Cucumis melo* var. *makuwa* Makino
620. 黄瓜■	*Cucumis sativus* L.
621. 南瓜■	*Cucurbita moschata* Duchesne
622. 西葫芦■	*Cucurbita pepo* L.
623. 广东丝瓜■	*Luffa acutangula*（L.）Roxb.
624. 丝瓜■	*Luffa cylindrica*（L.）M. Roem.
625. 苦瓜■▲	*Momordica charantia* L.
626. 佛手瓜■	*Sechium edule*（Jacq.）Sw.
627. 罗汉果■	*Siraitia grosvenorii*（Swingle）C. Jeffrey ex A. M. Lu & Z. Y. Zhang
628. 蛇瓜■	*Trichosanthes anguina* L.
秋海棠科 Begoniaceae	
629. 红花竹节秋海棠■	*Begonia coccinea* Hook.
630. 四季秋海棠■▲	*Begonia cucullata* Willd. var. *hookeri*（A. DC.）L. B. Sm. & B. G. Schub.
631. 竹节秋海棠■	*Begonia maculata* Raddi
632. 牛耳秋海棠■	*Begonia sanguinea* Raddi
卫矛科 Celastraceae	
633. 冬青卫矛■	*Euonymus japonicus* Thunb.
634. 白杜■	*Euonymus maackii* Rupr.
酢浆草科 Oxalidaceae	
635. 三敛■	*Averrhoa bilimbi* L.
636. 阳桃■	*Averrhoa carambola* L.
637. 红花酢浆草■▲	*Oxalis corymbosa* DC.

续表

中文名	拉丁学名
638. 宽叶酢浆草■▲	*Oxalis latifolia* Kunth
杜英科 Elaeocarpaceae	
639. 水石榕■	*Elaeocarpus hainanensis* Oliv.
640. 毛果杜英■	*Elaeocarpus rugosus* Roxb.
古柯科 Erythroxylaceae	
641. 古柯■	*Erythroxylum novogranatense*（D. Morris）Hieron.
藤黄科 Clusiaceae	
642. 莽吉柿■	*Garcinia mangostana* L.
643. 越南藤黄■	*Garcinia schefferi* Pierre
644. 菲岛福木■	*Garcinia subelliptica* Merr.
645. 大叶藤黄■	*Garcinia xanthochymus* Hook. f.
胡桐科 Calophyllaceae	
646. 铁力木■	*Mesua ferrea* L.
金丝桃科 Hypericaceae	
647. 红芽木■	*Cratoxylum formosum*（Jack）Dyer subsp. *pruniflorum*（Kurz）Gogelein
金虎尾科 Malpighiaceae	
648. 金虎尾■	*Malpighia coccigera* L.
649. 金英■	*Thryallis gracilis* Kuntze
650. 星果藤■	*Tristellateia australasiae* A. Rich.
钟花科 Achariaceae	
651. 马蛋果■	*Gynocardia odorata* Roxb.
652. 泰国大风子■	*Hydnocarpus anthelminthicus* Pierr. ex Laness.
堇菜科 Violaceae	
653. 香堇菜■	*Viola odorata* L.
654. 三色堇■	*Viola tricolor* L.
西番莲科 Passifloraceae	
655. 紫花西番莲■	*Passiflora amethystina* J. C. Mikan
656. 西番莲■▲	*Passiflora caerulea* L.
657. 洋红西番莲■	*Passiflora coccinea* Aubl.
658. 鸡蛋果■	*Passiflora edulis* Sims
659. 龙珠果■▲	*Passiflora foetida* L.

中文名	拉丁学名
660. 樟叶西番莲■	*Passiflora laurifolia* L.
661. 大果西番莲■▲	*Passiflora quadrangularis* L.
662. 南美西番莲■▲	*Passiflora suberosa* L.
杨柳科 Salicaceae	
663. 锡兰莓■	*Dovyalis hebecarpa*（Gardner）Warb.
664. 斯里兰卡天料木■	*Homalium ceylanicum*（Gardner）Benth.
665. 钻天杨■	*Populus nigra* L. var. *italica* Münchh.
666. 垂柳■	*Salix babylonica* L.
667. 银叶柳■	*Salix chienii* W. C. Cheng
668. 旱柳■	*Salix matsudana* Koidz.
669. 南川柳■	*Salix rosthornii* Seemen
大戟科 Euphorbiaceae	
670. 红穗铁苋菜■	*Acalypha hispida* Burm. f.
671. 红尾铁苋菜■	*Acalypha pendula* Wright & Griseb.
672. 红桑■▲	*Acalypha wilkesiana* Müll. Arg.
673. 海南留萼木■	*Blachia siamensis* Gagenp.
674. 蝴蝶果■	*Cleidiocarpon cavaleriei*（H. Lév.）Airy Shaw
675. 变叶木■	*Codiaeum variegatum*（L.）Rumph. ex A. Juss.
676. 月光巴豆■	*Croton moonii* Thwaites
677. 风轮桐■	*Epiprinus siletianus*（Baill.）Croizat
678. 火殃簕■▲	*Euphorbia antiquorum* L.
679. 紫锦木■	*Euphorbia cotinifolia* L.
680. 猩猩草■▲	*Euphorbia cyathophora* Murray
681. 孔雀丸■	*Euphorbia flanaganii* N. E. Br.
682. 三角火殃簕■	*Euphorbia grandidens* Haw.
683. 泽漆■	*Euphorbia helioscopia* L.
684. 白苞猩猩草■▲	*Euphorbia heterophylla* L.
685. 飞扬草▲	*Euphorbia hirta* L.
686. 通奶草■	*Euphorbia hypericifolia* L.
687. 紫斑大戟■▲	*Euphorbia hyssopifolia* L.
688. 彩春峰■	*Euphorbia lactea* Haw. f. *cristata* Hort.

续表

中文名	拉丁学名
689. 续随子■	*Euphorbia lathyris* L.
690. 斑地锦■▲	*Euphorbia maculata* L.
691. 银边翠■▲	*Euphorbia marginata* Pursh
692. 虎刺梅■	*Euphorbia milii* Des Moul.
693. 金刚纂■	*Euphorbia neriifolia* L.
694. 南欧大戟■▲	*Euphorbia peplus* L.
695. 匍匐大戟■▲	*Euphorbia prostrata* Aiton
696. 一品红■▲	*Euphorbia pulcherrima* Willd. ex Klotzch
697. 绿玉树■	*Euphorbia tirucalli* L.
698. 红背桂■	*Excoecaria cochinchinensis* Lour.
699. 橡胶树■	*Hevea brasiliensis* （Willd. ex A. Juss.）Müll. Arg.
700. 麻风树■▲	*Jatropha curcas* L.
701. 子弹枫■	*Jatropha gossypiifolia* L.
702. 卵叶珊瑚花■	*Jatropha integerrima* Jacq.
703. 珊瑚花■	*Jatropha multifida* L.
704. 佛肚树■	*Jatropha podagrica* Hook.
705. 木薯■▲	*Manihot esculenta* Crantz
706. 木薯胶■	*Manihot glaziovii* Müll. Arg.
707. 叶轮木■	*Ostodes paniculata* Blume
708. 阔叶红雀珊瑚■	*Pedilanthus latifolius* Millsp. & Britton
709. 红雀珊瑚■▲	*Pedilanthus tithymaloides* （L.）Poit.
710. 三籽桐■	*Reutealis trisperma* （Blanco）Airy Shaw
711. 蓖麻■▲	*Ricinus communis* L.
712. 齿叶乌桕■	*Shirakiopsis indica* （Willd.）Esser
713. 油桐■	*Vernicia fordii* （Hemsl.）Airy Shaw
714. 木油桐■	*Vernicia montana* Lour.
亚麻科 Linaceae	
715. 亚麻■	*Linum usitatissimum* L.
716. 石海椒■	*Reinwardtia indica* Dumort.
叶下珠科 Phyllanthaceae	
717. 茎花算盘子■	*Glochidion ramiflorum* J. R. Forst. & G. Forst.

中文名	拉丁学名
718. 苦味叶下珠■	*Phyllanthus amarus* Schumach. & Thonn.
719. 锐尖叶下珠▲	*Phyllanthus debilis* J. G. Klein ex Willd.
720. 海南叶下珠■	*Phyllanthus hainanensis* Merr.
721. 锡兰叶下珠■	*Phyllanthus myrtifolius*（Wight）Müll. Arg.
722. 珠子草▲	*Phyllanthus niruri* L.
723. 纤梗叶下珠▲	*Phyllanthus tenellus* Roxb.
724. 树仔菜■	*Sauropus androgynus*（L.）Merr.
725. 龙蜊叶■	*Sauropus spatulifolius* Beille
牻牛儿苗科 Geraniaceae	
726. 芹叶牻牛儿苗 ■	*Erodium cicutarium*（L.）L'Hér. ex Aiton
727. 野老鹳草▲	*Geranium carolinianum* L.
728. 天竺葵■	*Pelargonium* × *hortorum* L. H. Bailey
729. 香叶天竺葵■	*Pelargonium graveolens* L'Hér. ex Aiton
730. 盾叶天竺葵■	*Pelargonium peltatum*（L.）L'Hér.
使君子科 Combretaceae	
731. 马拉胶■	*Anogeissus leiocarpus*（DC.）Guill. & Perr.
732. 拉关木■	*Laguncularia racemosa*（L.）C. F. Gaertn.
733. 使君子■	*Quisqualis indica* L.
734. 阿江榄仁■	*Terminalia arjuna*（Roxb. ex DC.）Wight & Arn.
735. 诃子■	*Terminalia chebula* Retz.
736. 艳榄仁■	*Terminalia macroptera* Guill. & Perr.
737. 小叶榄仁■	*Terminalia mantaly* H. Perrier
738. 卵果榄仁■	*Terminalia muelleri* Benth.
739. 千果榄仁■	*Terminalia myriocarpa* Van Huerck & Müll. Arg.
740. 海南榄仁■	*Terminalia nigrovenulosa* Pierre
741. 毛榄仁■	*Terminalia tomentosa* Wight & Arn.
742. 香膏萼距花■▲	*Cuphea balsamona* Cham. & Schltdl.
743. 披针叶萼距花■	*Cuphea lanceolata* W. T. Aiton
744. 小瓣萼距花■	*Cuphea micropetala* Kunth
745. 八宝树■	*Duabanga grandiflora*（Roxb. ex DC.）Walp.
746. 黄薇■	*Heimia myrtifolia* Cham. & Schltdl.

中文名	拉丁学名
747. 丽薇■	*Lafoensia vandelliana* Cham. & Schltdl.
748. 散沫花■	*Lawsonia inermis* L.
749. 千屈菜■	*Lythrum salicaria* L.
750. 安石榴■	*Punica granatum* L.
751. 杯萼海桑■	*Sonneratia alba* Sm.
752. 无瓣海桑■▲	*Sonneratia apetala* Buch.-Ham.
753. 海桑■	*Sonneratia caseolaris*（L.）Engl.
754. 倒挂金钟■	*Fuchsia hybrida* Hort. ex Siebold & Voss.
755. 草龙■▲	*Ludwigia hyssopifolia*（G. Don）Exell
756. 毛草龙■	*Ludwigia octovalvis*（Jacq.）P. H. Raven
757. 丁香蓼■	*Ludwigia prostrata* Roxb.
758. 月见草■▲	*Oenothera biennis* L.
759. 海边月见草■▲	*Oenothera drummondii* Hook.
760. 裂叶月见草■▲	*Oenothera laciniata* Hill
761. 待宵草■▲	*Oenothera stricta* Ledeb. ex Link
桃金娘科 Myrtaceae	
762. 松叶红千层■	*Callistemon pinifolius* Sweet
763. 红千层■	*Callistemon rigidus* R. Br.
764. 柳叶红千层■	*Callistemon salignus* DC.
765. 串钱柳■	*Callistemon viminalis*（Sol. ex Gaertn.）G. Don
766. 白桉■	*Eucalyptus alba* Reinw. ex Blume
767. 广叶桉■	*Eucalyptus amplifolia* Naudin
768. 葡萄桉■	*Eucalyptus botryoides* Sm.
769. 赤桉■	*Eucalyptus camaldulensis* Dehnh.
770. 柠檬桉■	*Eucalyptus citriodora* Hook. f.
771. 薄皮大叶桉■	*Eucalyptus crawfordii* Maiden & Blakely
772. 常桉■	*Eucalyptus crebra* F. Muell.
773. 窿缘桉■▲	*Eucalyptus exserta* F. Muell.
774. 蓝桉■▲	*Eucalyptus globulus* Labill.
775. 大桉■	*Eucalyptus grandis* W. Hill
776. 斜脉胶桉■	*Eucalyptus kirtoniana* F. Muell.

中文名	拉丁学名
777. 二色桉■	*Eucalyptus largiflorens* F. Muell.
778. 纤脉桉■	*Eucalyptus leptophleba* F. Muell.
779. 斑皮桉■	*Eucalyptus maculata* Hook
780. 蜜味桉■	*Eucalyptus melliodora* Schauer
781. 小帽桉■	*Eucalyptus microcorys* F. Muell.
782. 圆锥花桉■	*Eucalyptus paniculata* Sm.
783. 粗皮桉■	*Eucalyptus pellita* F. Muell.
784. 阔叶桉■	*Eucalyptus platyphylla* F. Muell.
785. 斑叶桉■	*Eucalyptus punctata* DC.
786. 桉■▲	*Eucalyptus robusta* Sm.
787. 野桉■	*Eucalyptus rudis* Endl.
788. 柳叶桉■	*Eucalyptus saligna* Sm.
789. 细叶桉■	*Eucalyptus tereticornis* Sm.
790. 毛叶桉■	*Eucalyptus torelliana* F. Muell.
791. 尾叶桉■	*Eucalyptus urophylla* S. T. Blake
792. 吕宋番樱桃■	*Eugenia aherniana* C. B. Rob.
793. 红果仔■▲	*Eugenia uniflora* L.
794. 红胶木■	*Lophostemon confertus*（R. Br.）Peter. G. Wilson & J. T. Waterh.
795. 黄花红胶木■	*Lophostemon suaveolens*（Sol. ex Gaertn.）Peter. G. Wilson & J. T. Waterh.
796. 白千层■	*Melaleuca cajuputi* Powell subsp. *cumingiana*（Turz.）Barlow
797. 细花白千层■	*Melaleuca parviflora* Lindl.
798. 嘉宝果■	*Plinia cauliflora*（DC.）Kausel
799. 草莓番石榴■	*Psidium cattleyanum* Sabine
800. 番石榴■▲	*Psidium guajava* L.
801. 丁子香■	*Syzygium aromaticum*（Blume）DC.
802. 棒花蒲桃■	*Syzygium claviflorum*（Roxb.）Wall. ex Steud.
803. 蒲桃■	*Syzygium jambos*（L.）Alston
804. 洋蒲桃■	*Syzygium samarangense*（Blume）Merr. & L. M. Perry
野牡丹科 Melastomataceae	
805. 巴西光荣树■	*Pleroma semidecandrum*（Mart. & Schrank ex DC.）Triana

续表

中文名	拉丁学名
橄榄科 Burseraceae	
806. 橄榄■	*Canarium album*（Lour.）Rauesch.
807. 方榄■	*Canarium bengalense* Roxb.
808. 乌榄■	*Canarium pimela* K. D. Koenig
漆树科 Anacardiaceae	
809. 腰果■	*Anacardium occidentale* L.
810. 人面子■	*Dracontomelon duperreanum* Pierre
811. 芒果■	*Mangifera indica* L.
812. 扁桃■	*Mangifera persiciforma* C. Y. Wu & T. L. Ming
813. 肖乳香■	*Schinus terebinthifolia* Raddi
无患子科 Sapindaceae	
814. 复叶枫■	*Acer negundo* L.
815. 倒地铃■	*Cardiospermum halicacabum* L.
816. 龙眼■	*Dimocarpus longan* Lour.
817. 复羽叶栾树■	*Koelreuteria bipinnata* Franch.
818. 栾树■	*Koelreuteria paniculata* Laxm.
819. 荔枝■	*Litchi chinensis* Sonn.
820. 红毛丹■	*Nephelium lappaceum* L.
821. 无患子■	*Sapindus saponaria* L.
芸香科 Rutaceae	
822. 拟橘酒饼簕■	*Atalantia citroides* Pierre ex Guillaum
823. 来檬■	*Citrus* × *aurantifolia*（Christm.）Swingle
824. 酸橙■	*Citrus* × *aurantium* L.
825. 柠檬■	*Citrus* × *limon*（L.）Osbeck
826. 金柑■	*Citrus japonica* Thunb.
827. 柚■	*Citrus maxima*（Burm.）Merr.
828. 香橼■	*Citrus medica* L.
829. 佛手柑■	*Citrus medica* var. *sarcodactylis*（Hoola van Nootten）Swingle
830. 柑橘■	*Citrus reticulata* Blanco
831. 细叶黄皮■	*Clausena anisum-olens*（Blanco）Merr.
832. 黄皮■	*Clausena lansium*（Lour.）Skeels

中文名	拉丁学名
833. 芸香■	*Ruta graveolens* L.
834. 胡椒木■	*Zanthoxylum piperitum*（L.）DC.
835. 野花椒■	*Zanthoxylum simulans* Hance
楝科 Meliaceae	
836. 四季米仔兰■	*Aglaia duperreana* Pierre
837. 洋椿■	*Cedrela glaziovii* C. DC.
838. 非洲楝■	*Khaya senegalensis*（Desr.）A. Juss.
839. 桃花心木■	*Swietenia mahagoni*（L.）Jacq.
锦葵科 Malvaceae	
840. 咖啡黄葵■	*Abelmoschus esculentus*（L.）Moench
841. 黄葵▲	*Abelmoschus moschatus* Medik.
842. 苘麻■▲	*Abutilon theophrasti* Medik.
843. 猴面包树■	*Adansonia digitata* L.
844. 蜀葵■	*Alcea rosea* L.
845. 木棉■	*Bombax ceiba* L.
846. 金铃花■	*Callianthe picta*（Gilles ex Hook. & Arn.）Donnell
847. 吉贝■	*Ceiba pentandra*（L.）Gaertn.
848. 锯叶阿椰木■	*Colona serratifolia* Cav.
849. 黄麻■▲	*Corchorus capsularis* L.
850. 长蒴黄麻▲	*Corchorus olitorius* L.
851. 非洲芙蓉■	*Dombeya wallichii*（Lindl.）Baill.
852. 梧桐■	*Firmiana simplex*（L.）W. Wight
853. 树棉■	*Gossypium arboreum* L.
854. 钝叶树棉■	*Gossypium arboreum* var. *obtusifolium*（Roxb.）Roberty
855. 海岛棉■	*Gossypium barbadense* L.
856. 巴西海岛棉■	*Gossypium barbadense* var. *acuminatum*（Roxb. ex G. Don）Triana & Planch.
857. 草棉■	*Gossypium herbaceum* L.
858. 陆地棉■	*Gossypium hirsutum* L.
859. 椴叶扁担杆■	*Grewia tiliaefolia* Vahl
860. 火索麻■	*Helicteres isora* L.
861. 泡果苘■▲	*Herissantia crispa*（L.）Brizicky

续表

中文名	拉丁学名
862. 大麻槿■	*Hibiscus cannabinus* L.
863. 野西瓜苗▲	*Hibiscus trionum* L.
864. 黄芙蓉■	*Hibiscus hamabo* Siebold & Zucc.
865. 重瓣木芙蓉■	*Hibiscus mutabilis* L. f. *plenus* S. Y. Hu
866. 朱瑾■	*Hibiscus rosa-sinensis* L.
867. 玫瑰茄■	*Hibiscus sabdariffa* L.
868. 吊灯扶桑■	*Hibiscus schizopetalus*（Masters）Hook. f.
869. 木槿■	*Hibiscus syriacus* L.
870. 锦葵■	*Malva cathayensis* M. G. Gilbert, Y. Tang & Dorr
871. 赛葵▲	*Malvastrum coromandelianum*（L.）Gürcke
872. 红秋葵■	*Malvaviscus arboreus* Cav.
873. 垂花悬铃花■	*Malvaviscus penduliflorus* DC.
874. 轻木■	*Ochroma lagopus* Sw.
875. 瓜栗■	*Pachira aquatica* Aubl.
876. 午时花■	*Pentapetes phoenicea* L.
877. 截裂翅子树■	*Pterospermum truncatolobatum* Gagnep.
878. 黄花稔▲	*Sida acuta* Burm. f.
879. 香苹婆■	*Sterculia foetida* L.
880. 苹婆■	*Sterculia monosperma* Vent.
881. 可可■	*Theobroma cacao* L.
882. 蛇婆子▲	*Waltheria indica* L.
文定果科 Muntingiaceae	
883. 文定果▲	*Muntingia calabura* Linn.
红木科 Bixaceae	
884. 红木■	*Bixa orellana* L.
龙脑香科 Dipterocarpaceae	
885. 坡垒■	*Hopea hainanensis* Merr. & Chun
886. 青梅■	*Vatica mangachapoi* Blanco
旱金莲科 Tropaeolaceae	
887. 旱金莲■	*Tropaeolum majus* L.

中文名	拉丁学名
辣木科 Moringaceae	
888. 辣木■	*Moringa oleifera* Lam.
番木瓜科 Caricaceae	
889. 番木瓜■	*Carica papaya* L.
白花菜科 Cleomaceae	
890. 皱子白花菜■▲	*Cleome rutidosperma* DC.
891. 羊角菜■	*Gynandropsis gynandra*（L.）Briq.
892. 醉蝶花■▲	*Tarenaya hassleriana*（Chodat）Iltis
十字花科 Brassicaceae	
893. 紫菜薹■	*Brassica campestris* L. var. *purpuraria* L. H. Bailey
894. 小白菜■	*Brassica chinensis* L.
895. 芥菜■	*Brassica juncea*（L.）Czern. Rcoss
896. 芜菁甘蓝■	*Brassica napus* L. var. *napobrassica*（L.）Rchb.
897. 羽衣甘蓝■	*Brassica oleracea* L. var. *acephala* DC.
898. 白花橄榄■	*Brassica oleracea* var. *albiflora* Kuntze
899. 花椰菜■	*Brassica oleracea* var. *botrytis* L.
900. 甘蓝■	*Brassica oleracea* var. *capitata* L.
901. 芥兰头■	*Brassica oleracea* var. *gongylodes* L.
902. 绿花菜■	*Brassica oleracea* var. *italica* Plenck
903. 蔓菁■	*Brassica rapa* L.
904. 菜薹■	*Brassica rapa* var. *chinensis*（L.）Kitam.
905. 白菜■	*Brassica rapa* var. *glabra* Regel
906. 芸薹■	*Brassica rapa* var. *oleifera* DC.
907. 荠▲	*Capsella bursa-pastoris*（L.）Medik.
908. 弯曲碎米荠▲	*Cardamine flexuosa* With.
909. 臭荠▲	*Coronopus didymus*（L.）Sm.
910. 芝麻菜■	*Eruca vesicaria*（L.）Cav.
911. 北美独行菜■▲	*Lepidium virginicum* L.
912. 紫罗兰■	*Matthiola incana*（L.）W. T. Aiton
913. 豆瓣菜■▲	*Nasturtium officinale* W. T. Aiton
914. 萝卜■	*Raphanus sativus* L.

续表

中文名	拉丁学名
檀香科 Santalaceae	
915. 檀香■	*Santalum album* L.
柽柳科 Tamaricaceae	
916. 柽柳■	*Tamarix chinensis* Lour.
白花丹科 Plumbaginaceae	
917. 紫花丹■	*Plumbago indica* L.
蓼科 Polygonaceae	
918. 珊瑚藤■	*Antigonon leptopus* Hook. & Arn.
919. 荞麦■	*Fagopyrum esculentum* Moench
920. 竹节蓼■▲	*Homalocladium platycladum*（F. Muell ex Hook）Bailey
茅膏菜科 Droseraceae	
921. 捕蝇草■	*Dionaea muscipula* J. Ellis
石竹科 Caryophyllaceae	
922. 球序卷耳▲	*Cerastium glomeratum* Thuill.
923. 须苞石竹■	*Dianthus barbatus* L.
924. 大花石竹■	*Dianthus caryophyllus* L.
925. 石竹■	*Dianthus chinensis* L.
926. 日本石竹■	*Dianthus japonicus* Thunb.
927. 圆锥石头花■	*Gypsophila paniculata* L.
928. 鹅肠菜▲	*Myosoton aquaticum*（L.）Moench
929. 肥皂草■	*Saponaria officinalis* L.
930. 无瓣繁缕■▲	*Stellaria pallida*（Dumort.）Crép.
苋科 Amaranthaceae	
931. 土牛膝▲	*Achyranthes aspera* L.
932. 锦绣苋▲	*Alternanthera bettzickiana*（Regel）G. Nicholson
933. 巴西莲子草▲	*Alternanthera brasiliana*（L.）Kuntze
934. 美洲虾钳菜■▲	*Alternanthera paronychioides* A. St. Hil.
935. 喜旱莲子草▲	*Alternanthera philoxeroides*（Mart.）Griseb.
936. 刺花莲子草■▲	*Alternanthera pungens* Kunth
937. 莲子草■	*Alternanthera sessilis*（L.）R. Br. ex DC.
938. 凹头苋▲	*Amaranthus bitum* L.

续表

中文名	拉丁学名
939. 老枪谷■▲	*Amaranthus caudatus* L.
940. 繁穗苋▲	*Amaranthus cruentus* L.
941. 假刺苋▲	*Amaranthus dubius* Mart. Ex Thell.
942. 绿穗苋■▲	*Amaranthus hybridus* L.
943. 反枝苋▲	*Amaranthus retroflexus* L.
944. 刺苋▲	*Amaranthus spinosus* L.
945. 苋■▲	*Amaranthus tricolor* L.
946. 皱果苋▲	*Amaranthus viridis* L.
947. 莙荙菜■	*Beta vulgaris* L. var. *cicla* L.
948. 青葙■▲	*Celosia argentea* L.
949. 鸡冠花■	*Celosia cristata* L.
950. 藜▲	*Chenopodium album* L.
951. 小藜▲	*Chenopodium ficifolium* Sm.
952. 灰绿藜■	*Chenopodium glaucum* L.
953. 杯苋■	*Cyathula prostrata*（L.）Blume
954. 土荆芥▲	*Dysphania ambrosioides*（L.）Mosyakin & Clemants
955. 银花苋▲	*Gomphrena celosioides* Mart.
956. 千日红■	*Gomphrena globosa* L.
957. 血苋■	*Iresine herbstii* Hook
958. 扫帚菜■	*Kochia scoparia*（L.）Schrad. f. *trichophylla*（Hort.）Schinz & Thell.
959. 北美海蓬子■▲	*Salicornia bigelovii* Torr.
960. 菠菜■	*Spinacia oleracea* L.
番杏科 Aizoaceae	
961. 威帝柏根■	*Conophytum wittebergense* de Boer
962. 五十铃玉■	*Fenestraria aurantiaca* N. E. Br.
963. 丽虹玉■	*Lithops dorotheae* Nel
964. 巴里玉■	*Lithops hallii* de Boer
965. 紫勳■	*Lithops lesliei*（N. E. Br.）N. E. Br.
966. 丽春玉■	*Lithops peersii* L. Bolus
967. 番杏▲	*Tetragonia tetragonoides*（Pall.）Kuntze

续表

中文名	拉丁学名
商陆科 Phytolaccaceae	
968. 垂序商陆■▲	*Phytolacca americana* L.
数珠珊瑚科 Petiveriaceae	
969. 数珠珊瑚■	*Rivina humilis* L.
紫茉莉科 Nyctaginaceae	
970. 光叶子花■▲	*Bougainvillea glabra* Choisy
971. 叶子花■	*Bougainvillea spectabilis* Willd.
972. 紫茉莉■▲	*Mirabilis jalapa* L.
落葵科 Basellaceae	
973. 落葵薯■▲	*Anredera cordifolia*（Ten.）Steenis
974. 短序落葵薯■	*Anredera scandens*（L.）Sm.
975. 落葵■▲	*Basella alba* L.
土人参科 Talinaceae	
976. 棱轴土人参■▲	*Talinum fruticosum*（L.）Juss.
977. 土人参■▲	*Talinum paniculatum*（Jacq.）Gaertn.
马齿苋科 Portulacaceae	
978. 大花马齿苋■▲	*Portulaca grandiflora* Hook.
979. 毛马齿苋▲	*Portulaca pilosa* L.
仙人掌科 Cactaceae	
980. 巨人柱■	*Carnegiea gigantea*（Engelm.）Britton & Rose
981. 连城角■	*Cereus fernambucensis* Lem.
982. 象牙球■	*Echinocactus grusonii* Hildm.
983. 昙花■	*Epiphyllum oxypetalum*（DC.）Haw.
984. 牡丹玉■	*Gymnocalycium mihanovichii*（Fri & Gürke）var. *friedrichii* Werderm.
985. 量天尺■▲	*Hylocereus undatus*（Haw.）Britton & Rose
986. 金手毬■	*Mammillaria elongata* DC.
987. 胭脂掌■	*Opuntia cochenillifera*（L.）Mill.
988. 仙人掌■▲	*Opuntia dillenii*（Ker Gawl.）Haw.
989. 梨果仙人掌■▲	*Opuntia ficus-indica*（L.）Mill.
990. 单刺仙人掌■▲	*Opuntia monacantha* Haw.
991. 绿仙人掌■	*Opuntia vulgaris* Mill.

中文名	拉丁学名
992. 木麒麟■▲	*Pereskia aculeata* Mill.
993. 大叶木麒麟■	*Pereskia grandifolia* Haw.
994. 丝苇■	*Rhipsalis baccifera*（Sol.）Stearn
995. 蟹爪兰■	*Schlumbergera truncata*（Haw.）Moran
996. 近卫柱■	*Stetsonia coryne*（Salm-Dyck）Britton & Rose
绣球花科 Hydrangeaceae	
997. 绣球■	*Hydrangea macrophylla*（Thunb.）Ser.
凤仙花科 Balsaminaceae	
998. 凤仙花■▲	*Impatiens balsamia* L.
999. 苏丹凤仙花■▲	*Impatiens walleriana* Hook. f.
花荵科 Polemoniaceae	
1000. 电灯花■	*Cobaea scandens* Cav.
1001. 小天蓝绣球■	*Phlox drummondii* Hook.
玉蕊科 Lecythidaceae	
1002. 梭果玉蕊■	*Barringtonia fusicarpa* Hu
1003. 玉蕊■	*Barringtonia racemosa*（L.）Spreng.
山榄科 Sapotaceae	
1004. 星苹果■	*Chrysophyllum cainito* L.
1005. 人心果■	*Manilkara zapota*（L.）P. Royen.
1006. 牛乳树■	*Mimusops elengi* L.
1007. 鸡蛋果■▲	*Pouteria campechiana* Sim.
1008. 神秘果■	*Synsepalum dulcificum* Daniellex
柿科 Ebenaceae	
1009. 文柿■	*Diospyros mun*（A. Chev.）Lecomte
1010. 老鸦柿■	*Diospyros rhombifolia* Hemsl.
报春花科 Primulaceae	
1011. 藏报春■	*Primula sinensis* Sabine ex Lindl.
山茶科 Theaceae	
1012. 红山茶■	*Camellia japonica* L.
1013. 茶梅■	*Camellia sasanqua* Thunb.
1014. 红木荷■	*Schima wallichii*（DC.）Korth.

续表

中文名	拉丁学名
瓶子草科 Sarraceniaceae	
1015. 瓶子草■	*Sarracenia leucophylla* Raf.
杜鹃花科 Ericaceae	
1016. 皋月杜鹃■	*Rhododendron indicum*（L.）Sweet
1017. 锦绣杜鹃■	*Rhododendron pulchrum* Sweet
1018. 凤凰杜鹃■	*Rhododendron pulchrum* var. *phoeniceum*（G. Don）Rehder
杜仲科 Eucommiaceae	
1019. 杜仲■	*Eucommia ulmoides* Oliv.
茜草科 Rubiaceae	
1020. 吐根■	*Cephaelis ipecacuanha*（Brot.）A. Rich.
1021. 金鸡纳树■	*Cinchona calisaya* Wedd.
1022. 小粒咖啡■	*Coffea arabica* L.
1023. 中粒咖啡■	*Coffea canephora* Pierre ex A. Froehner
1024. 大粒咖啡■	*Coffea liberica* W. Bull ex Hiern
1025. 双角草■	*Diodia virginiana* L.
1026. 猪殃殃■	*Galium spurium* L.
1027. 白蟾■	*Gardenia jasminoides* J. Ellis var. *fortuniana*（Lindl.）H. Hara
1028. 南非栀子■	*Gardenia thunbergia* L. f.
1029. 长隔木■	*Hamelia patens* Jacq.
1030. 红仙丹花■	*Ixora coccinea* L.
1031. 黄花龙船花■	*Ixora coccinea* f. *lutea*（Hutch.）F. R. Fosberg & H. H. Sachet
1032. 波叶山丹■	*Ixora undulata* Roxb. ex Roth
1033. 盖裂果▲	*Mitracarpus hirtus*（L.）DC.
1034. 红叶金花■	*Mussaenda erythrophylla* Schumach. & Thonn.
1035. 洋玉叶金花■	*Mussaenda frondosa* L.
1036. 东方乌檀■	*Nauclea orientalis*（L.）L.
1037. 五星花■	*Pentas lanceolata*（Forssk.）K. Schum.
1038. 巴西墨苜蓿▲	*Richardia brasiliensis* Gomes
1039. 墨苜蓿■	*Richardia scabra* L.
1040. 郎德木■	*Rondeletia odorata* Jacq.
1041. 阔叶丰花草▲	*Spermacoce alata* Aubl.

中文名	拉丁学名
1042. 糙叶丰花草▲	*Spermacoce hispida* L.
1043. 丰花草▲	*Spermacoce pusilla* Wall.
1044. 光叶丰花草▲	*Spermacoce remota* Lam.
龙胆科 Gentianaceae	
1045. 灰莉■	*Fagraea ceilanica* Thunb.
马钱科 Loganiaceae	
1046. 山马钱■	*Strychnos nux-blanda* A. W. Hill
1047. 马钱子■	*Strychnos nux-vomica* L.
夹竹桃科 Apocynaceae	
1048. 沙漠玫瑰■	*Adenium obseum*（Forssk.）Roem. & Schult.
1049. 软枝黄蝉■	*Allamanda cathartica* L.
1050. 黄蝉■	*Allamanda schottii* Pohl
1051. 大叶糖胶树■	*Alstonia macrophylla* Wall. ex G. Don
1052. 盆架树■	*Alstonia rostrata* C. E. C. Fisch.
1053. 糖胶树■	*Alstonia scholaris*（L.）R. Br.
1054. 马利筋■▲	*Asclepias curassavica* L.
1055. 清明花■	*Beaumontia grandiflora* Wall.
1056. 白花牛角瓜■	*Calotropis procera*（Aiton）W. T. Aiton
1057. 鸭蛋花■	*Cameraria latifolia* L.
1058. 刺黄果■	*Carissa carandas* L.
1059. 大果假虎刺■	*Carissa macrocarpa*（Eckl.）A. DC.
1060. 长春花■▲	*Catharanthus roseus*（L.）G. Don
1061. 吊金钱■	*Ceropegia woodii* Schltr.
1062. 钉头果■	*Gomphocarpus fruticosus*（L.）W. T. Aiton
1063. 钝钉头果■	*Gomphocarpus physocarpus* E. Mey.
1064. 凹叶球兰■	*Hoya kerrii* Craib
1065. 红花蕊木■	*Kopsia fruticosa*（Roxb.）A. DC.
1066. 文藤■	*Mandevilla laxa*（Ruiz & Pav.）Woodson
1067. 夹竹桃■▲	*Nerium oleander* L.
1068. 光萼玫瑰树■	*Ochrosia coccinea*（Teijsm. & Binn.）Miq.
1069. 古城玫瑰树■	*Ochrosia elliptica* Labill.

中文名	拉丁学名
1070. 玫瑰树■	*Ochrosia maculata* Jacq.
1071. 钝叶鸡蛋花■	*Plumeria obtusa* L.
1072. 鸡蛋花■	*Plumeria rubra* L.
1073. 苏门答腊萝芙木■	*Rauvolfia sumatrana* Jack
1074. 四叶萝芙木■	*Rauvolfia tetraphylla* L.
1075. 大花犀角■	*Stapelia grandiflora* Masson
1076. 箭毒羊角拗■	*Strophanthus hispidus* DC.
1077. 狗牙花■	*Tabernaemontana divaricata*（L.）R. Br. ex Roem. & Schult.
1078. 阔叶竹桃■	*Thevetia ahouai*（L.）A. DC.
1079. 黄花夹竹桃■	*Thevetia peruviana*（Pers.）K. Schum.
1080. 马铃果■	*Voacanga chalotiana* Pierre ex Stapf
紫草科 Boraginaceae	
1081. 琉璃苣■	*Borago officinalis* L.
旋花科 Convolvulaceae	
1082. 原野菟丝子▲	*Cuscuta campestris* Yunck.
1083. 月光花■▲	*Ipomoea alba* L.
1084. 蕹菜■	*Ipomoea aquatica* Forssk.
1085. 番薯■▲	*Ipomoea batatas*（L.）Lam.
1086. 五爪金龙▲	*Ipomoea cairica*（L.）Sweet
1087. 树牵牛■	*Ipomoea carnea* Jacq. subsp. *fistulosa*（Mart. ex Choisy）D. F. Austin
1088. 橙红茑萝▲	*Ipomoea cholulensis* Kunth
1089. 变色牵牛■▲	*Ipomoea indica*（Burm.）Merr.
1090. 七爪龙■▲	*Ipomoea mauritiana* Jacq.
1091. 牵牛▲	*Ipomoea nil*（L.）Roth
1092. 小心叶薯▲	*Ipomoea obscura*（L.）Ker Gawl.
1093. 圆叶牵牛■▲	*Ipomoea purpurea*（L.）Roth
1094. 茑萝■▲	*Ipomoea quamoclit* L.
1095. 刺毛月光花■	*Ipomoea setosa* Ker Gawl.
1096. 三裂叶薯▲	*Ipomoea triloba* L.
1097. 苞片小牵牛▲	*Jacquemontia tamnifolia*（L.）Griseb.
1098. 金钟藤▲	*Merremia boisiana*（Gagnep.）Ooststr.

中文名	拉丁学名
1099. 块茎鱼黄草▲	*Merremia tuberesa*（1）Readle
茄科 Solanaceae	
1100. 颠茄■	*Atropa belladonna* L.
1101. 大花曼陀罗■	*Brugmansia suaveolens*（Humb. & Bonpl. ex Willd.）Sweet
1102. 大叶鸳鸯茉莉■	*Brunfelsia macrophylla* Benth.
1103. 大鸳鸯茉莉■	*Brunfelsia pauciflora*（Cham. & Schltdl.）Benth.
1104. 辣椒■	*Capsicum annuum* L.
1105. 黄花夜香树■	*Cestrum aurantiacum* Lindl.
1106. 夜香树■	*Cestrum nocturnum* L.
1107. 洋金花■▲	*Datura metel* L.
1108. 曼陀罗■▲	*Datura stramonium* L.
1109. 枸杞■	*Lycium chinense* Mill.
1110. 番茄■▲	*Lycopersicon esculentum* Mill.
1111. 假酸浆■▲	*Nicandra physalodes*（L.）Gaertn.
1112. 光烟草■	*Nicotiana glauca* Graham
1113. 黄花烟草■	*Nicotiana rustica* L.
1114. 烟草■	*Nicotiana tabacum* L.
1115. 碧冬茄■	*Petunia hybrida*（Hook.）E. Vilm.
1116. 苦蘵▲	*Physalis angulata* L.
1117. 小酸浆■▲	*Physalis minima* L.
1118. 灯笼果■▲	*Physalis peruviana* L.
1119. 喀西茄■▲	*Solanum aculeatissimum* Jacq.
1120. 少花龙葵■	*Solanum americanum* Mill.
1121. 牛茄子■	*Solanum capsicoides* All.
1122. 黄果龙葵▲	*Solanum diphyllum* L.
1123. 假烟叶树■▲	*Solanum erianthum* D. Don
1124. 乳茄■	*Solanum mammosum* L.
1125. 茄■	*Solanum melongena* L.
1126. 珊瑚樱■▲	*Solanum pseudocapsicum* L.
1127. 蒜芥茄■	*Solanum sisymbriifolium* Lam.
1128. 水茄■▲	*Solanum torvum* Sw.

续表

中文名	拉丁学名
1129. 阳芋■	*Solanum tuberosum* L.
1130. 大花茄■	*Solanum wrightii* Benth.
木犀科 Oleaceae	
1131. 野迎春■	*Jasminum mesnyi* Hance
1132. 毛茉莉■	*Jasminum multiflorum*（Burm. f.）Andrews
1133. 茉莉花■	*Jasminum sambac*（L.）Aiton
1134. 日本女贞■	*Ligustrum japonicum* Thunb.
1135. 木犀榄■	*Olea europaea* L.
1136. 木犀■	*Osmanthus fragrans*（Thunb.）Lour.
蒲包花科 Calceolariaceae	
1137. 荷包花■	*Calceolaria × herbeohybrida* Voss.
苦苣苔科 Gesneriaceae	
1138. 非洲紫罗兰■	*Saintpaulia ionantha* H. Wendl.
1139. 大岩桐■	*Sinningia speciosa* Benth. & Hook.
车前科 Plantaginaceae	
1140. 金鱼草■	*Antirrhinum majus* L.
1141. 田玄参▲	*Bacopa repens*（Sw.）Wettst.
1142. 毛地黄■	*Digitalis purpurea* L.
1143. 姬金鱼草■	*Linaria bipartita*（Vent.）Willd.
1144. 伏胁花▲	*Mecardonia procumbens*（Mill.）Small
1145. 芒苞车前■▲	*Plantago aristata* Michx.
1146. 北美车前■▲	*Plantago virginica* L.
1147. 爆仗竹■	*Russelia equisetiformis* Schltr. & Cham.
1148. 毛爆仗花■	*Russelia sarmentosa* Jacq.
1149. 野甘草▲	*Scoparia dulcis* L.
1150. 轮叶离药草■▲	*Stemodia verticillata*（Mill.）Hassl.
1151. 直立婆婆纳▲	*Veronica arvensis* L.
1152. 阿拉伯婆婆纳▲	*Veronica persica* Poir.
玄参科 Scrophulariaceae	
1153. 浆果醉鱼草■	*Buddleja madagascariensis* Lam.
1154. 矮婴泪草▲	*Micranthemum umbrosum*（J. F. Gmel.）Blake

续表

中文名	拉丁学名
母草科 Linderniaceae	
1155. 北美母草▲	*Lindernia dubia*（L.）Pennell
1156. 圆叶母草▲	*Lindernia rotundifolia*（L.）Alston
1157. 蓝猪耳▲	*Torenia fournieri* Linden ex E. Fourn.
胡麻科 Pedaliaceae	
1158. 芝麻■	*Sesamum indicum* L.
爵床科 Acanthaceae	
1159. 穿心莲▲	*Andrographis paniculata*（Burm. f.）Wall.
1160. 小花十万错■	*Asystasia gangetica*（L.）T. Anderson var. *micrantha*（Nees）Ensermu
1161. 花叶假杜鹃■	*Barleria lupulina* Lindl.
1162. 虾衣草■	*Calliaspidia guttata*（T. S. Brandegee）Bremek.
1163. 十字爵床■	*Crossandra infundibuliformis*（L.）Nees
1164. 喜花草■	*Eranthemum pulchellum* Andrews
1165. 白脉网纹草■	*Fittonia verschaffeltii*（Lemaire）Van Houtte var. *argyroneura* Nichols.
1166. 红脉网纹草■	*Fittonia verschaffeltii* var. *pearcei* Nichols.
1167. 斑叶枪刀药■	*Hypoestes sanguinolenta* Hook.
1168. 鸭嘴花■	*Justicia adhatoda* L.
1169. 白苞爵床■	*Justicia betonica* L.
1170. 珊瑚花■	*Justicia carnea* Lindl.
1171. 小驳骨▲	*Justicia gendarussa* Burm. f.
1172. 黑叶小驳骨▲	*Justicia ventricosa* Wall. ex Hook. f.
1173. 红楼花■	*Odontonema strictum* Kuntze
1174. 金苞花■	*Pachystachys lutea* Nees
1175. 芦莉草■	*Ruellia coerulea* Morong
1176. 块根芦莉草■	*Ruellia tuberosa* L.
1177. 黄脉爵床■	*Sanchezia nobilis* Hook.
1178. 耳叶马蓝■	*Strobilanthes auriculata* Nees
1179. 硬枝老鸦嘴■	*Thunbergia erecta*（Benth.）T. Anders
1180. 山牵牛■▲	*Thunbergia grandiflora* Roxb.
紫葳科 Bignoniaceae	
1181. 梓■	*Catalpa ovata* G. Don

续表

中文名	拉丁学名
1182. 连理藤■	*Clytostoma callistegioides*（Cham.）Baill.
1183. 叉叶树■	*Crescentia alata* Kunth
1184. 葫芦树■	*Crescentia cujete* L.
1185. 尖叶蓝花楹■	*Jacaranda cuspidifolia* Mart.
1186. 蓝花楹■	*Jacaranda mimosifolia* D. Don
1187. 吊灯树■	*Kigelia africana*（Lam.）Benth.
1188. 猫爪藤■▲	*Macfadyena unguis-cati*（L.）A. H. Gentry
1189. 蒜香藤■	*Mansoa alliacea*（Lam.）A. H. Gentry
1190. 火烧花■	*Mayodendron igneum*（Kurz）Kurz
1191. 非洲凌霄■	*Pandorea ricasoliana*（Tanfani）K. Schum.
1192. 炮仗花■▲	*Pyrostegia venusta*（Ker Gawl.）Miers
1193. 火焰树■	*Spathodea campanulata* Beauv.
1194. 黄钟木■	*Tabebuia chrysantha*（Jacq.）G. Nicholson
1195. 黄钟花■	*Tecoma stans*（L.）Juss. ex Kunth
1196. 硬骨凌霄■	*Tecomaria capensis*（Thunb.）Spach
马鞭草科 Verbenaceae	
1197. 假连翘■	*Duranta erecta* L.
1198. 马缨丹■▲	*Lantana camara* L.
1199. 蔓马缨丹■▲	*Lantana montevidensis*（Spreng.）Briq.
1200. 蓝花藤■	*Petrea volubilis* L.
1201. 南假马鞭■	*Stachytarpheta cayennensis*（Rich.）Vahl
1202. 假马鞭▲	*Stachytarpheta jamaicensis*（L.）Vahl
1203. 狭叶马鞭草▲	*Verbena brasiliensis* Vell.
1204. 铺地马鞭草■	*Verbena hybrida* Voss
1205. 柳叶马鞭草▲	*Verbena bonariensis* L.
唇形科 Lamiaceae	
1206. 藿香■	*Agastache rugosa*（Fisch. & C. A. Mey.）Kuntze
1207. 排草香■	*Anisochilus carnosus*（L. f.）Benth.
1208. 肾茶■	*Clerodendranthus spicatus*（Thunb.）C. Y. Wu ex H. W. Li
1209. 重瓣臭茉莉▲	*Clerodendrum chinense*（Osbeck）Mabb.
1210. 杨梅叶大青■	*Clerodendrum myricoides*（Hochst.）R. Br. ex Vatke

中文名	拉丁学名
1211. 红龙吐珠■	*Clerodendrum splendens* G. Don
1212. 龙吐珠■	*Clerodendrum thomsonae* Balf.
1213. 五彩苏■	*Coleus scutellarioides*（L.）Benth.
1214. 小五彩苏■	*Coleus scutellarioides* var. *crispipilus*（Merr.）H. Keng
1215. 四轮香■	*Hanceola sinensis*（Hemsl.）Kudô
1216. 冬红■	*Holmskioldia sanguinea* Retz.
1217. 短柄吊球草▲	*Hyptis brevipes* Poit.
1218. 吊球草▲	*Hyptis rhomboidea* M. Martens & Galeotti
1219. 山香■▲	*Hyptis suaveolens*（L.）Poit.
1220. 薰衣草■	*Lavandula angustifolia* Mill.
1221. 欧夏至草■	*Marrubium vulgare* L.
1222. 薄荷■	*Mentha canadensis* L.
1223. 罗勒▲	*Ocimum basilicum* L.
1224. 毛叶丁香罗勒▲	*Ocimum gratissimum* L. var. *suave*（Willd.）Hook. f.
1225. 紫苏■	*Perilla frutescens*（L.）Britton
1226. 回回苏■	*Perilla frutescens* var. *crispa*（Benth.）Deane ex Bailey
1227. 沃尔夫藤■	*Petraeovitex wolfei* J. Sinclair
1228. 广藿香■	*Pogostemon cablin*（Blanco）Benth.
1229. 朱唇■	*Salvia coccinea* Buc'hoz ex Etl.
1230. 撒尔维亚■	*Salvia officinalis* L.
1231. 一串红■	*Salvia splendens* Ker Gawl.
1232. 柚木■	*Tectona grandis* L. f.
1233. 百里香■	*Thymus vulgaris* L.
列当科 Orobanchaceae	
1234. 黑草■	*Buchnera cruciata* Buch.-Ham. ex D. Don
冬青科 Aquifoliaceae	
1235. 枸骨■	*Ilex cornuta* Lindl. & Paxton
桔梗科 Campanulaceae	
1236. 马醉草■	*Hippobroma longiflora*（L.）G. Don
菊科 Asteraceae	
1237. 刺苞果▲	*Acanthospermum hispidum* DC.

续表

中文名	拉丁学名
1238. 金纽扣■	*Acmella paniculata*（Wall. ex DC.）R. K. Jansen
1239. 破坏草▲	*Ageratina adenophora*（Spreng.）R. M. King & H. Rob.
1240. 藿香蓟▲	*Ageratum conyzoides* L.
1241. 熊耳草■▲	*Ageratum houstonianum* Mill.
1242. 豚草▲	*Ambrosia artemisiifolia* L.
1243. 三裂叶豚草■	*Ambrosia trifida* L.
1244. 木茼蒿■	*Argyranthemum frutescens*（L.）Sch. Bip.
1245. 古巴紫菀■	*Aster subulatus* Michx. var. *cubensis*（DC.）Shinners
1246. 白术■	*Atractylodes macrocephala* Koidz.
1247. 大狼杷草▲	*Bidens frondosa* L.
1248. 鬼针草▲	*Bidens pilosa* L.
1249. 牛眼菊■	*Buphthalmum salicifolium* L.
1250. 金盏花■	*Calendula officinalis* L.
1251. 翠菊■	*Callistephus chinensis*（L.）Nees
1252. 红花■	*Carthamus tinctorius* L.
1253. 藏掖花■	*Centaurea benedicta*（L.）L.
1254. 飞机草▲	*Chromolaena odorata*（L.）R. M. King & H. Rob.
1255. 菊花■	*Chrysanthemum morifolium* Ramat.
1256. 菊苣■	*Cichorium intybus* L.
1257. 瓜叶菊■	*Cineraria cruenta* Masson ex L'Hér.
1258. 剑叶金鸡菊■▲	*Coreopsis lanceolata* L.
1259. 两色金鸡菊■	*Coreopsis tinctoria* Nutt.
1260. 秋英■▲	*Cosmos bipinnata* Cav.
1261. 黄秋英■▲	*Cosmos sulphureus* Cav.
1262. 野茼蒿■	*Crassocephalum crepidioides*（Benth.）S. Moore
1263. 蓝花野茼蒿▲	*Crassocephalum rubens*（B. Juss. ex Jacq.）S. Moore
1264. 芙蓉菊■	*Crossostephium chinense*（L.）Makino
1265. 蓝花矢车菊■	*Cyanus segetum* Hill
1266. 大丽菊■	*Dahlia pinnata* Cav.
1267. 鳢肠▲	*Eclipta prostrata*（L.）L.
1268. 白花地胆草▲	*Elephantopus tomentosus* L.

续表

中文名	拉丁学名
1269. 黄花紫背草▲	*Emilia praetermissa* Milne-Redh.
1270. 一点红■	*Emilia sonchifolia*（L.）DC.
1271. 紫背草■	*Emilia sonchifolia* var. *javanica*（Burm. f.）Mattf.
1272. 梁子菜■▲	*Erechtites hieraciifolius*（L.）Raf. ex DC.
1273. 败酱叶菊芹▲	*Erechtites valerianifolius*（Link ex Spreng.）DC.
1274. 飞蓬■	*Erigeron acris* L.
1275. 一年蓬▲	*Erigeron annuus*（L.）Pers.
1276. 香丝草▲	*Erigeron bonariensis* L.
1277. 小蓬草▲	*Erigeron canadensis* L.
1278. 加勒比飞蓬■	*Erigeron karvinskianus* DC.
1279. 苏门白酒草▲	*Erigeron sumatrensis* Retz.
1280. 白酒草■	*Eschenbachia japonica*（Thunb.）J. Kost.
1281. 大吴风草■	*Farfugium japonicum*（L. f.）Kitam.
1282. 宿根天人菊■	*Gaillardia aristata* Pursh
1283. 天人菊■	*Gaillardia pulchella* Foug.
1284. 牛膝菊▲	*Galinsoga parviflora* Cav.
1285. 粗毛牛膝菊■	*Galinsoga quadriradiata* Ruiz & Pavon
1286. 非洲菊■	*Gerbera jamesonii* Adlam
1287. 茼蒿■▲	*Glebionis coronaria*（L.）Cass. ex Spach
1288. 南茼蒿■	*Glebionis segetum*（L.）Fourr.
1289. 裸冠菊■	*Gymnocoronis spilanthoides*（D. Don ex Hook. & Arn.）DC.
1290. 紫绒草■	*Gynura aurantiaca*（Blume）DC.
1291. 堆心菊■	*Helenium autumnale* L.
1292. 向日葵■	*Helianthus annuus* L.
1293. 菊芋■▲	*Helianthus tuberosus* L.
1294. 长叶莴苣■	*Lactuca dolichophylla* Kitam.
1295. 莴苣■	*Lactuca sativa* L.
1296. 莴笋■	*Lactuca sativa* var. *angustata* Irish. ex Brem.
1297. 卷心生菜■	*Lactuca sativa* var. *capitata* DC.
1298. 皱叶生菜■	*Lactuca sativa* var. *crispa* L.
1299. 生菜■	*Lactuca sativa* var. *romana* Hort.

续表

中文名	拉丁学名
1300. 滨菊■	*Leucanthemum vulgare* Lam.
1301. 母菊■	*Matricaria chamomilla* L.
1302. 薇甘菊▲	*Mikania micrantha* Kunth
1303. 灰白银胶菊■	*Parthenium argentatum* A. Gray
1304. 银胶菊▲	*Parthenium hysterophorus* L.
1305. 瓜叶菊■	*Pericallis hybrida* B. Nord.
1306. 翼茎阔苞菊▲	*Pluchea sagittalis*（Lam.）Cabrera
1307. 假臭草▲	*Praxelis clematidea* R. M. King & H. Rob.
1308. 假地胆草▲	*Pseudelephantopus spicatus*（Juss. ex Aubl.）C. F. Baker
1309. 黑心菊■	*Rudbeckia hirta* L.
1310. 金光菊■	*Rudbeckia laciniata* L.
1311. 蛇目菊■	*Sanvitalia procumbens* Lam.
1312. 绿之铃■	*Senecio rowleyanus* H. Jacobsen
1313. 水飞蓟■	*Silybum marianum*（L.）Gaertn.
1314. 加拿大一枝黄花■▲	*Solidago canadensis* L.
1315. 裸柱菊▲	*Soliva anthemifolia*（Juss.）R. Br.
1316. 苦苣菜■▲	*Sonchus oleraceus* L.
1317. 南美蟛蜞菊▲	*Sphagneticola trilobata*（L.）Pruski
1318. 甜叶菊■	*Stevia rebaudiana*（Bertoni）Hemsl.
1319. 琉璃菊■	*Stokesia cynaea* L'Hér.
1320. 钻叶紫菀▲	*Symphyotrichum subulatum*（Michx.）G. L. Nesom
1321. 金腰箭▲	*Synedrella nodiflora*（L.）Gaertn.
1322. 万寿菊■	*Tagetes erecta* L.
1323. 除虫菊■	*Tanacetum cinerariifolium*（Trevir.）Sch. Bip.
1324. 药用蒲公英■▲	*Taraxacum officinale* F. H. Wigg.
1325. 肿柄菊■▲	*Tithonia diversifolia*（Hemsl.）A. Gray
1326. 羽芒菊▲	*Tridax procumbens* L.
1327. 苍耳■▲	*Xanthium strumarium* L.
1328. 蜡菊■	*Xerochrysum bracteatum*（Vent.）Tzvelev
1329. 多花百日菊■	*Zinnia peruviana*（L.）L.
1330. 百日菊■▲	*Zinnia violacea* Cav.

续表

中文名	拉丁学名
忍冬科 Caprifoliaceae	
1331. 穿叶忍冬■	*Lonicera sempervirens* L.
1332. 紫盆花■	*Scabiosa atropurpurea* L.
五加科 Araliaceae	
1333. 南美天胡荽▲	*Hydrocotyle verticillata* Thunb.
1334. 三七■	*Panax notoginseng*（Burkill）F. H. Chen ex C. H. Chow
1335. 银边南洋参■	*Polyscias guilfoylei*（Cogn. & Marchal）Bailey
1336. 结节南洋参■	*Polyscias nodosa*（Blume）Seem.
1337. 圆叶南洋参■	*Polyscias scutellaria*（Burm. f.）Fosberg
1338. 辐叶鹅掌柴■	*Schefflera actinophylla*（Endl.）Harms
1339. 孔雀木■	*Schefflera elegantissima*（Mast.）Lowry & Frodin
1340. 刺通草■	*Trevesia palmata*（Roxb. ex Lindl.）Vis.
伞形科 Apiaceae	
1341. 莳萝■	*Anethum graveolens* L.
1342. 白芷■	*Angelica dahurica*（Fisch. ex Hoffm.）Benth. & Hook. f.
1343. 当归■	*Angelica sinensis*（Oliv.）Diels
1344. 旱芹■	*Apium graveolens* L.
1345. 芫荽■▲	*Coriandrum sativum* L.
1346. 细叶芹▲	*Chaerophyllum villosum* Wall. ex DC.
1347. 细叶旱芹■	*Cyclospermum leptophyllum*（Pers.）Sprague ex Britton & P. Wilson
1348. 野胡萝卜▲	*Daucus carota* L.
1349. 胡萝卜■	*Daucus carota* var. *sativa* Hoffm.
1350. 刺芹▲	*Eryngium foetidum* L.
1351. 茴香■▲	*Foeniculum vulgare* Mill.
1352. 香根芹■	*Osmorhiza aristata*（Thunb.）Makino & Y. Yabe.

参 考 文 献

[1] 陈封怀. 广东植物志（第一卷）[M]. 广州：广东科技出版社，1987.

[2] 陈封怀. 广东植物志（第二卷）[M]. 广州：广东科技出版社，1991.

[3] 陈雨晴，朱双双，王刚涛，等. 极小种群植物水松群落系统发育多样性分析 [J]. 植物科学学报，2017，36（5）：667-678.

[4] 范芝兰，潘大建，陈雨，等. 广东普通野生稻调查、收集与保护建议 [J]. 植物遗传资源学报，2017，18（2）：372-379.

[5] 广东省环境保护厅. 广东省生物多样性保护战略与行动计划（2013—2020 年）征求意见稿 [EB/OL]. http://cncbc.mee.gov.cn/zlxdjh/sjxd/jz/201506/P020150615498715857033.pdf [accessed 2021 Jan 11]，2013.

[6] 胡喻华，张春霞，华国栋，等. 广东省湿地的植物多样性研究 [J]. 林业与环境科学，2020，36（5）：79-83.

[7] 黄继红，马克平，陈彬. 中国特有种子植物的多样性及其地理分布 [M]. 北京：高等教育出版社，2014.

[8] 孔祥海，王铮敏，陈小红，等. 武夷山脉裸子植物群落分类与分布特点 [J]. 三明学院学报，2011，28（5）：88-94.

[9] 刘文哲，赵鹏. APGⅣ系统在植物学教学中的应用初探 [J]. 高等理科教育，2017，25（4）：104-109.

[10] 刘逸嵘，郭剑强，刘忠成，等. 广东省兰科新记录 [J]. 亚热带植物科学，2020，49（1）：65-68.

[11] 吕丽莎，蔡宏宇，杨永，等. 中国裸子植物的物种多样性格局及其影响因子 [J]. 生物多样性，2018，26（11）：1 133-1 146.

[12] 潘云云，陈建兵，陈宇宁，等. 广东兰科植物 2 种新记录 [J]. 亚热带植物科学，2020，49（4）：299-302.

[13] 秦卫华，蒋明康，徐网谷，等. 中国 1334 种兰科植物就地保护状况评价 [J]. 生物多样性，2012，20（2）：177-183.

[14] 任海，金效华，王瑞江，等. 中国植物多样性与保护 [M]. 郑州：河南科学技术出版社. 2022.

[15] 容文婷，李远球，潘发光，等. 珍稀植物广东含笑嫁接繁殖技术 [J]. 福建林业科技，2019，46（4）：32-37，57.

[16] 苏凡，周欣欣，郭亚男，等. 广东 3 种湿地植物新记录 [J]. 广东农业科学，2020，47（1）：48-52.

[17] 覃海宁，杨永，董仕勇，等. 中国高等植物受威胁物种名录 [J]. 生物多样性，2017a，25（7）：696-744.

［18］覃海宁，赵莉娜，于胜祥，等．中国被子植物濒危等级的评估［J］．生物多样性，2017b，25（7）：745-757．

［19］覃海宁．中国种子植物多样性名录与保护利用［M］．石家庄：河北科学技术出版社．2020．

［20］王丹丹，魏蓉，张薇，等．土壤水分含量和接种摩西斗管囊霉（*Funneliformis mosseae*）对伯乐树幼苗生长的影响［J］．广西植物，2019，39（7）：976-985．

［21］王利松，贾渝，张宪春，等．中国高等植物多样性［J］．生物多样性，2015，23（2）：217-224．

［22］王明娜，戴志聪，祁珊珊，等．外来植物入侵机制主要假说及其研究进展［J］．江苏农业科学，2014，42（12）：378-382．

［23］王强．三种观赏药用植物的快繁技术研究［D］．仲恺农业工程学院，2018．

［24］王瑞江．广东维管植物多样性编目［M］．广州：广东科技出版社，2017．

［25］王瑞江．广东重点保护野生植物［M］．广州：广东科技出版社，2019．

［26］王瑞江．中国热带海岸带耐盐植物资源［M］．广州：广东科技出版社，2020．

［27］王瑞江．广东湿地植物［M］．郑州：河南科学技术出版社，2021．

［28］王伟，张晓霞，陈之端，等．被子植物 APG 分类系统评论［J］．生物多样性，2017，25（4）：418-426．

［29］吴德邻，张力．广东苔藓志［M］．广州：广东科技出版社，2013．

［30］吴德邻．广东植物志（第三卷至第十卷）［M］．广州：广东科技出版社，1995～2011．

［31］吴征镒．中国植被［M］．北京：科学出版社，1995．

［32］杨永，刘冰，D. M. Njenga．中国裸子植物物种濒危和保育现状［J］．生物多样性，2017a，25（7）：758-764．

［33］杨永，王志恒，徐晓婷．世界裸子植物的分类和地理分布［M］．上海：上海科学技术出版社：2017b．

［34］叶华谷，邢福武．广东植物名录［M］．广州：广东世界图书出版公司，2005．

［35］余世孝，练琚蒻．广东省自然植被分类纲要 I．针叶林与阔叶林［J］．中山大学学报（自然科学版），2003a，42（1）：70-74．

［36］余世孝，练琚蒻．广东省自然植被分类纲要 II．竹林、灌丛与草丛［J］．中山大学学报（自然科学版），2003b，42（2）：82-85．

［37］张玲玲，刘子玥，王瑞江．广东兰科植物多样性保育现状［J］．生物多样性，2020，28（7）：787-795．

［38］张薇，黄雅婷，钟平生，等．珍稀濒危植物丹霞梧桐种子萌发特性研究［J］．林业与环境科学，2018，34（6）：51-55．

［39］郑万钧，傅立国．中国植物志（第 7 卷）［M］．北京：科学出版社，1978．

［40］Christenhusz MJM，Reveal JL，Farjon A，et al. A new classification and linear sequence of extant gymnosperms［J］．Phytotaxa，2011，19：55-70．

［41］IUCN. IUCN Red List Categories and Ctriteria：Version 3. 1. Second edition［EB/OL］．Gland：Switzerland and Cambridge，UK. 2012a．

［42］ IUCN. Guidelines for Application of IUCN Red List Ctriteria at Regional and National Levels： Version 4. 0. ［EB/OL］. Gland： Switzerland and Cambridge， UK. 2012b.

［43］ IUCN. Guidelines for appropriate uses of IUCN Red List Data. Incorporatng， as Annexes， the 1）Guidelines for Reporting on Proportion Threatened（ver. 1. 1）；2）Guidelines on Scientific Collecting of Threatened Species（ver. 1. 0）；and 3）Guidelines for the Appropriate Use of the IUCN Red List by Business（ver. 1. 0）. Version 3. 0. ［EB/OL］. Adopted by the IUCN Red List Committee. October 2016.

［44］ IUCN Standards and Petitions Committee. Guidelines for using the IUCN red list categories and criteria. Version 14［EB/OL］. Prepared by IUCN Standards and Petitions Subcommittee. http： //www. iucnredlist. org/documents/RedList Guidelines. pdf. （August 2019）

［45］ Koponen T. A historical review of Chinese bryology ［C］. In： J. Váňa（Ed. ）： Proceedings of the Third Meeting of the Bryologists from Central and East Europe. Praha， 14-18 June， 1982： 283-313.

［46］ Piippo S. Annotated catalogue of Chinese Hepaticae and Anthocerotae ［J］. Journal of the Hattori Botanical Laboratory， 1990， 68： 1-192.

［47］ Renzaglia KS， Villarreal JC， Duff RJ. New insights into morphology， anatomy， and systematics of hornworts ［M］. In： B. Goffinet， J. Shaw（Eds. ）， Bryophyte biology， Cambridge， UK： Cambridge University Press， 2009， 139-171.

［48］ The Angiosperm Phylogeny Group. An updated of the Angiosperm Phylogeny Group classification for the orders and families of flowering plants： APG IV ［J］. Botanical Journal of the Linnean Society， 2016， 181： 1-20.

［49］ The Pteridophyte Phylogeny Group. A community-derived classification for extant lycophytes and ferns ［J］. Journal of Systematics and Evolution， 2016， 54： 563-603.

［50］ Wang GT， Zhang Y， Liang D， et al. *Hedyotis taishanensis* （Rubiaceae）： a new species from Guangdong， China ［J］. Phytotaxa， 2018， 367（1）： 38-44.

［51］ Zhou JJ， Huang ZP， Li JH， et al. *Semiaquilegia danxiashanensis* （Ranunculaceae）， a new species from Danxia Shan in Guangdong， southern China ［J］. Phytotaxa， 2019， 405（1）： 1-14.

［52］ Zhou XX， Jiang GB， Zhu XX， et al. *Isotrema plagiostomum* （Aristolochiaceae）， a new species from Guangdong， South China ［J］. Phytotaxa， 2019， 405（4）： 221-225.

科属学名索引